U0903299

江苏省“道德发展智库”成果
江苏省“公民道德与社会风尚协同创新中心”成果

国家社科基金重大招标项目
“现代伦理学诸理论形态研究”(10&ZD072) 成果

2018 年国家社会科学基金重大项目
“改革开放 40 年中国伦理道德数据库建设研究”
（18ZDA022）成果

中国伦理道德发展数据库

第一卷

樊浩 王珏 等著

中国社会科学出版社

图书在版编目(CIP)数据

中国伦理道德发展数据库：全七卷／樊浩等著．—北京：中国社会科学出版社，2018.12

ISBN 978－7－5203－3603－1

Ⅰ.①中… Ⅱ.①樊… Ⅲ.①社会公德—调查研究—中国 Ⅳ.①B822

中国版本图书馆 CIP 数据核字（2018）第 260004 号

出 版 人 赵剑英
责任编辑 高 歌
责任校对 石春梅
责任印制 戴 宽

出 版 中国社会科学出版社
社 址 北京鼓楼西大街甲 158 号
邮 编 100720
网 址 http://www.csspw.cn
发 行 部 010－84083685
门 市 部 010－84029450
经 销 新华书店及其他书店

印刷装订 北京君升印刷有限公司
版 次 2018 年 12 月第 1 版
印 次 2018 年 12 月第 1 次印刷

开 本 787×1092 1/16
印 张 482.5
字 数 8918 千字
定 价 2788.00 元（全七卷）

中国伦理道德发展数据库
建设委员会

中国伦理道德发展数据库
编辑委员会

总　　序

东南大学的伦理学科起步于20世纪80年代前期，由著名哲学家、伦理学家萧焜焘教授、王育殊教授创立，90年代初开始组建一支由青年博士构成的年轻的学科梯队，至90年代中期，这个团队基本实现了博士化。在学界前辈和各界朋友的关爱与支持下，东南大学的伦理学科得到了较大的发展。自20世纪末以来，我本人和我们团队的同仁一直在思考和探索一个问题：我们这个团队应当和可能为中国伦理学事业的发展做出怎样的贡献？换言之，东南大学的伦理学科应当形成和建立什么样的特色？我们很明白，没有特色的学术，其贡献总是有限的。2005年，我们的伦理学科被批准为“985工程”国家哲学社会科学创新基地，这个历史性的跃进推动了我们对这个问题的思考。经过认真讨论并向学界前辈和同仁求教，我们将自己的学科特色和学术贡献点定位于三个方面：道德哲学；科技伦理；重大应用。

以道德哲学为第一建设方向的定位基于这样的认识：伦理学在一级学科上属于哲学，其研究及其成果必须具有充分的哲学基础和足够的哲学含量；当今中国伦理学和道德哲学的诸多理论和现实课题必须在道德哲学的层面探讨和解决。道德哲学研究立志并致力于道德哲学的一些重大乃至尖端性的理论课题的探讨。在这个被称为“后哲学”的时代，伦理学研究中这种对哲学的执着、眷念和回归，着实是一种“明知不可为而为之”之举，但我们坚信，它是我们这个时代稀缺的学术资源和学术努力。科技伦理的定位是依据我们这个团队的历史传统、东南大学的学科生态以及对伦理道德发展的新前沿而做出的判断和谋划。东南大学最早的研究生培养方向就是“科学伦理学”，当年我本人就在这个方向下学习和研究，而东南大学以科学技术为主体、文管艺医综合发展的学科生态，也使我们这些90年代初成长起来的“新生代”再次认识到，选择科技伦理为学科生长点是明智之举。如果说道德哲学与科技伦理的定位与我们的学科传统有关，那么，重大应用的定位就是基于对伦理学的现实本性以及为中国伦理道德建设做贡献的愿望和抱负的选择。定位“重大应用”而不是一般的“应用伦理学”，昭明我们在这方面有所为也有所不为，只是试图在伦理学应用的某些重大方面和重大领域凝聚我们的努力。

基于以上定位，在“985工程”建设中，我们决定进行系列研究并在长期积累的基础上严肃而审慎地推出以“东大伦理”为标识的学术成果。“东大伦理”取名于两种考虑：这些系列成果的作者主要是东南大学伦理学团队的成员，有的系列也包括东南大学培养的伦理学博士生的优秀博士论文；更深刻的原因是，我们希望并努力使这些成果具有某种特色，以为中国伦理学事业的发展做出自己的贡献。“东大伦理”由六个系列构成：道德哲学研究系列；科技伦理研究系列；重大应用研究系列；与以上三个结构相关的译著系列；以丛刊形式出现并在20世纪90年代已经创刊的《伦理研究》专辑系列，该丛刊同样围绕三大定位组稿和出版；还有优秀博士论文系列。

“道德哲学系列”的基本结构是“两史一论”，即道德哲学基本理论；中国道德哲学；外国道德哲学。道德哲学理论的研究基础，不仅在概念上将“伦理”与“道德”相区分，而且在一定意义将伦理学、道德哲学、道德形而上学相区分。这些区分某种意义上回归到德国古典哲学的传统，但它更深刻地与中国道德哲学传统相契合。在这个被宣布“哲学终结”的时代，深入而细致、精致而宏大的哲学研究反倒是必需而稀缺的，虽然那个“致广大、尽精微、综罗百代”的“朱熹气象”在中国几乎已经一去不返，但这并不代表我们今天的学术已经不再需要深刻、精致和宏大气魄。中国道德哲学史、西方道德哲学史研究的理念基础，是将道德哲学史当作“哲学的历史”，而不只是道德哲学“原始的历史”和“反省的历史”，它致力探索和发现中西方道德哲学传统中那些具有“永远的现实性”的精神内涵，并在哲学层面进行中西方道德传统的对话与互释。专门史与通史，将是道德哲学史研究的两个基本维度，马克思主义的历史辩证法是其灵魂与方法。

“科技伦理系列”的学术风格与“道德哲学系列”相接并一致，它同样包括两个研究结构。第一个研究结构是科技道德哲学研究，它不是一般的科技伦理学，而是从哲学的层面、用哲学的方法进行科技伦理的理论建构和学术研究，故名之“科技道德哲学”而不是“科技伦理学”；第二个研究结构是当代科技前沿的伦理问题研究，如基因伦理研究、网络伦理研究、生命伦理研究等。第一个结构的学术任务是理论建构，第二个结构的学术任务是问题探讨，由此形成理论研究与现实研究之间的互补与互动。

“重大应用系列”以目前我作为首席专家的国家哲学社会科学重大招标课题和江苏省哲学社会科学重大委托课题为起步，以调查研究和对策研究为重点。目前我们正组织四个方面的大调查，即当今中国社会的伦理关系大调查；道德生活大调查；伦理—道德素质大调查；伦理—道德发展的经验教训及其影响因子的大调查。我们的目标和任务，是努力了解和把握当今中国伦理道德的真实状况，在此基础上进行理论推进和理论创新，为中国伦理道德建设提出具有战略意义和创新意义的对策思路。这就是我们对“重大应用”的诠释和理解，今后我们将沿着这个方向走下去，并贡献出团队和个人的研究成果。

“译著系列”、《伦理研究》丛刊，将围绕以上三个结构展开。我们试图进行的努力是：这两个系列将以学术交流，包括团队成员对国外著名大学、著名学术机构、著名学者的访问，以及高层次的国际国内学术会议为基础，以“我们正在做的事情”为主题和主线，由此凝聚自己的资源和努力。“优秀博士论文系列”将审慎地推出一些东南大学伦理学科的优秀博士论文，以检阅我们的文脉传承。

马克思曾经说过，历史只能提出自己能够完成的任务，因为任务的提出已经表明完成任务的条件已经具备或正在具备。也许，我们提出的是一个自己难以完成或不能完成的任务，因为我们完成任务的条件尤其是我本人和我们这支团队的学术资质方面的条件还远没有具备。我们期待通过漫漫兮求索乃至几代人的努力，建立起以道德哲学、科技伦理、重大应用为三原色的“东大伦理”的学术标识。这个计划所展示的，与其说是某些学术成果，不如说是我们这个团队的成员为中国伦理学事业贡献自己努力的抱负和愿望。我们无法预测结果，因为哲人罗素早就告诫，没有发生的事情是无法预料的，我们甚至没有足够的信心展望未来，我们唯一可以昭告和承诺的是：

我们正在努力！

我们将永远努力！

樊　浩

谨识于东南大学“舌在谷”

2007 年 2 月 11 日

前　言
国家需求—学术成长—学科发展的协奏

东南大学伦理学团队是中国第三个伦理学博士点，在学科建设的初期就将道德哲学、科技伦理、重大应用定位于“东大伦理”的三原色，但重大应用的“重大”如何确认？重大应用研究如何与道德哲学研究良性互动？这个学术研究和学科发展的战略问题一开始并不是很清晰，只是有一点很明确：之所以瞄准“重大”，就是要有所为有所不为，着力于理论创新和文化传承。在中国学术界，应用研究的缺陷很明显，很多是理论研究的功力不够而转向“应用”，就像高考，不少人是因为理科成绩不理想而选考文科，于是对文科学习的激情和好奇心不够，直接影响了人文社会科学教学与研究的质量。还有一个问题是，我们发现不少学者长期从事应用研究，理论研究的高度和深度明显下滑，学界所谓“上行”与“下行”之说便由此而来。在国家“985”创新基地建设的初期，在我们的学术与学科发展理念中只是知道必须“重大”，但到底何谓“重大”、如何“重大”却并不聚焦。

这一问题的自觉始于2007年。那一年，全国哲学社会科学规划办第一次启动全国范围的重大招标项目，东南大学以樊和平教授为首席专家申报的“构建社会主义和谐社会进程中的思想道德与和谐伦理的理论与实践研究”在激烈竞争中获得成功。一段时间后，江苏省哲学社会科学规划办公室委托樊和平教授作为首席专家之一，承担重大委托项目“当前我国思想道德文化多元、多样、多变的特点和规律研究”。当时，整个团队都很兴奋，同时压力也很大，更重要的是，面对这两个以前从未邂逅的“重大”项目，不知从何处下手。樊和平教授做了多种方案，一年中团队多次研讨，但总觉得难以聚焦，也难以找到突破口，最后樊和平教授决定两个课题都从国情省情的调查研究突破。然而，到底如何调查，这支从未受过调查研究系统训练的团队只是凭着青春期的那股朝气和勇气前行。樊和平教授制定了一个“‘四大结构’—‘六大群体’—‘两类地区’”的逻辑框架。“四大结构”即“四大调查”：伦理关系大调查、道德生活大调查、伦理道德素质大调查、伦理道德的影响因子大调查；“六大群体”即政府公务员群体、企业家与企业员工群体、青少年群体、青年知识分子群体、新兴群体、弱势群体；“两类地区”即在全国和江苏都分别从发达地区和发展中地区采样，在全国以江苏、广东（广东以专题调查和补充调查为主）和广西、新疆，在江苏以苏州和盐城分别代表发达地区和发展中地区。两大课题分别设总课题调查组和六大群体的子课题调查组，投放问卷一万多份，故称“万人大调查”。子课题组根据六大群体的不同情况分别设计问卷，分别召开座谈会，总课题组设计综合问卷不分群体进行综合调查和座谈。无疑，问卷设计是基础也是第一道难关，因为它不仅考验和锻炼学者将学术问题转化为现实问题的那种“入化”的学术能力和学术境界，而且必须在这个过程中打造和建立团队。据此，问题设计的基本方法是：樊和平教授设计总体框架和学术内容，然后由各子课题负责人设计四大调查和六大群体的相关内容，在此基础上集体研讨，最后由樊和平教授逐一修改定稿，最后形成了由五十多个问题构成的两大问卷，并开始了在全国和江苏的浩浩荡荡的调查研究。国家课题组分别在江苏、广西、新疆三地，以多阶层抽样的方式共投放问卷 1200 份，获得有效样本 984 份，有效回收率为 82%，其中江苏地区 417 份，新疆、广西两地区共 567 份。江苏委托项目的总课题组的调查在三地同样投放 1200 份问卷，获得有效样本 971 份，有效回收率为 81%，其中江苏 427 份，广西、新疆 544 份。六大群体中的每个课题组都投放了相当数量的调查问卷。当时，不少学者包括规划办的领导都提醒我们可能将课题展开得太大了，但团队处于高昂的热情之中，深夜从数百里之外的盐城回来，还从车厢里飘出一路歌声。调查研究最终形成了 200 多万字的研究报告和数据库《中国伦理道德报告》《中国大众意识形态报告》（中国社会科学出版社，2010 年 12 月版），首发式和成果发布会后，包括《人民日报》和《光明日报》在内的各主流媒体都以不同方式对成果做了报道和介绍，受到时任中共中央政治局常委李长春同志的关注，并作了重要批示。

首轮道德国情调查焕发了东大伦理学团队的激情，它不仅主要是由东南大学伦理学团队组织和完成，而且主要是用伦理学的方法进行调查研究。首轮道德国情调查的重要尝试和进展是在问卷设计上做出了原创性的理论探索，但是在此过程中也暴露了这支团队在学术体制和能力结构上社会学素养方面的短板。为此，我们一方面进行知识学习，请社会调查的著名社会学家做学术辅导；另一方面着手组建一支新型的国际化的社会学团队。于是，在道德国情调查研究的过程中，一支来自世界各社会学重镇的知识结构和学术视野全新的优秀青年社会学团队暨东南大学社会学系诞生了，它从一开始便与伦理学团队交会，这一交会赋予两个团队、两个学科以特殊的活力与魅力。伦理学团队找到“道德哲学”与“重大应用”的结合点，形成了“道德国情与道德哲学前沿”江苏省创新团队，这个团队的目标和气派是“顶天立地”，方法和境界是在道德国情的调查研究中发现道德哲学前沿，而不再是从理论到理论，从热点到热点，更不是跟风西方学术，而是摆脱西方学术的路径信赖，将“前沿”与“热点”相区分，将“重大应用”聚力于道德国情的调查研究，在调查研究的基础上发现前沿，进行尖端性的道德哲学理论创新。

2013 年，“东大伦理”团队依托“公民道德与社会风尚”协同创新研究中心“2011 项目”和江苏省决策咨询基地“道德国情调查研究中心”，开展了第二轮江苏道德省情和中国道德国情调查。江苏调查由社会学系第一任系主任李林艳博士领衔，在 2007 年调查问卷的基础上补充一些新内容，并将整个问卷“社会学化”，使之更专业。江苏省省委常委、宣传部部长王燕文决定，全国调查搭载中国人民大学中国调查与数据中心的 CGSS 项目进行，CGSS（China General Social Survey）是中国人民大学社会学系和香港科技大学社会科学部发起的一项全国范围的大型抽样调查项目。2013 年为中国综合社会调查（CGSS）第二期（2010—2019）的第 4 次年度调查，也是 CGSS 自 2003 年开始以来的第 10 年。本次调查在全国一共抽取了 100 个县（区），加上北京、上海、天津、广州和深圳 5 个大城市，作为初级抽样单元。其中在每个抽中的县（区），随机抽取 4 个居委会或村委会；在每个居委会或村委会又计划调查 25 个家庭；在每个抽取的家庭，随机抽取一人进行访问。而在北京、上海、天津、广州和深圳这 5 个大城市，一共抽取 80 个居委会；在每个居委会计划调查 25 个家庭；在每个抽取的家庭，随机抽取一人进行访问。这样，在全国一共调查 480 个村/居委会，每个村/居委会调查 25 个家庭，每个家庭随机调查 1 人，最终完成有效调查样本 5666 个。江苏省道德省情调查项目由东南大学道德国情调查中心和社会学系具体实施，调查采用多阶段抽样方法，按照经济发展水平和地理位置进行分类。先把所有地级市分为三类，南京单独成一类，把其他地级市按照人均 GDP 高低分成两类，即人均 GDP 较高和较低两类。然后用概率比例规模抽样（PPS）在经济发展水平较高和较低这两大类中分别抽取了无锡市和连云港市，由此产生了南京、无锡和连云港三个地级市抽样样本。在每个地级市中，把城乡分开、按照 PPS 方法抽取两个区县，在每个区县中采用 PPS 方法抽取两个街道/乡镇，最后在每个街道/乡镇中采用 PPS 方法抽取两个社区（居委会/村委会）。随后利用社区常住人口名单进行系统抽样，每个社区抽取 50—60 户进行调查。因此，最终抽中了 3 个地级市中的 6 个区县、12 个街道/乡镇、24 个社区。入户问卷调查于 2013 年 9 月 5—15 日、11 月 9 日进行，访谈员主要是东南大学人文学院社会学系师生。入户之后，调查员利用 KISH 表抽取户内 18—69 岁的 1 名被访者进行面访。最终完成 1281 份调查问卷，其中南京完成问卷 446 份，无锡完成 443 份，连云港完成 392 份。第二次道德国情与道德省情调查，借助专业的社会学调查机构和调查团队进行，为中国道德国情与江苏道德省情调查提供更为专业的调研平台。但是在此过程中也经历了十分艰难的磨合，在与中国人民大学合作意向确定之后，樊和平教授就问卷中每个问题的主题及试图获得的相关信息，逐一与南京大学社会学家吴愈晓教授进行研讨，从而共同讨论出双方可以接受的问卷方式。在此过程中，伦理学与社会学两个学科的专家有学术交锋，乃至有不见面的学术争吵，社会学似乎认为伦理学主观并难以操作，而伦理学认为这是以社会学的偶然性代替伦理学的主观性，深度不够。然而，正是经过磨合甚至争吵，我们的国情调查才真正既有伦理学的主题和立场，又有社会学的味道。

2015 年 10 月，东南大学伦理学团队成为江苏省首批重点高端智库“道德发展智库”，它以“道德发展研究院”为依托，以东南大学伦理学科为牵头单位，与“公民道德与社会风尚协同创新中心”合而为一，与江苏省委宣传部、北京大学世界伦理中心、吉林大学马克思主义基本理论教育部重点研究基地、华东师范大学中国传统思想文化研究所教育部重点研究基地、中山大学马克思主义与中国现代化教育部重点研究基地、中国人民大学伦理学与道德建设教育部重点研究基地合作，进行协同创新。道德发展智库成立后，江苏省委宣传部、江苏省文明办与东南大学伦理学团队在全国首创《江苏省道德发展测评体系》，该测评体系由李林艳博士为课题负责人，先后经过十一轮的艰难探索和修改。测评体系主要包括“主流价值引领”“崇德向善风尚”“人文精神培育”“道德突出问题治理”和“政策法规保障”5 大类 23 项测评内容。2016 年 8 月，以江苏省道德发展测评体系为指南，道德发展智库与江苏省委宣传部、江苏省文明办协同，组织 320 多位师生，由人文学院院长王珏教授为行政总负责，社会学系龙书芹博士在一线指挥，对江苏全省 13 个设区市、41 个县（市），共抽中了 70 个区县、139 个街道、248 个社区，进行覆盖全省万户家庭的首轮江苏道德发展测评与第三轮道德省情大调查。第三次江苏道德省情调查总样本量 7000 份，其中有效样本量为 6355 份（成人问卷），同时完成青少年问卷 704 份。2017 年 9 月 19 日，在第 15 个公民道德宣传日来临之际，江苏省文明办和东南大学道德发展智库联合发布 2016 年江苏省道德发展状况测评指数报告。此次调查主要由东南大学伦理学团队与社会学团队合作完成，同时也是学术研究与社会服务相结合的智库合作尝试。

2017 年，江苏省委宣传部、江苏省文明办与道德发展智库深入合作，开展“2017 年全国和江苏省道德发展状况调查”。调查以“道德发展”理念为核心，先由樊和平教授进行理念和理论研究，形成并发表《伦理道德，如何才是发展?》的长篇学术论文，论证“以发展看待道德”的理念，提出“七力”的调查研究的理论体系和问卷框架，即：公民道德的自主力、家庭伦理的承载力、集团伦理的建构力、社会伦理的凝聚力、政府伦理的公信力、生态伦理的亲和力、世界伦理的兼容力。由此，测评当代中国伦理道德发展的“七大指数”，即公民的道德自觉自持指数、家庭的伦理承载力指数、集团的伦理可靠性指数、社会的伦理凝聚力指数、政府的伦理公信力指数、生态的伦理亲和力指数、文化的伦理魅力指数。在“伦理道德，如何才是发展”的理论框架的基础上，伦理学与社会学团队相整合，分部分进行问卷设计，以此推进团队建设和个体学术发展，锻炼和提升学者和团队“顶天立地”的学术能力，最后由樊和平教授逐一修改，定稿问卷。虽然过程漫长并十分艰苦，足够让那些耐心和耐力不够的学者望而却步，但在此过程中大家明显感到，学者和团队又一次进步了。江苏省省委常委、宣传部部长王燕文再次决定，此次调查过程由北京大学政府管理学院中国国情研究中心通过招标完成，东南大学伦理团队进行全程合作和全程监督。为解决流动人口的覆盖偏差问题，调查采用“GPS/GIS 辅助的地址抽样”（GPS Assistant Area Sampling）方法，以单元格内人口数为规模度量（Measure of Size），按照分层、多阶段的概率与规模成比例的方法（Probabilities Proportional to Size，PPS）进行选取。调查团队于 2017 年 8—11 月在全国 29 个省（自治区、直辖市）、89 个市、143 个县（市）进行抽样调查，派出督导员 30 人，访员 185 人。中国道德国情调查实际共抽取了 13358 个符合调查资格的住宅单位，完成了 8755 个有效样本，有效回答率为 65.5%；江苏道德省情调查实际共抽取了 6523 个符合调查资格的住宅单位，完成了 4362 个有效样本，有效回答率为 66.9%，同时完成青少年样本 576 个。调查由人文学院院长王珏为行政总负责，道德发展研究院庞俊来副院长负责执行。第三次道德国情与第四次道德省情调查进一步完善了道德国情与道德省情调查的问卷体系，积极探索了适合当代中国的道德发展状况的伦理道德调查理论与社会调查实践方法。

目前，东南大学伦理学团队已经完成三轮中国道德国情调查（2007 年、2013 年、2017 年），四轮江苏道德省情调查（2007 年、2013 年、2016 年、2017 年）。东南大学道德发展研究院对所有调查数据全部进行复核，并以大众可以接受的方式呈现，以直接服务于政府决策、大众需求和理论研究。2018 年，为纪念改革开放 40 周年，东南大学道德发展智库决定出版“中国伦理道德国情数据库”系列，记录这个伟大时代、伟大民族的道德发展历程。数据库的建设由庞俊来、龙书芹、李林艳具体负责，樊和平、王珏总负责。我们的目标和抱负是：将中国伦理道德国情数据库做成服务政府决策和学术研究的最全面、最专业、最权威的数据库。显然，我们和最终目标的实现还有相当距离，但我们的承诺一如既往——

我们正在努力！

我们将永远努力！

樊　浩

2018年9月10日

总 目 录

中国伦理道德发展数据库·第一卷
伦理道德国情调查的问卷设计与初始数据库（2007 年）

本卷编著责任专家：徐 嘉

上篇 伦理道德国情调查问卷设计与行动方案

下篇　伦理道德发展初始数据库（2007 年 · 中国与江苏）

中国伦理道德发展数据库 · 第二卷
伦理道德发展的大众共识与群体差异数据库（2013 年）

本卷编著责任专家：李林艳

上篇　2013 年中国伦理道德发展数据库

下篇　2013 年江苏省伦理道德发展数据库

中国伦理道德发展数据库·第三卷
伦理道德发展的大众共识与群体差异数据库（中国·2017年）

本卷编著责任专家：庞俊来

中国伦理道德发展数据库·第四卷
伦理道德发展的大众共识与群体差异数据库（江苏省·2016年）

本卷编著责任专家：龙书芹

中国伦理道德发展数据库 · 第五卷
伦理道德发展的大众共识与群体差异数据库（江苏省 · 2017 年）

本卷编著责任专家：蒋艳艳

中国伦理道德发展数据库 · 第六卷
中国伦理道德发展的时序差异比较数据库（2007—2017）

本卷编著责任专家：许　敏

中国伦理道德发展数据库·第七卷
伦理道德发展的大众共识与地域差异比较数据库

本卷编著责任专家：洪岩璧

第一卷目录

上篇　伦理道德国情调查问卷设计与行动方案

下篇　伦理道德发展初始数据库（2007 年・中国与江苏）

上　篇

伦理道德国情调查问卷设计与行动方案

第一章　调查问卷

2007 年中国伦理道德状况调查问卷

第一部分　基本信息

1. 您的性别

□（1）男

□（2）女

2. 您的年龄

□（1）18 以下

□（2）18—25 岁

□（3）26—35 岁

□（4）36—50 岁

□（5）51 岁以上

3. 您受教育的程度

□（1）初中及以下

□（2）高中

□（3）大专

□（4）本科

□（5）研究生及以上

4. 您目前的职业

□（1）公务员

□（2）企业家

□（3）知识分子（含大学生和教师）

□（4）中小学生

□（5）农民（留守在农村）

□（6）进城务工人员（含务工农民、小城镇进大城市打工人员）

□（7）新社会群体（含高新技术企业、三资企业、私营企业主、中介组织人员及社会自由职业者）

□（8）企业职工

5. 您的月平均收入是

□（1）299 元及以下

□（2）300—499 元

□（3）500—999 元

□（4）1000—1999 元

□（5）2000—3999 元

□（6）4000—7999 元

□（7）8000 元及以上

6. 您的宗教信仰是

□（1）佛教

□（2）基督教或天主教

□（3）道教

□（4）伊斯兰教

□（5）其他教

□（6）不信教

第二部分　调研信息

1. 您对中国目前的道德风尚与伦理状况，总体上【限选一项】

□（1）满意，有很大进步

□（2）基本满意，虽然不尽如人意，但还是在不断改善

□（3）不满意，道德失范，伦理失序

□（4）说不清

2. 您认为在现代中国社会实际奉行的道德价值是【限选一项】

□（1）个人主义，人人为自己，上帝为大家

□（2）义利合一，以理导欲

□（3）见利忘义，物欲横流

□（4）存义去利

□（5）其他（请说明）

3. 您认为当前中国社会道德生活的基本方面是【限选一项】

□（1）意识形态中所提倡的社会主义道德

□（2）中国传统道德

□（3）西方文化影响而形成的道德

□（4）市场经济中形成的道德

□（5）其他（请说明）

4. 您认为中国目前的人际关系【限选一项】

□（1）总体良好，比十年前少了一些相互制约，比五年前多了些相互关怀

□（2）受功利原则支配，大多是相互利用

□（3）关系变简单了，但温情大大减少了

□（4）不满意，变得越来越恶化

□（5）对人际关系问题不感兴趣，因为它对我来说无意义

5. 您认为目前中国社会中道德和幸福的现实关系是【限选一项】

□（1）总体上道德和幸福能够一致，能惩恶扬善

□（2）有道德讲伦理的人大都吃亏，不守道德的人更能讨便宜

□（3）道德与幸福没有关系，能挣钱有发展无论怎样行动都行

□（4）其他（请说明）

6. 您认为您目前的状况是【限选两项】

□（1）生活水平提高了，但幸福感和快乐感降低了

□（2）生活富裕，但不感到幸福和快乐

□（3）生活小康，幸福且快乐

□（4）生活既不富裕也不小康，但幸福并快乐着

□（5）生活贫困，既不幸福也不快乐

□（6）生活富裕，幸福也快乐

□（7）幸福感和快乐度提高了

□（8）其他（请说明）

7. 现在人们常常对记忆中或电影作品中60年代前人们简洁的人际关系、清朗的精神风貌和友好的社会风气心存怀念和向往，您认为导致现在这种变化的主要伦理原因是【限选三项】

□（1）现在的人过于个人主义，只考虑自己，不顾他人

□（2）经济体制的变化，使社会的归宿感、安全感降低了

□（3）现在的人欲望太多、太大
□（4）生活过于世俗化，再也没有心境过那种具有乌托邦性质的生活
□（5）缺乏伦理理想和道德信念
□（6）生活压力太大，身心累得难以享受生活
□（7）社会的伦理道德素质下降
□（8）社会文化引导失当
□（9）国家意识形态和政府政策失当
□（10）其他（请说明）

8. 对中国的伦理关系和道德生活，您最向往或怀念的是【限选一项】
□（1）传统社会的伦理和道德
□（2）历史记载和现代文学作品中战争年代共产党人的革命道德
□（3）“文化大革命”前的道德
□（4）现代市场经济下的道德
□（5）以上都不欣赏，西方道德最合理
□（6）无所谓向往或怀念，只要自己认可就行
□（7）其他（请说明）

9. 您认为家庭和国家对于个人存在的意义是【限选一项】
□（1）只是单个人需要和利益共同体，是手段，个人更重要
□（2）是个人安身立命的基地，比个人更重要
□（3）它们都是一种契约关系，根据个人需要可以建立也可以淡化或解除
□（4）家庭的意义重于个人，但国家不一定，它很抽象
□（5）家庭与民族重于个人，但国家的意义重于家庭
□（6）其他（请说明）

10. 您认为一种合理的伦理道德状态应当是【限选一项】
□（1）个体应当首先有德性，个人应当根据道德规范和社会要求修养德性
□（2）社会首先要公正，社会公正是个体德性的前提
□（3）个体德性比社会公正更重要，因为它是社会合理的基础
□（4）个体德性与社会公正应当统一，二者矛盾时个人应当修身养性
□（5）个体德性与社会公正应当统一，二者矛盾时先追求社会公正
□（6）其他（请说明）

11. 您认为处理婚姻关系，譬如决定离婚时，决定性的因素应当是【限选一项】

□（1）自己的感受和利益，感觉不好就离婚，子女和父母感受不重要

□（2）从家庭整体考虑，为了孩子应当相互迁就，实在过不下去才能离婚

□（3）婚姻应当是自由的，有更满意或更适合自己的就离婚

□（4）婚姻是社会的事，应当兼顾社会评价和社会后果

12. 您认为职业劳动【限选一项】

□（1）只是谋生和挣钱的场所，是一种工具

□（2）是为社会创造财富，需要奉献

□（3）职业不仅是谋生手段，而且是天职，有更重要的目的

□（4）其他（请说明）

13. 在公共生活中，个人之所以要讲道德，是因为【限选一项】

□（1）讲道德有利于自身利益的实现

□（2）个人是社会的一分子，应当遵守公共规则

□（3）遵守道德是为了使我们所置身的那个社会更美好

□（4）出于自己的信念或习惯

□（5）其他（请说明）

14. 您的上司或导师是外国人，如果他侮辱了中国，但抗争会产生不利于自己的后果，您会选择【限选一项】

□（1）抗议，侮辱中国就是侮辱了我

□（2）沉默，自己生存最重要，抗议是政府的事

□（3）以屈求伸，背后骂几句就行了

□（4）其他（请说明）

15. 在《公民道德建设纲要》和“八荣八耻”中都以“祖国”和“人民”为道德的最重要的尺度，您是如何感受到“国家”和“人民”存在的【限选一项】

□（1）根据文化信念，它们在理论上是存在和重要的

□（2）根据现实生活，国家为我提供生活保障，人民让我有归宿感

□（3）它们是一种意识形态，只是一种抽象的观念

□（4）没有神圣性的国家和人民，它们只是个人与个人利益的契约集合体

□（5）没有感受到它们的存在，只感受到自己与他人的关系

□（6）其他（请说明）

16. 您对现代家庭伦理中最忧虑的问题是【限选两项】

□（1）婚姻不稳定，两性关系过度开放

□（2）子女尤其是独生子女缺乏责任感

□（3）子女不孝敬父母

□（4）代沟严重，价值观念对立

□（5）婆媳关系紧张

□（6）父母不民主，不能容忍差异

□（7）其他（请说明）

17. 您认为目前职业道德中最突出的问题是【限选两项】

□（1）把职业当作谋生的手段，缺乏对社会的责任感和奉献精神

□（2）业主和员工、上级和下级之间的利益关系不公正，剥削员工

□（3）业主和员工、上级和下级构成不当的利益链，共同对社会不负责任

□（4）领导或业主道德素质差

□（5）组织只是利益的博弈场所，缺乏伦理性与道德性

□（6）其他（请说明）

18. 您认为目前社会公德中存在的最突出问题是【限选五项】

□（1）坑蒙拐骗

□（2）人际关系冷漠，见危不救

□（3）诚信缺乏，社会信用度低

□（4）公共场所缺乏道德

□（5）自私自利，损人利己

□（6）缺乏爱心

□（7）缺乏公正心和正义感

□（8）缺乏羞耻感

□（9）私欲膨胀，物欲横流

□（10）干部贪污受贿，以权牟利

□（11）生活奢侈，铺张浪费

□（12）奉行功利主义，相互算计

□（13）企业行为损害社会利益，如环境污染、产品质量低劣，以虚假广告误导公众

☐（14）娱乐界以丑闻、绯闻炒作，污染社会风气
☐（15）媒体缺乏社会责任，炒作新闻
☐（16）社会财富分配不公，贫富悬殊过大
☐（17）其他（请说明）

19. 您认为造成人与自然对立的主要原因是【限选一项】
☐（1）企业唯利是图，造成环境污染
☐（2）政府缺乏生态意识，政策失当
☐（3）个人缺乏环保意识
☐（4）当代人自私自利，不顾未来和子孙利益
☐（5）其他（请说明）

20. 您认为造成目前人际关系紧张的主要原因是【限选五项】
☐（1）客观上竞争激烈，利益冲突加剧
☐（2）主观上竞争意识和竞争观念的过度宣扬和过度张扬
☐（3）社会资源缺乏，引发恶性竞争
☐（4）社会财富分配不公，贫富差距过大
☐（5）过于个人主义，以自我为中心，对他人责任感淡漠
☐（6）缺乏爱心
☐（7）缺乏宽容
☐（8）缺乏相互理解和沟通的意识和能力
☐（9）制度安排不公正，机会不平等
☐（10）一切服从于利益或法律，人际关系缺乏伦理调节的机制和能力
☐（11）市场经济导致的社会同一性丧失
☐（12）传统伦理瓦解，社会缺乏统一的价值观
☐（13）其他（请说明）

21. 您认为造成目前人与自身冲突，身心不和谐的主要原因是【限选三项】
☐（1）欲望过多过大，不能知足常乐
☐（2）社会保障体系不健全，对自己和未来没有把握
☐（3）竞争激烈，工作压力过大，身心疲惫
☐（4）人与人之间缺乏信任感，遇到烦恼不能有朋友倾诉和排解
☐（5）社会环境缺乏安全感
☐（6）个人的文化底蕴和文化积累不够，缺乏自我理解和自我调节能力
☐（7）缺乏道德公正，没有道德的人总是讨便宜

□（8）缺乏理想和信念支持，精神没有寄托和归宿
□（9）生活压力太大
□（10）现代人缺乏安顿自己、化解内心矛盾的文化能力
□（11）其他（请说明）

22. 您认为当今中国社会最基本的伦理冲突是【请排序】

□（1）人与自然的冲突
□（2）人自我内在的冲突
□（3）人与人之间的冲突
□（4）个人与社会的冲突
□（5）个人与政府的冲突
□（6）其他（请说明）

23. 在下列伦理关系中，您最重视哪些关系【限选五项】

□（1）父母与子女
□（2）夫妻
□（3）兄弟姐妹
□（4）同事或同学
□（5）上级与下级
□（6）师生
□（7）人与自然的关系
□（8）个人与社会
□（9）个人与政府
□（10）个人与工作单位
□（11）通过网络建立的关系
□（12）朋友
□（13）其他（请说明）

24. 您认为哪一种伦理关系对社会秩序和个人生活最具根本性意义【限选一项】

□（1）家庭伦理关系或血缘关系
□（2）个人与社会的关系
□（3）职业伦理关系
□（4）个人与国家民族的关系
□（5）人与自然的关系

□（6）个人与他自身的关系
□（7）其他（请说明）

25. 男女或夫妇是否应当在社会生活和家庭中具有不同的伦理角色（如男主内，女主外），有一种说法："让妇女回到家庭去！"您是否同意【限选一项】

□（1）是，同意
□（2）否，不同意
□（3）其他（请说明）

26. 您认为对待自然欲望的态度应当是【限选一项】

□（1）最大限度地释放和满足自己的自然冲动，只要不违法就行
□（2）只好满足自己的需求，怎么做都行
□（3）节制自然欲望，合理地满足自己的欲求
□（4）首先考虑欲望及其实现是否符合道德，如果符合就最大限度地实现
□（5）其他（请说明）

27. 您认为当今中国社会最重要也是最需要的德性是【限选五项】

□（1）爱（仁爱、博爱、友爱）
□（2）义（义务，见利思义，按道德规范行事）
□（3）宽容
□（4）责任
□（5）正义或公正
□（6）诚信
□（7）忠恕
□（8）理智
□（9）节制
□（10）谦让
□（11）恭敬（对社会、道德准则、责任、义务，以及长上的恭敬）
□（12）勇敢
□（13）正直
□（14）善良
□（15）力行或知行合一
□（16）教养
□（17）孝悌

□（18）守节

□（19）中庸

□（20）其他（请说明）

28. 目前中国社会两性之间的性开放日益发展，它对社会风尚的影响是【限选一项】

□（1）是社会进步的表现

□（2）从根本上污染了社会风气

□（3）无所谓

□（4）“男女居室，人之大伦”，两性关系的混乱必然导致道德沦丧

□（5）其他（请说明）

29. 您认为目前中国社会对人际关系的伦理调节能力和个人行为的道德调节能力【限选一项】

□（1）良好

□（2）一般

□（3）很差

□（4）几乎没有，一切都听从于法律和利益

□（5）其他（请说明）

30. 当前中国社会中个体道德素质存在的主要问题是【限选一项】

□（1）道德上无知

□（2）有道德知识，但不见诸行动

□（3）既无知，也不行动

□（4）其他（请说明）

31. 您对自己的行为作出道德判断和道德选择的基本依据是【限选一项】

□（1）己立立人，立达达人；己所不欲，勿施于人

□（2）老吾老以及人之老，幼吾幼以及人之幼

□（3）依据传统伦理

□（4）依据大多数人认同的道德规范

□（5）依据自己的利益

□（6）依据风俗习惯

□（7）依据自己的良心

□（8）其他（请说明）

32. 您判断某个行为是否道德的主要依据是【限选两项】

□（1）是否符合传统

□（2）是否达到利益最大化

□（3）别人的评价

□（4）自己的良心和信念

□（5）是否符合大多数人认同的规范

□（6）己立立人，立达达人；己所不欲，勿施于人

□（7）其他（请说明）

33. 您如何判断某种行为是否符合伦理或道德【限选两项】

□（1）根据传统

□（2）根据风俗习惯

□（3）根据大多数人认同的道德规范

□（4）伦理道德本身就是一种契约，只要符合当事人共同利益和意志就行

□（5）根据自己的良心

□（6）不必那么复杂，自己利益最大化就行

□（7）其他（请说明）

34. 看到社会上有时不讲道德的人讨便宜，守道德的人吃亏，您的反应是【限选一项】

□（1）相信善有善报，恶有恶报，终将会善恶报应

□（2）不动心，按自己的准则和方式行事

□（3）一般不这样做，但在重要时刻仿效，以争取自己利益的最大化

□（4）一切由自己的利益决定，这是一种明智

□（5）其他（请说明）

35. 您常常体验到自己身上一种“伦理感”的存在，如感到自己不属于自己，而属于他人，属于某个集体、国家、民族，行为选择要服从于它，有一种要为它奉献的冲动吗【限选一项】

□（1）没有，我只感受到我自己个人实实在在的生活

□（2）偶尔有，但主要是因为那种情况下我的利益与它一致

□（3）偶尔有，是在受某种作品或生活情境的影响之后

□（4）时常有，它是一种内在的信念

□（5）其他（请说明）

36. 您常常体验到自己身上“道德感”的存在和满足吗？如社会行为不是出于本能欲望的冲动，而是考虑是否符合道德规则，在为别人奉献后有一种满足感【限选一项】

□（1）没有，只是凭自己的意志和利益办事

□（2）在有监督的环境中有，其他环境中没有

□（3）能考虑行为符合公认的道德准则，但是是出于社会评价的考虑

□（4）经常有，因为行为应当符合社会规则

□（5）其他（请说明）

37. 如果遭遇利益冲突，如名誉、利益受他人侵害，您首先的行为反应是【限选一项】

□（1）诉诸法律，打官司

□（2）直接找对方沟通，但得理让人，适可而止

□（3）通过第三方（如社会机构，朋友等）从中调节，尽量不伤和气

□（4）其他（请说明）

38. 您认为现代社会的大部分人有荣辱感或羞耻感吗【限选一项】

□（1）有

□（2）很少

□（3）没有

□（4）有，但是严重退化了

□（5）有，但不健康

□（6）其他（请说明）

39. 一些政府机关，通过各种途径让本单位的干部子女在很好的幼儿园、小学、中学读书，您认为这种行为是【限选一项】

□（1）为本单位人员谋福利，符合道德

□（2）以权谋私，属于政府行为不道德

□（3）是对社会公众的欺骗行为，严重不道德

□（4）符合本单位内部伦理，但严重侵蚀社会道德

□（5）是干部特权和政府谋私行为

□（6）其他（请说明）

40. 在高校招生中，许多大学对本校教工子女降分录取，您认为这种行为【限选一项】

□（1）理所当然

□（2）严重侵犯了公民利益，是不道德行为

□（3）符合高校内部的伦理，但不符合社会道德

□（4）司空见惯，无可奈何

□（5）其他（请说明）

41. 您认为个人行为的不道德与集团行为的不道德（如企业污染，组织为自己及其成员谋取不正当利益等），哪一个对社会风气危害更大【限选一项】

□（1）个人行为不道德行为危害更大

□（2）集团行为不道德行为危害更大

□（3）二者相同

□（4）说不清

42. 如果您所在的单位有一项举措可以提高集体福利并使您个人得到利益，但会造成环境污染或社会公害，您会劝阻或举报吗【限选一项】

□（1）会

□（2）不会

□（3）其他（请说明）

43. 您认为对现代中国社会伦理关系和道德风尚造成最大影响的因素是【限选一项】

□（1）传统文化的崩坏

□（2）外来文化的冲击

□（3）市场经济导致的个人主义

□（4）高技术的应用

□（5）其他（请说明）

44. 您认为在自己的成长中得到最大伦理教益和道德训练的场所是【限选两项】

□（1）家庭

□（2）学校

□（3）社会（包括职业生活）

□（4）国家或政府

□（5）媒体

□（6）其他

45. 您认为哪种因素应对当今不良道德风尚负主要责任【限选两项】

□（1）官员腐败

□（2）企业不讲诚信和损害社会利益

□（3）学校道德教育功能弱化

□（4）家庭伦理功能式微

□（5）社会的不良影响

□（6）其他（请说明）

46. 您对哪类群体的伦理道德状况最不满意【限选两项】

□（1）政府，政府官员群体

□（2）企业，企业家群体

□（3）演艺娱乐界

□（4）学校

□（5）其他（请说明）

47. 您认为我们的政府在制定政策和决策时充分考虑到伦理道德方面的要求（如保护、社会公平、利益均衡、关怀弱势群体，以及大多数人利益和感受）吗【限选一项】

□（1）是

□（2）否

□（3）其他（请说明）

48. 对形成中国当前各种新型伦理关系和道德观念，哪些因素起主要作用【限选三项】

□（1）网络和媒体

□（2）政府

□（3）大学及其文化

□（4）市场

□（5）企业

□（6）宗教团体

□（7）其他（请说明）

49. 您认为信息技术、网络技术的发展对伦理关系的影响是【限选一项】

□（1）联系方便了，但人与人之间的亲密度降低了

□（2）信息传递迅捷了，但人与人之间的伦理感削弱了

□（3）联系变得容易，但情感方面的沟通变得困难

□（4）效率提高了，但人与人之间情感的真实性降低了

□（5）传递信息的效率和伦理关系的质量都提高了

□（6）其他（请说明）

50. 您认为市场经济对中国伦理道德的影响是【限选一项】

□（1）经济发展了，人变得自私了

□（2）经济发展了，道德也更合理了

□（3）经济发展了，伦理道德也变化了，但人的幸福感和满足感降低了

□（4）问题复杂，说不清

□（5）其他（请说明）

51. 您认为全球化、西方文化对中国伦理道德的影响【限选一项】

□（1）总体上积极，负面影响是次要的

□（2）误导和污染了中国的社会风气

□（3）中国人根本不了解西方伦理关系和道德生活的真实状况，表面的模仿导致了许多社会变态

□（4）很复杂，说不清

52. 您认为《公民道德建设纲要》及其实施对社会风尚改善【限选一项】

□（1）产生很大效果

□（2）有效果，但很小

□（3）没有实质性效果

□（4）其他（请说明）

2007 年中国思想、道德、文化状况调查问卷

（注：可选其中一项，也可选多项，或根据要求选择）

第一部分　基本信息

1. 您的性别

□（1）男

□（2）女

2. 您的年龄

□（1）18 以下

□（2）18—25 岁

□（3）26—35 岁

□（4）36—50 岁

□（5）51 岁及以上

3. 您的受教育程度

□（1）初中及以下

□（2）高中

□（3）大专

□（4）本科

□（5）研究生及以上

4. 您目前的职业

□（1）公务员

□（2）企业家

□（3）知识分子（含大学生和教师）

□（4）中小学生

□（5）农民（留守在农村）

□（6）进城务工人员（含务工农民、小城镇进大城市打工人员）

□（7）新社会群体（含高新技术企业、三资企业、私营企业主、中介组织人员及社会自由职业者）

□（8）企业职工

5. 您的月平均收入是

□（1）299 元及以下

☐（2）300—499 元
☐（3）500—999 元
☐（4）1000—1999 元
☐（5）2000—3999 元
☐（6）4000—7999 元
☐（7）8000 元及以上

6. 您的宗教信仰是
☐（1）佛教
☐（2）基督教或天主教
☐（3）道教
☐（4）伊斯兰教
☐（5）其他教
☐（6）不信教

第二部分　调研信息

1. 您认为中国当前的主流意识形态应该是【限选一项】
☐（1）反映工人阶级、农民阶级和知识分子的思想
☐（2）整合和凝聚不同社会集团的思想文化体系
☐（3）包容性越大越好
☐（4）其他（请说明）

2. 关于社会制度，您认为【限选一项】
☐（1）社会主义比资本主义好
☐（2）两者差不多
☐（3）从现实的制度实践来看，资本主义制度比社会主义制度优越
☐（4）只要能过上好日子，哪种制度都可以
☐（5）其他（请说明）

3. 对当前的主流意识形态，您认为正确的做法应该是【限选一项】
☐（1）放弃或改变当前的意识形态
☐（2）维护当前的意识形态
☐（3）淡化意识形态
☐（4）对当前的意识形态进行调整，作出新的解释
☐（5）其他（请说明）

4. 如果改革开放以来您的思想观念有变化的话，那么变化快的是什么时期【限选一项】

□（1）80 年代末 90 年代初

□（2）90 年代末和进入 21 世纪

□（3）其他（请说明）

□（4）说不清什么时期

5. 如果您现在对政府和党的看法与以前不一样的话，比较大的原因是

□（1）通过视听或直接接触外国的人或事，受其影响

□（2）党的政策和党员干部的行为影响

□（3）社会发展变化大所引起的

□（4）市场经济的发展

6. 您怎么看毛泽东时代

□（1）尽管物质生活条件差，但有信念

□（2）对生活没有信心

□（3）是一个黑暗的年代，不堪回首

□（4）很怀念

7. 您认为搞市场经济对我们的影响有

□（1）增强了社会主义的内在活力

□（2）强化了个人主义、唯利是图

□（3）与资本主义没有区别

□（4）破坏了中国传统的东西

8. 您认为共产党代表了什么阶级（或者说哪些人）的利益

□（1）工人、农民、知识分子

□（2）特权阶层

□（3）富人集团

□（4）其他（请说明）

9. 当今各种思潮，您觉得哪些社会思潮比较符合中国实际，可以用来指导社会实践

□（1）西方马克思主义

□（2）新儒家学说

□（3）马克思主义

□（4）民主社会主义

10. 对您的思想行为影响比较大的群体是

□（1）党政官员

□（2）工商界精英

□（3）知识精英

□（4）明星

□（5）其他（请说明）

11. 您对当前改革开放的主要忧虑是什么

□（1）导致贫富两极分化

□（2）腐败不能根治

□（3）生态破坏严重，使经济不能实现可持续发展

□（4）走向资本主义道路

12. 您认为医疗、教育、住房方面的改革

□（1）没有代表大多数中下层民众的利益

□（2）加剧了贫富分化

□（3）尽管不公平，但比不改革要好

□（4）代表了部分利益集团

13. 您认为外部世界近几十年来的变化与当今中国的关系

□（1）它引导中国向它们主导的方向变化

□（2）中国自主地按照自己的道路前进

□（3）中国按照外部的要求变化没有什么不好

□（4）中国坚持自己的道路不需要考虑外部世界

14. 您认为弱势群体的形成，是由于

□（1）个人原因

□（2）社会不公

□（3）制度安排不合理

□（4）机遇不好

15. 您怎样理解科学发展观中的“以人为本”

□（1）就是中国传统的民本思想

□（2）与西方的人本主义相似

□（3）指的是一切从人的需要出发

□（4）要求从人出发达到人与人自身、人与社会、人与自然的统一

16. 您认为当前社会影响较大的几种文化观念是【可多选和排序】

□（1）传统道德

□（2）市场竞争观念

□（3）马克思主义

□（4）个人主义

□（5）英雄主义

□（6）拜金主义

□（7）科学精神

□（8）享乐主义

□（9）存在主义

□（10）拜权主义

□（11）关系学

□（12）爱国主义

□（13）流行文化

□（14）其他

17. 您喜欢从事并经常参与的文化活动是【可排序】

□（1）阅读

□（2）网络游戏

□（3）打牌或下棋

□（4）看戏或电影

□（5）唱卡拉 OK

□（6）看电视

□（7）旅游观光或参观文化场馆

□（8）跳舞

□（9）体育活动

□（10）其他

18. 您生活方式的形成或改变主要受到哪些因素的影响【可排序】

□（1）明星榜样

□（2）商业广告

□（3）家庭要求

□（4）流行时尚

□（5）朋友示范

□（6）意识形态导向

□（7）文化教育

□（8）道德规范

□（9）从众心理

□（10）其他

19. 您认为科技进步【赞成打√，不赞成打×】

□（1）使人类社会文化变得丰富多彩

□（2）使人类变得更加强大

□（3）更说明学习文化知识重要

□（4）使人与人关系变得疏离与隔膜

□（5）有利有弊

□（6）只是工具理性，需要人文精神和价值理性导引

□（7）对文化影响不大，因为人性没变

□（8）使人更有能力也更自信

20. 您觉得市场经济给社会带来了哪些新的文化观念【最多可选三项】

□（1）竞争意识

□（2）自由与平等意识

□（3）金钱万能和拜金主义

□（4）自私与利己主义

□（5）效率意识与科学管理

□（6）合作意识

□（7）享乐主义

□（8）其他

21. 您基本的人生目标或理想是【最多可选两项】

□（1）挣钱多生活富裕

□（2）安家立业娶妻生子

□（3）正正派派做事，清清白白做人

□（4）服务社会贡献社会

□（5）出人头地、光宗耀祖

□（6）及时行乐

□（7）健康快乐

□（8）人生没有意思，得过且过

22. 你认为当前社会一个人成功主要靠【可排序】

- □（1）运气
- □（2）家庭关系
- □（3）知识和能力
- □（4）讨好领导
- □（5）勇敢与毅力
- □（6）独特个性
- □（7）远大理想
- □（8）扎实工作

23. 请对下列说法作出自己的判断【同意打√，不同意打×】

- □（1）我相信鬼神存在
- □（2）生死有命，富贵在天
- □（3）我相信因果报应，不是不报，时候未到
- □（4）没有鬼神，人应自己掌握自己的命运
- □（5）平时不烧香，临时抱佛脚
- □（6）风水占卜信则灵
- □（7）对鬼神问题困惑，不知道如何回答

24. 您对社会文化现象是非判断的主要依据是

- □（1）天理良心
- □（2）传统道德
- □（3）领导意见
- □（4）意识形态
- □（5）理性与科学
- □（6）个人利益
- □（7）个人兴趣
- □（8）社会舆论

25. 您认为现在的人与过去相比【可选多项】

- □（1）更为精明
- □（2）更有独立意识
- □（3）更有文化素养
- □（4）更加敢于冒险
- □（5）更加自私贪婪

□（6）更加狡诈
□（7）更缺少人情味
□（8）更缺少道德意识
□（9）生活质量更高
□（10）精神上更加愉快，也更加幸福

26. 您认为当前社会人与人关系同过去相比
□（1）更加亲密和谐
□（2）更加冷漠或事不关己高高挂起
□（3）更加不信任和存有戒心
□（4）更加重视自己利益并根据利益和契约进行合作
□（5）相互冲突、相互对立
□（6）互相利用
□（7）互惠关系
□（8）老实人吃亏
□（9）趋炎附势，人一走茶就凉

27. 您认为当前社会文化与过去相比
□（1）更为丰富多彩
□（2）更为低俗
□（3）更加繁荣
□（4）更加处于困境
□（5）更加混乱而是非难辨
□（6）更加多变而难以把握
□（7）更加关注个人需要
□（8）更加贴近市场和钱

28. 您认为当前社会文化之所以多元多样乃是由于
□（1）改革开放使社会文化更加宽松
□（2）市场经济条件下利益多元
□（3）人心人性的多样化
□（4）不同群体要求不同
□（5）不同地区的差别
□（6）传统与现代的冲突
□（7）全球化背景下东方与西方不同文明的冲突

☐（8）其他

29. 您认为多元多样多变的文化中有哪些因素持久不变或变化相对较少

☐（1）理想

☐（2）人性

☐（3）人与人关系

☐（4）伦理道德基本原则

☐（5）物质利益基础作用

☐（6）对真善美的追求

☐（7）坚贞的爱情

☐（8）亲情与友谊

☐（9）马克思主义领导地位

☐（10）其他

30. 您认为当前加强文化建设应当优先重视哪些方面因素【最多选三项】

☐（1）弘扬传统文化

☐（2）学习西方文化

☐（3）马克思主义指导

☐（4）发扬科学民主精神

☐（5）加强法制建设

☐（6）政府加大对公益文化的投入

☐（7）对下一代的文化教育

☐（8）提高公民素质

☐（9）发展科学技术

☐（10）弘扬“三创”精神

☐（11）先发展经济增加收入提高消费能力

☐（12）重视大众文化与流行文化

31. 在下列伦理关系中，您最重视哪些关系【限选五项】

☐（1）父母与子女

☐（2）夫妻

☐（3）兄弟姐妹

☐（4）同事或同学

☐（5）上级与下级

☐（6）师生

□（7）人与自然的关系

□（8）个人与社会

□（9）个人与政府

□（10）个人与工作单位

□（11）网上关系

□（12）朋友

□（13）其他（请说明）

32. 您认为哪一种伦理关系对社会秩序和个人生活最具根本性意义【限选一项】

□（1）家庭伦理关系或血缘关系

□（2）个人与社会的关系

□（3）职业伦理关系

□（4）个人与国家民族的关系

□（5）人与自然的关系

□（6）个人与他自身的关系

□（7）其他（请说明）

33. 您认为当今中国社会最基本的伦理冲突是【请排序】

□（1）人与自然的冲突

□（2）人自我内在的冲突

□（3）人与人之间的冲突

□（4）个人与社会的冲突

□（5）个人与政府的冲突

□（6）其他（请说明）

34. 男女或夫妇是否应当在社会生活和家庭中具有不同的伦理角色（如男主内，女主外），有一种说法："让妇女回到家庭去"，您是否同意

□（1）是，同意

□（2）否，不同意

□（3）其他（请说明）

35. 您认为信息技术、网络技术的发展对伦理关系的影响是

□（1）联系方便了，但人与人之间的亲密度降低了

□（2）信息传递迅捷了，但人与人之间的伦理感削弱了

□（3）联系变得容易，但情感方面的沟通变得困难

□（4）效率提高了，但人与人之间情感的真实性降低了

□（5）传递信息的效率和伦理关系的质量都提高了

□（6）其他（请说明）

36. 您认为在现代中国社会实际奉行的道德价值是

□（1）人人为自己，上帝为大家

□（2）义利合一，以理导欲

□（3）见利忘义，物欲横流

□（4）存义去利

□（5）其他（请说明）

37. 您认为对待自然欲望的态度应当是

□（1）最大限度地释放和满足自己的自然冲动，只要不违法就行

□（2）只要满足自己的需求，怎么做都行

□（3）节制自然欲望，合理地满足自己的欲求

□（4）首先考虑欲望及其实现是否符合道德，如果符合就最大限度地实现

□（5）其他（请说明）

38. 您认为当今中国社会最重要也是最需要的德性是【限五项】

□（1）爱（仁爱、博爱、友爱）

□（2）义（义务，见利思义，按道德规范行事）

□（3）宽容

□（4）责任

□（5）正义或公正

□（6）诚信

□（7）忠恕

□（8）理智

□（9）节制

□（10）谦让

□（11）恭敬（对社会、道德准则、责任、义务，以及长上的恭敬）

□（12）勇敢

□（13）正直

□（14）善良

□（15）力行或知行合一

□（16）教养

□（17）孝悌

□（18）守节

□（19）中庸

□（20）其他（请说明）

39. 目前中国社会两性之间的性开放日益发展，它对社会风尚的影响是

□（1）是社会进步的表现

□（2）从根本上污染了社会风气

□（3）无所谓

□（4）“男女居室，人之大伦”，两性关系的混乱必然导致道德沦丧

□（5）其他（请说明）

40. 当前中国社会中个体道德素质存在的主要问题是

□（1）道德上无知

□（2）有道德知识，但不见诸行动

□（3）既无知，也不行动

□（4）其他（请说明）

41. 如果遭遇利益冲突，如名誉、利益受他人侵害，您首先的行为反应是

□（1）诉诸法律，打官司

□（2）直接找对方沟通，但得理让人，适可而止

□（3）通过第三方（如社会机构，朋友等）从中调节，尽量不伤和气

□（4）其他（请说明）

42. 您认为对现代中国社会伦理关系和道德风尚造成最大影响的因素是【限选一项】

□（1）传统文化的崩坏

□（2）外来文化的冲击

□（3）市场经济导致的个人主义

□（4）高技术的应用

□（5）其他（请说明）

43. 您认为在自己的成长中得到最大伦理教益和道德训练的场所是【限选两项】

□（1）家庭

□（2）学校

□（3）社会（包括职业生活）

□（4）国家或政府

□（5）媒体

□（6）其他

44. 您认为哪种因素应对当今不良道德风尚负主要责任【限选两项】

□（1）官员腐败

□（2）企业不讲诚信和损害社会利益

□（3）学校道德教育功能弱化

□（4）家庭伦理功能式微

□（5）社会的不良影响

□（6）其他（请说明）

45. 您对哪类群体的伦理道德状况最不满意【限选两项】

□（1）政府，政府官员群体

□（2）企业，企业家群体

□（3）演艺娱乐界

□（4）学校

□（5）其他（请说明）

46. 您认为我们的政府在制定政策和决策时充分考虑到伦理道德方面的要求（如保护、社会公平、利益均衡、关怀弱势群体，以及大多数人利益和感受）吗【限选一项】

□（1）是

□（2）否

□（3）其他（请说明）

47. 如果您所在的单位有一项举措可以提高集体福利并使您个人得到利益，但会造成环境污染或社会公害，您会劝阻或举报吗【限选一项】

□（1）会

□（2）不会

□（3）其他

48. 您认为现代社会的大部分人有荣辱感或羞耻感吗【限选一项】

□（1）有

□（2）很少

□（3）没有

□（4）有，但是严重退化了

□（5）有，但不健康

□（6）其他（请说明）

49. 在高校招生中，许多大学对本校教职工子女降分录取，您认为这种行为

□（1）理所当然

□（2）严重侵犯了公民利益，是不道德行为

□（3）符合高校内部的伦理，但不符合社会道德

□（4）司空见惯，无可奈何

□（5）其他（请说明）

50. 您认为《公民道德建设纲要》及其实施对社会风尚改善

□（1）收到很大效果

□（2）有效果，但很小

□（3）没有实质性效果

□（4）其他（请说明）

51. 您判断某个行为是否道德的主要依据是

□（1）是否符合传统

□（2）是符达到利益最大化

□（3）别人的评价

□（4）自己的良心和信念

□（5）是否符合大多数人认同的规范

□（6）其他（请说明）

52. 您认为当前中国社会道德生活的主流是

□（1）社会主义道德

□（2）个人主义

□（3）传统道德

□（4）西方文化影响而形成的道德

□（5）市场经济中形成的道德

□（6）其他（请说明）

53. 对形成中国当前各种新型伦理关系和道德观念，哪些因素起主要作用【限选三项】

□（1）网络和媒体

□（2）政府

□（3）大学及其文化

□（4）市场

□（5）企业

□（6）宗教团体

□（7）其他（请说明）

54. 一些政府机关，通过各种途径让本单位的干部子女在很好的幼儿园、小学、中学读书，您认为这种行为是【限选一项】

□（1）为本单位人员谋福利，符合道德

□（2）以权谋私，属于政府行为不道德

□（3）是对社会公众的欺骗行为，严重不道德

□（4）符合本单位内部伦理，但严重侵蚀社会道德

□（5）是干部特权和政府谋私行为

□（6）其他（请说明）

55. 您认为目前中国社会对人际关系的伦理调节能力和个人行为的道德调节能力

□（1）良好

□（2）一般

□（3）很差

□（4）几乎没有，一切都听从于法律和利益

□（5）其他（请说明）

2013 年中国综合社会调查问卷（CGSS）

2013 年度调查问卷（居民问卷）B 卷

1. 问卷编号：[______|______|______|______|______]
2. 样本序号：[______|______|______|______|______]
3. 抽样页类型：　1　2　3　4　5　6　7　8
4. 采访地点：

省/自治区/直辖市名称：______

市名称：______

县/区名称：______

乡/镇/街道名称：______

居委会/行政村委会名称：______

社区编号：[______|______|______|______|______|______]

5a. 督导记录：受访者居住的地区类型	5b. 采访员记录：受访者居住的社区类型
1. 市/县城的中心城区 2. 市/县城的边缘城区 3. 市/县城的城乡接合部 4. 市/县城区以外的镇 5. 农村 6. 其他（请注明______）	1. 未经改造的老城区（街坊型社区） 2. 单一或混合的单位社区 3. 保障性住房社区 4. 普通商品房小区 5. 别墅区或高级住宅区 6. 新近由农村社区转变过来的城市社区（村改居、村居合并或"城中村"） 7. 农村 8. 其他（请说明______）

6. 受访户类型：　（1）家庭户　（2）集体户
7. 受访者是否是答话人：　（1）是　（2）不是
8. 访问员（签名）______　代码：[___|___|___|___|___]
9. 陪访督导（签名）______　代码：[___|___|___|___|___]
10. 采访员互审（签名）______　代码：[___|___|___|___|___]

    督导审核（签名）______　代码：[___|___|___|___|___]

    地方终审（签名）______　代码：[___|___|___|___|___]
11. 现场复核类型：　（1）入户复核　（2）电话复核　（3）未复核

    复核（签名）______　代码：[___|___|___|___|___]

A 部分

⑦请记录当前时间：[__|__] 月 [__|__] 日 [__|__] 时 [__|__] 分。

A1. 请问除您以外，您家里还有哪些人？请根据年龄大小告诉我们您家里每一个人的称呼（与被访者的关系）。注意：不要包括已经和您分家的成员。

家庭成员代码	家庭成员称呼（与被访者的关系）	1. 性别 （1）男 （2）女	2. 请问这些家庭成员之间的关系是？（“行”是“列”的什么人？填写代码） 01 配偶 02 子女 03 父母 04 配偶的父母 05 兄弟姐妹 06 女婿/儿媳 07 祖父母/外祖父母 08 曾祖父母/曾外祖父母 09 孙子（女）/外孙子（女） 10 曾孙子（女）/曾外孙子（女） 11 配偶的兄弟姐妹 12 兄弟姐妹的配偶 13 配偶的兄弟姐妹的配偶 14 侄子/侄女（兄弟的子女） 15 外甥/外甥女（姐妹的子女） 16 姑妈（父亲的姐妹） 17 姨妈（母亲的姐妹） 18 伯父/叔叔（父亲的兄弟） 19 舅舅（母亲的兄弟） 20 其他亲属 21 配偶的其他亲属 22 其他非亲属															家庭成员代码	3. 年龄 （周岁） （高位补零）	4. 目前是否与您同吃同住？ （1）吃住都在一起 （2）住在一起，但吃不在一起 （3）吃在一起，但不住在一起 （4）吃住都不在一起	5. 经济上是否与您独立？ （1）是 （2）否	6. 婚姻状况 （1）未婚 （2）已婚 （3）离婚 （4）丧偶
1	被访者本人		1															1				
2				2														2	[__|__|__]			
3					3													3	[__|__|__]			
4						4												4	[__|__|__]			
5							5											5	[__|__|__]			
6								6										6	[__|__|__]			
7									7									7	[__|__|__]			

续表

家庭成员代码	家庭成员称呼（与被访者的关系）	1. 性别 （1）男 （2）女	2. 请问这些家庭成员之间的关系是？（“行”是“列”的什么人？填写代码） 01 配偶 02 子女 03 父母 04 配偶的父母 05 兄弟姐妹 06 女婿/儿媳 07 祖父母/外祖父母 08 曾祖父母/曾外祖父母 09 孙子（女）/外孙子（女） 10 曾孙子（女）/曾外孙子（女） 11 配偶的兄弟姐妹 12 兄弟姐妹的配偶 13 配偶的兄弟姐妹的配偶 14 侄子/侄女（兄弟的子女） 15 外甥/外甥女（姐妹的子女） 16 姑妈（父亲的姐妹） 17 姨妈（母亲的姐妹） 18 伯父/叔叔（父亲的兄弟） 19 舅舅（母亲的兄弟） 20 其他亲属 21 配偶的其他亲属 22 其他非亲属															家庭成员代码	3. 年龄（周岁）（高位补零）	4. 目前是否与您同吃同住？ （1）吃住都在一起 （2）住在一起，但吃不在一起 （3）吃在一起，但不住在一起 （4）吃住都不在一起	5. 经济上是否与您独立？ （1）是 （2）否	6. 婚姻状况 （1）未婚 （2）已婚 （3）离婚 （4）丧偶
8										8								8	[__|__|__]			
9											9							9	[__|__|__]			
10												10						10	[__|__|__]			
11													11					11	[__|__|__]			
12														12				12	[__|__|__]			
13															13			13	[__|__|__]			
14																14		14	[__|__|__]			
15																	15	15	[__|__|__]			

访问员继续追问：还有哪些人现在您家常住，但没有出现在上表中？

社会人口属性

A2. 性别（访问员记录）

男 …………………………………………………………………… 1

女 …………………………………………………………………… 2

A3. 您的出生日期是什么（记录公历年。如果被访者以农历、生肖或其他方式报告自己的出生年，请换算成公历后再记录）

记录：［___ | ___ | ___ | ___］年［____ | ____］月［____ | ____］日

A4. 您的民族是

汉 …………………………………………………………………… 1

蒙 …………………………………………………………………… 2

满 …………………………………………………………………… 3

回 …………………………………………………………………… 4

藏 …………………………………………………………………… 5

壮 …………………………………………………………………… 6

维 …………………………………………………………………… 7

其他（请说明____________） ………………………………………… 8

A5. 您的宗教信仰【多选】

不信仰宗教 ………………………………………………………… 01

信仰宗教

佛教 ……………………………………………………………… 11

道教 ……………………………………………………………… 12

民间信仰（拜妈祖、关公等） ………………………………… 13

回教/伊斯兰教 ………………………………………………… 14

天主教 …………………………………………………………… 15

基督教 …………………………………………………………… 16

东正教 …………………………………………………………… 17

其他基督教 ……………………………………………………… 18

犹太教 …………………………………………………………… 19

印度教 …………………………………………………………… 20

其他（请注明____________________） ……………………… 21

A6. 您参加宗教活动的频繁程度是

从来没有参加过 …………………………………………………… 1

一年不到 1 次 …………………………………………………………………… 2
一年大概 1 次到 2 次 ……………………………………………………………… 3
一年几次 ………………………………………………………………………… 4
大概一月 1 次 …………………………………………………………………… 5
一月 2 次到 3 次 ………………………………………………………………… 6
差不多每周都有 ………………………………………………………………… 7
每周都有 ………………………………………………………………………… 8
一周几次 ………………………………………………………………………… 9

A7a. 您目前的最高教育程度是（包括目前在读的）
没有受过任何教育 …………………………………………… 1 → 跳问 A8a
私塾、扫盲班 ………………………………………………… 2 → 跳问 A8a
小学 ……………………………………………………………………………… 3
初中 ……………………………………………………………………………… 4
职业高中 ………………………………………………………………………… 5
普通高中 ………………………………………………………………………… 6
中专 ……………………………………………………………………………… 7
技校 ……………………………………………………………………………… 8
大学专科（成人高等教育） ……………………………………………………… 9
大学专科（正规高等教育） ……………………………………………………… 10
大学本科（成人高等教育） ……………………………………………………… 11
大学本科（正规高等教育） ……………………………………………………… 12
研究生及以上 …………………………………………………………………… 13
其他（请注明____________） …………………………………………………… 14

A7b. 您目前的最高教育程度是
正在读 …………………………………………………………………………… 1
辍学和中途退学 ………………………………………………………………… 2
肄业 ……………………………………………………………………………… 3
毕业 ……………………………………………………………………………… 4

A7c. 您已完成的最高学历是在哪一年获得的（“已完成”指毕业）
记录：[___ | ___ | ___ | ___] 年
9997. 不适用

A8a. 您个人去年（2012 年）全年的总收入是多少？（记录具体数字，并高位补零）

百万位	十万位	万位	千位	百位	十位	个位	
|____|	____|	____|	____|	____|	____|	____|	元

9999996. 个人全年总收入高于百万位数

9999997. 不适用　　9999998. 不知道　　9999999. 拒绝回答

A8b. 您个人去年（2012 年）全年的职业/劳动收入是多少？（记录具体数字，并高位补零）

百万位	十万位	万位	千位	百位	十位	个位	
|____|	____|	____|	____|	____|	____|	____|	元

9999996. 个人全年职业/劳动收入高于百万位数

9999997. 不适用　　9999998. 不知道　　9999999. 拒绝回答

A9. 请问，您递交过加入中国共产党的申请书吗

未递交过 …………………………………………………………………… 1

递交过，第一次递交申请书是：[___|___|___|___] 年 ……………… 2

A10. 您目前的政治面貌是

共产党员，入党时间是：[___|___|___|___] 年 ……………………… 1

民主党派 …………………………………………………………………… 2

共青团员 …………………………………………………………………… 3

群众 ………………………………………………………………………… 4

A11. 您现在住的这座住房的套内建筑面积是：[___|___|___|___] 平方米（高位补零）

A12. 您现在这座房子的产权（部分或全部产权）属于谁【多选】

自己所有 …………………………………………………………………… 1

配偶所有 …………………………………………………………………… 2

子女所有 …………………………………………………………………… 3

父母所有 …………………………………………………………………… 4

配偶父母所有 ……………………………………………………………… 5

子女配偶所有 ……………………………………………………………… 6

其他家人/亲戚所有 ……………………………………………………… 7

家人/亲戚以外的个人或单位所有，这房是租（借）来的 …………… 8
其他情况（请注明____________________） ……………………………… 9

D 部分：公民道德状况

D1. 您对当前中国社会的道德状况的总体满意程度是
非常满意 ………………………………………………………………………… 1
比较满意 ………………………………………………………………………… 2
一般 ……………………………………………………………………………… 3
比较不满意 ……………………………………………………………………… 4
非常不满意 ……………………………………………………………………… 5

D2. 您对当前中国社会的人际关系的总体满意程度是
非常满意 ………………………………………………………………………… 1
比较满意 ………………………………………………………………………… 2
一般 ……………………………………………………………………………… 3
比较不满意 ……………………………………………………………………… 4
非常不满意 ……………………………………………………………………… 5

D3. 您认为当前中国社会个人道德素质的主要问题是
道德上无知 ……………………………………………………………………… 1
有道德知识，但不见诸行动 …………………………………………………… 2
既道德上无知，也不见道德行动 ……………………………………………… 3
其他（请注明____________） ……………………………………………… 4

D4. 下列哪个因素最可能影响人际关系紧张
社会资源缺乏，引发恶性竞争 ………………………………………………… 1
过度宣扬竞争意识 ……………………………………………………………… 2
社会财富分配不公，贫富差距过大 …………………………………………… 3
个人主义盛行 …………………………………………………………………… 4
缺乏爱心 ………………………………………………………………………… 5
缺乏宽容 ………………………………………………………………………… 6
缺乏相互理解和沟通的意识和能力 …………………………………………… 7
制度安排不公正，机会不平等 ………………………………………………… 8
一切诉诸利益或法律，人际关系缺乏伦理调节的机制和能力……………… 9
其他（请注明____________） ……………………………………………… 10

D5. 当前有些人身心不和谐，如忧郁、精神分裂、自杀等，您认为造成这种情况的最主要原因是什么

欲望过多过大，不能知足常乐 ………………………………………………… 1
社会保障体系不健全，对自己和未来没有把握 ………………………………… 2
竞争激烈，工作压力过大，身心疲惫 ………………………………………… 3
人与人之间缺乏信任感，人际关系紧张 ……………………………………… 4
有烦恼很难找到人倾诉和排解 ………………………………………………… 5
个人的文化底蕴和文化积累不够，缺乏自我理解和自我调节能力……… 6
现代人缺乏安顿自己、化解内心矛盾的能力 ………………………………… 7
缺乏道德公正，没有道德的人总是讨便宜 …………………………………… 8
缺乏理想和信念支持，精神没有寄托和归宿 ………………………………… 9
其他（请注明____________） …………………………………………………… 10

D6. 您认为当今中国社会最重要的道德品质是什么【请将答案直接填写在下面的横线上】

第一位：____________________ 第二位：____________________

第三位：____________________

D7. 您觉得政府推动或倡导的下列活动，效果如何【出示示卡 14】

	完全没有效果	有较少的效果	一般	有较多的效果	有非常多的效果	没听说过该活动
1. 文明城市创建	1	2	3	4	5	6
2. 学雷锋活动	1	2	3	4	5	6
3. 典型人物的宣传（感动中国、中国好人、道德楷模等）	1	2	3	4	5	6
4. 志愿服务的倡导和推广	1	2	3	4	5	6
5. 反腐倡廉的举措	1	2	3	4	5	6
6.《公民道德建设实施纲要》的推进	1	2	3	4	5	6

D8. 您认为当前社会下列状况的严重程度如何【出示示卡 15】

	非常不严重	比较不严重	一般	比较严重	非常严重
1. 坑蒙拐骗	1	2	3	4	5
2. 人际关系冷漠，见危不救	1	2	3	4	5
3. 诚信缺乏，社会信用度低	1	2	3	4	5
4. 公共场所缺乏公德，如大声喧哗、不排队、随地吐痰等	1	2	3	4	5

续表

	非常不严重	比较不严重	一般	比较严重	非常严重
5. 自私自利，损人利己，物欲横流	1	2	3	4	5
6. 缺乏公正心和正义感	1	2	3	4	5
7. 缺乏羞耻感	1	2	3	4	5
8. 干部贪污受贿，以权牟利	1	2	3	4	5
9. 生活奢侈，铺张浪费	1	2	3	4	5
10. 奉行功利主义，相互算计	1	2	3	4	5
11. 企业损害社会利益，如污染环境、以虚假广告误导公众等	1	2	3	4	5
12. 娱乐界以丑闻、绯闻炒作，污染社会风气	1	2	3	4	5
13. 媒体缺乏社会责任，炒作新闻	1	2	3	4	5
14. 社会财富分配不公，贫富悬殊过大	1	2	3	4	5
15. 教师不尽职	1	2	3	4	5
16. 医生不守职业道德	1	2	3	4	5
17. 偷盗	1	2	3	4	5
18. 公众人物用知名度攫取财富	1	2	3	4	5
19. 不爱国	1	2	3	4	5
20. 两性关系过度开放导致婚姻不稳定	1	2	3	4	5
21. 年轻人缺乏责任感，不孝敬父母	1	2	3	4	5
22. 父母和子女代沟问题严重，难以沟通	1	2	3	4	5
23. 老无所养，缺乏安全感	1	2	3	4	5

D9. 在下列关系中，您认为哪些关系最重要【排序，请将选项填入下面的横线处】【出示示卡 16】

	1. 父母与子女 2. 夫妻 3. 兄弟姐妹 4. 同事或同学 5. 上级与下级 6. 师生 7. 人与自然的关系	8. 个人与社会 9. 个人与国家 10. 个人与工作单位 11. 通过网络建立的关系 12. 朋友 13. 个人与他自身的关系（身心和谐） 14. 其他（请注明____________________）
1. 第一重要的是	|______|	
2. 第二重要的是	|______|	
3. 第三重要的是	|______|	

D10. 现在社会上有些人不守道德反而讨了便宜，您会不会为了得到好处而效仿

从来不这么做……………………………………………………………… 1

通常不这么做，关键时刻会这么做 …………………………………… 2
经常这么做……………………………………………………………… 3
说不清 ………………………………………………………………… 8

D11. 如果您与下列人员发生重大利益冲突，您会首先选择哪种途径来解决【出示示卡 17】

	诉诸法律，打官司	直接找对方沟通但得理让人，适可而止	通过第三方（如社会机构，朋友等）从中调节，尽量不伤和气	能忍则忍	不适用
1. 家庭成员之间	1	2	3	4	5
2. 朋友之间	1	2	3	4	5
3. 同事之间	1	2	3	4	5
4. 商业伙伴之间	1	2	3	4	5

D12. 一些政府机关和大中小学，利用权力让本单位的职工子女在很好的学校读书，或降分录取，您认为这种行为道德吗

为本单位人员谋福利，符合道德 ………………………………………… 1
以权谋私，不道德………………………………………………………… 2
是对社会公众的欺骗，严重不道德 ……………………………………… 3
符合本单位员工利益和内部伦理，但严重侵蚀社会道德 ……………… 4
无所谓道德不道德………………………………………………………… 5

D13. 如果您所在的单位有一项举措可以提高集体福利并使您个人得到利益，但会造成环境污染或社会公害，您会举报吗

会 ……………………………………………………………………… 1
不会 …………………………………………………………………… 2

D14. 您认为对当前中国伦理关系和道德风尚造成最大负面影响的因素是

传统文化的崩坏…………………………………………………………… 1
外来文化的冲击…………………………………………………………… 2
市场经济导致的个人主义 ……………………………………………… 3
计算机网络技术的发展 ………………………………………………… 4
其他（请注明____________________） ……………………………… 5

D15. 从网络中获得的信息（文字、图片、视频等）对您的思想行为影响如何

影响很大 ………………………………………………………………… 1
有一些影响 ……………………………………………………………… 2
影响不大 ………………………………………………………………… 3

完全没有影响 ………………………………………………………………… 4
不适用，因为不上网 ……………………………………………………… 5

D16. 您认为在自己的成长中得到道德训练的最重要场所或机构是
家庭 ……………………………………………………………………… 1
学校 ……………………………………………………………………… 2
社会（包括职业生活） ………………………………………………… 3
国家或政府 ……………………………………………………………… 4
媒体 ……………………………………………………………………… 5
其他（请注明____________________） ……………………………… 6

D17. 你对下列群体的伦理道德状况的满意度如何【出示示卡 18】

	非常不满意	比较不满意	一般	比较满意	非常满意
1. 政府官员	1	2	3	4	5
2. 企业家	1	2	3	4	5
3. 演艺娱乐界明星	1	2	3	4	5
4. 教师	1	2	3	4	5
5. 青少年	1	2	3	4	5
6. 农民	1	2	3	4	5
7. 商人	1	2	3	4	5
8. 工人	1	2	3	4	5
9. 专家学者	1	2	3	4	5
10. 医生	1	2	3	4	5

D18. 您觉得当前中国政府官员道德问题最严重的是
贪污 ……………………………………………………………………… 1
以权谋私 ………………………………………………………………… 2
受贿 ……………………………………………………………………… 3
生活作风腐败 …………………………………………………………… 4
官僚主义 ………………………………………………………………… 5
平庸，不作为 …………………………………………………………… 6
政绩工程，折腾百姓 …………………………………………………… 7
铺张浪费 ………………………………………………………………… 8
拉帮结派 ………………………………………………………………… 9
其他（请注明____________________） ……………………………… 10

D19. 您的思想行为受什么人影响最大【请将答案选项填写在下面的横线上】【出示示卡19】

	1. 政府官员 2. 企业家 3. 演艺明星、体育明星 4. 教师 5. 知识精英	6. 自由职业者 7. 农民 8. 工人 9. 先哲先贤 10. 父母
1. 第一大的是		|______|
2. 第二大的是		|______|
3. 第三大的是		|______|

D20. 您认为目前中国社会成员之间的收入差距如何

合理，可以接受……………………………………………………………… 1

不合理，但可以接受…………………………………………………………… 2

不合理，不能接受……………………………………………………………… 3

说不清 ………………………………………………………………………… 8

D21. 如果国外报道与主流媒体宣传内容不一致，您倾向于相信

主流媒体 ……………………………………………………………………… 1

国外报道 ……………………………………………………………………… 2

谁都不相信，自己判断 ……………………………………………………… 3

说不清 ………………………………………………………………………… 8

D22. 您认为当前中国社会道德生活中最重要的元素是

意识形态中所提倡的社会主义道德 ………………………………………… 1

中国传统道德…………………………………………………………………… 2

西方文化影响而形成的道德 ………………………………………………… 3

市场经济中形成的道德 ……………………………………………………… 4

其他（请注明________________） ………………………………………… 5

D23. 假设您的上司或老板是外国人，如果他侮辱了中国，但抗争会产生不利于自己的后果，您会选择

当面抗议 ……………………………………………………………………… 1

保持沉默 ……………………………………………………………………… 2

暗地里报复……………………………………………………………………… 3

以屈求伸，背后骂几句就行了 ……………………………………………… 4

无所谓 ………………………………………………………………………… 5

D24. 您认为哪一种伦理关系对社会秩序和个人生活最具根本性意义

家庭伦理关系或血缘关系 …………………………………………… 1

个人与社会的关系…………………………………………………… 2

职业伦理关系………………………………………………………… 3

个人与国家民族的关系 ……………………………………………… 4

人与自然的关系……………………………………………………… 5

个人与他自身的关系………………………………………………… 6

其他（请注明____________________） ………………………… 7

Z 部分：联系方式

谢谢您参与我们的调查。我们诚挚地希望能与您保持联系，希望您能告诉我们您的联系方式，以便将来可以把我们的研究成果报告给您，并且在年节时给您寄上一份小礼物。我们会严格遵守科学研究的伦理及中国有关法律的规定，为您提供的所有信息保密。除了本研究目的之外，不向任何单位和个人泄露，并愿意为此承担法律责任。谢谢您的理解和配合。

Z1. 您的姓名是：____________________

Z2. 您的手机号码是：[__|__|__|__|__|__|__|__|__|__|__]

Z3. 您家的固定电话号码是：[__|__|__|__|__|__|__|__]

区号是：[__|__|__|__]

Z4. 您的 E-mail 地址是：____

Z5. 您的邮寄地址是：________省________市________县（区）________乡镇/街道____

邮政编码是：[__|__|__|__|__|__]

Z6. 如果我们希望与您保持长期联系的话，请问最好的方式是什么？

记录：[____]

⑦请记录当前时间：[__|__] 月 [__|__] 日 [__|__] 时 [__|__] 分。

【调查员注意：读出下列句子：“访问到此结束，感谢您对我们工作的支持。”】

问卷编号 S0：|__|__|__|__|

2013 年居民伦理道德发展状况调查问卷

访问地点、时间和访问员	本列不需要调查员填写
S1. 地级市：____________________	[____]
S2. 区/县：____________________	[__|__]
S3. 街道/乡镇：____________________	[__|__]
S4. 居委会/村委会：____________________	[__|__]
S5. 调查员姓名：____________________	[__|__]
S6. 调查开始时间：2013 年 9 月|__|__|日|__|__|时：|__|__|分	
S7. 初审人姓名：____________________	[__|__]

江苏省委省政府决策咨询基地

东南大学国情调查中心

江苏省委宣传部国家重大项目组

2013 年 9 月

户内抽样

您好！我们是东南大学的学生，正在进行一项调研，以了解大家对社会生活的一些看法和感受。我们按照科学方法抽中您家作为调查对象。您的合作对于我们了解有关情况和制定社会政策，有十分重要的意义。下面我要了解一些您家庭成员的情况，谢谢您的支持。

【访问员读出】

S2a. 请问目前您家里一共住了多少人？我指的是：在您家里居住了 7 天以上或将要居住 7 天以上的人，包括亲戚、保姆等其他人在内。请分别告诉我他们跟您是什么关系？他们的性别和周岁年龄是什么？

【访问员追问】

S2b. 除了刚才谈到的人，您这一家的家庭的成员中有没有不在这所房子里居住的（比如在外上学的学生、外出工作的家人）？如果有，也请告诉我他们的情况。

【访问员请按以下步骤进行】

第一步，根据答话人介绍，将该户中所有人的情况填在下面的《住户人口登记表》中。

第二步，在《住户人口登记表》中，标注出每位成员是否在这一住户内居住（居住了 7 天以上或将要居住 7 天以上），填写X4 中的选项数字。对于不在这一户内居住的，要注明原因（填写X5 中的选项数字）。对于 X5 中选 1、2 的，需要注明外出的地点（填写 X6 中的选项数字）。

第三步，把《住户人口登记表》中18 周岁及以上且在这一户内居住的人口按"先排男性，后排女性；在同一性别中，先排年龄大者，后排年龄小者"的规则进行排序，并按此顺序将成员的性别和年龄填在下面的《KISH 选样表》中（如本户中没有年龄为18 周岁及以上且在户内居住的成员，则放弃此户，在入户情况登记表中标记为"访问失败"）。

第四步，按照《KISH 选样表》选出被访者。选样表的第一行有 A 到 H 共 8 个字母，其中有一个字母所在列被加以阴影。这一列和住户成员排序的最后一位所在的那一行的交会处的数字，就是被选中的住户成员的序号，请在《KISH 选样表》Y1 一栏以√标出被选中的被选者。

第五步，找到选中的被访者进行访问。

住户人口登记表

	X1	X2	X3	X4	X5 不在户内居住原因 （适用于 X4—回答 2 的）	X6 外出地点 （适用于 X5—回答 1、2 的）
人数	与答话人的关系	性别 1. 男 2. 女	年龄	是否在户内居住？ 1. 是 2. 否	1. 在外出差　2. 在外工作/打工 3. 外出上学　4. 外出参军 5. 其他（请注明____________ ________________________）	1. 本乡镇 2. 本县市其他乡镇 3. 本省内其他县市 4. 外省/自治区/直辖市，请注明 5. 大陆以外国家/地区
1	答话人		[___|___]			
2			[___|___]			
3			[___|___]			
4			[___|___]			
5			[___|___]			
6			[___|___]			
7			[___|___]			
8			[___|___]			
9			[___|___]			

KISH 选样表

Y1 序号	Y2 性别	Y3 年龄	A	B	C	D	E	F	G	H
1			1	1	1	1	1	1	1	1
2			1	1	1	1	2	2	2	2
3			1	1	1	2	2	3	3	3
4			1	1	2	2	3	3	4	4
5			1	2	2	3	4	3	5	5
6			1	2	2	3	4	5	5	6
7			1	2	2	3	4	5	5	6
8			1	2	2	3	4	5	5	6

【访问员注意：根据以上选样表确定好被访者后，给答话人读出以下句子，以找到被访者】

我需要访问的是您/您的____________（与答话人的关系），请问他/她在家吗？我现在能访问他/她吗？

【访问员注意：如果被访者不在家，需要预约合适的时间再来这家访问，并将每次预约的时间记录在下表】

您能告诉我，他/她什么时间在家？（将回答时间记录在下面表格处）

如果被访者现在不在家，在下面记录被访者将在家的时间：（24 小时制）		
* ____月____日____时____分	* ____月____日____时____分	* ____月____日____时____分

我____月____日____时____分再来，麻烦您告诉他/她等我。

我____月____日____时____分再来，麻烦您告诉他/她等我。

我____月____日____时____分再来，麻烦您告诉他/她等我。

居民伦理道德发展状况调查

您好！

我们是东南大学的学生，正在进行一项调研，以了解大家对社会生活的一些感受和看法。我们按照严格的科学方法，抽中您作为我们的调查对象。您的合作对于我们了解有关情况和制定社会政策，有十分重要的意义。因此，请您依据实际情况，回答相关问题。所有答案没有对错优劣之分，您只需按照真实想法和实际情况回答就行。对于您的回答，我们将按照《中华人民共和国统计法》的规定，严格保密，相关信息只用于统计分析，不涉及个人信息。

非常感谢您的合作！

江苏省委省政府决策咨询基地
东南大学国情调查中心
江苏省委宣传部国家重大项目组
2013 年 9 月

****

填答说明：除特别说明外，所有题目皆为单选题。

****

A. 个人基本信息

A1. 您的性别是（请采访员记录）

1. 男　　2. 女

A2. 您的年龄是 | ____ | ____ | 周岁。

A3. 您目前的婚姻状况是

1. 未婚　　2. 已婚　　3. 离婚　　4. 丧偶

A4. 您的民族是

1. 汉　　2. 蒙　　3. 满　　4. 回
5. 藏　　6. 壮　　7. 维　　8. 其他（请注明____________）

A5. 您的宗教信仰情况是

没有信仰宗教 ………………………… 1	
信仰宗教 ……………………………… 2 ➡	1. 佛教　2. 道教 3. 伊斯兰教/回教　4. 民间信仰 5. 天主教　6. 基督教 7. 其他（____________）

A6. 您目前受的最高教育程度是（包括目前在读的）

1. 没上过学　　2. 小学　　3. 初中

4. 高中、中专和职高　　5. 大专　　6. 本科
7. 研究生及以上

A7. 您目前的政治面貌是
1. 共产党员　　2. 民主党派　　3. 共青团员　　4. 群众

A8. 您目前的户口登记状况是
1. 农业户口　　2. 非农户口　　3. 没有户口

A9. 您的户口在什么地方
1. 本区/县　　2. 本地级市其他区县
3. 本省其他县市　　4. 外省（请说明＿＿＿＿＿＿＿＿省）

A10. 您目前的工作的具体职业是：（请先在两条横线上填写具体职业名称和工作内容，然后在下面圈选相应的职业编号；如已退休，请填写退休前最后一份工作的情况）

职业名称［＿＿＿＿＿＿＿＿＿＿＿＿＿＿＿＿＿＿＿＿］
具体工作内容［＿＿＿＿＿＿＿＿＿＿＿＿＿＿＿＿＿＿］
01 办事人员（如办公室普通职员、业务人员）
02 服务人员（如营业员、保安、收银员等）
03 做小生意（如卖菜、开小餐馆等）
04 流动小贩
05 体力工人（勤杂工、搬运工等）
06 技术工人/维修人员/手工艺人
07 单位领导/公司老板
08 企业管理人员
09 教师、医生、科研/技术/工程人员
10 文化、艺术、体育从业人员
11 政府公务人员（机关干部）
12 军人/警察
13 农民/牧民
14 无业/失业/下岗

A11. 您目前工作的单位或公司的单位类型是
1. 党政机关　　2. 事业单位　　3. 国有企业
4. 私营企业　　5. 外商独资或中外合资企业　　6. 民间团体
7. 自雇/个体户　　8. 军队　　9. 其他（请注明＿＿＿＿＿＿）

A12. 您最近一年来的月平均收入属于下面哪个范围?(包括工资、奖金、房租、股票等各种收入)

1. 无收入　　2. 1—999 元
3. 1000—1999 元　　4. 2000—3999 元
5. 4000—5999 元　　6. 6000—8999 元
7. 9000—12999 元　　8. 13000 元—20000 元
9. 20000 元以上

A13. 您 2012 年的家庭全年总收入属于下面哪个范围?(包括工资、奖金、房租、股票等各种收入)

1. 少于 1000 元　　2. 1000—1999 元　　3. 2000—3999 元
4. 4000—6999 元　　5. 7000—9999 元　　6. 1 万—2 万元
7. 3 万—4 万元　　8. 5 万—6 万元　　9. 7 万—8 万元
10. 9 万—10 万元　　11. 11 万—20 万元　　12. 21 万—30 万元
13. 31 万—50 万元　　14. 51 万—100 万元　　15. 100 万元以上

B. 认知与判断(一)

B1. 对下列在公共场所的行为,您的看法是什么

	您认为以下行为是否关乎道德 1. 有关 2. 无关		您本人是否做出过这些行为 1. 经常做 2. 偶尔做 3. 从来不做		
A. 随地吐痰	1	2	1	2	3
B. 插队	1	2	1	2	3
C. 公交或地铁上大声打电话	1	2	1	2	3
D. 餐馆里说话声音很大	1	2	1	2	3
E. 在公共场所的椅子或沙发上躺着睡觉	1	2	1	2	3

B2. 您觉得大多数人都是可以相信的吗?如果 1 分代表“大多数人都可以相信”,5 分代表“对其他人都应该小心防备”,你会选几分?请在下面的分数上画圈

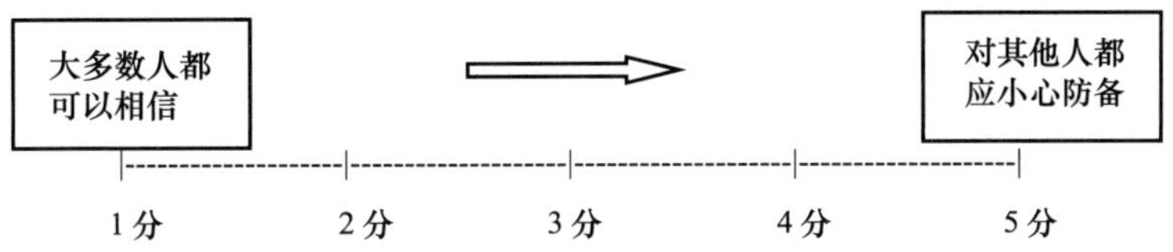

B3. 如果你住的社区或村庄有玩耍的孩子在破坏花木或公共物品，你是否会阻止他们

1. 不会　　2. 会

B4. 入夏以来，晚饭后，很多中老年朋友喜欢在广场上伴着录音机播放的音乐跳舞，但小区里有人向物管投诉，嫌跳舞者放的音乐太吵，扰乱了社区的安静环境，要求物管阻止他们的跳舞活动。对这件事您怎么看

1. 在广场上跳舞是居民的自由，继续跳
2. 跳舞自由如果妨碍了别人的清静自由，就应该停止
3. 大家在一个社区生活，即便跳舞活动构成干扰，也应该尽量容忍，免得伤了和气
4. 当大家的权利相互冲突时，应该通过协商找到合理的解决办法
5. 其他（请注明________）

B5. 小王在一个大型事业单位上班。一天，小王急着开车出去办事，却发现自己的车被领导的车完全挡住了出路。如果你是小王，你会怎么做

1. 去叫领导把车挪开
2. 把挡路情况和车牌号拍下来，发到网络上曝光
3. 能忍则忍，打车或坐公交去办事
4. 其他（请注明________）

B6. 2011 年 10 月 13 日，2 岁的小悦悦（本名王悦）在佛山某地相继被两车碾压，7 分钟内，18 名路人路过，但只有最后一名拾荒阿姨陈贤妹上前施以援手。您觉得当时的其他过路人，是出于什么原因而没有救助孩子

1. 没有看见
2. 认为别人的事和自己无关
3. 不想惹事上身，怕担责任
4. 别人没有救助的，自己也不想做第一个施救者
5. 其他原因（请注明________）

B7. 对下列说法您是否认同

	1. 完全同意　2. 比较同意 3. 不太同意　4. 完全不同意			
A. 如果上街碰到陌生人求助，最好对其置之不理	1	2	3	4
B. 商人就应该在商言商，少过问政治	1	2	3	4
C. 企业家免不了跟政府打交道，挑政府的毛病是自找麻烦	1	2	3	4

续表

	1. 完全同意　2. 比较同意 3. 不太同意　4. 完全不同意			
D. 对官员的道德要求应该比一般民众高	1	2	3	4
E. 道德完美的人才有资格批评政府	1	2	3	4
F. 像我们这样的人，对政府的决定没有任何影响	1	2	3	4
G. 我向政府机构提出建议时，会被有关部门采纳	1	2	3	4
H. 我对于政府部门的建议/意见可以有办法让领导知道	1	2	3	4

B8. 2010 年，港珠澳大桥修到香港段时，香港 66 岁的朱老太认为，工程的环境评估不充分，因而是不合理也是不合法的。于是就大桥香港段环评报告申请司法复核，最终法官裁定香港环保部门存在疏忽。因这位老太的诉讼导致工程停工，预算增加了很多。对此事，存在以下不同看法，您更同意哪种

1. 老太不应该因担心自己身体受影响而叫停一项耗资巨大的工程
2. 老太的行为在道德上无可指责，因为真正该负责任的是香港环保部门
3. 其他（请注明＿＿＿＿＿＿＿＿＿＿＿＿＿＿＿＿＿＿＿）

B9. 最近发生了一些因个人认为自身受不公正待遇而导致的社会泄愤事件，比如厦门公交爆炸案、北京机场航站楼爆炸案。对下列说法，你的同意程度如何

	1. 完全同意　2. 比较同意 3. 不太同意　4. 完全不同意			
A. 无论何种情况下，都不应该采取暴力手段	1	2	3	4
B. 其他社会成员在需要的时候，没有及时给予他们温暖和帮助，因此我们每个人都有责任	1	2	3	4
C. 他们的遭遇值得同情，但应该去报复那些给予他们不公待遇的人，而不是伤及无辜	1	2	3	4
D. 受到不公平待遇，应该充分相信政府，积极寻求相关部门的帮助	1	2	3	4

B10. 如果您所在的单位有一项举措可以提高集体福利并使您个人得到利益，但会造成环境污染或社会公害，您会举报吗

1. 会　　　　2. 不会

B11. 上海市民老陈，一家快捷酒店的老板，认为法官判案不公直接导致自己承受经济损失。他利用专业跟踪设备，偷拍法官集体嫖娼，并将 8 分钟的视频上传到网上。对这种做法，您的看法是

1. 老陈的行为侵犯他人隐私，不值得大力提倡
2. 老陈的做法是没有办法的办法，在目前的社会环境下能比较有效地解

决问题

3. 老陈不应该私自采取行动，应相信政府纠正错误和惩治腐败的能力

B12. 假设你有个孩子，你会不会教他/她以下品质

	1. 会　　2. 不会
A. 尊重别人	
B. 无论做什么都不应该伤害到别人	
C. 诚实守信	
D. 助人为乐	
E. 负责任	
F. 不计较、吃亏是福	
G. 尊重长辈	

B13. 一些政府机关和大中小学，利用权力让本单位的职工子女在很好的学校读书，或降分录取，您认为这种行为道德吗

1. 为本单位人员谋福利，符合道德
2. 以权谋私，不道德
3. 是对社会公众的欺骗，严重不道德
4. 符合本单位员工利益和内部伦理，但严重侵蚀社会道德
5. 无所谓道德不道德

B14. 您认为目前中国社会成员之间的收入差距

1. 合理，可以接受　　2. 不合理，但可以接受
3. 不合理，不能接受　　4. 说不清

B15. 在一个社会里，人们可能会对某些人更为信任，请说说你对下面这些人或组织的信任程度怎么样？是完全信任、比较信任、不太信任还是根本不信任

	1. 完全信任　2. 比较信任 3. 不太信任　4. 根本不信任			
A. 你的家人	1	2	3	4
B. 住在你周围的人	1	2	3	4
C. 市场上的商人/买卖人	1	2	3	4
D. 外地人	1	2	3	4
E. 村领导/所在城市领导	1	2	3	4
F. 政府	1	2	3	4
G. 警察	1	2	3	4
H. 医生	1	2	3	4

续表

	1. 完全信任　2. 比较信任 3. 不太信任　4. 根本不信任			
I. 国内广播电视报刊上的新闻	1	2	3	4
J. 法官/法院	1	2	3	4
K. 外国人	1	2	3	4

B16. 与五年前相比，您的生活水平有什么变化

1. 上升很多　2. 略有上升　3. 没有变化
4. 略有下降　5. 下降很多

B17. 您感觉在未来的五年中，您的生活水平将会有什么变化

1. 上升很多　2. 略有上升　3. 没有变化
4. 略有下降　5. 下降很多

B18. 您认为您本人的社会经济地位在本地大约属于哪个层次

1. 上　2. 中上　3. 中　4. 中下　5. 下

B19. 请问最近半年您的下列行为的发生程度如何

	从不	很少	有时	经常	总是
遵守交通规则	1	2	3	4	5
遵守与工作相关的章程规则	1	2	3	4	5
遵守政府部门的政策规定	1	2	3	4	5
购买冒牌或山寨产品	1	2	3	4	5
遵守法律法规	1	2	3	4	5
遵守组织纪律	1	2	3	4	5
侵占他人利益	1	2	3	4	5

C. 认知与判断（二）

C1. 您对当前中国社会的道德状况的总体评价是

1. 非常满意　2. 比较满意
3. 比较不满意　4. 非常不满意

C2. 您认为中国目前人与人之间的关系主要受什么影响

1. 完全受利益影响　2. 主要受利益影响
3. 主要受情感影响　4. 完全受情感影响

C3. 您对当前中国社会人与人之间的关系的总体评价是

1. 非常满意　　2. 比较满意
3. 比较不满意　　4. 非常不满意

C4. 您平时是怎么为人处事的

1. 道德至上　　2. 遵循道德规范、凭良心办事
3. 不故意为恶，不随波逐流　　4. 有时身不由己做有违道德的事情
5. 时常做有违道德的事　　6. 说不清/没想过

C5. 您对自己的道德状况

1. 非常满意　　2. 比较满意
3. 比较不满意　　4. 非常不满意

C6. 您认为家庭和国家对于个人存在的意义是

1. 家庭和国家只是工具，个人最重要
2. 家庭和国家是个人安身立命的基地，比个人更重要
3. 其他（请注明________________________________）

C7. 请问您是否同意以下说法：

	1. 完全同意	2. 比较同意	3. 不太同意	4. 完全不同意
A. 当前大多数人奉行的是个人至上	1	2	3	4
B. 现在中国大多数人是见利忘义的	1	2	3	4
C. 现在社会是一个物欲横流的社会	1	2	3	4
D. 当前大多数人都是以集体利益为重	1	2	3	4
E. 当前大多数人都是家庭利益至上	1	2	3	4
F. 当前的社会是个金钱至上的社会	1	2	3	4
G. 现在社会守道德的人大都吃亏，不守道德规则的人讨便宜	1	2	3	4
H. 现在社会中好人有好报，恶人终归会受到惩罚	1	2	3	4
I. 人们的生活水平越高，就越幸福	1	2	3	4
J. 我们的社会中道德能够很好地约束人们的行为	1	2	3	4
K. 现有的规范和习俗能够很好地调节人与人的关系	1	2	3	4
L. 现在社会大多数人都有荣辱感	1	2	3	4

C8. 您认为对社会生活而言，个体德性（即个人的道德）和社会公正哪个更重要

1. 个体德性最重要

2. 社会公正最重要
3. 二者应当统一，但二者矛盾时应先追求个体德性
4. 二者应当统一，但二者矛盾时应先追求社会公正

C9. 在公共生活中，个人之所以要守道德，是因为
1. 守道德有利于自身利益的实现
2. 个人是社会的一分子，应当遵守道德
3. 遵守道德是为了使我们的社会更美好
4. 不遵守道德会被别人议论或谴责
5. 其他（请注明____________________）

C10. 关于职业劳动的说法，您最认同 | ________ | ，其次 | ________ | ，最后 | ________ |

1. 劳动是个人谋生的工具　　2. 劳动是为社会创造财富
3. 劳动是天职　　4. 劳动是兴趣的驱使，快乐的源泉

C11. 下列说法您是否认同

	1. 完全不同意	2. 不太同意 3. 比较同意	4. 完全同意	
A. 目前大多数人将职业当作谋生的手段，缺乏责任感和奉献精神	1	2	3	4
B. 企业老板剥削员工，利益关系不公正	1	2	3	4
C. 老板和员工、上级和下级相互勾结，共同对社会不负责任	1	2	3	4
D. 是否离婚主要考虑自己的感受和利益	1	2	3	4
E. 是否离婚应该从家庭整体（包括子女）考虑	1	2	3	4
F. 婚姻是社会的事，应当兼顾社会评价和社会后果	1	2	3	4
G. 婚姻应当是自由的，如果有更满意或更合适的人就与现在的配偶离婚	1	2	3	4

C12. 您认为造成生态环境问题的最主要原因是
1. 企业唯利是图，造成环境污染
2. 政府缺乏生态意识，政策失当
3. 个人缺乏环保意识
4. 当代人自私自利，不顾未来和子孙利益

C13. 下列哪些因素可能影响人际关系紧张【多选】
1. 社会资源缺乏，引发恶性竞争　　2. 相关部门过度宣扬竞争意识
3. 社会财富分配不公，贫富差距过大　　4. 个人主义盛行

5. 缺乏爱心　　　　　　　　　　　　6. 缺乏宽容

7. 缺乏相互理解和沟通的意识和能力

8. 制度安排不公正，机会不平等

9. 一切诉诸利益或法律，人际关系缺乏伦理调节的机制和能力

C14. 当前有些人身心不和谐，如忧郁、精神分裂、自杀等，您认为造成这种情况的主要原因是什么【多选】

1. 欲望过多过大，不能知足常乐
2. 社会保障体系不健全，对自己和未来没有把握
3. 竞争激烈，工作压力过大，身心疲惫
4. 人与人之间缺乏信任感，人际关系紧张
5. 有烦恼很难找到人倾诉和排解
6. 个人的文化底蕴和文化积累不够，缺乏自我理解和自我调节能力
7. 现代人缺乏安顿自己、化解内心矛盾的能力
8. 缺乏道德公正，没有道德的人总是讨便宜
9. 缺乏理想和信念支持，精神没有寄托和归宿
10. 生活压力大

C15. 您认为当今中国社会最基本的伦理冲突是【请排序】

A. 第一位：| ____ |　B. 第二位：| ____ |　C. 第三位：| ____ |

D. 第四位：| ____ |　E. 第五位：| ____ |

1. 人与自然的冲突　　　　2. 人自我内在的冲突

3. 人与人之间的冲突　　　4. 个人与社会的冲突

5. 个人与政府的冲突　　　6. 其他（请注明____________________）

C16. 目前中国社会两性之间的性开放日益发展，它对社会风尚的影响是

1. 是社会进步的表现　　　　2. 从根本上污染了社会风气

3. 个人选择，无所谓好坏　　4. 两性关系混乱必然导致道德沦丧

C17. 您认为当前中国社会个人道德素质的主要问题是

1. 道德上无知　　　　　　2. 有道德知识，但不见诸行动

3. 既无知，也不行动　　　4. 其他（请注明____________________）

C18. 现在经常有一些网民在网络上曝光别人的隐私，您怎么看待这种行为

1. 这是违法行为，应该制止　　　2. 这是不道德行为，应该进行谴责

3. 这是社会监督的合理途径　　　4. 这是网民的自由，别人不应该干涉

5. 说不清

C19. 您对自己目前的生活状态满意吗

1. 很满意　　2. 比较满意　　3. 不太满意　　4. 很不满意

C20. 您觉得政府推动或倡导的下列活动，效果如何

项目	1. 完全没效果　2. 效果较差　3. 效果较好　4. 效果很好　5. 没听说过该活动				
A. 文明城市创建	1	2	3	4	5
B. 学雷锋活动	1	2	3	4	5
C. 典型人物的宣传（感动中国、中国好人、道德楷模等）	1	2	3	4	5
D. 志愿服务的倡导和推广	1	2	3	4	5
E. 反腐倡廉的举措	1	2	3	4	5
F.《公民道德建设实施纲要》的推进	1	2	3	4	5

C21. 您根据什么来判断某种行为是否符合伦理或道德

1. 传统　　2. 风俗习惯　　3. 大多数人认同的道德规范

4. 当事人共同利益和意志　　5. 自己的良心　　6. 自己利益

C22. 在下列关系中，您认为哪些关系重要【排序】

A. 第一位：|____|　B. 第二位：|____|　C. 第三位：|____|

D. 第四位：|____|　E. 第五位：|____|

1. 父母与子女　　2. 夫妻　　3. 兄弟姐妹

4. 同事或同学　　5. 上级与下级　　6. 帅生

7. 人与自然的关系　　8. 个人与社会　　9. 个人与国家

10. 个人与工作单位　　11. 通过网络建立的关系

12. 朋友　　13. 个人与他自身的关系（身心和谐）

C23. 您认为哪一种关系对社会秩序最具根本性意义

1. 家庭伦理关系或血缘关系　　2. 个人与社会的关系

3. 职业伦理关系　　4. 个人与国家的关系

5. 人与自然的关系　　6. 个人与他自身的关系

C24. 您认为哪一种关系对个人生活最具根本性意义

1. 家庭伦理关系或血缘关系　　2. 个人与社会的关系

3. 职业伦理关系　　4. 个人与国家的关系

5. 人与自然的关系　　6. 个人与他自身的关系

C25. 现在社会上有些人不守道德反而讨了便宜，您会不会为了得到好处而

仿效

1. 从来不这么做　2. 通常不这么做，关键时刻会这么做
3. 经常这么做　4. 说不清

C26. 社会上发生的一些事情，你一般是从什么渠道最先知道【限选两项】

1. 电视　2. 报纸　3. 电台广播
4. 微博/微信等网络社交媒介　5. 网络新闻
6. 和朋友亲友同事交谈　7. 单位传达
8. 其他（请注明__________________）

C27. 从网络中获得的信息（文字、图片、视频等）对您的思想行为

1. 影响很大　2. 有一些影响　3. 不太影响
4. 完全没有影响　5. 不适用，因为不上网

C28. 您认为当前社会下列状况的严重程度如何

项目	1. 非常不严重　2. 比较不严重 3. 比较严重　4. 非常严重			
A. 坑蒙拐骗现象	1	2	3	4
B. 人际关系冷漠，见危不救	1	2	3	4
C. 诚信缺乏，社会信用度低	1	2	3	4
D. 很多人在公共场所缺乏公德，如大声喧哗、不排队、随地吐痰等	1	2	3	4
E. 自私自利，损人利己，物欲横流	1	2	3	4
F. 缺乏公正心和正义感	1	2	3	4
G. 缺乏羞耻感	1	2	3	4
H. 干部贪污受贿，以权牟利	1	2	3	4
I. 生活奢侈，铺张浪费	1	2	3	4
J. 奉行功利主义，相互算计	1	2	3	4
K. 企业损害社会利益，如污染环境、以虚假广告误导公众等	1	2	3	4
L. 娱乐界以丑闻、绯闻炒作，污染社会风气	1	2	3	4
M. 媒体缺乏社会责任，炒作新闻	1	2	3	4
N. 社会财富分配不公，贫富悬殊过大	1	2	3	4
O. 教师不尽职	1	2	3	4
P. 医生不守职业道德	1	2	3	4
R. 公众人物用知名度攫取财富	1	2	3	4
S. 不爱国	1	2	3	4
T. 两性关系过度开放导致婚姻不稳定	1	2	3	4

续表

项目	1. 非常不严重　2. 比较不严重 3. 比较严重　4. 非常严重			
U. 年轻人缺乏责任感，不孝敬父母	1	2	3	4
V. 父母和子女代沟问题严重，难以沟通	1	2	3	4
W. 父母过度干涉子女的工作和生活	1	2	3	4
X. 老无所养，缺乏安全感	1	2	3	4

C29. 对于个人而言，您认为家庭、社会和国家三者的重要性程度如何

A. 第一位：|____|　B. 第二位：|____|　C. 第三位：|____|

1. 国家　2. 社会　3. 家庭

C30. 如果您与下列人员发生重大利益冲突，您会首先选择哪种途径来解决

冲突方面	解决途径 1. 诉诸法律，打官司 2. 直接找对方沟通但得理让人，适可而止 3. 通过第三方（如社会机构，朋友等）从中调解，尽量不伤和气 4. 能忍则忍
A. 家庭成员之间	|____|
B. 朋友之间	|____|
C. 同事之间	|____|
D. 商业伙伴之间	|____|

C31. 您认为对当前中国伦理关系和道德风尚造成最大负面影响的因素是

1. 传统文化的崩坏　2. 外来文化的冲击

3. 市场经济导致的个人主义　4. 计算机网络技术的发展

5. 其他（请注明______________________________）

C32. 您认为在自己的成长中得到道德训练的最重要场所或机构是

1. 家庭　2. 学校　3. 社会（包括职业生活）

4. 国家或政府　5. 媒体　6. 其他（请注明______________）

C33. 您对下列群体的伦理道德状况的满意度

	1. 非常不满意　2. 比较不满意 3. 比较满意　4. 非常满意			
A. 政府官员	1	2	3	4
B. 企业家	1	2	3	4
C. 演艺娱乐界	1	2	3	4

续表

	1. 非常不满意 2. 比较不满意 3. 比较满意 4. 非常满意			
D. 教师	1	2	3	4
E. 青少年	1	2	3	4
F. 弱势群体	1	2	3	4
G. 自由职业者	1	2	3	4
H. 农民	1	2	3	4
I. 商人	1	2	3	4
J. 工人	1	2	3	4
K. 专家学者	1	2	3	4
L. 医生	1	2	3	4

C34. 您认为哪种因素应当对当今不良道德风尚负主要责任

1. 官员腐败　　2. 企业不讲诚信和损害社会利益
3. 学校道德教育功能弱化　　4. 家庭伦理功能弱化
5. 社会的不良影响

C35. 您认为政府在制定政策和决策时充分考虑到伦理道德方面的要求了吗（如社会公平、利益均衡、关怀弱势群体，以及大多数人利益和感受）

1. 是　　2. 否

C36. 您觉得当前中国政府官员道德问题最严重的是

1. 贪污　　2. 以权谋私　　3. 受贿
4. 生活作风腐败　　5. 官僚主义　　6. 平庸，不作为
7. 政绩工程，折腾百姓　　8. 铺张浪费　　9. 拉帮结派
10. 其他（请注明____________________）

C37. 您的思想行为受什么人影响最大【排三项】

A. 第一重要：| ____ |　　B. 第二重要：| ____ |
C. 第三重要：| ____ |

1. 政府官员　　2. 企业家　　3. 演艺明星、体育明星
4. 教师　　5. 知识精英　　6. 自由撰稿人
7. 农民　　8. 工人　　9. 先哲先贤　　10. 父母

C38. 对形成中国当前各种新型伦理关系和道德观念，哪些因素影响最大【排三项】

A. 第一重要：| ____ |　　B. 第二重要：| ____ |

C. 第三重要：| ____ |

1. 网络和媒体　2. 政府　3. 大学及其文化

4. 市场　5. 企业　6. 社会团体

7. 其他（请注明__________________）

C39. 请根据您的理解选择对下列陈述的评价

	1. 变好了　2. 没有变化 3. 变差了　4. 说不清			
A. 信息技术、网络技术的发展对伦理道德的影响	1	2	3	4
B. 市场经济对中国伦理道德的影响	1	2	3	4
C. 西方文化对中国伦理道德的影响	1	2	3	4

C40. 如果国外报道与主流媒体宣传内容不一致，您倾向于相信

1. 主流媒体　2. 国外报道

3. 谁都不相信，自己判断　4. 说不清

C41. 请认真阅读下面的每一道题目，结合自己的情况进行选择（请注意：一旦理解题意之后，请不要思考过多，根据你的第一判断选择即可）

	1. 完全不符合　2. 不太符合 3. 比较符合　4. 完全符合			
A. 我会经常关心比我不幸的人	1	2	3	4
B. 我有时不会同情他人的难处	1	2	3	4
C. 在紧急情况下，我会感到忧虑和不安	1	2	3	4
D. 在做决定前，我会试着从每个人的立场去考虑问题	1	2	3	4
E. 当我看到有人被利用时，我有点想要保护他们	1	2	3	4
F. 当我情绪剧烈波动时，我往往会感到无依无靠，不知如何是好	1	2	3	4
G. 我有时会试图站在他人的角度，以更好地理解我的朋友	1	2	3	4
H. 他人的不幸通常不会给我带来很大的烦忧	1	2	3	4
I. 在观看电视剧或电影之后，我会感觉到自己仿佛成为了其中的一个角色	1	2	3	4
J. 处在紧张情绪的状况中，我会惊慌害怕	1	2	3	4
K. 当我看到别人受到不公正待遇的时候，我通常不会同情他们	1	2	3	4
L. 我相信任何问题都有两面性，我会试图从两个方面加以考虑	1	2	3	4
M. 当我对某人很不耐烦的时候，我通常会暂时站在他/她的位置上	1	2	3	4
N. 当我在读一个有趣的故事或者一部电影的时候，会想象如果这些事情发生在自己身上，我会是怎样的感受	1	2	3	4

续表

	1. 完全不符合　2. 不太符合 3. 比较符合　4. 完全符合			
O. 当我看到有人发生意外而急需帮助的时候，我紧张得几乎精神崩溃	1	2	3	4
P. 在批评他人之前，我会尝试想象一下如果我处于那个位置会是什么感受	1	2	3	4

C42. 您认为解决当前中国的公民道德和社会风尚问题，最关键的是

1. 加强法制　2. 弘扬已有的优秀道德传统
3. 建设新的伦理道德的核心价值　4. 惩治官员腐败
5. 解决分配不公问题　6. 其他（请注明＿＿＿＿＿＿）

C43. 您认为当前中国社会道德生活中最重要的元素是

1. 意识形态中所提倡的社会主义道德　2. 中国传统道德
3. 西方文化影响而形成的道德　4. 市场经济中形成的道德
5. 其他（请注明＿＿＿＿＿＿）

C44. 对伦理关系和道德生活，您最向往或怀念的是

1. 传统社会的伦理和道德（如仁、义、礼、智、信）
2. 战争年代为理想而献身的革命精神（如革命烈士无私献身精神）
3. 新中国成立后到“文化大革命”前的大公无私的集体主义精神
4. 追求个人利益的市场经济下的道德
5. 自由、平等、博爱的西方道德

C45. 假设您的上司或老板是外国人，如果他侮辱了中国，但抗争会产生不利于自己的后果，您会选择

1. 当面抗议　2. 保持沉默

C46. 您认为当今中国社会最重要和最需要的德性是【排序题】

A. 第一位：|＿＿|　B. 第二位：|＿＿|　C. 第三位：|＿＿|
D. 第四位：|＿＿|　E. 第五位：|＿＿|

1. 爱（仁爱、博爱、友爱）　2. 义（道义、义务）　3. 宽容
4. 责任　5. 正义或公正　6. 诚信
7. 忠恕　8. 理智　9. 节制
10. 谦让　11. 恭敬　12. 勇敢
13. 正直　14. 善良

15. 力行或知行合一	16. 教养	17. 孝悌
18. 气节	19. 中庸	20. 敬业

C47. 最后我们想麻烦您留一下您的电话联系方式，以便我们日后跟您联系（请放心，该联系方式不会被用于其他任何用途）。

电话号码：| __ | __ | __ | __ | __ | __ | __ | __ | __ | __ | __ |

问卷到此结束，非常感谢您的配合！

S7. 调查结束时间：| __ | __ | 时：| __ | __ | 分

问卷编号 S0：| __ | __ | __ | __ |

2016 年居民伦理道德发展状况调查问卷

访问地点、时间和访问员	代码
S1. 地级市：________________	[___ | ___]
S2. 区/县：________________	[___ | ___]
S3. 街道/乡镇：________________	[___ | ___ | ___]
S4. 居委会/村委会：________________	[___ | ___ | ___]
S5. 调查员姓名：________________	[___ | ___ | ___]
S6. 调查时间：2016 年 8 月 | ___ | ___ | 日 | ___ | ___ | 时	
S7. 初审人姓名：________________	[___ | ___]

江苏省道德发展高端智库

东南大学国情调查中心

2016 年 8 月

户内抽样

您好！我们是东南大学的学生，正在进行一项调研，以了解大家对社会生活的感受和看法。我们按照科学方法抽中您家作为调查对象。您的合作对于我们了解有关情况和制定社会政策，有十分重要的意义。下面我需要了解一些您家庭成员的情况，谢谢您的支持。

【访问员读出】

S2a. 请问目前您家里一共住了多少人？请分别告诉我他们跟您是什么关系，他们的性别和周岁年龄是什么

	X1	X2	X3	X4
	与答话人的关系	性别：1. 男　2. 女	年龄	是否在户内居住？　1. 是　2. 否
1	答话人		[__ | __]	
2			[__ | __]	
3			[__ | __]	
4			[__ | __]	
5			[__ | __]	
6			[__ | __]	
7			[__ | __]	
8			[__ | __]	

KISH 选样表

Y1	Y2	Y3	A	B	C	D	E	F	G	H
序号	性别	年龄								
1			1	1	1	1	1	1	1	1
2			1	1	1	1	2	2	2	2
3			1	1	1	2	2	3	3	3
4			1	1	2	2	3	3	4	4
5			1	2	2	3	4	3	5	5
6			1	2	2	3	4	5	5	6
7			1	2	2	3	4	5	5	6
8			1	2	2	3	4	5	5	6

【访问员注意：根据以上选样表确定好被访者后，找到被访者】

请问被选中的 × × × 在不在家，在家的话进行访谈。不在家的话，预约访谈时间。

S8. 请问您家里是否有 6—17 周岁的儿童青少年：　1. 有　　2. 没有

【访问员注意：如果有儿童青少年在家，需要做一份青少年问卷】

居民伦理道德发展状况调查

您好！

接下来，请您依据实际情况，回答相关问题。所有答案没有对错优劣之分，您只需按照真实想法和实际情况回答就行。对于您的回答，我们将按照《中华人民共和国统计法》的有关规定，严格保密，相关信息只用于统计分析，不涉及个人信息。

非常感谢您的合作！

江苏省道德发展高端智库

东南大学国情调查中心

2016 年 8 月

****

填答说明：除文字填答和特别说明外，所有题目皆为单选题。在所选答案上画圈。

****

A. 个人基本信息

A1. 您的性别是（请采访员记录）　1. 男　　2. 女

A2. 您的出生年月是：____ | ____ | ____ | ____ | 年 | ____ | ____ | 月。

A3. 您目前的婚姻状况是

1. 未婚　2. 已婚　3. 离婚　4. 丧偶

A4. 您的民族是

1. 汉　2. 蒙　3. 满　4. 回
5. 藏　6. 壮　7. 维　8. 其他（请注明________）

A5. 您的宗教信仰情况是

没有信仰宗教 ………………………… 1	
信仰宗教 …………………………… 2 ➡	1. 佛教　2. 道教 3. 伊斯兰教/回教　4. 民间信仰 5. 天主教　6. 基督教 7. 其他（________）

A6. 您目前的最高教育程度是（包括目前在读的）

1. 没上过学　2. 小学　3. 初中
4. 高中、中专和职高　5. 大专　6. 本科
7. 研究生及以上

A7. 您目前的政治面貌是

1. 共产党员　2. 民主党派　3. 共青团员　4. 群众

A8. 您目前的户口登记状况是

1. 农业户口　2. 非农户口　3. 没有户口

A9. 您的户口在什么地方

1. 本区/县　2. 本地级市其他区县
3. 本省其他县市　4. 外省（请说明__________省）

A10. 您目前的具体职业是：（请先在两条横线上填写具体职业名称和工作内容，然后在下面圈选相应的职业编号；如已退休，请填写退休前最后一份工作的

情况）

职业名［＿＿＿＿＿＿＿］　具体工作内容［＿＿＿＿＿＿＿＿＿＿］

1. 办事人员（如办公室普通职员、业务人员）
2. 服务人员（如营业员、保安、收银员等）
3. 做小生意（如卖菜、开小餐馆等）
4. 流动小贩
5. 体力工人（勤杂工、搬运工等）
6. 技术工人/维修人员/手工艺人
7. 企业领导/公司老板
8. 企业中层管理人员
9. 教师、医生、科研/技术/工程人员
10. 事业单位领导　　11. 文化、艺术、体育从业人员
12. 普通公务员　　13. 机关干部（科级及以上）
14. 军人/警察　　15. 农民/牧民　　16. 无业/失业/下岗

A11. 您目前工作的单位或公司的单位类型是

1. 党政机关　　2. 事业单位　　3. 国有企业
4. 私营企业　　5. 外商独资或中外合资企业　　6. 民间团体
7. 自雇/个体户　　8. 军队　　9. 其他（请注明＿＿＿＿＿＿）

A12. 您最近一年来的月平均收入属于下面哪个范围？（包括工资、奖金、房租、股票等各种收入）

（1）无收入　　（2）1—999 元
（3）1000—1999 元　　（4）2000—3999 元
（5）4000—5999 元　　（6）6000—8999 元
（7）9000—12999 元　　（8）13000—20000 元
（9）20000 元以上

A13. 您 2015 年的家庭全年总收入属于下面哪个范围？（包括工资、奖金、房租、股票等各种收入）

（1）少于 1000 元　　（2）1000—1999 元
（3）2000—3999 元　　（4）4000—6999 元
（5）7000—9999 元　　（6）1 万—2 万元
（7）3 万—4 万元　　（8）5 万—6 万元
（9）7 万—8 万元　　（10）9 万—10 万元

（11）11 万—20 万元　　（12）21 万—30 万元

（13）31 万—50 万元　　（14）51 万—100 万元

（15）100 万元以上

B. 认知与判断（一）

B1. 您对下面三项的总体状况是否满意

	1. 非常满意　2. 比较满意 3. 比较不满意　4. 非常不满意			
A. 当前中国社会的道德状况	1	2	3	4
B. 当前中国社会人与人之间关系	1	2	3	4
C. 您自己的道德状况	1	2	3	4

B2. 您认为目前中国社会中道德和幸福的现实关系是

1. 总体上道德和幸福能够一致，能惩恶扬善
2. 有道德讲伦理的人大都吃亏，不守道德的人更能讨便宜
3. 道德与幸福没有关系，能挣钱有发展，无论怎样行动都行

B3. 您认为您目前的状况是【限选两项】

1. 生活水平提高了，但幸福感和快乐感降低了
2. 生活既不富裕也不小康，但幸福并快乐着
3. 生活富裕，但不感到幸福和快乐
4. 生活小康，幸福且快乐
5. 生活贫困，既不幸福也不快乐
6. 生活富裕，幸福且快乐
7. 幸福感和快乐感提高了

B4. 如果条件允许的话，您或者您的孩子愿意生活在国内，还是到国外定居

1. 还是在国内生活好
2. 选择到国外定居
3. 走一步看一步
4. 无所谓

B5. 我们国家和每个人对未来都有美好的梦想，您认为中国梦和您个人、家庭追求美好生活有关系吗

1. 关系很大
2. 关系不大
3. 根本没有关系
4. 不清楚什么是中国梦

B6. 现在我们省正按照习近平总书记的要求，努力建设经济强、百姓富、环境美、社会文明程度高的新江苏。您对江苏实现这样的目标有信心吗

1. 很有信心
2. 没有信心
3. 说不清楚

B7. 您认为中国目前人与人之间的关系主要受什么影响

1. 完全受利益影响　　2. 主要受利益影响
3. 主要受情感影响　　4. 完全受情感影响
5. 受个人价值观影响　　6. 受共同价值观影响

B8. 请问您是否同意以下说法：

	1. 完全同意 2. 比较同意 3. 不太同意 4. 完全不同意			
A. 当前大多数人奉行的是个人至上	1	2	3	4
B. 现在中国大多数人是见利忘义的	1	2	3	4
C. 当前大多数人都是以集体利益为重	1	2	3	4
D. 当前大多数人都是家庭利益至上	1	2	3	4
E. 当前的社会是个金钱至上的社会	1	2	3	4
F. 好人有好报，恶人终归会受到惩罚	1	2	3	4
G. 我们的社会中道德能够很好地约束人们的行为	1	2	3	4
H. 现有的规范和习俗能够很好地调节人与人的关系	1	2	3	4
I. 为了经济利益可以少许破坏生态环境	1	2	3	4
J. 在社会生活中首要的是个人幸福，然后才可能去顾及他人	1	2	3	4
K. 一个人的时候可以做些随地丢垃圾、随地吐痰等的小事，反正也没有人知道	1	2	3	4

B9. 对于中国社会，你最担忧的问题是

1. 腐败不能根治　　2. 生态环境恶化
3. 贫富不均，两极分化　　4. 老无所养，未来没有把握
5. 生活水平下降　　6. 道德滑坡，社会风气恶化
7. 人际关系紧张　　8. 其他（请注明________________）

B10. 和前几年相比，您认为目前中国官员腐败现象

1. 有较大改善　　2. 没什么变化　　3. 更加恶化

B11. 您认为当前中国社会道德生活中最重要的元素是什么

第一重要|____|，第二重要|____|，第三重要|____|

1. 意识形态中所提倡的社会主义道德　　2. 中国传统道德
3. 西方文化影响而形成的道德　　4. 市场经济中形成的道德
5. 其他（请注明________________）

B12. 对伦理关系和道德生活，您最向往或怀念的是

1. 传统社会的伦理和道德（如仁、义、礼、智、信）
2. 战争年代为理想而献身的革命精神（如革命烈士无私献身精神）
3. 新中国成立后到“文化大革命”前的大公无私的集体主义精神
4. 追求个人利益的市场经济下的道德
5. 自由、平等、博爱的西方道德

B13. 您认为目前职业道德中最突出的问题是【限选两项】

1. 将职业当作谋生的手段，缺乏责任感和奉献精神
2. 企业老板剥削员工，利益关系不公正
3. 老板和员工、上级和下级相互勾结，共同对社会不负责任
4. 领导和业主道德素质差
5. 组织只是利益的博弈场所，缺乏伦理性与道德性

B14. 您认为目前中国社会成员之间的收入差距

1. 合理，可以接受　　2. 不合理，但可以接受
3. 不合理，不能接受　　4. 说不清

B15. 和前几年相比，您认为目前中国社会的分配不公、两极分化现象

1. 有较大改善　　2. 没什么变化　　3. 更加恶化

B16. 跟三年前相比，您觉得自己的社会经济地位

1. 上升了　　2. 差不多　　3. 下降了　　4. 不好说/说不清

B17. 跟同龄人相比，您觉得自己的社会经济地位

1. 较高　　2. 差不多　　3. 较低　　4. 不好说/说不清

B18. 您对现代家庭伦理中最忧虑的问题是【限选两项】

1. 婚姻不稳定，两性关系过度开放
2. 子女尤其是独生子女缺乏责任感
3. 子女不孝敬父母　　4. 代沟严重，价值观念对立
5. 婆媳关系紧张　　6. 父母不民主，不能容忍差异

B19. 您是否同意以下关于家庭和婚姻的一些说法

	1. 完全同意 2. 比较同意 3. 不太同意 4. 完全不同意			
A. 是否离婚主要考虑自己的感受和利益	1	2	3	4
B. 是否离婚应该从家庭整体（包括子女）考虑	1	2	3	4

续表

	1. 完全同意 2. 比较同意 3. 不太同意 4. 完全不同意			
C. 婚姻是社会的事，应当兼顾社会评价和社会后果	1	2	3	4
D. 婚姻意味着责任，不能轻率地选择离婚	1	2	3	4
E. 遇到困难需要别人帮助时，朋友比兄弟姐妹更靠得住	1	2	3	4
F. 无论父母对自己如何，都应当尽赡养义务	1	2	3	4
G. 为了家庭利益可以一定程度上损害国家利益	1	2	3	4

B20. 您所在的地方发生过虐童事件吗

1. 经常会发生　　2. 偶尔发生　　3. 没听说过

B21. 以下传统现象请问您听说过或见过哪些【多选】

1. 祠堂　　2. 族谱　　3. 祖先牌位

4. 姓氏辈分（某姓×字，或第×代）　　5. 姓氏族支（某姓××堂）

6. 到祖坟上磕头、烧纸、供菜或放鞭炮

7. 到祖坟上鞠躬、献鲜花或水果

8. 宗族大事记或家族活动记录

9. 古牌坊、古牌匾、人物纪念石碑等古迹古物

10. 其他　　11. 都没见过

B22. 以下民间信仰情况，请问您是否见过或参与过

1. 土地庙　　2. 关帝庙、娘娘庙或其他神庙　　3. 没见过

B23. 以下民间活动，您是否参加过或见过

1. 个人敬供（烧香叩拜等）　　2. 节日集体敬供（聚餐等）

3. 其他活动（建庙委员会、教育、助贫、敬老、龙舟等）

4. 没参加过

B24. 您觉得您目前的身体健康状况是

1. 很健康　　2. 比较健康　　3. 不太健康　　4. 很不健康

B25. 您觉得您的健康状况和一年前比较起来如何

1. 更好　　2. 没有变化　　3. 更差

B26. 您的就医习惯是

1. 出现不适就去看病　　2. 症状加重时去看病　　3. 能不看病就不看

4. 从不看病　　5. 其他（请注明__________________）

B27. 总的来说，您觉得目前的生活幸福吗

1. 非常幸福　　2. 比较幸福　　3. 不太幸福　　4. 非常不幸福

B28. 您觉得对于老年人来说最理想的，或者说，您未来最希望的养老方式是哪种

1. 敬老院、养老院、护理院等专业养老机构
2. 与子女一起，住在家里养老
3. 与子女分开，住在家里养老
4. 搬到其他地方独居养老
5. 回到老家养老
6. 旅游养老　　7. 其他（请注明____________）

B29. 在过去的一周里，您为父母做过以下哪些事情【可多选】

1. 看望　　2. 打电话　　3. 买东西　　4. 陪看病
5. 护理　　6. 做家务　　7. 谈心聊天　　8. 给钱
9. 外出游玩　　10. 无　　11. 父母已去世

B30. 总体来说，您对自己生活的以下方面满意吗

	1. 非常不满意	2. 不太满意	3. 比较满意	4. 非常满意
A. 身心健康状况	1	2	3	4
B. 整体收入水平	1	2	3	4
C. 家庭成员关系	1	2	3	4
D. 社会保障水平	1	2	3	4

C. 认知与判断（二）

C1. 您认为当今中国社会最基本的伦理冲突是【请排序】

A. 第一位：|____|　B. 第二位：|____|　C. 第三位：|____|

1. 人与自然的冲突　　2. 人自我内在的冲突
3. 人与人之间的冲突　　4. 个人与社会的冲突
5. 个人与政府的冲突　　6. 其他（请注明____________）

C2. 您认为造成环境污染的最主要原因是

1. 企业唯利是图
2. 政府缺乏生态意识，政策失当
3. 当代人自私自利，不顾未来和子孙利益
4. 个人缺乏环保意识

C3. 您是否同意以下说法：

	1. 完全同意　2. 比较同意 3. 不太同意　4. 完全不同意			
A. 能够插队买到票，是一个人灵活的表现	1	2	3	4
B. 如果有可能，谁都会逃税	1	2	3	4
C. 合同都只是形式，只要有关系，什么都好商量	1	2	3	4
D. 要想打赢官司，找关系比找律师更有价值	1	2	3	4
E. 三个土老乡顶得上一个公章	1	2	3	4
F. 法院是一个替老百姓讲理的地方	1	2	3	4
G. 在这个社会，要想不吃亏，就一定要懂得利用潜规则	1	2	3	4
H. 要远离那些不守规则的人，因为当他因不守规则出事的时候，可能会连累到你	1	2	3	4
I. 在这个处处讲背景的年代，规则是对普通老百姓最好的保护	1	2	3	4

C4. 您认为哪一种关系对社会秩序最具有根本性意义

1. 家庭伦理关系或血缘关系　2. 个人与社会的关系
3. 职业伦理关系　4. 个人与国家的关系
5. 人与自然的关系　6. 个人与他自身的关系

C5. 对于个人而言，您认为家庭、社会和国家三者的重要性程度如何

A. 第一位：| ____ |　B. 第二位：| ____ |　C. 第三位：| ____ |

1. 国家　2. 社会　3. 家庭

C6. 在您的下列关系中，您认为哪些关系重要【排序】

A. 第一位：| ____ |　B. 第二位：| ____ |　C. 第三位：| ____ |
D. 第四位：| ____ |　E. 第五位：| ____ |

1. 父母与子女　2. 夫妻　3. 兄弟姐妹
4. 同事或同学　5. 上级与下级　6. 师生
7. 人与自然的关系　8. 个人与社会　9. 个人与国家
10. 个人与工作单位　11. 通过网络建立的关系
12. 朋友　13. 个人与他自身的关系（身心和谐）

C7. 您对自己所在企业（或所熟悉的本地企业）履行下列责任的满意情况如何

	1. 非常不满意	2. 不太满意	3. 比较满意	4. 非常满意
A. 劳动安全保障	1	2	3	4
B. 薪酬正常发放	1	2	3	4

续表

	1. 非常不满意	2. 不太满意	3. 比较满意	4. 非常满意
C. 职工文化生活	1	2	3	4
D. 诚实守法经营	1	2	3	4
E. 环境保护措施	1	2	3	4
F. 慈善公益事业	1	2	3	4

C8. 您觉得您身边下述现象常见吗

	1. 经常见到	2. 偶尔见到	3. 没见过
A. 占卜算命	1	2	3
B. 操办喜事比富斗阔	1	2	3
C. 在父母生前不尽孝，却对父母的丧事大操大办	1	2	3
D. 赌博或变相赌博	1	2	3
E. 封建迷信活动	1	2	3
F. 非法宗教活动	1	2	3

C9. 您在生活中经常买到假冒伪劣商品吗

1. 经常　　2. 偶尔　　3. 没有　　4. 不清楚

C10. 您在购物、就医、理财等方面经常遇到虚假广告吗

1. 经常　　2. 偶尔　　3. 没有　　4. 不清楚

C11. 您生活的社区（或村）是否有社区公约、村规民约

1. 有　　2. 没有　　3. 不知道

C12. 您觉得您周围的人在日常生活中遵守下列规则吗

	1. 不遵守	2. 基本遵守	3. 自觉遵守
A. 步行、骑车不闯红灯	1	2	3
B. 乘车、购物自觉排队	1	2	3
C. 文明游览	1	2	3
D. 社区公约、村规民约	1	2	3

D. 认知与判断（三）

D1. 您知道社会主义核心价值观吗？下面有四个关键词属于其中的内容，请把它们选出来。

1. 文明　　2. 诚信　　3. 勇敢　　4. 爱国

5. 创新　　6. 友善　　7. 勤劳

D2. 您认为社会主义核心价值观和您的工作、生活有关系吗

1. 对改变社会风气有好处，每个人都应该这样做人做事
2. 与个人工作、生活没关系　　3. 说不清楚

D3. 中华民族历来有孝敬、礼让、仁爱、节俭的传统，您认为现在还需要这些吗

1. 这些好传统什么时候都不能丢　　2. 可有可无
3. 已经过时，没必要讲这些

D4. 您认为在青少年中开展革命传统教育是否有现实意义

1. 很有必要，应该大力开展。　　2. 已经过时了，没必要开展。
3. 可有可无，意义不大　　4. 说不清楚

D5. 您认为当前中国社会个人道德素质的主要问题是

1. 道德上无知　　2. 有道德知识，但不见诸行动
3. 既无知，也不行动　　4. 其他（请注明________）

D6. 您认为对社会生活而言，个体德性（即个人的道德品质）和社会公正哪个更重要

1. 个体德性最重要　　2. 社会公正最重要
3. 二者应当统一，但二者矛盾时应先追求个体德性
4. 二者应当统一，但二者矛盾时应先追求社会公正

D7. 您根据什么来判断某种行为是否符合伦理或道德

1. 传统　　2. 风俗习惯
3. 大多数人认同的道德规范　　4. 当事人共同利益和意志
5. 自己的良心　　6. 自己的利益　　7. 意识形态的要求
8. 己立立人，立达达人；己所不欲，勿施于人

D8. 老王的朋友老张的生意竞争对手想知道老张平时都跟哪些人接触，花钱让老王监视报告。如果你是老王，你会怎么做

1. 毫不犹豫答应，个人利益高于一切，只要不让朋友知道，无可厚非
2. 可能答应，谈不上道德不道德
3. 可能答应，虽然对朋友不道德，但是有利可图，对自身是道德的
4. 不会答应，因为这不道德，见利忘义的行为无论如何都不可取

D9. 遭遇人生重大挫折时，你通常的反应是

1. 去寺庙，求菩萨保佑　　2. 找朋友倾诉，求得疏解
3. 向家人倾诉，寻求安慰　　4. 坚持自己的追求
5. 自己独自承受和化解　　6. 其他（请注明__________）

D10. 当遭遇人与人之间的利益冲突时，你首选的办法是

1. 诉诸法律，打官司　　2. 主动与对方沟通，适可而止
3. 找第三方帮助沟通调解，尽量不伤和气　　4. 能忍则忍

D11. 当有陌生人走进你的单位或社区，或在车厢中与陌生人在一起时，你经常的态度是

1. 对他/她微笑　　2. 主动打招呼　　3. 没有任何反应
4. 保持警惕，防止上当　　5. 其他（请注明__________）

D12. 假设您双手抱着东西走进电梯，您觉得电梯里的陌生人可能会怎样

1. 主动问你去几楼并帮你按楼层　　2. 当作没看见
3. 会在你的请求下给予帮助

D13. 假设你走在街上被陌生人不小心踩到了并发出“哎哟”一声后，您认为对方会做何种反应

1. 用言语或手势表达歉意　　2. 不会有任何表示
3. 反而说你大惊小怪

D14. 与人相处时，你如何选择自己的行为

1. 按照自己的准则办事，不必顾忌太多　　2. 以己度人，己立立人
3. 以自己利益最大化为最高目标　　4. 以对双方有好处为标准
5. 权衡利弊，理性选择　　6. 其他（请注明__________）

D15. 您认为目前中国社会对人际关系的伦理调节能力和个人行为的道德调节能力

1. 良好　　2. 一般　　3. 很差
4. 几乎没有，一切都听从法律和利益

D16. 现在社会上有些人不守道德反而讨了便宜，您会不会为了得到好处而仿效

1. 从来不这么做　　2. 通常不这么做，关键时刻会这么做
3. 经常这么做　　4. 相信善有善报，恶有恶报，终将会善恶报应
5. 说不清　　6. 其他（请注明__________）

D17. 您常常体验到自己身上一种“伦理感”的存在，如感到自己不属于自己，而属于他人，属于某个集体、国家、民族，行为选择要服从于它，有一种要为它奉献的冲动吗

1. 没有，我只感受到我自己个人实实在在的生活
2. 偶尔有，但主要是因为那种情况下我的利益与它一致
3. 偶尔有，是在受某种作品或生活情境的影响之后
4. 时常有，它是一种内在的信念
5. 其他（请注明__________________）

D18. 您对当前中国社会下列群体的道德状况是否满意：

	1. 非常不满	2. 比较不满意	3. 不太满意	4. 非常满意
A. 政府官员	1	2	3	4
B. 一般公务员	1	2	3	4
C. 企业家	1	2	3	4
D. 教师	1	2	3	4
E. 青少年	1	2	3	4
F. 演艺娱乐界	1	2	3	4
G. 自由职业者	1	2	3	4
H. 农民	1	2	3	4
I. 商人	1	2	3	4
J. 工人	1	2	3	4
K. 专家学者	1	2	3	4
L. 医生	1	2	3	4
M. 弱势群体	1	2	3	4

D19. 你认为大家在一起合作共事，最重要的条件是

1. 心情要愉快，否则就不在一起或另找单位　　2. 自由宽松的氛围
3. 不违背做人的基本准则　　4. 尽量约束自己，考虑别人感受
5. 以共同体的利益为最高准则
6. 其他（请注明__________________）

D20. 您常常体验到自己身上“道德感”的存在和满足吗？如社会行为不是出于本能欲望的冲动，而是考虑是否符合道德规则。

1. 没有，只是凭自己的意志和利益办事
2. 在有监督的环境中有，其他环境中没有
3. 能考虑行为符合公认的道德准则，但是出于社会评价的考虑

4. 经常有，因为行为应当符合社会规则

5. 其他（请注明____________________）

D21. 您觉得大多数人都是可以相信的吗？如果 1 分代表“大多数人都可以相信”，5 分代表“对其他人都应该小心防备”，你会选几分？请在下面的分数上画圈。

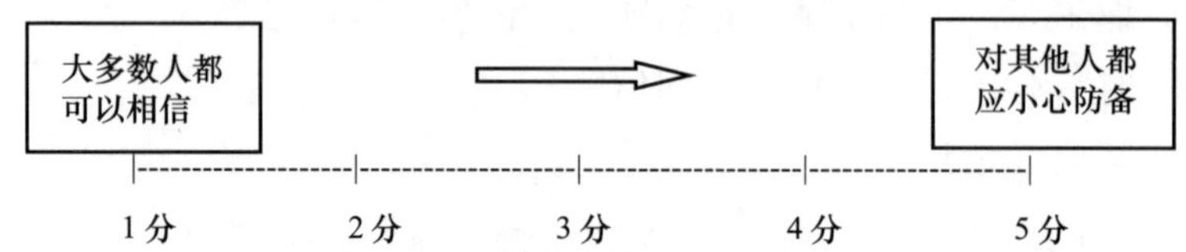

D22. 如果在路边看到一个老人摔倒，你的反应是

1. 立即将其扶起　　2. 等有证人时再扶　　3. 先拍照，再扶起

4. 不扶，避免惹是生非　　5. 报警

6. 其他（请注明____________________）

D23. 你认为导致当前医患关系紧张的主要原因是【排序题】

A. 首要原因：|____|　　B. 次要原因：|____|

1. 医生缺乏职业道德，对病人不负责任

2. 医疗制度不合理，看病难、看病贵

3. 医生腐败，不送红包不认真看病

4. “医闹”，病人蓄意闹事

5. 其他（请注明____________________）

D24. 人与人之间相处，信任是基础。您对下面这些人群信任程度如何

	1. 完全信任	2. 比较信任	3. 不太信任	4. 根本不信任
A. 你的家人	1	2	3	4
B. 你的邻居	1	2	3	4
C. 商人	1	2	3	4
D. 单位领导/社区（村）干部	1	2	3	4
E. 公务员	1	2	3	4
F. 教师	1	2	3	4
G. 警察	1	2	3	4
H. 医生	1	2	3	4
I. 法官	1	2	3	4
J. 陌生人	1	2	3	4

续表

	1. 完全信任	2. 比较信任	3. 不太信任	4. 根本不信任
K. 外国人	1	2	3	4
L. 同事或同学	1	2	3	4
M. 本地政府	1	2	3	4
N. 中央政府	1	2	3	4

D25. 你认为弱势群体产生的最主要原因是

1. 制度不合理，社会关怀不够　　2. 收入分配不公
3. 机会不平等　　4. 弱势群体自己不努力
5. 缺乏生存技能　　6. 其他（请注明________________）

D26. 您认为对当前中国伦理关系和道德风尚造成最大负面影响的因素是

1. 传统文化的崩坏　　2. 外来文化的冲击
3. 市场经济导致的个人主义　　4. 网络技术的发展
5. 分配不公，两极分化　　6. 以权谋私，官员腐败

E. 认知与判断（四）

E1. 您对于我们正在走的中国特色社会主义道路怎么看

1. 充满信心，因为它可以给中国带来繁荣富强
2. 不太了解，但相信这条路能够让老百姓过上好日子
3. 表示怀疑，走这条路究竟怎么样，现在还说不清楚
4. 走什么样的路，跟我没关系

E2. 请认真阅读下面的每一道题目，结合自己的情况进行选择（请注意：一旦理解题意之后，请不要思考过多，根据你的第一判断选择即可。）

	1. 完全不符合 3. 比较符合	2. 不太符合 4. 完全符合		
A. 我会经常关心比我不幸的人	1	2	3	4
B. 在做决定前，我会试着从每个人的立场去考虑问题	1	2	3	4
C. 当我看到有人被利用时，我有点想要保护他们	1	2	3	4
D. 我有时会试图站在他人的角度，以更好地理解他们	1	2	3	4
E. 处在紧张情绪的状况中，我会惊慌害怕	1	2	3	4
F. 我相信任何问题都有两面性，我会试图从两个方面加以考虑	1	2	3	4

续表

	1. 完全不符合 2. 不太符合 3. 比较符合 4. 完全符合			
G. 当我对某人很不耐烦或想批评他/她时，我通常会暂时站在他/她的位置上进行考虑。	1	2	3	4
H. 当我在读一个有趣的故事或者看一部电影时，会想象如果这些事情发生在自己身上，我会是怎样的感受	1	2	3	4
I. 当我看到有人发生意外而急需帮助时，我紧张得几乎精神崩溃	1	2	3	4

E3. 每个人都希望我们的国家越来越好，我们的生活越来越好。党的十八大提出，到 2020 年全面建成小康社会，到 21 世纪中叶建成社会主义现代化国家，您认为这样的目标能实现吗

1. 相信一定能实现　　2. 有困难，但只要努力还是能实现的
3. 不可能实现　　4. 说不清楚，跟我没关系

E4. 您认为在现代中国社会实际奉行的道德价值是

1. 个人主义，人人为自己，上帝为大家　　2. 义利合一，以理导欲
3. 见利忘义，物欲横流　　4. 存义去利

E5. 您认为当今中国社会最重要和最需要的德性是【排序题】

A. 第一重要：| ____ |　　B. 第二重要：| ____ |
C. 第三重要：| ____ |

1. 爱（仁爱、博爱、友爱）　2. 义（道义、义务）　3. 宽容
4. 责任　5. 正义或公正　6. 诚信
7. 忠恕　8. 理智　9. 节制
10. 谦让　11. 恭敬　12. 勇敢
13. 正直　14. 善良
15. 力行或知行合一　16. 教养　17. 孝悌
18. 气节　19. 中庸　20. 敬业

E6. 您在工作或生活的地方，有没有一种踏实和亲切的感觉吗

A. 所在单位	1. 有	2. 还可以	3. 没有
B. 所在社区/村	1. 有	2. 还可以	3. 没有
C. 所在城市	1. 有	2. 还可以	3. 没有

E7. 您认为在自己的成长中得到道德训练的最重要场所或机构是

1. 家庭　　2. 学校　　3. 社会（包括职业生活）
4. 国家或政府　　5. 媒体　　6. 其他（请注明________________）

E8. 您听说过一些道德模范或身边好人的故事吗？您愿意像他们那样做人做事吗

1. 知道一些，他们很了不起，我在努力向他们学习
2. 知道一些，我很敬佩他们，但自己学不来
3. 知道一些，我感到他们那样做有点不值得
4. 没听说过谁是道德模范和身边好人

E9. 您对自己所生活的地方的下列群体职业道德状况总体评价如何

	1. 非常满意　2. 比较满意 3. 不太满意　4. 不满意			
A. 公务员道德状况（如工作认真负责、依法办事、公正廉洁、讲究效率、文明服务等）	1	2	3	4
B. 商人道德状况（如不卖假冒伪劣产品、不价格欺诈、不短斤少两、讲诚信服务等）	1	2	3	4
C. 教师道德状况（如爱岗敬业、关爱学生、教书育人、为人师表、不搞有偿家教等）	1	2	3	4
D. 医生道德状况（如爱岗敬业、钻研医术、救死扶伤、尊重病人、不收红包等）	1	2	3	4

E10. 对当今中国社会，你更担忧哪种问题

1. 言而无信，不守信用　　2. 坑蒙拐骗，没有诚信
3. 人与人之间互不信任，社会安全度低
4. 可信任的人很少，遇到问题难以找到人倾诉和帮助

E11. 您的思想行为受什么人影响最大【排三项】

A. 第一重要：|____|　　B. 第二重要：|____|
C. 第三重要：|____|

1. 政府官员　　2. 企业家　　3. 演艺明星、体育明星
4. 教师　　5. 知识精英　　6. 自由撰稿人
7. 农民　　8. 工人　　9. 先哲先贤　　10. 父母

E12. 对形成中国当前各种新型伦理关系和道德观念，哪些因素影响最大【排三项】

A. 第一重要：|____|　　B. 第二重要：|____|

C. 第三重要：| ____ |

1. 网络和媒体　2. 政府　3. 大学及其文化
4. 市场　5. 企业　6. 社会团体
7. 知识精英　8. 国外价值观与生活方式
9. 其他（请注明____________________）

E13. 您认为哪种因素应当对当今不良道德风尚负主要责任

1. 以权谋私，官员腐败
2. 企业不讲诚信和损害社会利益
3. 学校道德教育功能弱化　4. 家庭伦理功能弱化
5. 个人缺乏道德自觉　6. 分配不公，两极分化

E14. 您对下列关于网络的说法是否赞同

	1. 非常不赞同 3. 比较赞同		2. 不太赞同 4. 非常赞同	
A. 网络是个虚拟空间，不受现实生活中的道德规范约束	1	2	3	4
B. 人肉搜索侵犯个人隐私，应该杜绝	1	2	3	4
C. 明知网络谣言仍转发的，应该受到惩罚	1	2	3	4

E15. 您认为政府在制定政策和决策时充分考虑到伦理道德方面的要求了吗（如社会公平、利益均衡、关怀弱势群体，以及大多数人利益和感受）

1. 有考虑　2. 有考虑，但不够　3. 没有考虑

E16. 您认为解决当前中国的公民道德和社会风尚问题，最关键的是

1. 加强法制　2. 弘扬优秀道德传统
3. 建设伦理道德的核心价值　4. 惩治官员腐败
5. 解决分配不公问题　6. 提高个人道德素质

E17. 一些政府机关、企事业单位和大中小学，利用权力为本单位的职工子女在入学、招工中提供特殊政策，您认为这种行为道德吗

1. 为本单位人员谋福利，符合道德
2. 以权谋私，不道德
3. 是对社会公众的欺骗，严重不道德
4. 符合本单位员工利益，但严重侵蚀社会道德
5. 无所谓道德不道德

E18. 残疾人、留守儿童、孤寡老人等弱势群体需要来自全社会的关爱与帮助，你认为本地区做得怎么样

	1. 很好	2. 比较好	3. 不太好	4. 很差
A. 社区提供的服务	1	2	3	4
B. 周围人的尊重和关爱	1	2	3	4
C. 社会服务机构提供专业化服务	1	2	3	4
D. 政府实施的社会救助	1	2	3	4

E19. 您认为目前社会公德中存在的最突出问题是【限选五项】

1. 坑蒙拐骗　2. 人际关系冷漠，见危不救
3. 不守承诺，社会信用度低
4. 社会财富分配不公，贫富悬殊过大
5. 公共场所缺乏道德　6. 自私自利，损人利己
7. 缺乏爱心　8. 缺乏公正心和正义感
9. 缺乏羞耻感　10. 私欲膨胀，人欲横流
11. 干部贪污受贿，以权牟利
12. 生活奢侈，铺张浪费
13. 奉行功利主义，相互算计
14. 媒体缺乏社会责任，炒作新闻
15. 人与人、人与社会之间缺乏信任，社会安全度低
16. 娱乐界以丑闻、绯闻进行炒作，污染社会风气
17. 企业行为损害社会利益，如环境污染，产品质量低劣，以虚假广告误导公众

E20. 主流媒体的报道和朋友圈或国外媒体的消息不一致时，您会相信哪一个

1. 主流媒体　2. 朋友圈/亲朋圈子　3. 国外报道
4. 都不相信　5. 自己比较判断应该相信哪个
6. 其他（请注明____________________）

E21. 下列哪些因素可能影响人际关系紧张【多选】

1. 社会资源缺乏，引发恶性竞争　2. 过度宣扬竞争意识
3. 社会财富分配不公，贫富差距过大　4. 个人主义盛行
5. 缺乏爱心　6. 缺乏宽容
7. 缺乏相互理解和沟通的意识和能力
8. 制度安排不公正，机会不平等

9. 以权谋私，官员腐败　　　　10. 缺乏道德信用

11. 人与人、人与社会之间缺乏信任

12. 传统伦理瓦解，社会缺乏统一的价值观

13. 一切诉诸利益或法律，人际关系缺乏伦理调节的机制和能力

E22. 您认为，本地政府在以下方面的政策措施对促进社会公平有效果吗

	1. 普遍受欢迎	2. 效果一般	3. 没有效果	4. 有负面影响	9. 不清楚
A. 就业政策	1	2	3	4	9
B. 教育政策	1	2	3	4	9
C. 医疗卫生政策	1	2	3	4	9
D. 低保政策	1	2	3	4	9
E. 房地产政策	1	2	3	4	9
F. 拆迁安置政策	1	2	3	4	9

E23. 您听说过、参加过道德讲堂活动吗

1. 没有听说过　　　　2. 听说过，但没有参加过

3. 参加过，觉得很有意义　　　　4. 参加过，但没留下太多印象

E24. 有人说，一条好家规、一个好家风可以影响三代人。现在开展的弘扬好家风、好家训活动，您认为有意义吗

1. 没有必要　　2. 可有可无　　3. 很有意义

E25. 现在有的地方建了“好人馆”“好人广场”“好人公园”，您认为有必要为好人树碑立传吗

1. 可有可无　　　　2. 没有必要

3. 很有必要，可以让更多的人知道他们、学习他们

E26. 您对所生活的地方道德建设满意吗

1. 满意　　2. 基本满意　　3. 不满意　　4. 说不清楚

E27. 您对生活的地方社会公德状况满意吗

1. 非常满意　　2. 比较满意　　3. 基本满意　　4. 不满意

E28. 最后我们想麻烦您留一下您的电话联系方式，以便我们日后跟您联系（请放心，该联系方式不会被用于其他任何用途）。

电话号码：| ___ | ___ | ___ | ___ | ___ | ___ | ___ | ___ | ___ | ___ | ___ |

问卷到此结束，非常感谢您的配合！

省、区县、半分格、受访人编码								问卷版本	
								A	7

采访地点（务必填写）：____________省/直辖市____________地级市____________区/县/县级市

____________乡镇/街道____________村/居委会/社区____________门牌号

采访完成日期：2017 年________月________日

采访用时：__________分钟　　　　整理问卷用时：__________分钟

完访采访员编号：__________　　　　完访采访员签字：____________

验收人签字：________________　　　　验收日期：________________

录入员 1 签字：________________　　　　录入完成日期：________________

录入员 2 签字：________________　　　　录入完成日期：________________

SY1：调查员誊录成人问卷编号：[____ | ____ | ____ | ____]

2016 年江苏省居民伦理道德发展状况 调查问卷（青少年问卷）

您好！我们是东南大学的学生，正在进行一项调研，以了解大家对社会生活的感受和看法，我们按照科学方法抽中了您家作为调查对象。您的回答对于我们了解有关情况具有重要意义。下面所有问题的答案没有对错之分，请按照您的实际情况和真实想法回答。对于您的回答，我们将按照《中华人民共和国统计法》相关规定，严格保密，相关信息只用于统计分析，不涉及个人信息。非常感谢您的合作！

江苏省道德发展高端智库

东南大学国情调查中心

2016 年 8 月

****

填答说明：除文字填答和特别说明外，所有题目都是单选题。在所选答案上画圈。

****

Y1. 成人问卷填答者是你的

1. 父亲　2. 母亲　3. 爷爷/奶奶　4. 外公/外婆

5. 其他亲戚　6. 其他（请说明____________________）

Y2. 你的性别是（请访问员记录）：　1. 男　2. 女

Y3. 你的出生年月是：____ | ____ | ____ | ____ | 年 | ____ | ____ | 月。

Y4. 你目前是几年级

1. 小学一年级　2. 小学二年级　3. 小学三年级　4. 小学四年级

5. 小学五年级　6. 小学六年级　7. 初中一年级　8. 初中二年级

9. 初中三年级　10. 高中一年级　11. 高中二年级　12. 高中三年级

Y5. 你就读的学校属于

1. 省重点学校　2. 市县重点学校　3. 普通中小学

4. 私立学校　5. 民工子弟学校

Y6. 如果把你班里所有同学的数学和语文成绩从最差一直排到最好，你会把自己放到哪个位置？（1 代表最差，7 代表最好）

A. 数学	1	2	3	4	5	6	7
B. 语文	1	2	3	4	5	6	7

Y7. 你有几个兄弟姐妹

1. 没有，是独生子女　2. 一个　3. 二个　4. 三个及以上

Y8. 你知道“八礼四仪”的基本规范吗？在学习生活中是不是那样去做了

1. 知道，努力去做　2. 知道，但做得不好

3. 知道，但没去做　4. 不知道

Y9. 当你在电视中看到奥运赛场上五星红旗在国歌声中升起，你会有自豪感吗

1. 非常自豪　2. 比较自豪　3. 感觉不强烈　4. 没感觉

Y10. 你是否会为节省几分钟时间穿过一片不允许踩踏的草坪

1. 会　2. 如果有人穿过，我也会

3. 如果有急事就穿　4. 一定不会

Y11. 你参加过诸如“文明小义工”“爱心小天使”“红领巾志愿者”等实践活动吗

1. 偶尔参加　2. 经常参加　3. 没参加过　4. 没听说过

Y12. 你对考试作弊怎么看

1. 不应该作弊　2. 作弊没什么　3. 别人作弊，我不作弊有点亏

Y13. 在公共汽车上刚找到个座位，看到旁边站着老人或孕妇，你会怎么做

1. 立即让座　2. 虽不情愿，但还是会让座

3. 有人提示后才让座　4. 不让座

Y14. 你知道妈妈的生日吗

1. 知道　2. 大概知道　3. 不知道

Y15. 如果不小心弄坏了别人的东西，又没人看到，你会

1. 主动承认自己干的　2. 有人问起的时候才承认

3. 不会承认，但会受良心责备　4. 不承认

Y16. 你是否同意下列说法

	1. 完全同意　2. 比较同意 3. 不太同意　4. 完全不同意			
A. 反正家里有钱，浪费点也没什么	1	2	3	4
B. 上网可以想说什么就说什么	1	2	3	4
C. 公共场所随手扔点果皮、纸屑没什么	1	2	3	4

续表

	1. 完全同意　2. 比较同意 3. 不太同意　4. 完全不同意			
D. 对学生来说，成绩最重要，讲品德是次要的	1	2	3	4
E. 学生以学习为主，做家务是大人的事	1	2	3	4
F. 生活上穿品牌、用品牌，在同学面前才有面子	1	2	3	4

Y17. 你对周围同学的品德评价如何

1. 非常好　2. 还可以　3. 不怎么样　4. 很不好

Y18. 你觉得生活快乐吗

1. 非常不快乐　2. 不太快乐　3. 比较快乐　4. 非常快乐

Y19. 你在学校里，看到下列事情或情况的频率如何

	从来没有	很少	有时	经常	非常频繁
A. 学生打架	1	2	3	4	5
B. 学生考试作弊	1	2	3	4	5
C. 学生上课迟到或逃课	1	2	3	4	5
D. 学生抽烟或喝酒	1	2	3	4	5
E. 学生被其他学生欺负或敲诈	1	2	3	4	5

Y20. 周一到周五，你晚上通常几点钟睡觉？记录：| ___ | ___ | 时 | ___ | ___ | 分

Y21. 你通常每晚睡多久？| ______ | 小时【可以用小数点表示，如8.5表示八个半小时】

Y22. 和同年龄的孩子相比，你觉得你的体力状况怎么样

1. 体力非常充沛　2. 体力较为充沛　3. 处于平均水平

4. 体力较为虚弱　5. 体力非常虚弱

Y23. 最近半年，家长和你一起做下列事情/活动的频率如何

	从来没有	很少	有时	经常
A. 讨论学校或学习相关事情	1	2	3	4
B. 聊天，谈学习以外的事情	1	2	3	4
C. 跟我一起读书	1	2	3	4
D. 带我去博物馆、植物园、动物园	1	2	3	4

续表

	从来没有	很少	有时	经常
E. 带我去图书馆、美术馆	1	2	3	4
F. 带我去音乐会、剧院	1	2	3	4

Y24. 你是否经常被同学轻视或欺负？如果是，大概多久会遇到一次

1. 从来没有　　2. 次数很少
3. 几个月一次　　4. 一个月最少一次
5. 一个星期一次　　6. 一个星期超过一次

Y25. 你最崇拜的人物是谁【最多选两项】

1. 父亲　　2. 母亲　　3. 其他长辈
4. 老师　　5. 娱乐明星
6. 毛泽东、周恩来等老一辈革命家　　7. 英雄人物
8. 体育明星　　9. 科学家　　10. 其他人物

Y26. 上学期的最后一个月，你对下列情况的体会如何

	从不	很少	有时	每天
A. 觉得自己是学校的一分子	1	2	3	4
B. 觉得自己和学校的人关系密切	1	2	3	4
C. 在你的学校读书是件开心的事情	1	2	3	4
D. 觉得在你的学校里是安全的	1	2	3	4

Y27. 您觉得大多数人都是可以相信的吗？如果 1 分代表“大多数人都可以相信”，5 分代表“对其他人都应该小心防备”，你会选几分？请在下面的分数上画圈。

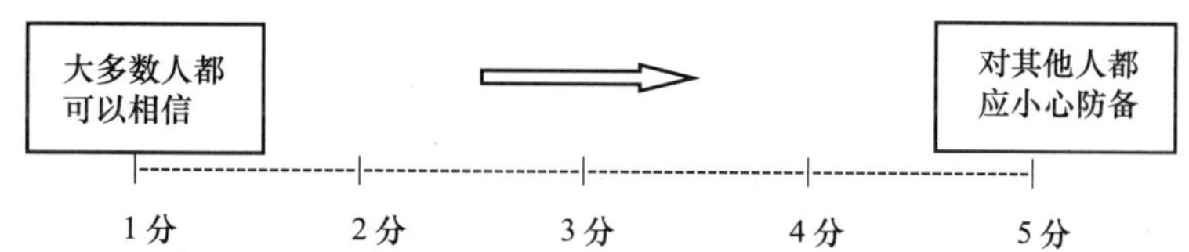

问卷到此结束，非常感谢您的配合！

2017 年中国（暨江苏）伦理道德发展状况调查问卷

【该调查问卷未经许可，请勿复印、抄录、拍照，或以任何方式传播】

首次采访日期 ______月______日 采访员姓名____________	第二次采访日期 ______月______日 采访员姓名____________	第三次采访日期 ______月______日 采访员姓名____________	备注
1. 采访完成			
2. 受访地址拒访			
3. 受访人拒访			
4. 多次未见受访人			
5. 受访人身体/语言障碍			
6. 该地址中一直无人			
7. 无人居住的空房			
8. 地址中无符合资格人员			
77. 其他（具体指明）			
另约：______月______日	另约：______月______日	另约：______月______日	
上午/下午______点	上午/下午______点	上午/下午______点	

抽样表 7

请先列出该地址中所有成员

与接待人关系	性别	年龄	排除原因	合格成员顺序号	入选

将户中合格成员排列顺序并写出顺序号，规则如下：从年龄最大的男性排至年龄最小的男性，紧接着再排年龄最大的女性至年龄最小的女性。男性和女性用同一连续顺序号。

合格成员条件：

1. 18—65 岁；
2. 居住在本区县 6 个月以上，并在本地址居住 30 天以上（包括保姆、朋友、亲属等）。

排完顺序后，参照如下的抽选表抽出受访人。

Q1. 地址中成员总数：________人

Q2. 合格成员总数：________人

抽选表 7	
如果该户中合格成员的总数为	入选的受访人的顺序号
1	1
2	2
3	2
4	3
5	4
6 或更多	4

Q3. 您现在的住址中有几个人的户口不在本地址？

________人　　88 不知道

Q4. 您现在的住址中有几个人的户口不在本乡镇/街道？

________人　　88 不知道

前　言

东南大学道德发展智库和北京大学中国国情研究中心正在全国进行一项有关城乡居民道德发展状况的调查研究。该调查旨在了解全国城乡居民的思想道德和一般价值观状况，为政府部门制定相关政策提供参考。

您的看法、意见不仅对这项研究非常重要，而且也能为所在地区的建设和发展起到积极的推动作用。您的回答没有对错之分，我们需要的是您的真实想法。我们诚恳地希望得到您的支持和帮助。在采访过程中，也许会有一些您所不熟悉的提问方式，希望您能谅解，并给予配合。我们保证不在任何时间、任何情况下，以直接或间接方式提到您个人。对于您的回答，我们将按照《中华人民共和国统计法》的规定，严格保密，相关信息只用于统计分析，不涉及个人信息。

谢谢您的合作，现在就让我们开始吧！

采访记录

Z1. 采访对象的合作

1. 非常好　　2. 好　　3. 一般　　4. 不好　　5. 非常不好

Z2. 采访对象理解能力

1. 很高　　2. 高于一般水平　　3. 一般水平

4. 低于一般水平　　5. 很低

Z3. 采访开始以前，采访对象对这项研究的疑虑程度

1. 没有疑虑　　3. 有一些疑虑　　5. 非常疑虑

Z4. 采访对象回答问题的可信程度

1. 完全可信　　3. 一般说可信　　5. 有时看起来不可信

Z5. 总的来看，采访对象对访谈的感兴趣程度：

1. 非常高　2. 高于一般水平　3. 一般水平　4. 低于一般水平
5. 非常低

Z6. 请您根据自己对采访对象家庭的印象，估计一下该家庭的经济状况，说明该家庭在当地是属于低收入家庭、一般收入家庭、中高收入家庭，还是高收入家庭

1. 低收入　2. 一般收入　3. 中高收入　4. 高收入　9. 不适用

Z7a. 采访时有无其他人员在场

1. 有　5. 没有→（进行到Z8）

Z7b. 是什么人在场【可选多项】

1. 六岁以下儿童　2. 大孩子　3. 配偶
4. 其他亲属　5. 其他成人

Z7c. 其他人在场是否影响了采访的质量

1. 是　5. 否

Z8. 受访人家庭住的是什么样的房子

1. 平房　2. 六层及以下楼房　3. 六层以上楼房

Z9. 受访人家庭的住房和当地一般情况相比是什么状况

1. 好　3. 中　5. 差

Z10. 受访人居住的地方是否属于以下情况：

[1] 农村民居　[2] 普通住宅区　[3] 政府机关大院

[4] 工厂/农场里的职工宿舍　[5] 高档住宅区

[6] 建筑工地宿舍　[7] 学生宿舍

[8] 宾馆，餐馆等商业场所

[77] 其他（具体指明____________________）

Z11. 受访者家/楼门前的道路状况如何

[1] 足够宽广可容汽车通过，并且铺有柏油、水泥　[3] 石子路

[2] 汽车无法通过，但铺有柏油、水泥或人造材料　[4] 泥土路

Z12. 受访者住家附近有哪些公共设施

	没有设施/服务	步行10分钟以内	步行20分钟以内	步行40分钟以内	步行1个小时以内	无法判断
a. 接受到手机信号	0	1	2	3	4	9
b. 公共休闲设施	0	1	2	3	4	9
c 大众交通工具站牌（如公交车、火车、船舶、电车等）	0	1	2	3	4	9
d. 宗教建筑（教堂、寺庙、神坛）	0	1	2	3	4	9

Z13. 访问时使用的语言

1 方言　　3 少数民族语言　　5 普通话

Z14. 访问时受访人是否曾经拒绝

1 是，在访问一开始时拒访

2 是，在访问进行过程中拒访

3 是，在访问即将结束前拒访

4 不曾拒访

Z15. 其他您认为应该报告和说明的情况

____

____

省、区县、半分格、受访人编码								问卷版本	
								A	1

采访地点（务必填写）：__________省/直辖市__________地级市__________区/县/县级市

__________乡镇/街道__________村/居委会/社区__________门牌号

采访完成日期：2017年______月______日

采访用时：________分钟　　整理问卷用时：________分钟

完访采访员编号：________　　完访采访员签字：__________

验收人签字：__________　　验收日期：__________

录入员1签字：__________　　录入完成日期：__________

录入员2签字：__________　　录入完成日期：__________

2017 年中国（暨江苏）伦理道德发展状况调查问卷

【该调查问卷未经许可，请勿复印、抄录、拍照或以任何方式传播】

首次采访日期 ______月______日 采访员姓名____________	第二次采访日期 ______月______日 采访员姓名____________	第三次采访日期 ______月______日 采访员姓名____________	备注
1. 采访完成			
2. 受访地址拒访			
3. 受访人拒访			
4. 多次未见受访人			
5. 受访人身体/语言障碍			
6. 该地址中一直无人			
7. 无人居住的空房			
8. 地址中无符合资格人员			
77. 其他（请注明）：			
另约：______月______日	另约：______月______日	另约：______月______日	
上午/下午______点	上午/下午______点	上午/下午______点	

抽样表 1

请先列出该地址中所有成员

与接待人关系	性别	年龄	排除原因

合格成员顺序号	入选

将户中合格成员排列顺序并写出顺序号，规则如下：从年龄最大的男性排至年龄最小的男性，紧接着再排年龄最大的女性至年龄最小的女性。男性和女性用同一连续顺序号。

合格成员条件：

1. 18—65 岁；
2. 居住在本区县 6 个月以上，并在本地址居住 30 天以上（包括保姆、朋友、亲属等）。

排完顺序后，参照如下的抽选表抽出受访人。

Q1. 地址中成员总数：________人

Q2. 合格成员总数：________人

抽选表 1	
如果该户中合格成员的总数为	入选的受访人的顺序号
1	1
2	1
3	1
4	1
5	1
6 或更多	1

Q3. 您现在的住址中有几个人的户口不在本地址？

________人　　88 不知道

Q4. 您现在的住址中有几个人的户口不在本乡镇/街道？

________人　　88 不知道

前　言

东南大学道德发展智库和北京大学中国国情研究中心正在全国进行一项有关城乡居民道德发展状况的调查研究。该调查旨在了解全国城乡居民的思想道德和一般价值观状况，为政府部门制定相关政策提供参考。您的看法、意见不仅对这项研究非常重要，而且也能为所在地区的建设和发展起到积极的推动作用。您的回答没有对错之分，我们需要的是您的真实想法。我们诚恳地希望得到您的支持和帮助。在采访过程中，也许会有一些您所不熟悉的提问方式，希望您能谅解，并给予配合。我们保证不在任何时间、任何情况下，以直接或间接方式提到您个人。对于您的回答，我们将按照《中华人民共和国统计法》的规定，严格保密，相关信息只用于统计分析，不涉及个人信息。

谢谢您的合作，现在就让我们开始吧！

省、区县、半分格、受访人编码								问卷版本	
								A	

务必填写开始时间：（24 小时制）________点________分	A. 个人基本信息

请采访员首先记录受访对象的性别：　1. 男性　　0. 女性

A1. 请问您是哪年出生的？________年

A2. 您在本市生活了多少年？________年________月　　99 一直

A2a. 您在现在这个住址上住多长时间了

a）________年　　99 一直

b）（若受访人在这个住址住了不到一年，则询问）________月

A3. 您是在农村、小城镇，还是城市长大的

1 农村　　2 小城镇　　3 城市　　8 不知道

A4a. 您上过多少年学？________年

A4b. 您的最高学历是什么

1. 小学以下　　2. 小学　　3. 初中　　4. 高中　　5. 职高/中专

6. 大专　　7. 大学　　8. 硕士　　9. 博士　　99. 拒绝回答

A5. 您现在的户口属于下列哪一种

1 本市农业户口　　2 本市非农户口

3 外地农业户口→（进行到 A7）

4 外地非农户口→（进行到 A7）

A6. 您的户口本上地址是现在住的地址吗

1 是→（进行到 A8）　　5 否

A7.【出示答案卡】您的户口所在地和现在的住址相比较，符合下列哪种情况

1 与现住址不同省/自治区/直辖市

2 与现住址同省/自治区/直辖市，不同地级市

3 与现住址同省/自治区/直辖市，同地级市，不同市辖区/县

4 与现住址同省/自治区/直辖市，同地级市，同市辖区/县，不同乡镇/街道

5 与现住址同街道/乡镇　　8 不知道

A8. 您的民族是

1 汉族　　2 蒙古族　　3 满族　　4 回族

5 藏族　　6 壮族　　7 维吾尔族

77 其他（请注明________________）

A9a. 您有宗教信仰吗　　1 有　　5 没有→（进行到 A10）

A9b.您信仰什么宗教

1. 佛教　2. 道教　3. 伊斯兰教/回教　4. 民间信仰　5. 天主教
6. 基督教　7. 其他（请注明______________）　9. 拒绝回答

A10. 您目前的具体职业是【出示答案卡，如已退休，请填写退休前最后一份工作的情况】

1 办事人员（如办公室普通职员、业务人员）

2 服务人员（如营业员、保安、收银员等）

3 做小生意（如卖菜、开小餐馆等）　4 流动小贩

5 体力工人（勤杂工、搬运工等）

6 技术工人/维修人员/手工艺人

7 企业领导/公司老板　8 企业中层管理人员

9 教师、医生、科研/技术/工程人员　10 事业单位领导

11 文化、艺术、体育从业人员　12 普通公务员

13 机关干部（科级及以上）　14 军人/警察

15 农民/牧民　16 无业/失业/下岗

17 从未工作过

B. 总体认知与判断

B1. 过去一年，您对以下媒体的使用情况是【出示答案卡，逐项提问】

	从不	很少	有时	经常	非常频繁	不知道
a. 纸质报纸	1	2	3	4	5	8
b. 纸质杂志	1	2	3	4	5	8
c. 广播	1	2	3	4	5	8
d. 电视	1	2	3	4	5	8
e. 各种政府网站	1	2	3	4	5	8

续表

	从不	很少	有时	经常	非常频繁	不知道
f. 社交媒体（微博、微信、博客、播客等）	1	2	3	4	5	8
g. 新媒体（如数字报纸、数字杂志、移动电视等）	1	2	3	4	5	8

B2. 跟五年前相比，您觉得自己的社会经济地位有什么变化

1 上升了　2 差不多　3 下降了

8 不好说/说不清

B3. 您感觉在未来的五年中，您的生活水平将会有什么变化

1 上升很多　2 略有上升　3 没有变化

4 略有下降　5 下降很多　8 不好说/说不清

B4. 总的来说，您觉得目前的生活幸福吗

1 非常不幸福　2 不太幸福　3 谈不上幸福不幸福

4 比较幸福　5 非常幸福

B5. 您对自己目前的生活状态满意吗

1 非常满意　2 比较满意　3 不太满意　4 非常不满意

8 不知道

B6. 社会上发生的一些事情，您一般是从什么渠道最先知道【出示答案卡，限选两项】

1 电视　2 报纸　3 电台广播

4 微博/微信等网络社交媒介　5 网络

6 和朋友亲友同事交谈　7 单位传达

77 其他（请注明____________________）

B7. 与传统的报纸/电视相比，从网络中获得的信息（文字、图片、视频等）对您的思想行为有多大程度的影响

1 影响很大　2 有一些影响　3 影响很小

4 完全没有影响　　5 不适用，因为不上网　　8 不知道

B8. 我们国家和每个人对未来都有美好的梦想，您认为中国梦和您个人、家庭追求美好生活有多大程度的关系

1 关系很大　　2 关系不大　　3 根本没有关系

4 不清楚什么是中国梦

B9. 您对当前中国社会道德状况的总体满意度是

1 非常满意　　2 比较满意　　3 不太满意　　4 非常不满意

8 不知道

B10. 您对当前中国社会人与人之间的关系的总体满意度是

1 非常满意　　2 比较满意　　3 不太满意　　4 非常不满意

8 不知道

B11. 您对自己的道德状况的满意度是

1 非常满意　　2 比较满意　　3 不太满意　　4 非常不满意

8 不知道

B12. 您觉得今后中国社会的道德状况会变成什么样

1 越来越差　　2 不变　　3 越来越好　　8 不知道

B13. 您认为中国目前人与人之间的关系受什么影响【出示答案卡，限选两项】

1 利益　　2 情感　　3 国家倡导的主流价值观

4 中国传统价值观　　5 西方价值观　　8 不知道

B14. 对中国社会，您最担忧的问题是【出示答案卡，限选两项】

1 腐败不能根治　　2 生态环境恶化

3 分配不公，两极分化　　4 老无所养，未来没有把握

5 生活水平下降　　6 道德滑坡，社会风气恶化

7 人际关系紧张　　77 其他（请注明__________________）

B15. 对伦理关系和道德生活，您最向往的是【出示答案卡，限选一项】

[1] 传统社会的伦理和道德（如仁、义、礼、智、信）

[2] 战争年代为理想而献身的革命精神（如革命烈士无私献身精神）

[3] 新中国成立后到“文化大革命”前的大公无私的集体主义精神

[4] 追求个人利益的市场经济下的道德

[5] 西方道德（如个人主义，实用主义，功利主义）

[77] 其他（请注明____________________）

B16. 您认为当前中国社会道德生活中最重要的内容是什么【出示答案卡，填写选项代码】

A. 最重要|____|　　B. 第二重要|____|　　C. 第三重要|____|

[1] 意识形态中所提倡的社会主义道德　　[2] 中国传统道德

[3] 西方文化影响而形成的道德　　[4] 市场经济中形成的道德

[7] 其他（请注明____________________）

B17. 您认为目前中国社会中伦理道德对人际关系的调节能力如何

[1] 良好　　[2] 一般　　[3] 很差

[4] 几乎没有，一切都听从利益支配　　[8] 不知道

B18. 您认为目前中国社会中伦理道德对个人行为的约束能力如何

[1] 良好　　[2] 一般　　[3] 很差

[4] 几乎没有，一切都听从利益支配　　[8] 不知道

B19. 您认为当今中国社会最基本的伦理冲突是【出示答案卡，限选两项】

[1] 人与自然的冲突　　[2] 人与自身的冲突

[3] 人与人之间的冲突　　[4] 个人与社会的冲突

[5] 个人与政府的冲突

[7] 其他（请注明____________________）

B20. 在下列关系中，您认为哪些关系对您来说最重要【出示答案卡，填写选

项代码】

A. 第一位：| ____ |　B. 第二位：| ____ |　C. 第三位：| ____ |
D. 第四位：| ____ |　E. 第五位：| ____ |

1 父母与子女　2 夫妻　3 兄弟姐妹

4 同事或同学　5 上级与下级　6 师生

7 人与自然的关系　8 个人与社会　9 个人与国家

10 个人与工作单位　11 通过网络建立的各种“群”的关系

12 朋友　13 个人与他自身的关系（身心和谐）

77 其他（请注明____________________）

B21. 您认为哪一种关系对社会秩序最具根本性意义【出示答案卡，限选一项】

1 家庭关系或血缘关系　2 个人与社会的关系

3 职业关系　4 个人与国家民族的关系

5 人与自然的关系　6 个人与他自身的关系

B22. 您认为哪一种关系对个人生活最具根本性意义【出示答案卡，限选一项】

1 家庭关系或血缘关系　2 个人与社会的关系

3 职业关系　4 个人与国家民族的关系

5 人与自然的关系　6 个人与他自身的关系

B23. 对于个人而言，您认为家庭、社会和国家三者的重要程度如何【填写选项代码】

A. 第一位：| ____ |　B. 第二位：| ____ |

1 国家　2 社会　3 家庭

B24. 请根据您的理解选择对下列陈述的评价【出示答案卡，逐项提问】

	消极影响	没有影响	积极影响	说不清
1. 信息技术、网络技术的发展对伦理道德的影响	1	2	3	8
2. 市场经济对中国伦理道德的影响	1	2	3	8
3. 西方文化对中国伦理道德的影响	1	2	3	8

B25. 如果国外报道与国家主流媒体的宣传内容不一致，您倾向于相信

1 主流媒体　　2 国外报道　　3 谁都不相信，自己判断

8 说不清

B26. 如果朋友圈的消息与国家主流媒体的报道不一致，您会相信哪一个

1 主流媒体　　2 朋友圈/亲朋圈子

3 都不相信，自己比较判断

7 其他（请注明__________________）

C. 个体道德

C1. 您认为当前中国社会个人道德素质的主要问题是【读出选项，限选一项】

1 道德上无知　　2 有道德知识，但不见诸行动

3 既道德上无知，也不见道德行动

7 其他（请注明__________________）

C2. 您根据什么来判断某种行为是否符合伦理或道德【出示答案卡，限选三项】

1 传统道德观念　　2 风俗习惯

3 大多数人认同的道德规范　　4 当事人共同利益和意志

5 自己的良心　　6 自己的利益

7 意识形态的要求　　77 其他（请注明__________________）

C3. 请结合自己的情况进行选择。理解题意之后，请不要思考过多，根据第一判断选择即可【出示答案卡，逐项提问】

	完全不符合	有点符合	一般	比较符合	完全符合	不知道
1. 我会经常关心比我不幸的人	1	2	3	4	5	8
2. 我时常会同情他人的难处	1	2	3	4	5	8
3. 在做决定前，我会试着从每个人的立场去考虑问题	1	2	3	4	5	8
4. 当我看到有人被利用时，时常想要保护他们	1	2	3	4	5	8

续表

	完全不符合	有点符合	一般	比较符合	完全符合	不知道
5. 我有时会试图站在他人的角度，以更好地理解我的朋友	1	2	3	4	5	8
6. 他人的不幸通常不会给我带来很大的不安	1	2	3	4	5	8
7. 在观看电视剧或电影之后，我会感觉到自己仿佛成了其中的一个角色	1	2	3	4	5	8
8. 当我对某人很不耐烦的时候，我通常会暂时站在他/她的位置上	1	2	3	4	5	8
9. 当我在读一个有趣的故事或者一部电影的时候，会想象如果这些事情发生在自己身上，我会是怎样的感受	1	2	3	4	5	8
10. 在批评他人之前，我会尝试想象一下如果我处于那个位置会是什么感受	1	2	3	4	5	8

C4. 您认为当今中国社会最重要和最需要的德性是【出示答案卡，填写选项代码】

A. 第一位：| ____ |　B. 第二位：| ____ |　C. 第三位：| ____ |
D. 第四位：| ____ |　E. 第五位：| ____ |

1 爱（仁爱、博爱、友爱）　2 义（道义、义务）　3 宽容
4 责任　5 公正　6 诚信
7 忠恕（将心比心）　8 理智　9 节制
10 谦让　11 勇敢　12 正直
13 善良　14 孝悌　15 敬业
77 其他（请注明____________________）

C5. 一个制药厂做药品销售时，出资五十万元请您向公众介绍自己服药后的良好效果，您过去服用这药时并没有效果，但也没有发现很大的副作用，您将如何决定【出示答案卡，限选一项】

1 接受邀请，心安理得

2 接受邀请，心里不安，但这笔巨款很有吸引力

3 拒绝，这是虚假广告欺骗大众

7 其他（请注明____________________）

C6. 您正在申请一个重要的职位，如果具有两次以上在敬老院做义工的经历（不需要出具证据），将可能优先获得这个职位，您将如何决定【出示答案卡，限选一项】

1 如实填报，没做过义工，今后多参加这类活动

2 填报参加过两次义工，这机会太重要了，反正不需要出具证据

3 先填报，交表之后去做两次义工

7 其他（请注明____________________）

C7. 如果您全权代表本单位与另一单位进行项目谈判，对方要求您给予一千万元的优惠，事成之后将您正在寻找工作的女儿安排到这一单位并且获得较好职位，您将如何决定

1 拒绝，不能以公谋私

2 接受，女儿前途重要，并且我有权决定

7 其他（请注明____________________）

C8. 现在社会上有些人不守道德反而讨了便宜，您会不会为了得到好处而仿效【出示答案卡，限选一项】

1 从来不这么做　　2 通常不这么做，关键时刻会这么做

3 经常这么做　　4 相信善有善报，恶有恶报，终将会善恶报应

7 其他（请注明____________________）

C9. 下列说法您是否认同【出示答案卡，逐项提问】

	1. 完全不同意 2. 不太同意 3. 比较同意 4. 完全同意 8. 不知道				
1. 目前大多数人将职业当作谋生的手段，缺乏责任感和奉献精神	1	2	3	4	8
2. 企业老板剥削员工，利益关系不公正	1	2	3	4	8
3. 老板和员工、上级和下级相互勾结，共同对社会不负责任	1	2	3	4	8
4. 是否离婚主要考虑自己的感受和利益	1	2	3	4	8

续表

	1. 完全不同意　2. 不太同意 3. 比较同意　　4. 完全同意 8. 不知道				
5. 是否离婚应该从家庭整体（包括子女）考虑	1	2	3	4	8
6. 婚姻是社会的事，应当兼顾社会评价和社会后果	1	2	3	4	8
7. 婚姻应当是自由的，如果有更满意或更合适的人就与现在的配偶离婚	1	2	3	4	8
8. 婚姻意味着责任，要考虑给对方造成什么后果，不能轻率地选择离婚	1	2	3	4	8
9. 遇到困难的时候，兄弟姐妹通常都会给予力所能及的帮助	1	2	3	4	8
10. 无论父母对自己如何，都应当尽赡养义务	1	2	3	4	8
11. 为了家庭利益可以一定程度上牺牲国家利益	1	2	3	4	8
12. 为了国家利益可以一定程度上牺牲家庭利益	1	2	3	4	8

C10. 假设您的上司或老板是外国人，他侮辱了中国，但抗争会产生不利于自己的后果，您会选择【出示答案卡，限选一项】

1 当面抗议　　2 保持沉默　　3 暗地里报复

4 以屈求伸，背后骂几句就行了　　5 无所谓

C11. 如果条件允许的话，您希望您的孩子生活在国内，还是到国外定居

1 还是在国内生活好　　2 到国外定居　　3 走一步看一步

4 没考虑过

C12. 您常常体验到自己身上一种“伦理感”的存在吗？如把家庭、单位、国家当作归宿，经常与别人将心比心、为家庭和爱人无条件奉献、把自己的命运与所在单位和地区的命运紧紧联系在一起等【出示答案卡，逐项提问】

	1. 没有，只感受到自己实实在在的生活	2. 偶尔有，但主要是因为那种情况下我的利益与它高度一致	3. 偶尔有，是在受某种作品或生活情境的影响之后	4. 时常有，它是一种内在的信念
1. 人与人之间	1	2	3	4
2. 家庭	1	2	3	4
3. 单位	1	2	3	4
4. 社区、城市	1	2	3	4

C13. 您常常体验到自己身上有一种“道德感”的存在和满足吗？如与人相处

或追求重大利益时总要首先考虑是否“应该”，做了不好的事常受到良心谴责，帮助和成全别人虽然自己利益受损仍常有一种快感或心安【读出选项，限选一项】

1 没有，只是凭自己的感觉和利益办事

2 在有监督的环境中或有别人在场时有，其他环境中没有

3 经常有，问心无愧、不做亏心事最重要

4 没有特别的感觉，但从来不做不道德的事

7 其他（请注明____________________）

C14. 您认为国家对于个人存在的意义是【读出选项，限选一项】

1 国家离我们很遥远，个人最重要

2 国家最重要，是我们的安身之地，国家富强个人才能过得好

7 其他（请注明____________________）

C15. 您认为对社会生活而言，个体德性（即个人的道德品质）和社会公正（如分配公正）哪个更重要

1 个体德性最重要

2 社会公正最重要

3 二者应当统一，但二者矛盾时应先追求个体德性

4 二者应当统一，但二者矛盾时应先追求社会公正

C16. 在公共生活中，个人之所以要遵守道德，是因为【读出选项，限选一项】

1 遵守道德有利于自身利益的实现

2 个人是社会的一分子，应当遵守道德

3 遵守道德社会才能有序和美好

4 不遵守道德会被别人议论或谴责

7 其他（请注明____________________）

C17. 关于职业劳动（如做工人，教师，医生等）的说法，您最认同的是【出

示答案卡，限选一项】

1 职业劳动是个人和家庭谋生的手段

2 职业劳动是为社会创造财富

3 职业劳动是个人兴趣和价值实现的方式

7 其他（请注明________________）

C18. 当前有些人常有忧郁、自杀等状况，您认为造成这种情况的主要原因是什么【出示答案卡，可选多项】

1 欲望过多过大，不能知足常乐　　2 对自己和未来没有把握

3 竞争激烈，工作压力过大，身心疲惫

4 人与人之间缺乏信任感，人际关系紧张

5 有烦恼很难找到人倾诉和排解

6 个人的文化底蕴和文化积累不够，缺乏自我理解和自我调节能力

7 现代人缺乏安顿自己、化解内心矛盾的能力

8 缺乏道德公正，没有道德的人总是讨便宜

9 缺乏理想和信念支持，精神没有寄托和归宿

10 生活压力大　　11 生活孤独无聊

77 其他（请注明________________）　　88 不知道

C19. 如果您与下列人员发生重大利益冲突（如财产纠纷等），您会首先选择哪种途径来解决【出示答案卡，逐项提问】

	诉诸法律，打官司	直接找对方沟通但得理让人，适可而止	通过第三方（如社会机构，朋友等）从中调节，尽量不伤和气	能忍则忍	不适用
1. 家庭成员之间	1	2	3	4	7
2. 朋友之间	1	2	3	4	7
3. 同事之间	1	2	3	4	7
4. 商业伙伴之间	1	2	3	4	7

C20. 您认为在自己的成长中得到道德训练的最重要场所或机构是【限选一项】

1 家庭　2 学校　3 社会（如工作单位、社区等）

4 国家或政府　5 媒体

7 其他（请注明________________）

C21. 您的思想行为受什么人影响最大【出示答案卡，限选三项】

1 政府官员　2 企业家　3 演艺明星

4 教师　5 知识精英　6 公众人物

7 农民　8 工人　9 先哲先贤

10 父母　11 网络大V　12 宗教人士

77 其他（请注明________________）　88 不知道

C22. 影响您道德判断和道德选择的最主要的因素是【出示答案卡，限选两项】

1 自己的良心　2 大多数人持有的观点

3 公众人物和权威人士的观点　4 国外媒体的观点

5 自己的利益　6 他人的评价

7 社会后果　8 大多数人认可的道德规范

9 先贤教导　10 “朋友圈”的观点

77 其他（请注明________________）　88 不知道

C23. 现在经常有一些网民在网络上曝光别人的隐私，您怎么看待这种行为【出示答案卡，限选一项】

1 这是违法行为，应该制止

2 这是不道德行为，应该进行谴责

3 这是社会监督的重要途径，不必完全禁止，但需要规范和引导

4 这是网民的自由，别人不应该干涉　8 说不清

C24. 您最近两年是否参加过以下活动【如果参加过，接着问参加频率，逐项提问】

	A 是否参加过 1. 是 5. 否		B 参加的频率 1. 从来没有 2. 参加过一两次 3. 偶尔参加一次 4. 经常参加			
1. 志愿者活动	1	5	1	2	3	4
2. 无偿献血	1	5	1	2	3	4
3. 捐款、捐物	1	5	1	2	3	4

C25. 目前中国社会的两性关系日益开放（如婚前同居，婚外情等），它对社会风尚的影响是【限选一项】

1 是社会进步的表现

2 两性关系混乱必然导致道德沦丧、污染社会风气

3 个人选择，无所谓好坏

7 其他（请注明＿＿＿＿＿＿＿＿＿＿）

C26. 在日常生活中，您对一些重要事情所持的观点和看法与其他人一致的时候有多少

1 非常少　2 比较少　3 一般　4 比较多

5 非常多　8 不知道

C27. 您对待目前社会上一部分人的奢侈消费行为的态度是【出示答案卡，限选一项】

1 钞票是他们自己的，他们愿意怎么花就怎么花。

2 他们应该遵守勤俭的传统美德，适度消费

3 过度消费行为只要对别人无害，就不应干涉

7 其他（请注明＿＿＿＿＿＿＿＿＿＿）

C28. 中华民族历来有孝敬、礼让、仁爱、节俭等优良传统，您认为现在还需要这些吗【限选一项】

1 这些好传统什么时候都不能丢　2 可有可无

3 已经过时，没必要讲这些　　4 有些要，有些不要

C29. 您可能听说过一些历史上的民族英雄和新时期的先进人物（如舍己救人，为帮助别人牺牲自己的利益等），您觉得他们的精神还值得在全社会大力倡导吗【出示答案卡，限选一项】

1 我很佩服他们，现在社会就缺这种精神，要加大宣传

2 以前知道一些，现在不太关注了

3 时过境迁，这些典型的影响力越来越小了，没太多人关心了。

4 不知道，也不关心

C30. 当在公交车上遇到小偷正在偷乘客钱包时，您会选择以下哪种做法【出示答案卡，限选一项】

1 马上冲上去制止

2 出于害怕，装作什么都没有看到

3 不敢直接与小偷对抗，但以适当方式悄悄提醒当事人或报警

4 只要偷的不是我，不用多管闲事，免得惹麻烦

7 其他（请注明＿＿＿＿＿＿＿＿＿＿）

C31. 如果小王知道做某件事是道德的，但却最终没有去行动，您认为哪种因素是他采取行动最大的障碍【出示答案卡，限选一项】

1 采取行动会损害自己利益　　2 采取行动也难以取得预期效果

3 大家都不做，我何必管闲事

4 自身能力有限，心有余而力不足

5 即使我不做，相信还会有别人去做

6 明白就行，让别人去做吧

7 其他（请注明＿＿＿＿＿＿＿＿＿＿）

C32. 当与他人发生分歧时，能否体谅宽容他人

1 不宽容，必须弄清是非曲直　　2 偶尔

3 有时　　4 经常

C33. 您认为解决当前中国的公民道德和社会风尚问题，最关键的途径是【出示答案卡，限选两项】

1 加强法制　　2 弘扬优秀道德传统

3 建设伦理道德的核心价值　　4 惩治官员腐败

5 解决分配不公问题　　6 提高个人道德素质

C34. 您知道社会主义核心价值观吗？下面有 4 个关键词属于其中的内容，请您把它们选出来【出示答案卡，限选四项】

1 文明　　2 诚信　　3 勇敢　　4 爱国

5 创新　　6 友善　　7 勤劳

C35. 您认为社会主义核心价值观与您的工作、生活有关系吗

1 对改变社会风气有好处，每个人都应该这样做人做事

2 与个人工作、生活没关系　　8 说不清楚

C36. 在全社会特别是青少年中开展革命传统教育，您认为有没有这个必要

1 很有必要，什么时候都不能忘本　　2 可有可无

3 没有必要，已经过时了

C37. 当您途经一场所，正遇到升国旗仪式，看到国旗在国歌声中升起的时候，您会怎么做【限选一项】

1 原地站立，面向国旗行注目礼　　2 停下来看一看

3 只当没看见，该干嘛干嘛

C38. 今年您参加过纪念中国共产党成立 96 周年、建军 90 周年、“砥砺奋进的五年”迎接党的十九大等主题教育活动吗？您觉得这些活动效果如何

1 参加过，很受教育　　2 听说过，但是没有参加过

3 这种活动基本都是形式大于内容　　4 不关心这些

务必填写当前时间：（24 小时制）________点________分

D. 家庭伦理

D1. 您认为现代家庭关系中最令人担忧的问题是【出示答案卡，限选两项】

1 只有一个孩子，对家庭的未来没把握（如独生子女出现意外情况等）

2 独生子女难以承担养老责任，老无所养

3 年轻人不愿结婚，或不愿生孩子，家族传承危机

4 婚姻不稳定，年轻人缺乏守护婚姻的意识和能力

5 子女尤其是独生子女缺乏责任感，孝道意识薄弱

6 代沟严重，父母与子女之间难以沟通　　7 婆媳关系紧张

8 父母不民主，不能容忍差异　　9 “啃老”现象严重

10 父母只培养孩子的知识和技能，忽视良好品德的养成

11 两性关系过度开放

77 其他（请注明____________________）

D2. 您对家庭的感觉是【读出选项，限选一项】

1 温馨幸福　　2 比较幸福　　3 不太幸福

4 一般，没感觉　　5 很不幸福，希望逃离

7 其他（请注明____________________）

D3. 您对以下现象的态度是【出示答案卡，逐项提问】

	完全赞同	比较赞同	中立	比较反对	强烈反对	不知道
1. 不婚	1	2	3	4	5	8
2. 试婚	1	2	3	4	5	8
3. 同居	1	2	3	4	5	8
4. 同性恋	1	2	3	4	5	8
5. 婚外恋	1	2	3	4	5	8
6. 丁克家庭	1	2	3	4	5	8
7. 代孕	1	2	3	4	5	8

D4. 您如何看待为了应对拆迁、征地、买房等而出现的“假离婚”现象

1 完全赞同　2 比较赞同　3 不太赞同　4 坚决反对

8 不知道

D5. 如果夫妻中需要一方为对方或家庭做出牺牲（如多承担家务、多承担对对方家庭的义务、部分放弃自己的发展机会等），您的态度是

1 非常不愿意　2 不太愿意　3 比较愿意

4 愿意，时常这么做　8 不知道

D6. 在恋爱或婚姻中，您有为对方而改变自己的意识吗【限选一项】

1 有，经常这样做　2 有，但做起来有些困难

3 没想过这个问题

4 无须改变，只有找到愿为我改变的人才是真爱

7 其他（请注明__________________）

D7. 在恋爱或婚姻中，你与对方相处的原则是【限选一项】

1 我首先对他/她好，然后希望他/她对我好

2 他/她对我好，我才对他/她好　3 他/她对我好就行了

4 总是我对他/她好，他/她对我不那么好

5 他/她对我不好，我没必要对他/她好

7 其他（请注明__________________）

D8. 你认为生育孩子是否是一种人生义务【限选一项】

1 是，如果大家都不生育，人种会灭绝

2 是，不生孩子家族延传会中断

3 不是，但没有孩子将老无所养也过于孤独

4 不是，自己觉得快乐就行，有孩子负担过重

7 其他（请注明__________________）

D9. 如果孩子面临重大问题（婚姻、升学、就业等）时，您的态度是【出示答案卡，限选一项】

1 全部包办，替他们做决定或搞定

2 积极建议，努力说服他们采纳

3 只提建议，让他们自己选择

4 不表态，免得子女将来埋怨

5 经常提出建议，但大多不起作用　　6 没孩子/孩子太小

7 其他（请注明____________________）

D10. 您对子女所提出的有关人生发展方面的建议，是否经常被采纳

1 经常被采纳　　2 较多被采纳　　3 基本不采纳

4 从不被采纳并遭到嘲讽　　8 不适用

D11. 您认为现在孩子价值观的形成受何种因素影响最大【限选两项】

1 父母　　2 老师　　3 同伴　　4 网络，朋友圈

5 明星　　6 道德模范　　7 伟大人物　　8 不知道

D12. 您认为老人是否有义务帮子女带孩子

1 有，天经地义的

2 没有，老人帮助带孙辈，子女应感恩

3 没有义务，不过带孙辈也是天伦之乐，应该帮助带

4 没想过

D13. 您认为最理想的养老方式是哪种【出示答案卡，限选一项】

1 敬老院、护理院等专业养老机构　　2 与子女同住

3 自己单住，生活难以自理时找护工　　4 与兄弟姐妹抱团养老

5 与志趣相投的人一起养老

7 其他（请注明____________________）

D14. 当父母一方长期生活不能自理时，主要承担照顾工作的人应该是【出示答案卡，限选一项】

1 子女照顾　　2 父母中还有能力的另一方（老伴）

3 雇保姆，老伴协助　　4 雇保姆，子女协助

5 送护理机构，家人经常探望

7 其他（请注明____________________）

D15. 在过去的十天里，您为父母做过以下哪些事情【出示答案卡，限选三项】

1 看望　　2 打电话　　3 买东西　　4 陪看病

5 生活照料　　6 做家务　　7 谈心聊天　　8 给钱

9 外出游玩　　10 无　　11 父母已去世

D16. 您是否觉得孤独

1 经常　　2 有时　　3 不太觉得　　4 不觉得

D17. 有人说，一条好家规、一个好家风可以影响三代人。现在开展的弘扬好家风好家训活动，您认为有意义吗

1 很有意义　　2 可有可无　　3 没有必要　　8 不知道

D18. 您所在的地方发生过虐待儿童的事件吗

1 经常会发生　　2 偶尔发生　　3 没听说过

D19. 在大街或社区里，看到行走或生活困难的老人，您经常的反应是【出示答案卡，限选一项】

1 想到自己的（祖）父母或自己的未来，情不自禁地想帮助他

2 出于义务责任感，想帮助他

3 有同情感，但没有想帮助的冲动

4 没有感觉，习以为常

7 其他（请注明____________________）

D20. 如果您的父母或兄妹偷了别人的东西，警察正在查找，您的行为反应可能是【出示答案卡，限选一项】

1 批评他，但不会告发

2 批评他，陪他送回原处或去承认错误

3 默认，因为他得到的东西正是家庭所急需

4 告发，因为出于正义感

5 告发，因为可能会连累自己

6 不管不问，由他自己决定

7 其他（请注明＿＿＿＿＿＿＿＿＿）

D21. 当独生子女单独组成家庭后，您认为父母和子女哪一种居住方式更好

1 单独居住　　2 和父母同住

3 和父母及祖辈共同居住　　4 和父母靠近居住

7 其他（请注明＿＿＿＿＿＿＿＿＿）

D22. 您是否认为把老人送到养老院是不孝行为

1 是　　2 相对而言，部分是

3 不是　　7 其他（请注明＿＿＿＿＿＿＿＿＿）

E. 集团伦理

E1. 您认为企业最重要的社会责任是什么【出示答案卡，限选一项】

1 为企业和企业股东自身赚钱

2 通过依法纳税为国家积累财富

3 通过诚信经营提供质量可靠的产品，满足社会大众生活需求

4 为员工谋福利

7 其他（请注明＿＿＿＿＿＿＿＿＿）

8 不知道

E2. 下列关于企业的说法，您的同意程度是【出示答案卡，逐项提问】

	1. 完全同意 2. 比较同意 3. 不太同意 4. 完全不同意 8. 不知道				
1. 只要能为员工谋福利就是一个好单位	1	2	3	4	8
2. 经济效益好坏是衡量企业成败的唯一标准	1	2	3	4	8
3. 企业做慈善都是做做样子，其实还是为自己做广告	1	2	3	4	8
4. 企业和员工之间只是合同关系，不需要共患难，效益好就好好干，效益不好就跳槽	1	2	3	4	8
5. 企业不需要对员工讲什么伦理关怀和道德责任，员工表现好就发奖金，不好就辞退	1	2	3	4	8
6. 企业为了履行社会责任，如保护环境、吸收残疾人就业、做社会公益等，应当放弃一些自身利益	1	2	3	4	8
7. 讲信用、遵循道德规范的企业能够获得更好的利益	1	2	3	4	8
8. 企业只是一台赚钱的机器，遵循市场规律能赚钱就行，无所谓社会责任，声誉也不重要	1	2	3	4	8
9. 同样的产品，国企生产的比私企生产的更有保障	1	2	3	4	8

E3. 下面哪种说法更符合或接近您的个人想法【出示答案卡，限选一项】

1 个人和工作单位之间是聘用或雇佣关系，通过工资和付出劳动满足彼此需求

2 不只是利益关系，应当还有很多情感的联系，应当共命运

3 个人是单位的一分子，单位如同个人的另一个家

7 其他（请注明____________________）

E4. 您对自己所在企业（或所熟悉的本地企业）履行下列责任的满意情况如何【出示答案卡，逐项提问】

	1. 非常不满意 2. 不太满意 3. 比较满意 4. 非常满意 8. 不知道				
1. 劳动安全保障	1	2	3	4	8
2. 员工薪酬合理	1	2	3	4	8
3. 关心员工生活	1	2	3	4	8
4. 诚实守法经营	1	2	3	4	8
5. 产品质量可靠	1	2	3	4	8
6. 环境保护措施	1	2	3	4	8
7. 慈善公益事业	1	2	3	4	8

E5. 您对本地的或自己熟悉的企业家的道德状况怎么评价

1 总体还不错　　2 普遍比较差

3 和普通群众没有太大差别　　8 不知道

E6. 您对自己所生活的地方下列群体职业道德状况总体评价如何【出示答案卡，逐项提问】

	1. 非常满意　2. 比较满意 3. 不太满意　4. 非常不满意 8. 不知道				
1. 公务员道德状况（如工作认真负责、依法办事、公正廉洁、讲究效率、文明服务等）	1	2	3	4	8
2. 医生道德状况（如爱岗敬业、医术水准较高、救死扶伤、尊重病人、不收红包等）	1	2	3	4	8
3. 教师道德状况（如爱岗敬业、关爱学生、教书育人、为人师表、不搞有偿家教等）	1	2	3	4	8
4. 个体工商户道德状况（如不卖假冒伪劣产品、不价格欺诈、不短斤少两、讲诚信服务等）	1	2	3	4	8

E7. 您通常怎么称呼周围那些经营企业或做生意发了财的人【可选多项】

1 企业家　2 老板　3 商人　4 生意人

5 土豪　6 暴发户　7 其他（请注明____________________）

E8. 如果您有一个不错的家庭企业，但儿子或女儿缺乏经营能力或经营兴趣，难以交班，您可能选择【出示答案卡，限选一项】

1 培养儿媳或女婿，交给她/他经营

2 交给儿媳和女婿有风险，离婚了怎么办，还是自己撑到有第三代接管

3 找一个懂经营的职业经理人，我们家庭成员做董事长

4 做一天是一天，最后将钞票留给子孙，但外人不可靠，不能交给外人

7 其他（请注明____________________）

E9. 在市场上购买食品、衣物、家用电器等商品时，您觉得有安全感吗【限选一项】

1 有安全感，相信产品质量

2 没安全感，不相信他们的标签，常担心质量问题影响自己的健康

3 没安全感，担心在价格上被欺骗，要货比三家

4 一般还可以，相信大商店的产品，不相信小商店和地摊货

7 其他（请注明____________________）

E10. 您怎么看待电视、报纸和其他主流媒体上的广告【限选一项】

1 相信，因为是明星推荐　　2 将信将疑，眼见为真

3 不相信，是企业和那些明星联合起来忽悠大众

4 讨厌，既欺骗大众，又占用公共媒体资源

7 其他（请注明____________________）

E11. 您怎么看待现在一些企业做公益和慈善【出示答案卡，限选一项】

1 是做善事，把赚的公众的钱还给社会

2 是在作秀，为自己树牌坊

3 是做广告，把弱势群体当作宣传自己的工具

4 做总比不做好，随他去吧

7 其他（请注明____________________）

E12. 一些政府机关、企事业单位和大中小学，利用权力为本单位的职工子女在入学、招工中提供特殊政策，您认为这种行为道德吗【出示答案卡，限选一项】

1 为本单位人员谋福利，符合道德　　2 以权谋私，不道德

3 是对社会公众的不公平，严重不道德

4 符合本单位员工利益，但严重侵蚀社会道德

5 无所谓道德不道德

E13. 如果您所在的单位有一项举措可以提高集体福利并使您个人得到利益，但会造成环境污染或社会公害，您会举报吗

1 会　　2 不会

E14. 您认为您所工作的单位同事之间是何种关系

1 平等合作关系　2 利益竞争关系　3 彼此没有关系

7 其他（请注明＿＿＿＿＿＿＿＿）

E15. 为了单位组织的利益，你的单位（或你亲友所在的单位）是否会默认员工做违背道德的事情

1 常常　2 较多　3 一般　4 较少

5 从来没有　8 不知道

E16. 您所工作的单位是否存在如下现象：（如果是村集体，问您所在的生产大队或村组织是否存在以下现象）【出示答案卡，可选多项】

1 给领导干部送礼讨好　2 背后互相告恶状

3 拉帮结派　4 为谋私利找关系走后门

5 奖惩制度不公平　6 领导干部滥用职权

7 都不存在

E17. 下列关于企业履行社会责任（如捐款捐物、做公益慈善）的说法，您的同意程度是【出示答案卡，逐项提问】

	1. 完全同意　2. 比较同意 3. 不太同意　4. 完全不同意　8. 不知道				
1. 只有国企才应该履行社会责任	1	2	3	4	8
2. 只有大企业才应该履行社会责任	1	2	3	4	8
3. 只有盈利多的企业才需要履行社会责任	1	2	3	4	8
4. 污染类企业要履行更多的社会责任	1	2	3	4	8
5. 小企业只要管好自己就行了，不要履行社会责任	1	2	3	4	8

E18. 您觉得下列哪类单位最讲道德＿＿＿＿；哪类单位道德水平最差＿＿＿＿【出示答案卡，填写选项代码】

1 国有（控股）企业　2 民营企业　3 私营企业

4 外资企业　5 学校　6 医院

7 政府机关　8 民间组织　88 不知道

E19. 以下关于学校的说法，您的同意程度是【出示答案卡，逐项提问】

	1. 完全同意　2. 比较同意 3. 不太同意　4. 完全不同意　8. 不知道				
1. 学校越来越以营利为目的	1	2	3	4	8
2. 学校主要传授知识和技能，培养道德不重要	1	2	3	4	8
3. 学校升学率高比素质教育更重要	1	2	3	4	8
4. 青少年儿童行为不端，主要是学校没教好	1	2	3	4	8
5. 要想孩子培养得好，就要多给老师送礼	1	2	3	4	8

E20. 您所在单位（如果是村集体，问您所在的生产大队或村组织是否存在以下现象）当员工或村民受到不应该的对待时，员工或村民有没有申诉的机会

1 有　　2 没有　　3 不知道

E21. 您所在单位（如果是村集体，问您所在的生产大队或村组织是否存在以下现象）当员工或村民受到不应该的对待时，员工或村民有没有申诉的地方或渠道

1 有　　2 没有　　3 不知道

E22. 您所在单位（如果是村集体，问您所在的生产大队或村组织是否存在以下现象）的员工或村民受到不应该的对待时，有没有人进行过申诉

1 全部会申诉　　2 大部分会申诉　　3 小部分会申诉

4 无人申诉　　8 不知道

E23. 您所在的单位（如果是村集体，问您所在的生产大队或村组织是否存在以下现象）在多大程度上认真对待员工或村民的申诉

1 完全不认真　　2 不太认真　　3 一般

4 比较认真　　5 非常认真　　8 不知道

E24. 您所在单位（如果是村集体，问您所在的生产大队或村组织）是否有道德方面的教育或活动

1 有（是什么？________________）

2 没有　　3 不知道

E25. 您对下列组织的道德状况的满意程度如何【出示答案卡，逐项提问】

	非常不满意	不太满意	比较满意	非常满意	不知道
1. 当地企业道德状况	1	2	3	4	8
2. 当地医院道德状况	1	2	3	4	8
3. 当地政府道德状况	1	2	3	4	8
4. 当地学校的群道德状况	1	2	3	4	8
5. 当地的 NGO 组织（如红十字会等）	1	2	3	4	8

F. 社会伦理

F1. 下列在公共场所的行为，您的看法是什么【出示答案卡，逐项提问】

	A. 您认为以下行为是否关乎道德 1. 有关 5. 无关		B. 您本人是否做出过这些行为 1. 经常做 2. 偶尔做 3. 从来不做		
1. 随地吐痰	1	5	1	2	3
2. 插队	1	5	1	2	3
3. 公交或地铁上大声打电话	1	5	1	2	3
4. 餐馆里说话声音很大	1	5	1	2	3
5. 在公共场所的椅子或沙发上躺着睡觉	1	5	1	2	3

F2. 入夜后，很多中老年朋友在广场上伴着录音机的音乐跳舞，产生噪声。有人向政府或物管投诉，要求阻止。对这件事您怎么看【出示答案卡，限选一项】

1 在广场上跳舞是居民的自由，不应干预

2 跳舞如果破坏了别人的清静，就应该停止

3 中老年人没地方活动，即便跳舞构成干扰，也应尽量容忍和理解

4 请跳舞者降低音量，大家相互妥协

7 其他（请注明____________________）

F3. 社会上经常发生一些因个人认为自身受到不公正待遇而导致的社会泄愤事件，比如厦门公交爆炸案、徐州幼儿园爆炸案。对下列说法，您的同意程度如何【出示答案卡，逐项提问】

	完全同意	比较同意	不太同意	完全不同意	不知道
1. 这是暴徒行为，无论何种情况下，都不应该采取暴力手段	1	2	3	4	8

续表

	完全同意	比较同意	不太同意	完全不同意	不知道
2. 其他社会成员在需要的时候，没有及时给予他们温暖和帮助，因此我们每个人都有责任	1	2	3	4	8
3. 他们的遭遇值得同情，但应该去报复那些给予他们不公待遇的人，而不是伤及无辜	1	2	3	4	8
4. 受到不公平待遇，应该充分相信政府，积极寻求相关部门的帮助	1	2	3	4	8

F4. 总的来说，您认为当今的社会公不公平

1 完全不公平　2 比较不公平　3 说不上公平但也不能说不公平

4 比较公平　5 非常公平　8 不知道

F5. 和前几年相比，您认为目前中国社会的分配不公、两极分化现象

1 有较大改善　2 没什么变化　3 更加恶化　8 不知道

F6. 您认为目前中国社会成员之间的收入差距

1 合理，可以接受　2 不合理，但可以接受

3 不合理，不能接受　8 不知道

F7. 请问您是否同意以下说法【出示答案卡，逐项提问】

	完全同意	比较同意	不太同意	完全不同意	不知道
1. 当前的社会是人人为自己	1	2	3	4	8
2. 现在社会的大多数人是见利忘义的	1	2	3	4	8
3. 现在社会是一个物欲横流的社会	1	2	3	4	8
4. 当前大多数人都是以集体利益为重	1	2	3	4	8
5. 当前大多数人都是家庭利益至上	1	2	3	4	8
6. 当前的社会是个金钱至上的社会	1	2	3	4	8
7. 现在社会守道德的人大都吃亏，不守道德的人讨便宜	1	2	3	4	8
8. 现在社会中好人有好报，恶人终归会受到惩罚	1	2	3	4	8
9. 人们的生活水平越高，就越幸福	1	2	3	4	8
10. 我们的社会中道德能够很好地约束人们的行为	1	2	3	4	8
11. 现有的规范和习俗能够很好地调节人与人的关系	1	2	3	4	8
12. 现在社会大多数人都有荣辱感	1	2	3	4	8

F8. 您听说过或参加过道德讲堂吗

1 参加过　　2 听说过，但没参加过→（进行到 F10）

3 没听说过→（进行到 F10）

F9. 如果您参加过道德讲堂，您觉得开展这样的活动有意义吗

1 很有意义　　2 可有可无　　3 没有必要　　8 不知道

F10. 您对您生活的地方（您所在的社区）社会公德状况（如文明礼貌、助人为乐、遵纪守法、遵守公共秩序、不乱抛杂物、不随地吐痰、不破坏花草树木等）满意吗

1 非常满意　　2 比较满意　　3 不太满意

4 非常不满意　　8 不知道

F11. 您认为当前社会下列状况的严重程度如何【出示答案卡，逐项提问】

	1. 非常不严重　2. 比较不严重 3. 比较严重　4. 非常严重　8. 不知道				
1. 坑蒙拐骗现象	1	2	3	4	8
2. 人际关系冷漠，见危不救	1	2	3	4	8
3. 诚信缺乏，不讲信用	1	2	3	4	8
4. 人与人之间缺乏信任，社会安全度低	1	2	3	4	8
5. 缺乏公德，如公共场所大声喧哗、随地吐痰等	1	2	3	4	8
6. 自私自利，损人利己	1	2	3	4	8
7. 缺乏公正心和正义感	1	2	3	4	8
8. 私欲膨胀，物欲横流	1	2	3	4	8
9. 缺乏羞耻感	1	2	3	4	8
10. 干部贪污受贿，以权牟利	1	2	3	4	8
11. 生活奢侈，铺张浪费	1	2	3	4	8
12. 干部不作为，推诿扯皮	1	2	3	4	8

F12. 您怎么看待周围那些经营企业或做生意发了财的人【出示答案卡，可选多项】

1 他们自己有本事，应该发财

2 尊重他们，他们为社会做了贡献

3 没什么了不起，他们常用不正当手段发财

4 是土豪，没文化，没教养　5 是他们运气好

6 有钱没钱，这都是命　7 天道不公，希望他们明天就破产

77 其他（请注明＿＿＿＿＿＿＿＿＿）

F13. 您认为当前社会下列状况的严重程度如何【出示答案卡，逐项提问】

	1. 非常不严重　2. 比较不严重 3. 比较严重　4. 非常严重　8. 不知道				
1. 企业损害社会利益，如污染环境、以虚假广告误导公众等	1	2	3	4	8
2. 娱乐界以丑闻、绯闻炒作，污染社会风气	1	2	3	4	8
3. 媒体缺乏社会责任，炒作新闻	1	2	3	4	8
4. 社会财富分配不公，贫富悬殊过大	1	2	3	4	8
5. 教师不尽职	1	2	3	4	8
6. 医生不守职业道德	1	2	3	4	8
7. 公众人物用知名度攫取财富	1	2	3	4	8
8. 两性关系过度开放导致婚姻不稳定	1	2	3	4	8
9. 年轻人缺乏责任感，不孝敬父母	1	2	3	4	8

F14. 您是否知道您生活的社区（村）有社区公约、村规民约

1 知道有　2 知道没有　3 不知道有没有

F15. 您觉得您周围的人在日常生活中遵守下列规则吗【出示答案卡，逐项提问】

	1. 不遵守　2. 基本遵守　3. 自觉遵守		
1. 步行、骑车不闯红灯	1	2	3
2. 乘车、购物自觉排队	1	2	3
3. 文明游览	1	2	3
4. 社区公约、村规民约	1	2	3

F16. 您对下列关于网络的说法是否赞同【出示答案卡，逐项提问】

	1. 非常不赞同　2. 不太赞同 3. 比较赞同　4. 非常赞同			
1. 网络是个虚拟空间，不受现实生活中的道德规范约束	1	2	3	4
2. 人肉搜索侵犯个人隐私，应该杜绝	1	2	3	4
3. 明知网络谣言仍转发的，应该受到惩罚	1	2	3	4

F17. 假如您走在街上被陌生人不小心踩到并发出“哎哟”一声后，您认为对方会做何种反应

1 用言语或手势表达歉意　　2 不会有任何表示

3 反而说你大惊小怪　　8 不知道

F18. 您觉得您周围大多数人工作生活的精神状态怎么样【限选一项】

1 精神饱满、积极向上　　2 安于现状、按部就班

3 精神萎靡、无所事事

F19. 您觉得下面的这些现象在您身边常见吗【出示答案卡，逐项提问】

	1. 经常见到	2. 偶尔见到	3. 没见到
1. 占卜算命	1	2	3
2. 操办喜事比富斗阔	1	2	3
3. 在父母生前不尽孝，却对父母的丧事大操大办	1	2	3
4. 赌博或变相赌博	1	2	3
5. 封建迷信活动	1	2	3
6. 非法宗教活动	1	2	3

F20. 您认为目前中国社会中道德和幸福的现实关系是【读出选项，限选一项】

1 总体上道德和幸福能够一致，能惩恶扬善

2 有道德讲伦理的人大都吃亏，不守道德的人更能讨便宜

3 道德与幸福没有关系，能挣钱有发展无论怎样行动都行

8 不知道

F21. 您在工作或生活的地方，有没有一种亲切和踏实的感觉吗【逐项提问】

1. 所在单位	1. 有	2. 还可以	3. 没有
2. 所在社区/村	1. 有	2. 还可以	3. 没有
3. 所在城市	1. 有	2. 还可以	3. 没有

F22. 您认为您目前的状况是【出示答案卡，限选一项】

1 生活富裕，但不感到幸福和快乐　　2 生活富裕，幸福也快乐

3 生活小康，幸福且快乐　　4 生活小康，但不感到幸福和快乐

5 生活清贫，幸福且快乐　　6 生活贫困，既不幸福也不快乐

F23. 最近这些年，您的生活水平对幸福感的影响是怎样的【出示答案卡，限选一项】

1 生活水平提高了，但幸福感和快乐感降低了

2 生活水平提高了，幸福感和快乐感提高了

3 生活水平没变，幸福感和快乐感提高了

4 生活水平没变，幸福感和快乐感降低了

5 生活水平下降，但幸福感和快乐感提高了

6 生活水平下降，幸福感和快乐感也降低了

F24. 相比较而言，近十年来，您认为下列【出示答案卡，填写选项代码】
哪一类人获得的利益最多？________【限选一项】
哪一类人获得的利益最少？________【限选一项】

1 工人　　2 农民　　3 公务员　　4 国有企业的经营管理者

5 集体企业的经营管理者　　6 私营企业家

7 外商、境外来大陆的投资者　　8 个体户

9 私营、外资企业中的管理人员　　10 专家学者、专业技术人员

11 政府官员　　77 其他（请注明__________________）

88 不知道

F25. 您认为弱势群体产生的最主要原因是【出示答案卡，限选两项】

1 制度不合理，社会关怀不够　　2 收入分配不公

3 机会不平等　　4 弱势群体自己不努力

5 缺乏生存技能　　7 其他（请注明__________________）

8 不知道

F26. 我们经常看到一些老人或流浪者在垃圾筒中找东西，弄得满身污物，您

认为我们是否应该改造城市的垃圾筒，如调整垃圾筒的角度、集中放矿泉水瓶等，以为他们提供方便【限选一项】

1 应该，社会有义务为他们提供一种有尊严的生活

2 不应该，这些人本来就与城市不和谐

3 做这样的事不值得，应该将钱花到更重要的地方

7 其他（请注明____________________）

F27. 对当今中国社会，您更担忧哪种问题【出示答案卡，限选一项】

1 坑蒙拐骗，不守信用

2 人与人之间互不信任，相互提防，没有安全感

3 可信任的人很少，遇到问题难以找到人倾诉和帮助

7 其他（请注明____________________）

F28. 您觉得大多数人都是可以相信的吗？如果 1 分代表“大多数人都可以相信”，5 分代表“对其他人都应该小心防备”，您会选几分？请在下面的分数上画圈【出示答案卡】

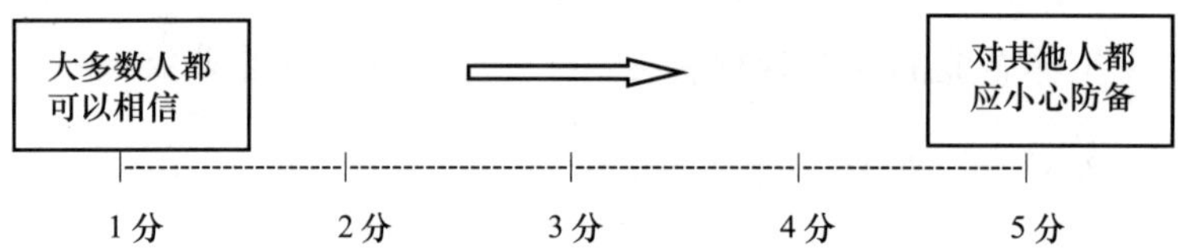

F29. 您对下面这些人的信任程度如何【出示答案卡，逐项提问】

	1. 完全信任 2. 比较信任 3. 不太信任 4. 根本不信任 8. 不知道				
1. 您的家人	1	2	3	4	8
2. 您的邻居	1	2	3	4	8
3. 外地人	1	2	3	4	8
4. 陌生人	1	2	3	4	8
5. 外国人	1	2	3	4	8
6. 同事或同学	1	2	3	4	8
7. 您的上司或领导	1	2	3	4	8
8. 您的朋友	1	2	3	4	8

F30. 您是否同意以下说法“在这个社会上，您一不小心，别人就会想办法占您的便宜”

1 非常不同意　　2 比较不同意　　3 说不上同意不同意

4 比较同意　　5 非常同意　　8 不知道

F31. 您对所生活的地方道德建设满意吗

1 满意　　2 基本满意　　3 不满意

8 不知道/说不清楚

F32. 您对下面这些职业群体的信任程度如何【出示答案卡，逐项提问】

	1. 完全信任　2. 比较信任　3. 不太信任 4. 根本不信任　8. 不知道				
1. 商人	1	2	3	4	8
2. 单位领导/社区（村）干部	1	2	3	4	8
3. 公务员	1	2	3	4	8
4. 教师	1	2	3	4	8
5. 警察	1	2	3	4	8
6. 医生	1	2	3	4	8
7. 法官	1	2	3	4	8
8. 农民	1	2	3	4	8
9. 工人	1	2	3	4	8
10. 专家学者	1	2	3	4	8
11. 演艺娱乐界	1	2	3	4	8
12. 公众人物	1	2	3	4	8

F33. 您在生活中经常买到假冒伪劣商品吗

1 经常　　2 偶尔　　3 没有　　8 不知道/不清楚

F34. 您在购物、就医、理财等方面经常遇到虚假广告吗

1 经常　　2 偶尔　　3 没有　　8 不知道/不清楚

F35. 如果在路边看到一个老人摔倒，您的反应是【读出选项，限选一项】

1 立即扶起　　2 等有证人时再扶　　3 先拍照，再扶起

4 不扶，避免惹是生非　　5 报警

7 其他（请注明____________________）

F36. 我们都听说过或见证过好心人救助老人却反被诬陷的诸如此类的事情。假如您是这位好心人，您会【读出选项，限选一项】

1 我是多管闲事，下次再也不会帮助别人了

2 我正直善良真心待人，对得起良知和良心

3 下次还是会伸出援手，但是会提高警惕，注意保护自己

7 其他（请注明____________________）

F37. 您对下列群体的伦理道德整体状况的满意度【出示答案卡，逐项提问】

	1. 非常不满意　2. 比较不满意 3. 比较满意　4. 非常满意　8. 不知道				
1. 政府官员	1	2	3	4	8
2. 一般公务员	1	2	3	4	8
3. 企业家	1	2	3	4	8
4. 演艺娱乐界	1	2	3	4	8
5. 教师	1	2	3	4	8
6. 青少年	1	2	3	4	8
7. 弱势群体	1	2	3	4	8
8. 自由职业者	1	2	3	4	8
9. 农民	1	2	3	4	8
10. 商人	1	2	3	4	8
11. 工人	1	2	3	4	8
12. 专家学者	1	2	3	4	8
13. 医生	1	2	3	4	8

F38. 下列哪些因素可能影响人际关系紧张【出示答案卡，限选三项】

1 社会资源缺乏，引发恶性竞争　　2 过度宣扬竞争意识

3 社会财富分配不公，贫富差距过大　　4 个人主义盛行

5 缺乏爱心　　6 缺乏相互理解和沟通的意识和能力

7 制度安排不公正，机会不平等　　8 以权谋私，官员腐败

9 缺乏道德信用　　10 人与人、人与社会之间缺乏信任

11 传统伦理瓦解，社会缺乏统一的价值观

12 一切诉诸利益或法律，人际关系缺乏伦理调节的机制和能力

77 其他（请注明＿＿＿＿＿＿＿＿＿＿）　88 不知道

F39. 您认为在现代中国社会实际奉行的道德价值是【出示答案卡，限选一项】

1 义利合一，用符合道德的方式牟利　2 见利忘义，唯利是图

3 不计较利害得失，道德至上

7 其他（请注明＿＿＿＿＿＿＿＿＿＿）　8 不知道

F40. 对形成中国当前各种新型伦理关系和道德观念，哪些因素影响最大【出示答案卡，限选三项】

1 网络和媒体　2 政府　3 大学及其文化

4 市场　5 企业　6 社会团体

7 知识精英　8 国外的思潮与生活方式

77 其他（请注明＿＿＿＿＿＿＿＿＿＿）　88 不知道

F41. 您认为对当前中国伦理关系和道德风尚造成最大负面影响的因素是【出示答案卡，限选两项】

1 传统文化的崩坏　2 外来文化的冲击

3 市场经济导致的个人主义　4 网络技术的发展

5 分配不公，两极分化　6 以权谋私，官员腐败

77 其他（请注明＿＿＿＿＿＿＿＿＿＿）　88 不知道

F42. 您认为造成当今不良道德风尚的最主要原因是【出示答案卡，限选三项】

1 以权谋私，官员腐败　2 企业不讲诚信和损害社会利益

3 学校道德教育功能弱化　4 家庭伦理功能弱化

5 个人缺乏道德自觉　6 分配不公，两极分化

7 社会的不良影响

77 其他（请注明____________________）　　88 不知道

F43. 您认为导致当前医患关系紧张的主要原因是？次要的原因是【出示答案卡，填写选项代码】

A. 首要原因：| ____ |　　B. 次要原因：| ____ |

1 医生缺乏职业道德，对病人不负责任

2 医疗制度不合理，看病难、看病贵

3 医生腐败，不送红包不认真看病

4 “医闹”，病人蓄意闹事

7 其他（请注明____________________）　　8 不知道

F44. 您是否曾经与医生（医院）发生过矛盾或纠纷

1 是　　5 否→（进行到 F46）

F45. 如果您曾卷入过医患纠纷，您采取了以下哪些方式来解决问题【出示答案卡，可选多项】

1 与医院（医生协商）　　2 寻求卫生局的调解或介入

3 医学鉴定　　4 司法诉讼　　5 寻求媒体曝光

6 信访　　7 寻求第三方医疗纠纷调解委员会的调解或介入

8 直接找医生或医院算账

F46. 某些患者会在手术前给医生红包，您认为送红包的主要理由是【出示答案卡，限选一项】

1 不相信医生能平等地对待每个病人，送红包能提高关注度，必须送

2 医生很辛苦，送红包是表示尊敬和感谢

3 大家都送，我不送会吃亏，不送心里不踏实

4 送红包能让医生对我更用心，但我不会这么做

5 大家都送红包，事实上无助于提高治疗效果，我不会这么做

6 想送，但我没有能力送　　8 不知道/说不清楚

G. 政府伦理

G1. 和前几年相比，您认为目前中国官员腐败现象有什么变化

1 有很大改善　　2 有较大改善

3 没什么变化　　4 更加恶化

7 其他（请注明＿＿＿＿＿＿＿＿）　　8 不知道

G2. 您认为干部当官的目的是【出示答案卡，可选多项】

1 为国家与社会做贡献　　2 为人民服务，为百姓做好事做实事

3 为家庭增光，光宗耀祖　　4 为自己升官发财

5 没什么特殊目的，一个稳定而待遇高的职业而已

7 其他（请注明＿＿＿＿＿＿＿＿）　　8 不知道

G3. 与前几年相比，您对政府官员的信任度有什么变化

1 信任度提高了　　2 更加不信任　　3 没什么变化

7 其他（请注明＿＿＿＿＿＿＿＿）

G4. 在生活中或媒体上，当看到政府官员时，大多数情况下您首先想到的是【出示答案卡，限选一项】

1 公仆，为老百姓谋福利　　2 官僚，根本不了解我们的情况

3 有权有势的人　　4 有本事的人

5 领导，决定我们命运的人　　6 贪官

7 惹不起但躲得起的人　　8 遇到大事可以信任的人

77 其他（请注明＿＿＿＿＿＿＿＿）

G5. 您觉得当前中国政府官员道德问题最严重的是【出示答案卡，限选三项】

1 贪污受贿　　2 以权谋私　　3 生活作风腐败　　4 官僚主义

5 平庸，不作为，只保护自己不解决实际问题

6 乱作为，搞政绩工程折腾百姓

7 铺张浪费　　8 拉帮结派　　9 骄横跋扈，欺压百姓

77 其他（请注明＿＿＿＿＿＿＿＿＿＿）　　88 不知道

G6. 您认为政府在制定政策和决策时充分考虑到伦理道德方面的要求了吗（如社会公平、利益均衡、关怀弱势群体，城市交通等公共资源配置，以及大多数人利益和感受）【出示答案卡，限选一项】

1 有考虑，能够从日常生活中感受到

2 有考虑，能够从政策文件中体会到

3 只是口头上说说，没有实质性行动

4 没有考虑，政策制度都是从自己的政绩和富人的利益着想

7 其他（请注明＿＿＿＿＿＿＿＿＿＿）

G7. 残疾人、留守儿童、孤寡老人等弱势群体需要来自全社会的关爱与帮助，您认为本地区做得怎么样【出示答案卡，逐项提问】

	1. 很好	2. 比较好	3. 不太好	4. 很差	8. 不知道
1. 社区提供的服务	1	2	3	4	8
2. 周围人的尊重和关爱	1	2	3	4	8
3. 社会服务机构提供专业化服务	1	2	3	4	8
4. 政府实施的社会援助	1	2	3	4	8
5. 公益与慈善事业	1	2	3	4	8
6. 志愿者帮助	1	2	3	4	8

G8. 现在有的地方建了“好人馆”“好人广场”“好人公园”，您认为有必要为好人树碑立传吗

1 很有必要，可以让更多的人知道他们、学习他们

2 可有可无　　3 没有必要　　8 不知道

G9. 党的十八大以来，以习近平同志为核心的党中央出台了一系列治国理政的新举措，您觉得给社会生活带来了什么变化【读出选项，限选一项】

1 社会在向好的方面发展，对未来生活更有信心

2 目前没看出有什么影响

3 虽然出台了一些政策，但是感觉解决不了什么问题

4 不关心这些，说不清楚

7 其他（请注明____________________）

G10. 您认为本地政府在以下方面的政策措施对促进社会公平有效果吗【出示答案卡，逐项提问】

	较大效果	有点效果	没有效果	更不公平	大大加剧了不公平	不知道
1. 就业政策	1	2	3	4	5	8
2. 教育政策	1	2	3	4	5	8
3. 医疗卫生政策	1	2	3	4	5	8
4. 低保政策	1	2	3	4	5	8
5. 房地产政策	1	2	3	4	5	8
6. 拆迁安置政策	1	2	3	4	5	8

G11. 如果遭遇重大公共事件，如流行病、企业爆炸、暴力事件、自然灾害、惩治贪腐等，您相信政府公布的信息和采取的措施吗【读出选项】

1 相信，大都是可靠的，比网络流传的可靠

2 不相信，都是安抚百姓的策略措施

3 将信将疑，走一步看一步

7 其他（请注明____________________）

G12. 您觉得政府推动或倡导的下列活动，效果如何【出示答案卡，逐项提问】

	1. 完全没效果　2. 效果较差 3. 效果较好　4. 效果很好 8. 没听说过该活动				
1. 文明城市创建	1	2	3	4	8
2. 学雷锋活动	1	2	3	4	8
3. 典型人物的宣传（感动中国、中国好人、道德楷模等）	1	2	3	4	8
4. 志愿服务的倡导和推广	1	2	3	4	8
5. 反腐倡廉的举措	1	2	3	4	8
6.《公民道德建设实施纲要》的推进	1	2	3	4	8

G13. 您对于我们正在走的中国特色社会主义道路怎么看【出示答案卡，限选一项】

1 充满信心，因为它可以给中国带来繁荣富强

2 不太了解，但相信这条路能够让老百姓都过上好日子

3 表示怀疑，走这条路究竟怎么样，现在还说不清楚

4 走什么样的路，跟我没关系

7 其他（请注明____________________）

G14. 每个人都希望我们的国家越来越好，我们的生活越来越好。党的十八大提出，到 2020 年全面建成小康社会，到本世纪中叶建成社会主义现代化国家，您认为这样的目标能实现吗【限选一项】

1 相信一定能实现

2 有困难，但只要努力还是能实现的

3 不可能实现　　4 说不清楚，跟我没关系

7 其他（请注明____________________）　　8 不知道

G15. 您对您周围的党员干部道德状况怎么评价【读出选项】

1 总体还不错　　2 普遍比较差

3 和普通群众没有太大差别　　8 不知道

G16. 您认为当前官员的勤政作为是怎样的【出示答案卡，限选一项】

1 努力作为，成绩显著　　2 努力作为，成绩一般

3 行政不作为　　4 行政乱作为　　8 说不清楚

G17. 您到政府部门办事，首先选择的方法是【限选一项】

1 找亲朋好友帮忙办理　　2 找政府中的熟人办理

3 送红包　　4 直接找相关职能部门办理

7 其他（请注明____________________）　　8 不知道

H. 生态伦理

H1. 您认为近五年来，您所在地区政府的环境保护工作做得怎么样【出示答案卡，限选一项】

[1] 片面注重经济发展，忽视了环境保护工作

[2] 重视不够，环保投入不足

[3] 虽尽了努力，但效果不佳　　[4] 尽了很大努力，有一定成效

[5] 取得了很大的成绩　　[8] 说不清

H2. 在最近的一年里，您是否从事过下列活动或行为【出示答案卡，逐项提问】

	1. 从不	2. 偶尔	3. 经常
1. 垃圾分类投放	1	2	3
2. 与自己的亲戚朋友讨论环保问题	1	2	3
3. 采购日常用品时自己带购物篮或购物袋	1	2	3
4. 优先选择公交、自行车、步行等绿色出行方式	1	2	3
5. 为环境保护捐款	1	2	3
6. 主动关注环境方面的信息报道和宣传教育	1	2	3
7. 积极参加民间环保团体举办的环保活动	1	2	3
8. 积极参加要求解决环境问题的投诉、上诉	1	2	3

H3. 如果您的周围有一片森林，政府将成材的树林砍伐下来办木材厂，将极大提高您的收入，但将破坏环境，您会支持这一决定吗

[1] 支持，对大家有好处　　[2] 反对，这是发子孙财，破坏生态

[3] 不支持也不反对，政府决定

[7] 其他（请注明____________________）

H4. 如果您所在的地方要办一个化工厂，您是这个厂的持股职工，化工厂的排污管将未经处理的污水排向下游地区，给下游地区造成污染，您会支持这个决定吗

[1] 支持，我们不会受污染　　[2] 反对，这是嫁祸于人

[3] 不支持也不反对，成了可分红，不成是领导的责任

7 其他（请注明__________________）

H5. 您认为造成生态环境问题的最主要原因是【限选一项】

1 企业唯利是图，造成环境污染　　2 政府缺乏生态意识，政策失当

3 个人缺乏环保意识　　4 当代人自私自利，不顾未来和子孙利益

7 其他（请注明__________________）

H6. 如果环境保护主管部门邀请您参加座谈会或听证会，听取对环境保护相关事项或者活动的意见和建议，您是否会出席

1 会　　5 不会　　8 不知道

H7. 若您所在社区参加“绿色社区”创建活动，您是否会积极参与

1 会　　5 不会　　8 不知道

务必填写当前时间：（24 小时制）________点________分

I. 世界伦理

I1. 如果您周围有很多外国人，您愿意和他们建立什么样的关系【限选一项】

1 愿意做朋友　　2 愿意做兄弟姐妹

3 不愿意来往，得提防他们　　4 偶尔交往，仅限于礼节性的

5 无法和他们来往，存在语言、文化、习俗等障碍

7 其他（请注明__________________）

I2. 您更愿意过春节还是圣诞节

1 圣诞节　　2 春节

3 两个都愿意过　　4 两个都不想过

I3. 您同意中国人与外国人通婚吗

1 非常同意　　2 比较同意　　3 不太同意

4 强烈反对　　8 不知道

I4. 对外来的城市农民工如建筑工人、家庭保姆等，您的态度是【限选一项】

1 看不起和排斥　2 无视和冷漠以对　3 尊重和体谅

4 同情和友爱　7 其他（请注明__________________）

I5. 您在日常生活中与同乡人和外乡人的关系是【限选一项】

1 与同乡人交往多　2 与外乡人交往多　3 一样多

4 偶尔与外乡人有交往，主要与同乡人交往

7 其他（请注明__________________）

I6. 您所在地区的政府对待外来人员的政策取向是【限选一项】

1 不冷不热，顺其自然　2 提高门槛，严加限制

3 降低门槛，广泛吸收

4 对有钱人、高级专家采取特殊政策吸引，对一般人严加限制

7 其他（请注明__________________）

I7. 您认为在当前的中国，读书还能不能改变命运【出示答案卡，限选一项】

1 读书只是改变命运的一条路径　2 读书是改变命运的主要路径

3 读书是改变命运的唯一路径

4 不再是改变命运的路径，没权势的人读了书照样穷

7 其他（请注明__________________）

I8. 您如何认识名牌大学里农村学生比例急剧减少的现象【出示答案卡，限选一项】

1 是一种社会倒退　2 农村教育的落后

3 教育不公平　4 有钱人和有权人特权的表现

5 代际不公、社会不公的延续和加剧

7 其他（请注明__________________）

I9. 假如您与您的同学、朋友或同事来自不同的地方，当你们在一起讨论各自家乡的风俗习惯时，您的同学指出你们家乡的某一风俗习惯很落后保守（您心底

里也这样想)，您会作出什么反应【出示答案卡，限选一项】

1 坦然面对，承认这一风俗习惯确实落后

2 虽然认为说得对，但是感觉他或她在批评自己的家乡，因此不自在

3 虽然认为说得对，但是感到受到羞辱

4 批评家乡就是批评自己，要为家乡的风俗习惯做辩护

7 其他（请注明＿＿＿＿＿＿＿＿＿）

I10. 如果您有机会出国，初到国外时，您交朋友会有意识地交中国朋友吗【限选一项】

1 会，认为在异国他乡找自己本国人有一种归属感

2 不会，看缘分交朋友，不强调国籍

3 不会，会有意识地多交外国朋友

4 视情况而定

I11. 您是否愿意与不同民族的人交往

1 非常不愿意　2 不太愿意　3 比较愿意

4 非常愿意　8 不知道

I12. 您是否愿意与不同宗教信仰的人相处

1 非常不愿意　2 不太愿意　3 比较愿意

4 非常愿意　8 不知道

I13. 您与您的邻居平时来往多吗

1 非常多　2 比较多　3 偶尔

4 几乎不来往　8 没有邻居

I14. 您在多大程度上愿意和下列哪些群体成为邻居【出示答案卡，逐项提问】

	非常愿意	比较愿意	不太愿意	很不愿意	不知道
a. 农民工、进城务工人员	1	2	3	4	8

续表

	非常愿意	比较愿意	不太愿意	很不愿意	不知道
b. 商人	1	2	3	4	8
c. 企业家或高级管理人员	1	2	3	4	8
d. 技术工人	1	2	3	4	8
e. 教师	1	2	3	4	8
f. 医生	1	2	3	4	8
g. 富人	1	2	3	4	8
h. 土豪	1	2	3	4	8
i. 专家学者	1	2	3	4	8
j. 政府官员	1	2	3	4	8
k. 公众人物、演艺人士	1	2	3	4	8

I15. 您如何看待中国对其他落后国家的广泛援助计划【出示答案卡，限选一项】

1 完全支持，认为这有助于提升国家形象和国际地位

2 支持，认为我们应该帮助比我们落后的国家

3 支持，但国家应该征求纳税人的意见

4 不支持，因为我们国家尚存在很多贫困人口　　8 不知道

I16. 您听说过一些道德模范或身边好人的故事吗？您愿意像他们那样做人做事吗【出示答案卡，限选一项】

1 知道一些，他们很了不起，应努力向他们学习

2 知道一些，很敬佩他们，但自己学不来

3 知道一些，我感到他们那样做有点不值得

4 没听说过谁是道德模范和身边好人

7 其他（请注明________________）

I17. 当有陌生人走进您的单位或社区，或在车厢中与陌生人在一起时，您经常的态度是【限选一项】

1 对他/她微笑　　2 主动打招呼　　3 没有任何反应

4 保持警惕，防止上当　　7 其他（请注明____________________）

I18. 假设您双手抱着东西走进电梯，您觉得电梯里的陌生人可能会怎样【限选一项】

1 主动问您去几楼并帮您按楼层　　2 当作没看见

3 会在您的请求下给予帮助　　8 不知道

CHK2 采访员检验点：请参见采访地点

1 江苏省样本　→（进行到 J1）

5 其他省市样本→（进行到 K1）

J1. 现在我们省正按照习近平总书记的要求，努力建设经济强、百姓富、环境美、社会文明程度高的新江苏。您对江苏实现这样的目标有信心吗

1 很有信心　　2 没有信心　　8 说不清楚

K. 个人、家庭基本信息

K1a. 您目前的婚姻状况是

1 未婚　　2 已婚　　3 离婚　　4 丧偶

7 其他（请注明____________________）

K1b. 您丈夫/妻子是哪年出生的？________年

K2. 您家里住在一起并且一起吃饭的有几个人（包括您自己）？________人

K3. 请问您有几个子女？________个；其中儿子________个，女儿________个

K4. 您目前的居住状况是【出示答案卡】

1 与配偶居住　　2 与配偶及已婚子女居住

3 与配偶及父母居住　　4 独自居住

5 与配偶及未婚子女居住　　6 祖父母辈与孙辈居住

7 其他（请注明____________________）

K5. 请问您现在的住房属于以下哪种情况【出示答案卡】

1 父母买或祖上传的私房　　2 自己买的或盖的房

3 与父母合买的商品房　　4 买的单位/房管局的房

5 单位分的公房　　6 租私人的房

7 租房管局的房　　77 其他（请注明＿＿＿＿＿＿＿＿＿＿）

K6. 您最近一年来的月平均收入属于下面哪个范围？（包括退休金、工资、奖金、房租、股票等各种收入）【出示答案卡】

1 无收入　　2 1—999 元

3 1000—1999 元　　4 2000—3999 元

5 4000—5999 元　　6 6000—8999 元

7 9000—12999 元　　8 13000—20000 元

9 20000 元以上　　88 不知道　　99 拒绝回答

K7. 2016 年您的家庭全年总收入属于下面哪个范围？（包括工资、奖金、房租、股票等各种收入）【出示答案卡】

1 少于 1000 元　　2 1000—1999 元

3 2000—3999 元　　4 4000—6999 元

5 7000—9999 元　　6 1 万—1. 9999 万元

7 2 万—3. 9999 万元　　8 4 万—5. 9999 万元

9 6 万—7. 9999 万元　　10 8 万—9. 9999 万元

11 10 万—19. 9999 万元　　12 20 万—29. 9999 万元

13 30 万—49. 9999 万元　　14 50 万—99. 9999 万元

15 100 万元及以上　　88 不知道　　99 拒绝回答

K8. 您目前的政治面貌是

1 共产党员　　2 民主党派　　3 共青团员　　4 群众

K9. 您经常离开本市外出（包括出差、旅游、探亲等）吗

1 每周几次　2 每月几次　3 每年几次　4 每年一次

5 两三年一次　6 几乎不去　8 不知道

K10. 您去过国外或港、澳、台地区吗？　1 去过　5 没去过

K11. 您的家人和亲戚当中是否有人曾经或正在国外学习、工作或生活

1 有　5 没有

K12. 您的好朋友当中是否有人曾经或正在国外学习、工作或生活

1 有　5 没有

K13. 最后一个问题，为了保证调查质量，便于检查采访员的工作，请您告诉我您家或您单位的电话号码

家庭电话号码：____________________

单位电话号码：____________________

手机号码：____________________

耽误了您不少时间，谢谢您的合作。

务必填写结束时间（24 小时制）：________点________分

采访员注意：请务必仔细检查整份问卷，确认是否有漏问！

采访记录

Z1. 采访对象的合作

1. 非常好　2. 好　3. 一般　4. 不好　5. 非常不好

Z2. 采访对象理解能力

1. 很高　2. 高于一般水平　3. 一般水平

4. 低于一般水平　5. 很低

Z3. 采访开始以前，采访对象对这项研究的疑虑程度

1. 没有疑虑　3. 有一些疑虑　5. 非常疑虑

Z4. 采访对象回答问题的可信程度

1. 完全可信　　3. 一般说可信　　5. 有时看起来不可信

Z5. 总的来看，采访对象对访谈的感兴趣程度

1. 非常高　　2. 高于一般水平　　3. 一般水平

4. 低于一般水平　　5. 非常低

Z6. 请您根据自己对采访对象家庭的印象，估计一下该家庭的经济状况，说明该家庭在当地是属于低收入家庭、一般收入家庭、中高收入家庭，还是高收入家庭

1. 低收入　　2. 一般收入　　3. 中高收入　　4. 高收入　　9. 不适用

Z7a. 采访时有无其他人员在场

1. 有　　5. 没有→（进行到 Z8）

Z7b. 是什么人在场【可选多项】

1. 六岁以下儿童　　2. 大孩子　　3. 配偶

4. 其他亲属　　5. 其他成人

Z7c. 其他人在场是否影响了采访的质量

1. 是　　5. 否

Z8. 受访人家庭住的是什么样的房子

1. 平房　　2. 六层及以下楼房　　3. 六层以上楼房

Z9. 受访人家庭的住房和当地一般情况相比是什么状况

1. 好　　3. 中　　5. 差

Z10. 受访人居住的地方是否属于以下情况

1 农村民居　　2 普通住宅区

3 政府机关大院　　4 工厂/农场里的职工宿舍

5 高档住宅区　　6 建筑工地宿舍

7 学生宿舍　　8 宾馆，餐馆等商业场所

77 其他（请注明____________________）

Z11. 受访者家/楼门前的道路状况如何

1 足够宽广可容汽车通过，并且铺有柏油、水泥　　3 石子路

2 汽车无法通过，但铺有柏油、水泥或人造材料　4 泥土路

Z12. 受访者住家附近有哪些公共设施

	没有设施/服务	步行10分钟以内	步行20分钟以内	步行40分钟以内	步行1个小时以内	无法判断
a. 接受到手机信号	0	1	2	3	4	9
b. 公共休闲设施	0	1	2	3	4	9
c. 大众交通工具站牌（如公交车、火车、船舶、电车等）	0	1	2	3	4	9
d. 宗教建筑（教堂、寺庙、神坛）	0	1	2	3	4	9

Z13. 访问时使用的语言？

1 方言　3 少数民族语言　5 普通话

Z14. 访问时受访人是否曾经拒绝

1 是，在访问一开始时拒访　2 是，在访问进行过程中拒访

3 是，在访问即将结束前拒访　4 不曾拒访

Z15. 其他您认为应该报告和说明的情况

____

____

请填写该地址的成年受访人编码								个人编码	
								B	

务必填写开始时间：（24 小时制）________点________分

2017 年江苏省伦理道德发展状况调查青少年问卷

如果受访家庭有 6—17 岁的青少年，请随机抽取一个青少年回答下列问题：

请采访员首先记录受访对象的性别：　1. 男性　　2. 女性

A0. 刚才回答完问卷的大人是你的

1 父亲　　2 母亲　　3 姥爷/爷爷

4 姥姥/奶奶　　5 哥哥/姐夫　　6 姐姐/嫂子

7 其他（请注明____________________）

A1. 请问你是哪年出生的？　________年

A4. 你现在上几年级

1. 小学：　________年级

2. 初中：　1 初一　2 初二　3 初三

3. 高中：　1 高一　2 高二　3 高三

7. 其他（请注明____________________）

J1. 当你在电视中看到奥运赛场上五星红旗在国歌声中升起，你会有自豪感吗

1 非常自豪　　2 比较自豪　　3 感觉不强烈

4 没感觉　　8 不知道

J2. 你是否会为节省几分钟时间穿过一片不允许踩踏的草坪

1 会　　2 如果有人穿过，我也会

3 如果有急事就穿　　4 不会

J3. 你知道“八礼四仪”基本规范吗？在学习生活中是不是那样去做了

1 知道，努力去做　　2 知道，但做得不好

3 知道，但没去做　　4 不知道

J4. 你参加过诸如“文明小义工”“爱心小天使”“红领巾志愿者”等实践活动吗

1 经常参加　　2 偶尔参加　　3 没参加过　　4 没听说过

J5. 你对考试作弊怎么看

1 不应该作弊　2 作弊没什么　3 别人作弊，我不作弊有点亏

8 不知道

J6. 在公共汽车上刚找到个座位，看到旁边站着老人或孕妇，你会怎么做

1 立即让座　2 虽不情愿，但还是会让座

3 有人提示后才让座　4 不让座　8 不知道

J7. 你知道妈妈的生日吗

1 知道　2 大概知道　8 不知道

J8. 如果不小心弄坏了别人的东西，又没人看到，你会

1 主动承认自己干的　2 有人问起才承认

3 不会承认，但会受良心责备　4 不承认　8 不知道

J9. 你是否同意下列说法【出示答案卡】

	完全同意	比较同意	不太同意	完全不同意	不知道
A. 反正家里有钱，浪费点也没什么	1	2	3	4	8
B. 生活上穿品牌、用品牌，在同学面前才有面子	1	2	3	4	8
C. 上网可以想说什么就说什么	1	2	3	4	8
D. 公共场所随手扔点果皮、纸屑没什么	1	2	3	4	8
E. 对学生来说，成绩最重要，讲品德是次要的	1	2	3	4	8
F. 学生以学习为主，做家务是大人的事	1	2	3	4	8

谢谢你的合作！

务必填写结束时间：（24 小时制）________点________分

第二章　调查方案

2017 年江苏省道德发展状况测评抽样设计与调查实施方案

1. 项目目标

江苏省道德发展状况测评旨在通过概率抽样的方式，了解江苏城乡居民当前道德状况、伦理水平，以期为党委和政府部门决策提供参考。

为覆盖流动人口，采用“GPS/GIS 辅助的地址抽样”法构建住宅抽样框，取代传统的户籍抽样框。调查采用多阶段、分层、概率与规模成比例的方法抽取样本，项目要求至少完成有效样本 4042 个，分布在江苏 13 个地级市和 41 个县/县级市内。

2. 抽样方案

2.1 研究总体

本项调查的研究总体定义为：

拥有中国国籍的、在江苏省区县内居住满 6 个月的 18—65 岁的居民。港、澳、台居民除外。

2.2 调查总体

本项研究为覆盖流动人口，将采用住宅地址抽样法。具有以下特征的住宅单位被排除在调查总体之外：

（1）军队及其集中居住的家属院

（2）中央部委机关大院内的住宅单位

（3）使领馆

（4）要害部门（如变电站、自来水站等）

（5）监狱

（6）旅游景点或宗教场所

2.3 抽样方法

为解决流动人口的覆盖偏差问题，本项目采用“GPS/GIS 辅助的地址抽样”（GPS Assistant Area Sampling）方法[①]，以单元格内人口数为规模度量（Measure of Size），按照分层、多阶段的概率与规模成比例的方法（Probabilities Proportional to Size，PPS）进行选取。

采用“GPS/GIS 辅助的地址抽样”方法可以有效覆盖流动人口。该方法主要优势在于：一方面可以解决目前传统的户籍抽样中存在的许多问题，如从各级政府获取抽样框资料渠道不畅：户籍资料陈旧不准，空挂户过多，人户分离过多，以及流动人口无法被纳入等问题。另一方面可以解决区域抽样中的定位问题。

该方法以经度和纬度确定出来的空间单元为抽样单位，例如，以空间上的半分经度和半分纬度构成的单元格（简称“半分格”）。以 DMSP/OLS 夜间灯光数据[②]作为半分格的规模度量，可以执行分层、概率与规模成比例的抽样。抽中了空间单元之后，由抽样员借助 GPS 仪，在实地准确定位经度和纬度，确定半分格的边界，然后制作住宅地址清单列表并抽样。

传统的以村/居为抽样单位的地址抽样方法中，使用的边界是村/居委会的行政边界。确定村/居边界的难点有三个：一是村/居面积大；二是作为边界的标识物有的很模糊，必须有熟悉村/居边界的人才可以帮助抽样员画好地图；三是必须获得政府的支持，因为在画图时最好有参考底图，在确定边界的时候也需要村/居的工作人员协助，而带有村/居边界的地图并不是公开发表的资料。

半分格的边界则是固定的，依靠抽样员手持的 GPS 仪显示的经度和纬度就可以确定。这种方法几乎不受行政区划改革的影响，而且也不一定必须依靠政府提供资料。在实地确定边界的时候，标准也很明确。

村/居抽样框的难以获得、确定村/居边界的难度，以及村/居面积大而产生的较大的抽样成本使得使用空间单元作为抽样单位成为一种选择。

本调查采用“GPS/GIS 辅助的地址抽样”方法，并且以半分格作为抽样单位，以 DMSP/OLS 夜间灯光数据作为规模度量，既可以保证有效覆盖流动人口，亦可以低成本，高精度地执行概率抽样，具有国内外领先的技术优势。国际上，在世

---

① Landry, F. Pierre and Shen Mingming, “Reaching Migrants in Survey Research: The Use of the Global Positioning System to Reduce Coverage Bias in China”, *Political Analysis*, 2005, Vol 13, 1 - 22.

② DMSP/OLS 是美国军事气象卫星［Defense Meteorological Satellite Program（DMSP）］搭载的 Operational Linescan System（OLS）传感器的英文缩写。美国军事气象卫星于 1976 年发射，搭载的 OLS 传感器在夜间工作，可以探测到夜间城市灯光甚至更小规模居民地、车流等发出的低强度灯光，使其明显地区别于黑暗的乡村背景。（何春阳等，2006）

界价值观调查、The Local Governance Performance Index（LGPI）调查[①]中已经采用了这种抽样方法。

2.4 抽样单位

（1）初级抽样单位（PSU）：区、县级市、县。

（2）次级抽样单位（SSU）：30″＊30″格，以半分经度和半分纬度所界定的区域，即半分格。

（3）三级抽样单位（TSU）：住宅单位，有人居住的地址。

2.5 分层

鉴于道德发展状况和国际化水平、城市化水平、经济发展水平有显著的关系，项目按照国际化水平、城市化水平、经济发展水平将初级抽样单位分为两层，即区、县/县级市：

第 1 层：地级市的市辖区。

第 2 层：县级市/县。

2.6 各级抽样单位的抽选方法

（1）初级抽样单位（PSU）

以区县内的第六次人口普查的常住人口数为规模度量（MOS），按照分层、PPS 方法进行抽取。抽样框数据来自 2010 年第六次人口普查分县市统计资料。

①地级市层：在 13 个地级市中采用 PPS 方法抽取 2 个区。

②县级市/县层：41 个县级市/县全部入选。

（2）次级抽样单位（SSU）

在每个 PSU 内，以 30″＊30″格的夜间灯光亮度为规模度量（MOS），按照分层、PPS 的方法，抽取 2 个 30″＊30″格，抽样框数据来自 2012 年的 DMSP/OLS 夜间灯光数据。

（3）三级抽样单位（QSU）

在入选半分格内先普查登记全部有人居住的住宅单位，然后构成住宅地址抽样框，之后按照等距抽样（System Sampling）的方法，抽取住宅单位。

督导员首先根据中心给定的经纬度前往半分格。进入半分格后，督导员严格按照中心给定的经纬度进入应抽小格组，并严格按照中心抽样执行程序对应抽小格组地址进行抽样。如果应抽小格组地址数小于 48 个，则按照备份组顺序，依次抽样，直至小格组内地址数大于 48 个，此小格组地址有效。如果备份组内的小格地址数始终小于 48 个，则普查该半分格。如果实地抽样时半分格内地址小于 48

① 参见 http：//www. gld. gu. se/en/research-projects/lgpi/。

个，视为该半分格放空。

实地地址勘测图示例如下：

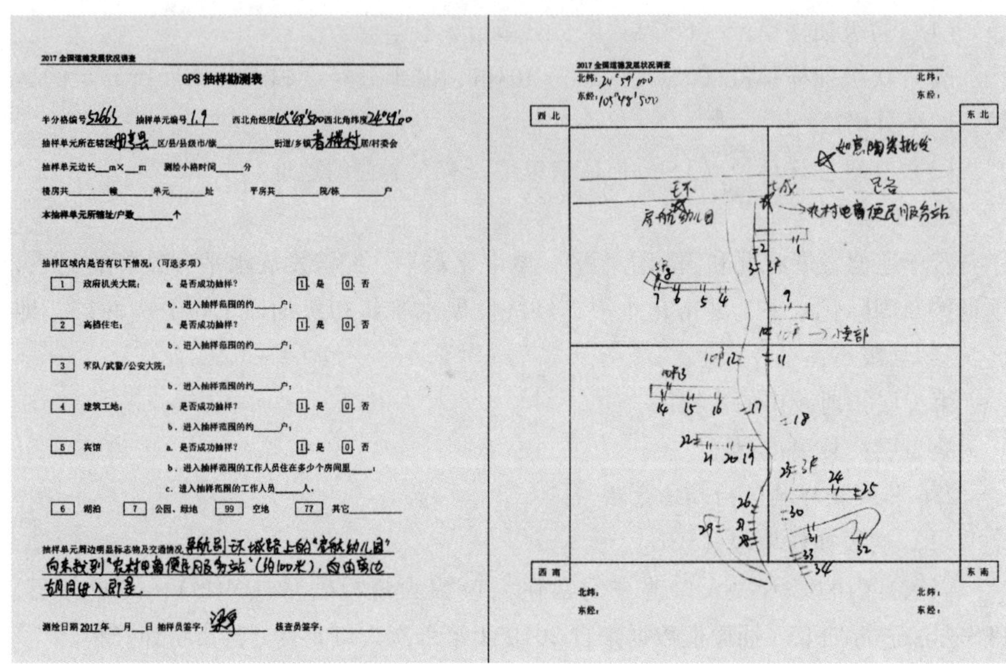

2017 全国道德发展状况调查

GPS 抽样勘测表

半分格编号____ 抽样单元编号____ 西北角经度____ 西北角纬度____

抽样单元所在辖区____区/县/县级市/旗____街道/乡镇____居/村委会

抽样单元边长__m×__m 测绘小格时间____分

楼房共____幢____单元____处 平房共____院/栋____户

本抽样单元所辖址/户数____个

抽样区域内是否有以下情况：（可选多项）

1 政府机关大院： a. 是否成功抽样？ 1. 是 0. 否
b. 进入抽样范围的约____户；

2 高档住宅： a. 是否成功抽样？ 1. 是 0. 否
b. 进入抽样范围的约____户；

3 军队/武警/公安大院：
b. 进入抽样范围的约____户；

4 建筑工地： a. 是否成功抽样？ 1. 是 0. 否
b. 进入抽样范围的约____户；

5 宾馆 a. 是否成功抽样？ 1. 是 0. 否
b. 进入抽样范围的工作人员住在多少个房间里____；
c. 进入抽样范围的工作人员____人。

6 湖泊 7 公园、绿地 99 空地 77 其它____

抽样单元周边明显标志物及交通情况____

测绘日期 2017 年__月__日 抽样员签字：____ 核查员签字：____

2017 全国道德发展状况调查

北纬： 东经：

西北 东北 西南 东南

（4）受访人

按照“KISH 抽样表”，在每一个入选的住宅单位中，抽取一个已经在本区县居住 6 个月以上的 18—65 岁的居民作为受访人。

在完成成年居民访问的家庭中，如果有同住的 6—17 岁的青少年儿童，需在该家庭中，随机访问 1 名 6—17 岁的青少年儿童。

KISH 表如下：

抽选表1, 2		抽选表3		抽选表4		抽选表5, 6	
该居住单位中合格成员的总数为：	入选的受访人的顺序号	该居住单位中合格成员的总数为：	入选的受访人的顺序号	该居住单位中合格成员的总数为：	入选的受访人的顺序号	该居住单位中合格成员的总数为：	入选的受访人的顺序号
1	1	1	1	1	1	1	1
2	1	2	1	2	1	2	1
3	1	3	1	3	1	3	2
4	1	4	1	4	2	4	2
5	1	5	2	5	2	5	3
6或更多	1	6或更多	2	6或更多	2	6或更多	3

抽选表7, 8	
该居住单位中合格成员的总数为：	入选的受访人的顺序号
1	1
2	2
3	2
4	3
5	4
6或更多	4

抽选表9	
该居住单位中合格成员的总数为：	入选的受访人的顺序号
1	1
2	2
3	3
4	3
5	3
6或更多	5

抽选表10	
该居住单位中合格成员的总数为：	入选的受访人的顺序号
1	1
2	2
3	3
4	4
5	5
6或更多	5

抽选表11, 12	
该居住单位中合格成员的总数为：	入选的受访人的顺序号
1	1
2	2
3	3
4	4
5	5
6或更多	6

2.7 样本规模

为满足95%的置信水平，在5%的允许误差下，并且考虑到多阶段抽样的设计效应（Deff）、无应答率（包括住址中不符合调查资格的人，采访期间地址中无人在家，拒访，以及身体语言障碍）等因素，计划在江苏省范围内共抽取6300个住宅单位，完成4042个有效成年样本，有效回答率不低于65%，且在各地区的完成数量确保均衡。

在县级市/县层，有1个县入选全国样本，该县有效成年样本为96个，其余每个县/县级市完成有效成年样本60个，合计县级市/县成年样本2496个。

在地级市层，有3个地级市各有1个区入选全国样本，这3个地级市中，每个地级市有效成年样本为162个，其余10个地级市，每个地级市有效成年样本为106个，合计地级市成年样本为1546个。

实际共抽取了6523个符合调查资格的住宅单位，完成了4362个有效样本，有效回答率为66.9%。青少年完成样本量为576个。

2.8 初级抽样单位完成样本数量

表2.1　　初级抽样单位完成样本数量

国标码	区县名称	实抽地址数	符合资格数	完成数	完成率
320106	江苏省南京市鼓楼区	92	92	62	67.4%
320111	江苏省南京市浦口区	176	170	114	67.1%
320205	江苏省无锡市锡山区	96	96	62	64.6%
320213	江苏省无锡市梁溪区	94	93	62	66.7%
320281	江苏省江阴市	96	96	62	64.6%
320282	江苏省宜兴市	96	96	62	64.6%
320303	江苏省徐州市云龙区	96	94	62	66.0%
320311	江苏省徐州市泉山区	88	87	62	71.3%

续表

国标码	区县名称	实抽地址数	符合资格数	完成数	完成率
320321	江苏省丰县	96	91	62	68.1%
320322	江苏省沛县	96	91	62	68.1%
320324	江苏省睢宁县	96	93	62	66.7%
320381	江苏省新沂市	96	94	62	66.0%
320382	江苏省邳州市	96	92	62	67.4%
320404	江苏省常州市钟楼区	96	96	62	64.6%
320411	江苏省常州市新北区	96	96	62	64.6%
320481	江苏省溧阳市	96	96	62	64.6%
320507	江苏省苏州市相城区	96	95	62	65.3%
320508	江苏省苏州市姑苏区	96	96	62	64.6%
320581	江苏省常熟市	96	96	62	64.6%
320582	江苏省张家港市	96	88	62	70.5%
320583	江苏省昆山市	96	96	62	64.6%
320585	江苏省太仓市	96	96	62	64.6%
320602	江苏省南通市崇川区	96	95	62	65.3%
320611	江苏省南通市港闸区	96	95	62	65.3%
320621	江苏省海安县	96	91	62	68.1%
320623	江苏省如东县	96	96	62	64.6%
320681	江苏省启东市	96	96	62	64.6%
320682	江苏省如皋市	96	96	62	64.6%
320684	江苏省海门市	96	96	62	64.6%
320703	江苏省连云港市连云区	92	89	62	69.7%
320706	江苏省连云港市海州区	176	171	114	66.7%
320722	江苏省东海县	96	91	62	68.1%
320723	江苏省灌云县	96	88	62	70.5%
320724	江苏省灌南县	96	90	62	68.9%
320803	江苏省淮安市淮安区	176	167	114	68.3%
320804	江苏省淮安市淮阴区	96	94	62	66.0%
320826	江苏省涟水县	96	94	62	66.0%
320830	江苏省盱眙县	96	94	62	66.0%
320831	江苏省金湖县	96	90	62	68.9%
320902	江苏省盐城市亭湖区	96	89	62	69.7%
320903	江苏省盐城市盐都区	96	89	62	69.7%

续表

国标码	区县名称	实抽地址数	符合资格数	完成数	完成率
320921	江苏省响水县	96	92	62	67.4%
320922	江苏省滨海县	96	90	62	68.9%
320923	江苏省阜宁县	96	94	62	66.0%
320924	江苏省射阳县	96	90	62	68.9%
320925	江苏省建湖县	96	91	62	68.1%
320981	江苏省东台市	96	91	62	68.1%
321002	江苏省扬州市广陵区	96	92	62	67.4%
321023	江苏省宝应县	96	92	62	67.4%
321081	江苏省仪征市	96	92	62	67.4%
321084	江苏省高邮市	96	91	62	68.1%
321088	江苏省扬州市江都区	96	92	62	67.4%
321111	江苏省镇江市润州区	96	96	62	64.6%
321112	江苏省镇江市丹徒区	96	96	62	64.6%
321181	江苏省丹阳市	96	79	62	78.5%
321182	江苏省扬中市	96	96	62	64.6%
321183	江苏省句容市	96	96	62	64.6%
321202	江苏省泰州市海陵区	96	94	62	66.0%
321203	江苏省泰州市高港区	96	93	62	66.7%
321281	江苏省兴化市	96	90	62	68.9%
321282	江苏省靖江市	96	90	62	68.9%
321283	江苏省泰兴市	96	90	62	68.9%
321302	江苏省宿迁市宿城区	96	94	62	66.0%
321311	江苏省宿迁市宿豫区	96	96	62	64.6%
321322	江苏省沭阳县	96	95	62	65.3%
321323	江苏省泗阳县	96	93	62	66.7%
321324	江苏省泗洪县	176	167	114	68.3%
合计		6734	6523	4362	66.9%

3. 调查访问及质控报告

3.1 督导员培训

本次项目的督导员全部为北京大学中国国情研究中心的工作人员，由北京大学中国国情研究中心统一安排培训。

督导员培训内容如下：

- 项目背景；
- 基本的采访技巧；
- 此次项目的具体要求；
- GPS 使用方法和具体地点的抽样培训；
- 地址抽样和受访人抽样方法；
- 问卷每一题目内容的概述和逐题讲解；
- 当堂练习；
- 项目执行程序；
- 质量核查程序；
- 督导员行为规范和工作安全。

3.2 采访员培训

这次项目的采访员全部为目标省市在校的大学生。采访员总数为 49 人。按照采访员手册的要求，由项目督导员对采访员进行了培训。

由于每位督导出发时间不统一，培训时间不统一，但是要求每位督导员都对采访员进行了为期两天的系统培训。

采访员培训的主要内容包括：

- 项目背景；
- 基本的采访技巧；
- 此次项目的具体要求；
- 受访人抽样方法；
- 问卷每一题目内容的概述和逐题讲解；
- 当堂练习；
- 入户采访程序及规范；
- 质量核查程序；
- 采访员行为规范和工作安全。

3.3 正式实施

3.3.1 执行团队

调查执行第一负责人：严洁

抽样设计：严洁

调查执行主管：柴晶晶，梁宇，王兰

调查执行督导员：10 名中心的工作人员

采访员：49 名大学、大专学生

质量核查员：执行主管、全体督导员以及专门聘用的核查员

3.3.2 实施过程

为保证调查质量，采取督导带领采访员进行社区（村）的访问组织模式，每个小组 1 名督导员，3—5 名采访员。

调查自 2017 年 8 月 2 日开始，至 2017 年 10 月 30 日结束，历时 90 天。

督导员每日工作职责：

- 安排采访进度，保证采访质量。
- 负责带领采访员进入实地的村居和社区进行访问，收取问卷，核对当日完成问卷数量，并记录到问卷收发一览表上，如有差错，问明原因，及时处理。
- 审阅问卷，每天必须检查当日完成问卷，及时发现问题，避免再次发生。督导员需在检查后合格的问卷封面上签字。受访人的姓名要写到问卷背面，详细地址必须写在问卷的封面上。采访结束后，要求采访员在二十四小时内将采访记录表及完成问卷交给督导员。
- 记录采访过程。督导员必须在采访进度表上对每个问卷的采访进程进行登记，认真填写工作日记及日采访总结表，并负责整理全部问卷。表格抄录要求字迹清晰、整洁、无差错，包括采访进度表、完成问卷统计表、问卷收发一览表的填写。
- 每天向中心汇报工作进展情况，出现新问题立刻向中心请示后再行动。

3.4 问卷核查

采访完成后，采访员当场对问卷记录情况加以核查，核查完毕后，签名上交督导员。

督导员现场监督采访员的入户访问工作，并核查所有完成问卷。保证问卷按质按量完成，确保做到真实（访问抽中的受访人，不得替换受访人）、准确（准确记录受访人的答案）、详尽（每个问题都要询问，不得漏问）。

督导员现场核查内容包括：

- 采访员是否按照督导员的指定地址入户采访。
- 采访员是否严格按照 KISH 表进行抽样。
- 采访员是否采访抽到的受访人。
- 检查是否有漏答的题目。
- 是否误答了不应答的题目。
- 是否合理的采访用时。
- 多选题的选项分布是否有异常。

• 是否有意义不清、不合问卷规范的答案；答案是否在逻辑上相悖。

督导员每天检查当日完成问卷，及时发现问题，避免再次发生。督导员需在检查后合格的问卷封面上签字。

除此之外，办公室的核查员在完成问卷中随机抽取15%的样本进行电话核查。

3.5 未完成问卷原因分布

表3.1　　未完成问卷原因分布

		频率	百分比	有效百分比
有效	1 采访完成	4362	64.8%	66.9%
	2 受访地址拒访	677	10.1%	10.4%
	3 受访人拒访	450	6.7%	6.9%
	4 多次未见受访人	243	3.6%	3.7%
	5 受访人身体语言障碍	61	0.9%	0.9%
	6 该地址中一直无人	730	10.8%	11.2%
	合计	6523	96.9%	100.0%
缺失	7 无人居住的空房	18	0.3%	
	8 地址中无符合调查资格人员	193	2.9%	
	合计	211	3.1%	
合计		6734	100.0%	

3.6 实施经验总结

项目遇到的困难主要来自以下两个方面：

（1）小区集体拒访的情况比以往都严重。各城市封闭小区和高档小区不断增多，被抽到的比例增加。这些小区的物业管理要求非小区住户必须登记才能进入。物业考虑入户调查这种形式可能会打扰住户，如果有不愿配合采访员的住户投诉物业管理不严，会给公司带来不良影响，他们基于这些担心而拒绝采访员进入小区。

还有一些楼房虽然是普通居民楼或者物业不限制进出，但是每个单元都装有电子防盗门。采访员和住户只能通过电子门铃通话机说明项目争取住户配合。没有了面对面的交流，采访员的亲和力就会大大下降，也导致住户对陌生采访员的信任程度降低，地址拒访和受访人拒访的程度变得严重。采访员只有在争取到单元中一个受访者的配合之后，才能进入这个单元尝试其他住户。由于高档社区的增加和电子防盗门的普及，给采访员的工作增大了难度。

（2）执行时间较短，8月份才允许调查启动，并且9月份学生开学，开学初期请假困难，采访员流失较为严重，招聘采访员难度较大。后期补充社会采访员，访问期拉长。

4. 数据库的建立

4.1 数据录入

数据输入工作是由中心经验丰富的专业人员，运用 EPIData 录入软件来完成的。专门的录入软件可以最大限度地避免野码的发生。另外，为保证数据录入的准确性，使用双录入的方式。数据录入工作自 2017 年 8 月 4 日开始，10 月 27 日结束。

4.2 有效样本复核

由专职研究助理负责对已经录入的完成和未完成的问卷进行复核，复核内容包括：是否按照规则正确抽取了受访人，是否访问了非受访人。利用统计软件，对样本的有效性进行复核之后，剔除了所有抽样和访问错误的问卷（合计 15 份），然后将有效问卷交由数据清理组进行数据清理。该项工作自 2017 年 10 月 30 日开始，11 月 5 日结束。

4.3 数据清理

由专职研究助理负责清理工作。数据清理工作分为三个步骤：第一，根据双录入的结果清理明显的录入不一致的错误。第二，识别野码和进行逻辑检测。第三，在改正完所有错误后，对整套数据资料的变量再进行不同人员的双次逻辑检测。这一方法保证了建立在数据资料采集上的分析的精确性。该项工作自 2017 年 10 月 18 日开始，11 月 20 日结束。

4.4 数据库建立

问卷数据库清埋完毕，同时开始进一步构建数据库，包括变量标签、变量值标签、缺失值定义，并且输入了各种抽样辅助信息，如分层、PSU 等。最后形成了完整的数据库、单变量频数手册、数据清理报告和使用说明。该项工作自 2017 年 11 月 3 日开始，11 月 20 日结束。

4.5 加权

调查抽样设计阶段向项目组成员以及抽样专家征询对数据进行加权的意见，形成加权的统一意见，并获得清理干净的数据库之后立即根据该意见开始数据库加权工作。该项工作自 2017 年 11 月 15 日开始，11 月 23 日结束。

数据库中提供了两种权重变量，一是基础权重；二是事后分层权重。

4.5.1 基础权重（设计权重）

基础权重，即每个受访人的入选概率的倒数（包含了无回答权重），变量名称为 wt_ base。其计算过程如下：

第一步，以半分格（SSU）为单位，统计每个半分格内的实抽有效地址、有效完成地址。

第二步，根据以下计算公式得出每个地址的入选概率：

$$f_{address} = \frac{a_h Mos_{h\alpha}}{\frac{1}{c} \cdot \sum_{\alpha=1}^{\alpha_h} Mos_{h\alpha}} \cdot \frac{d_{h\alpha} Mos_{h\alpha\beta}}{Mos_{h\alpha}} \cdot \frac{b_h^*}{Mos_{h\alpha\beta}}$$

其中：h 为表示层；a_h 为每个层内抽取的 PSU 的数量；

$d_{h\alpha}$ 表示每个 PSU 内要抽取的 SSU 的数量，即，半分格的数量；

Mos_{ha} 为 PSU 的规模度量，即 2010 年末常住人口；

$Mos_{h\alpha\beta}$ 为 SSU 的规模度量，即半分格内有人居住的地址数；

b_h^* 为在抽中 SSU 内，实抽有效地址数；

c 为平均户规模，由于本项目先抽取有人居住的家庭住户地址，而且 b_h^* 表示地址数，而 $\sum_{\alpha=1}^{\alpha_h} Mos_{ha}$ 表示的是各层的人口数，因此需要用各层的人口数除以平均住户规模换算成地址数，从而计算出地址的入选概率。

第三步，根据每个地址内的符合调查资格的人数，计算每个人的入选概率：

$$f = f_{address} \cdot \frac{1}{q2}$$

其中，$q2$ 为数据库中的变量，表示每个地址内符合调查资格的人数。

第四步，计算每个人的权重：

$$wt = \frac{1}{f}$$

第五步，计算无回答权重：

$$wt\_\ respo = \frac{\text{实抽有效样本数}}{\text{有效回答样本数}}$$

最后，计算基础权重：

$$wt\_\ base = wt \cdot wt\_\ respo$$

数据库中将保留计算基础权重的过程变量：wt，$wt\_\ respo$。如果计划用加权的方式处理无回答，那么可以直接使用 wt_ base 这个权重变量，如果使用其他办法处理无回答，那么可以在 wt 的基础上再进行其他调整。

复杂抽样设计在 Stata 软件中的执行命令为：

```
svysetpsu [pweight = wt_ base], strata (strata) vce (linearized)
svy : mean age
svy : proportionb5
estat effects
svy : reg Y X1 i. X2
```

4.5.2 事后分层权重

事后分层所依据的数据是2015年江苏人口统计数据，以5岁年龄组和性别为基础进行分层，多数类别的权重范围控制在［0.8—1.2］。

数据库中，事后分层权重变量的名称为ps_ wt_ js。对于事后分层，研究者还可以尝试其他方法。

表4.1 **江苏样本事后分层权重**

事后分层	事后分层权重
1.18—24岁，女性	1.3758
2.25—29岁，女性	1.2136
3.30—34岁，女性	0.9217
4.35—39岁，女性	0.8764
5.40—44岁，女性	1.0686
6.45—49岁，女性	1.0951
7.50—54岁，女性	0.7725
8.55—59岁，女性	0.7607
9.60—65岁，女性	0.6702
10.18—24岁，男性	1.2757
11.25—29岁，男性	1.5547
12.30—34岁，男性	1.1795
13.35—39岁，男性	1.1422
14.40—44岁，男性	1.3068
15.45—49岁，男性	1.0937
16.50—54岁，男性	0.9568
17.55—59岁，男性	0.9494
18.60—65岁，男性	0.5572

5. 递交的产品

（1）数据库（含抽样信息，变量和变量值标签），SPSS版，STATA版

（2）单变量频数分布手册

（3）抽样和调查实施报告

（4）数据使用说明

（5）采访员手册（PDF，Word电子版）

（6）问卷定稿（PDF电子版）

以上文件均为中文版。

2017 年中国伦理道德发展状况调查与研究抽样设计与调查实施方案

1. 项目目标

全国伦理道德发展状况调查与研究旨在通过概率抽样的方式，了解全国城乡居民当前道德状况、伦理水平，以期为党委和政府部门决策提供参考。

为覆盖流动人口，采用“GPS/GIS 辅助的地址抽样”法构建住宅抽样框，取代传统的户籍抽样框。调查采用多阶段、分层、概率与规模成比例的方法抽取样本，项目要求至少完成有效样本 8488 个，分布在 76 个区县级行政单位内。

2. 抽样方案

2.1 研究总体

本项调查的研究总体定义为：

拥有中国国籍的、在全国大陆区县内居住满 6 个月的 18—65 岁的居民，港、澳、台居民除外。

2.2 调查总体

本项研究为覆盖流动人口，将采用住宅地址抽样法。具有以下特征的住宅单位被排除在调查总体之外：

（1）军队及其集中居住的家属院

（2）中央部委机关大院内的住宅单位

（3）使领馆

（4）要害部门（如变电站、自来水站等）

（5）监狱

（6）旅游景点或宗教场所

2.3 抽样方法

为解决流动人口的覆盖偏差问题，本项目采用“GPS/GIS 辅助的地址抽样”（GPS Assistant Area Sampling）方法[①]，以单元格内人口数为规模度量（Measure of Size），按照分层、多阶段的概率与规模成比例的方法（Probabilities Proportional to Size，PPS）进行选取。

---

① Landry，F. Pierre and Shen Mingming，“Reaching Migrants in Survey Research：the Use of the Global Positioning System to Reduce Coverage Bias in China”，*Political Analysis*，2005，Vol 13，1 – 22.

采用“GPS/GIS 辅助的地址抽样”方法可以有效覆盖流动人口。该方法主要优势在于：一方面可以解决目前传统的户籍抽样中存在的许多问题，如，从各级政府获取抽样框资料渠道不畅；户籍资料陈旧不准，空挂户过多，人户分离过多，以及流动人口无法被纳入等问题；另一方面可以解决区域抽样中的定位问题。

该方法以经度和纬度确定出来的空间单元为抽样单位，例如，以空间上的半分经度和半分纬度构成的单元格（简称“半分格”）。以 DMSP/OLS 夜间灯光数据[①]作为半分格的规模度量，可以执行分层、概率与规模成比例的抽样。抽中了空间单元之后，由抽样员借助 GPS 仪，在实地准确定位经度和纬度，确定半分格的边界，然后制作住宅地址清单列表并抽样。

传统的以村/居为抽样单位的地址抽样方法中，使用的边界是村/居委会的行政边界。确定村/居边界的难点有三个：一是村居面积大；二是作为边界的标识物有的很模糊，必须有熟悉村/居边界的人才可以帮助抽样员画好地图；三是必须获得政府的支持，因为在画图时最好有参考底图，在确定边界的时候也需要村/居的工作人员协助，而带有村/居边界的地图并不是公开发表的资料。

半分格的边界则是固定的，依靠抽样员手持的 GPS 仪显示的经度和纬度就可以确定。这种方法几乎不受行政区划改革的影响，而且也不一定必须依靠政府提供资料。在实地确定边界的时候，标准也很明确。

村/居抽样框的难以获得、确定村居边界的难度，以及村居面积大而产生的较大的抽样成本使得使用空间单元作为抽样单位成为一种选择。

本调查采用“GPS/GIS 辅助的地址抽样”方法，并且以半分格作为抽样单位，以 DMSP/OLS 夜间灯光数据作为规模度量，既可以保证有效覆盖流动人口，也可以低成本、高精度地执行概率抽样，具有国内外领先的技术优势。国际上，在世界价值观调查、The Local Governance Performance Index（LGPI）调查[②]中已经采用了这种抽样方法。

2.4 抽样单位

（1）初级抽样单位（PSU）：区、县级市、县。

（2）次级抽样单位（SSU）：30″ * 30″格，以半分经度和半分纬度所界定的区域，即半分格。

---

① DMSP/OLS 是美国军事气象卫星［Defense Meteorological Satellite Program（DMSP）］搭载的 Operational Linescan System（OLS）传感器的英文缩写。美国军事气象卫星于 1976 年发射，搭载的 OLS 传感器在夜间工作，可以探测到夜间城市灯光甚至更小规模居民地、车流等发出的低强度灯光，使其明显地区别于黑暗的乡村背景。（何春阳等，2006）

② 参见 http：//www. gld. gu. se/en/research-projects/lgpi/。

(3) 三级抽样单位(TSU):住宅单位,有人居住的地址。

2.5 分层

鉴于道德发展状况和伦理水平和国际化水平、城市化水平、经济发展水平有显著的关系,项目按照国际化水平、城市化水平、经济发展水平将初级抽样单位分为6层:

第1层:国际化城市的市辖区。根据美国 A. T. Kearney 管理咨询公司发布的世界城市国际影响力的数据,将中国进入世界排名前100的城市作为第1层,这些城市包括北京、上海、广州、深圳、重庆。这些城市的市辖区作为第1层的初级抽样单位。

第2层:副省级城市内的市辖区。

第3层:地级市内的市辖区。

第4层:县级市/县、地级及以上级别城市的郊区、市辖县,经济发展水平高。

第5层:县级市/县、地级及以上级别城市的郊区、市辖县,经济发展水平中。

第6层:县级市/县、地级及以上级别城市的郊区、市辖县,经济发展水平低。

经济发展水平以区县级行政单位的人均 GDP 为指标,等分为高中低三层。

各层内的 PSU 数量按照与各层人口占总体比例相等的方法分配。

表2.1　**各层初级抽样单位(PSU)数**

层	区县数量	人口总数	人口比例	应抽数量	实抽数量
1. 国际化大城市的市辖区	64	77632475	0.06	4.43	5
2. 副省级城市的市辖区	104	72279486	0.05	4.12	4
3. 地级市的市辖区	694	328509934	0.25	18.73	19
4. 县/县级市/地级市及以上城市的郊区县,经济水平高	668	304392723	0.23	17.36	17
5. 县/县级市/地级市及以上城市的郊区县,经济水平中	668	282773148	0.21	16.12	16
6. 县/县级市/地级市及以上城市的郊区县,经济水平低	667	267222659	0.20	15.24	15
合计	2865	1332810425	1	76	76

2.6 各级抽样单位的抽选方法

（1）初级抽样单位（PSU）

以区县内的第六次人口普查的常住人口数为规模度量（MOS），按照分层、PPS 方法进行抽取 76 个区县级行政单位。抽样框数据来自 2010 年第六次人口普查分县市统计资料。

抽样程序采用 Stata 软件执行，抽样命令为：

```
use " K:\道德调查_ PSU 抽样框.dta", clear
gsort strata6 -pop2010
set seed 755
gsample psucount76 [aw = pop2010], wor strata (strata6)
sort gbcode
export excel using " K:\区县样本.xlsx", sheetreplace firstrow (variables)
clear
```

（2）次级抽样单位（SSU）

在每个 PSU 内，以 30″＊30″格的夜间灯光亮度为规模度量（MOS），按照分层、PPS 的方法，抽取 2 个 30″＊30″格，抽样框数据来自 2012 年的 DMSP/OLS 夜间灯光数据。

抽样程序采用 Stata 软件执行，抽样命令为：

```
use " K:\SSU sampling frame 全国.dta", clear
drop if V3 <6
gsort  -V3
set seed 4234
gsample 4 [aw = V3], wor strata (gbcode2012)
sort gbcode2012 dlong dlat
export excel using " K:\全国半分格.xlsx", firstrow (variables) replace
clear
```

一个区县内4个半分格示意图：

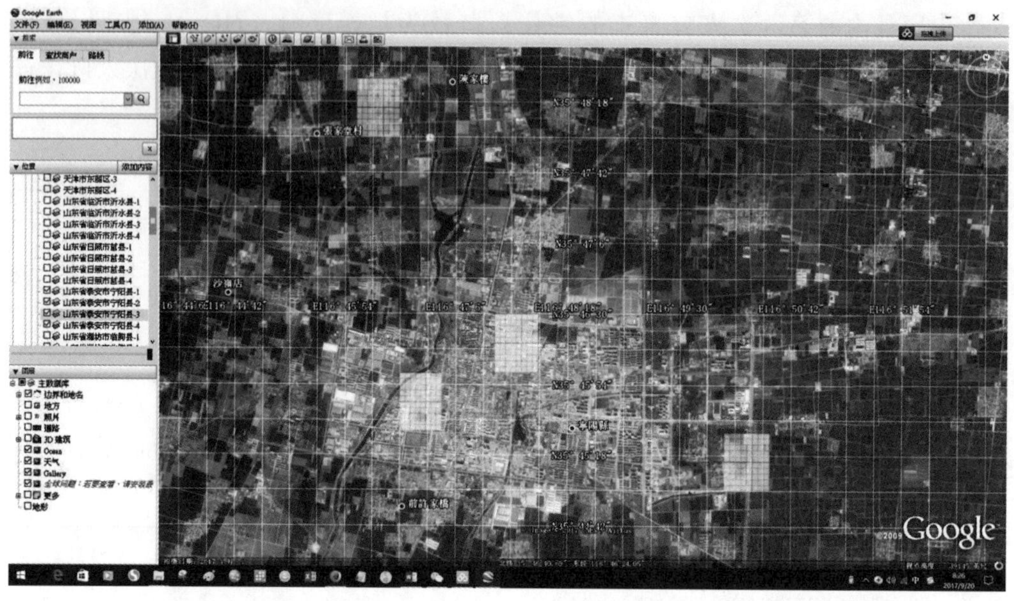

（3）三级抽样单位（QSU）

在入选半分格内先普查登记全部有人居住的住宅单位，然后构成住宅地址抽样框，之后按照等距抽样（System Sampling）的方法，抽取住宅单位。

督导员首先根据中心给定的经纬度前往半分格。进入半分格后，督导员严格按照中心给定的经纬度进入应抽小格组，并严格按照中心抽样执行程序对应抽小格组地址进行抽样。如果应抽小格组地址数小于44个，则按照备份组顺序，依次抽样，直至小格组内地址数大于44个，此小格组地址有效。如果备份组内的小格地址数始终小于44个，则普查该半分格。如果实地抽样时半分格内地址数小于44个，视为该半分格放空。

实地地址勘测图示例如下：

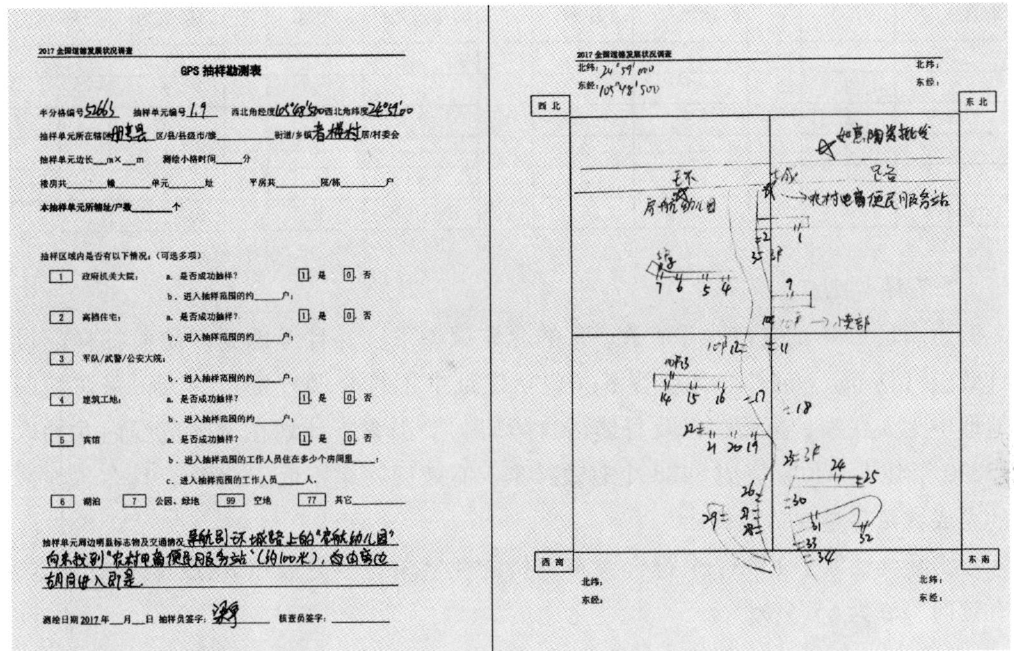

2017 全国道德发展状况调查

GPS 抽样勘测表

半分格编号 52663　抽样单元编号 1.9　西北角经度＿＿西北角纬度＿＿

抽样单元所在辖区＿＿区/县/县级市/旗＿＿街道/乡镇＿＿居/村委会

抽样单元边长＿m×＿m　测绘小格时间＿＿分

楼房共＿＿幢＿＿单元＿＿址　平房共＿＿院/栋＿＿户

本抽样单元所辖址/户数＿＿个

抽样区域内是否有以下情况：（可选多项）

1 政府机关大院：a. 是否成功抽样？ 1. 是 0. 否

b. 进入抽样范围的约＿＿户；

2 高档住宅：a. 是否成功抽样？ 1. 是 0. 否

b. 进入抽样范围的约＿＿户；

3 军队/武警/公安大院：

b. 进入抽样范围的约＿＿户；

4 建筑工地：a. 是否成功抽样？ 1. 是 0. 否

b. 进入抽样范围的约＿＿户；

5 宾馆 a. 是否成功抽样？ 1. 是 0. 否

b. 进入抽样范围的工作人员住在多少个房间里＿＿；

c. 进入抽样范围的工作人员＿＿人。

6 湖泊　7 公园、绿地　99 空地　77 其它＿＿

抽样单元周边明显标志物及交通情况＿＿

测绘日期 2017 年＿月＿日 抽样员签字：＿＿ 核查员签字：＿＿

2017 全国道德发展状况调查

北纬：

东经：

西北　东北

西南　东南

北纬：

东经：

（4）受访人

按照"KISH 抽样表"，在每一个入选的住宅单位中，抽取一个已经在本区县居住 6 个月以上的 18—65 岁的居民作为受访人。

KISH 表如下：

抽选表1，2	
该居住单位中合格成员的总数为：	入选的受访人的顺序号
1	1
2	1
3	1
4	1
5	1
6或更多	1

抽选表3	
该居住单位中合格成员的总数为：	入选的受访人的顺序号
1	1
2	1
3	1
4	1
5	2
6或更多	2

抽选表4	
该居住单位中合格成员的总数为：	入选的受访人的顺序号
1	1
2	1
3	1
4	2
5	2
6或更多	2

抽选表5，6	
该居住单位中合格成员的总数为：	入选的受访人的顺序号
1	1
2	1
3	2
4	2
5	3
6或更多	3

抽选表7, 8	
该居住单位中合格成员的总数为:	入选的受访人的顺序号
1	1
2	2
3	2
4	3
5	4
6或更多	4

抽选表9	
该居住单位中合格成员的总数为:	入选的受访人的顺序号
1	1
2	2
3	3
4	3
5	3
6或更多	5

抽选表10	
该居住单位中合格成员的总数为:	入选的受访人的顺序号
1	1
2	2
3	3
4	4
5	5
6或更多	5

抽选表11, 12	
该居住单位中合格成员的总数为:	入选的受访人的顺序号
1	1
2	2
3	3
4	4
5	5
6或更多	6

2.7 样本规模

为满足95%的置信水平，在5%的允许误差下，并且考虑到多阶段抽样的设计效应（Design effect)、无应答率（包括住址中不符合调查资格的人，采访期间地址中无人在家，拒访，以及身体语言障碍）等因素，计划在全国范围内共抽取13000个住宅单位，完成8488个有效样本，有效回答率不低于65%，且在各地区的完成数量尽量保持均衡。

实际共抽取了13358个符合调查资格的住宅单位，完成了8755个有效样本，有效回答率为65.5%。

2.8 初级抽样单位完成样本数量

表2.2 **初级抽样单位完成样本数量**

国标码	区县名称	实抽地址数	符合资格数	完成数	完成率
110108	北京市海淀区	240	236	114	48.3%
110114	北京市昌平区	224	214	114	53.3%
120110	天津市东丽区	176	173	114	65.9%
120221	天津市宁河县	176	170	114	67.1%
130427	河北省邯郸市磁县	176	168	114	67.9%
130635	河北省保定市蠡县	176	176	114	64.8%
130903	河北省沧州市运河区	220	202	114	56.4%
140203	山西省大同市矿区	176	172	114	66.3%
140921	山西省忻州市定襄县	176	163	114	69.9%
150523	内蒙古通辽市开鲁县	176	162	114	70.4%
150802	内蒙古巴彦淖尔市临河区	176	164	114	69.5%
152222	内蒙古科尔沁右翼中旗	176	164	114	69.5%
210114	辽宁省沈阳市于洪区	176	174	114	65.5%
210782	辽宁省锦州北镇市	176	164	114	69.5%

续表

国标码	区县名称	实抽地址数	符合资格数	完成数	完成率
220282	吉林省吉林市桦甸市	176	158	114	72.2%
230182	黑龙江省哈尔滨双城市	176	159	114	71.7%
310110	上海市杨浦区	240	235	114	48.5%
320111	江苏省南京市浦口区	176	170	114	67.1%
320706	江苏省连云港市海州区	176	171	114	66.7%
320803	江苏省淮安市淮安区	176	167	114	68.3%
321324	江苏省宿迁市泗洪县	176	167	114	68.3%
330411	浙江省嘉兴市秀洲区	176	176	114	64.8%
330781	浙江省金华市兰溪市	176	167	114	68.3%
340104	安徽省合肥市蜀山区	181	178	114	64.0%
340124	安徽省合肥市庐江县	176	171	114	66.7%
341323	安徽省宿州市灵璧县	176	167	114	68.3%
341721	安徽省池州市东至县	176	171	114	66.7%
350121	福建省福州市闽侯县	176	166	114	68.7%
350203	福建省厦门市思明区	176	170	114	67.1%
350524	福建省泉州市安溪县	176	172	114	66.3%
361002	江西省抚州市临川区	176	165	114	69.1%
370102	山东省济南市历下区	176	175	114	65.1%
370481	山东省枣庄市滕州市	176	161	114	70.8%
370612	山东省烟台市牟平区	176	163	114	69.9%
370724	山东省潍坊市临朐县	176	166	114	68.7%
370921	山东省泰安市宁阳县	176	162	114	70.4%
371122	山东省日照市莒县	176	165	114	69.1%
371323	山东省临沂市沂水县	176	164	114	69.5%
410104	河南省郑州市管城回族区	176	171	114	66.7%
410328	河南省洛阳市洛宁县	176	165	114	69.1%
410882	河南省焦作市沁阳市	176	170	114	67.1%
411322	河南省南阳市方城县	176	162	114	70.4%
411324	河南省南阳市镇平县	176	163	114	69.9%
411527	河南省信阳市淮滨县	176	170	114	67.1%
411729	河南省驻马店市新蔡县	176	161	114	70.8%
419001	河南省济源市	176	157	114	72.6%
420281	湖北省黄石市大冶市	176	157	113	72.0%

续表

国标码	区县名称	实抽地址数	符合资格数	完成数	完成率
421202	湖北省咸宁市咸安区	176	172	114	66.3%
430521	湖南省邵阳市邵东县	176	173	114	65.9%
431128	湖南省永州市新田县	176	167	114	68.3%
440117	广东省广州市从化区	176	163	114	69.9%
440282	广东省韶关市南雄市	176	152	114	75.0%
440305	广东省深圳市南山区	176	176	114	64.8%
441224	广东省肇庆市怀集县	176	172	114	66.3%
442000	广东省中山市	176	154	114	74.0%
450102	广西南宁市兴宁区	176	174	114	65.5%
450226	广西柳州市三江侗族自治县	176	176	114	64.8%
450421	广西梧州市苍梧县	176	173	114	65.9%
460107	海南省海口市琼山区	176	171	114	66.7%
500101	重庆市万州区	175	175	114	65.1%
500223	重庆市潼南县	176	171	114	66.7%
500234	重庆市开县	236	228	114	50.0%
510504	四川省泸州市龙马潭区	221	214	134	62.6%
510903	四川省遂宁市船山区	233	225	136	60.4%
512021	四川省资阳市安岳县	206	203	117	57.6%
520526	贵州省毕节市威宁彝族回族苗族自治县	176	170	117	68.8%
522327	贵州省黔西南册亨县	218	218	136	62.4%
530125	云南省昆明市宜良县	208	203	116	57.1%
532301	云南省楚雄市	176	175	117	66.9%
610202	陕西省铜川市王益区	176	170	114	67.1%
610528	陕西省渭南市富平县	176	153	114	74.5%
610724	陕西省汉中市西乡县	225	214	126	58.9%
610928	陕西省安康市旬阳县	240	222	116	52.3%
621122	甘肃省定西市陇西县	201	195	117	60.0%
630103	青海省西宁市城中区	176	171	114	66.7%
640323	宁夏吴忠市盐池县	176	164	114	69.5%
合计		14004	13358	8755	65.5%

3. 调查访问及质控报告

3.1 督导员培训

本次项目的督导员全部为北京大学中国国情研究中心的工作人员，由北京大学中国国情研究中心统一安排培训。

督导员培训内容如下：

- 项目背景；
- 基本的采访技巧；
- 此次项目的具体要求；
- GPS 使用方法和具体地点的抽样培训；
- 地址抽样和受访人抽样方法；
- 问卷每一题目内容的概述和逐题讲解；
- 当堂练习；
- 项目执行程序；
- 质量核查程序；
- 督导员行为规范和工作安全。

3.2 采访员培训

这次项目的采访员全部为目标省市在校的大学生。采访员总数为 136 人。按照采访员手册的要求，由项目督导员对采访员进行了培训。

由于每位督导出发时间不统一，培训时间不统一，但是要求每位督导员都对采访员进行了为期两天的系统培训。

采访员培训的主要内容包括：

- 项目背景；
- 基本的采访技巧；
- 此次项目的具体要求；
- 受访人抽样方法；
- 问卷每一题目内容的概述和逐题讲解；
- 当堂练习；
- 入户采访程序及规范；
- 质量核查程序；
- 采访员行为规范和工作安全。

3.3 正式实施

3.3.1 执行团队

调查执行第一负责人：严洁

抽样设计：严洁

调查执行主管：柴晶晶，梁宇，王兰

调查执行督导员：20 名中心的工作人员

采访员：136 名大学、大专学生

质量核查员：执行主管、全体督导员以及专门聘用的核查员

3.3.2 实施过程

为保证调查质量，采取督导员带领采访员进行社区（村）的访问组织模式，每个小组 1 名督导员，3—5 名采访员。

调查自 2017 年 8 月 2 日开始，至 2017 年 10 月 30 日结束，历时 90 天。

督导员每日工作职责：

- 安排采访进度，保证采访质量。
- 负责带领采访员进入实地的村居和社区进行访问，收取问卷，核对当日完成问卷数量，并记录到问卷收发一览表上，如有差错，问明原因，及时处理。
- 审阅问卷，每天必须检查当日完成问卷，及时发现问题，避免再次发生。督导员需在检查后合格的问卷封面上签字。受访人的姓名要写到问卷背面，详细地址必须写在问卷的封面上。采访结束后，要求采访员在二十四小时内将采访记录表及完成问卷交给督导员。
- 记录采访过程。督导员必须在采访进度表上对每个问卷的采访进程进行登记，认真填写工作日记及日采访总结表，并负责整理全部问卷。表格抄录要求字迹清晰、整洁、无差错，包括采访进度表、完成问卷统计表，问卷收发一览表的填写。
- 每天向中心汇报工作进展情况，出现新问题立刻向中心请示后再行动。

3.4 问卷核查

采访完成后，采访员当场对问卷记录情况加以核查，核查完毕后，签名上交督导员。

督导员现场监督采访员的入户访问工作，并核查所有完成问卷。保证问卷按质按量完成，确保做到真实（访问抽中的受访人，不得替换受访人）、准确（准确记录受访人的答案）、详尽（每个问题都要询问，不得漏问）。

督导现场核查内容包括：

- 采访员是否按照督导的指定地址入户采访。
- 采访员是否严格按照 KISH 表进行抽样。
- 采访员是否采访抽到的受访人。
- 检查是否有漏答的题目。
- 是否误答了不应答的题目。
- 是否合理的采访用时。
- 多选题的选项分布是否有异常。
- 是否有意义不清，不合问卷规范的答案；答案是否在逻辑上相悖。

督导员每天检查当日完成问卷，及时发现问题，避免再次发生。督导员需在检查后合格的问卷封面上签字。

除此之外，办公室的核查员在完成问卷中随机抽取 15% 的样本进行电话核查。

3.5 未完成问卷原因分布

表 3.1 未完成问卷原因分布

		频率	百分比	有效百分比
有效	1 采访完成	8755	62.5%	65.5%
	2 受访地址拒访	1779	12.7%	13.3%
	3 受访人拒访	774	5.5%	5.8%
	4 多次未见受访人	484	3.5%	3.6%
	5 受访人身体语言障碍	117	0.8%	0.9%
	6 该地址中一直无人	1449	10.3%	10.8%
	合计	13358	95.4%	100.0%
缺失	7 无人居住的空房	171	1.2%	
	8 地址中无符合调查资格人员	475	3.4%	
	合计	646	4.6%	
合计		14004	100.0%	

3.6 实施经验总结

项目遇到的困难主要来自以下三个方面：

（1）小区集体拒访的情况比以往都严重。各城市封闭小区和高档小区不断增多，被抽到的比例增加。这些小区的物业管理要求非小区住户必须登记才能进入。物业考虑入户调查这种形式可能会打扰住户，如果有不愿配合采访员的住户投诉物业管理不严，会给公司带来不良影响，他们基于这些担心而拒绝采访员进入小区。

还有一些楼房虽然是普通居民楼或者物业不限制进出，但是每个单元都装有电子防盗门。采访员和住户只能通过电子门铃通话机说明项目争取住户配合。没有了面对面的交流，采访员的亲和力就会大大下降，也导致住户对陌生采访员的信任程度降低，地址拒访和受访人拒访的程度变得严重。采访员只有在争取到单元中一个受访者的配合之后，才能进入这个单元尝试其他住户。由于高档社区的增加和电子防盗门的普及，给采访员的工作增大了难度。

（2）执行期间遇到广东强台风，采访员被困，当地居民情绪也受到影响，给执行增加了不少难度；陕西的一个样本点遇到洪水灾害，后来经项目负责人同意重新抽取一个同质调查点。

（3）执行时间较短，8 月份才允许调查启动，并且 9 月份学生开学，开学初期请假困难，采访员流失较为严重，招聘采访员难度较大。后期补充社会采访员，访问期拉长。

4. 数据库的建立

4.1 数据录入

数据输入工作是由中心经验丰富的专业人员，运用 EPIData 录入软件来完成的。专门的录入软件可以最大限度地避免野码的发生。另外，为保证数据录入的准确性，使用双录入的方式。数据录入工作自 2017 年 8 月 4 日开始，10 月 27 日结束。

4.2 有效样本复核

由专职研究助理负责对已经录入的完成和未完成的问卷进行复核，复核内容包括：是否按照规则正确抽取了受访人，是否访问了非受访人。利用统计软件，对样本的有效性进行复核之后，剔除了所有抽样和访问错误的问卷（合计 15 份），然后将有效问卷交由数据清理组进行数据清理。该项工作自 2017 年 10 月 30 日开始，11 月 5 日结束。

4.3 数据清理

由专职研究助理负责清理工作。数据清理工作分为三个步骤：第一，根据双录入的结果清理明显的录入不一致的错误。第二，识别野码和进行逻辑检测。第三，在改正完所有错误后，对整套数据资料的变量再进行不同人员的双次逻辑检测。这一方法保证了建立在数据资料采集上的分析的精确性。该项工作自 2017 年 10 月 18 日开始，11 月 20 日结束。

4.4 数据库建立

问卷数据库清理完毕，同时开始进一步构建数据库，包括变量标签、变量值标签、缺失值定义，并且输入了各种抽样辅助信息，如分层，PSU 等。最后形成了完整的数据库、单变量频数手册、数据清理报告和使用说明。该项工作自 2017 年 11 月 3 日开始，11 月 20 日结束。

4.5 加权

调查抽样设计阶段向项目组成员以及抽样专家征询对数据进行加权的意见，形成加权的统一意见，并获得清理干净的数据库之后立即根据该意见开始数据库加权工作。该项工作自 2017 年 11 月 15 日开始，11 月 23 日结束。

数据库中提供了两种权重变量，一是基础权重；二是事后分层权重。

4.5.1 基础权重（设计权重）

基础权重，即每个受访人的入选概率的倒数（包含了无回答权重），变量名称为 wt_ base。其计算过程如下：

第一步，以半分格（SSU）为单位，统计每个半分格内的实抽有效地址、有效完成地址。

第二步，根据以下计算公式得出每个地址的入选概率：

$$f_{address} = \frac{a_h Mos_{h\alpha}}{\frac{1}{c} \cdot \sum_{\alpha=1}^{\alpha_h} Mos_{h\alpha}} \cdot \frac{d_{h\alpha} Mos_{h\alpha\beta}}{Mos_{h\alpha}} \cdot \frac{b_h^*}{Mos_{h\alpha\beta}}$$

其中：h 为表示层；a_h 为每个层内抽取的 PSU 的数量；

$d_{h\alpha}$ 表示每个 PSU 内要抽取的 SSU 的数量，即，半分格的数量；

Mos_{ha} 为 PSU 的规模度量，即 2010 年末常住人口；

$Mos_{h\alpha\beta}$ 为 SSU 的规模度量，即半分格内有人居住的地址数；

b_h^* 为在抽中 SSU 内，实抽有效地址数；

c 为平均户规模，由于本项目先抽取有人居住的家庭户地址，而且 b_h^* 表示地址数，而 $\sum_{\alpha=1}^{\alpha_h} Mos_{ha}$ 表示的是各层的人口数，因此需要用各层的人口数除以平均住户规模换算成地址数，从而计算出地址的入选概率。

第三步，根据每个地址内的符合调查资格的人数，计算每个人的入选概率：

$$f = f_{address} \cdot \frac{1}{q2}$$

其中，$q2$ 为数据库中的变量，表示每个地址内符合调查资格的人数。

第四步，计算每个人的权重：

$$wt = \frac{1}{f}$$

第五步，计算无回答权重：

$$wt\_\ respo = \frac{实抽有效样本数}{有效回答样本数}$$

最后，计算基础权重：

$wt\_\ base = wt \cdot wt\_\ respo$

数据库中将保留计算基础权重的过程变量：*wt*，*wt_ respo*。如果计划用加权的方式处理无回答，那么可以直接使用 wt_ base 这个权重变量，如果使用其他办法处理无回答，那么可以在 wt 的基础上再进行其他调整。

复杂抽样设计在 Stata 软件中的执行命令为：

```
svyset psu [pweight = wt_ base], strata (strata_ n) vce (linearized)
svy : mean age
svy : proportionb5
estat effects
svy : reg Y X1 i. X2
```

4. 5. 2 事后分层权重

事后分层所依据的数据是 2010 年全国人口普查的数据，以 5 岁年龄组和性别为基础进行分层，多数类别的权重范围控制在［0. 8，1. 2］。

数据库中，事后分层权重变量的名称为 ps_ wt_ n。对于事后分层，研究者还可以尝试其他方法。

表 4. 1　　　　**全国样本事后分层权重**

事后分层	事后分层权重
1. 18—24 岁，女性	1. 6147
2. 25—29 岁，女性	0. 9102
3. 30—34 岁，女性	0. 9591
4. 35—39 岁，女性	1. 2189
5. 40—44 岁，女性	1. 1659
6. 45—49 岁，女性	0. 9150
7. 50—54 岁，女性	0. 5944
8. 55—59 岁，女性	0. 8319
9. 60—65 岁，女性	0. 4356
10. 18—24 岁，男性	1. 7608
11. 25—29 岁，男性	1. 2068

续表

事后分层	事后分层权重
12. 30—34 岁，男性	1. 1908
13. 35—39 岁，男性	1. 5188
14. 40—44 岁，男性	1. 6488
15. 45—49 岁，男性	1. 0048
16. 50—54 岁，男性	0. 8403
17. 55—59 岁，男性	0. 8669
18. 60—65 岁，男性	0. 4200

5. 递交的产品

（1）数据库（含抽样信息，变量和变量值标签），SPSS 版，STATA 版

（2）单变量频数分布手册

（3）抽样和调查实施报告

（4）数据使用说明

（5）采访员手册（PDF，Word 电子版）

（6）问卷定稿（PDF 电子版）

以上文件均为中文版。

第三章　调查手册与受访者答案卡

2017 年中国（暨江苏）伦理道德发展状况调查采访员手册

这份手册是督导员和采访员进行调查工作的指导性文件，务必认真学习和熟悉本手册，在采访中若有必要应随时参阅本手册。

第一部分　采访员规范

一、采访员的一般道德规范

采访员一定要遵守职业道德规范。采访员作为整个项目的一个有机部分，负担着实地抽样和调查的双重任务，采访员工作质量的高低决定着整个项目的成败。没有准确、真实的数据，没有科学分析的基础，就没有科学的结论。采访员要随时想到项目其他阶段的工作人员的辛苦，要尊重他人的劳动。为此采访员绝对不能做假卷。假卷（包括随意更改受访人和自填问卷两种情况）。

采访员还要遵守学术伦理道德规范。我们的调查是在受访人的大力协助下完成的，受访人为了科学研究的目的回答了一些个人的隐私问题来接受我们的访问。我们一定要像在前言中承诺的那样，坚决为受访人保密，要尊重受访人的隐私，这是个非常严肃的学术伦理问题。再者，我们的调查是一种科学的定量调查，我们关心的是每一个案例的调查结果，并不关心这个案例具体是谁。

二、采访员的一般行为规范

1. 采访员：采访员着装应庄重、整洁；在采访过程中应举止自然、大方；态度要亲切、谦和；语言需和蔼、中立。要有而且要表现出自信和耐心。要记住，我们是在从事一项严肃的科学研究，而不是在刺探地方上的机密或窥探他人的隐私。采访员在这一点上保有自信和让受访人充分理解这一点是同等重要的。在与受访人接触时，采访员应首先明确介绍自己的姓名、身份和意图，如受访人要求，可向其出示身份证明，对拒绝采访的受访人要耐心而坚决地说服其接受采访。事实上，如果一名采访员受拒，我们还会派别的采访员去努力。

2. 态度中立：采访过程中，采访员不应对任何问题表示自己的倾向性，不能诱导受访人。应告诉对方，我们需要的不是正确答案，而是他的真实想法和真实情况。提问要忠实于问卷，不得改动。注意不该读出的部分。

3. 争取受访人合作：采访员从敲门开始，就应注意与受访人建立良好关系，取得信任。举止要稳重，态度要自信、诚恳，并有耐心。能够进门、坐下，是采访成功的关键。既要以理说服，又要以情感化。事实证明，大多数受访人都愿意接受采访，实际拒访率是很低的。如果受访人有抵触情绪，则可采用迂回战术，先聊点家常，再逐渐进入正题采访。采访应尽可能单独进行，其他人（包括受访人家属）最好不在场，以免影响受访人回答问题的真实性。这一点应当客气、礼貌而又明确地告知其他人。“面访”的意思是面对面，而非肩并肩，就是说，应避免受访人看问卷和采访员的记录，以免干扰受访人的思路，或者产生误解。

4. 提问：准确无误地按照问卷上所写的问题提问。一般不要主动向受访人解释或说明某一问题。如在你将某一问题诵读一遍之后，受访人提出或表现出他不理解这一问题，那么最好的办法是说：“也许我没有把这个问题说清楚。”然后将该问题照本重读一遍。对于受访人提出诸如“你的意思是这个或是那个”一类的问题，标准的回答应是“请以您自己对这个问题的理解为准”或“您觉得这个问题的意思是什么就是什么”。问卷中加黑的楷体字是给采访员的指示或说明，不要向受访人读出。

5. 顺序：请按问卷原文的顺序依次提问。请注意问卷上标明的跳问处。当受访人的情况与跳问条件相符时，依问卷上给出的指示跳至下面恰当的问题继续提问。

6. 记录：凡给出选择答案的问题，在问卷上恰当处记“×”。“×”应大而显明。需要填写数字时，一律用阿拉伯数字。注意，任何一个问题都不能没有记录！如果遇到特殊情况，要在空白处加注。加注时要分清受访人的话和采访员的注释。凡是受访人说的话，照实记录下来；凡是采访员的说明，前面加上“注:”。如果受访人对某一个问题的回答是“不知道”，而问卷上此处又未给出相应的一栏时，就请在空白处写下“不知道”；如果受访人没有回答，则写下“注：没有回答”。总之，再强调一遍，不能空过任何一个问题，所有的问题都必须有交代。

7. 开放型问题：这种非限制性问题使受访人可以用自己的语言说明他的意见或陈述某一事实。请尽可能忠实、完全地记录。如空格不够，可利用页边的空白，当然，也要尽可能引导受访人针对问题回答，避免那些不着边际的冗谈。注意，要记录受访人的原话，不要自行将受访人所说的归纳成某种习惯的句子或规范的提法，更不要凭主观臆断记录下受访人实际没有说出的意思。如果在记录中使用了任何速记符号，务请在采访结束后立即整理出来。字迹务求清楚，过于潦草处，亦应在采访后进行整理。

8. 追问：问卷中有若干问题明确要求进行追问。然而，除此之外在许多地方仍需采访员灵活掌握，主动追问。有几种主要的情形应使用追问。第一，对受访人的回答不甚了了，可以自然地追问“您的意思是……?”或请受访人解释一下；第二，有的回答也许过于空泛或模糊，也需追问一下；第三，当受访人显然没有给出完整答案时，用“还有吗?”或“还有别的吗?”引导受访人说出更多情况或意见，不可逼迫受访人，但必须给他机会来回答完全。

9. 中断：如果采访因受访人本人或外界干扰而暂时中断，需及时记录中断的起止时间。如果采访被彻底中断，务须要求受访人另约一个明确的时间、地点，以使采访得以完成。

10. 结束：结束采访前，应回顾一下在采访过程中是否遗漏了什么问题，跳问是否恰当，以及有无受访人应允“等会再谈”或“想起来再说”一类的问题。如有，务须回过头去将他们补齐或改好。直至确认整个问卷均已完成后，方可向受访人致谢，结束采访。

11. 整理问卷：每一采访结束后，须抓紧时间将问卷仔细、认真地整理一遍并计算出采访时间。首先要填写末尾的采访记录和封面的表格。其次要逐一检查所有的问题。任何一个问题都应有清楚、明确的交代。要核对一头一尾两部分关于个人背景的问题是否有不一致之处，如年份、经历等。要补齐所有用速记符号替代的文字。要将字迹潦草处改写清楚。要把不合规范的记录改正过来。最后，要确认问卷中任一可能发生歧义的答案都有相对充分的理由，并已经利用采访员注明的方式给出了说明。

12. 汇报：每日采访结束后，采访员应在交回问卷的同时，向督导员汇报自己的采访情况：报告一天采访任务的完成情况；分别就完成或未完成的各份问卷做出必要的说明；回答督导员提出的问题。

第二部分　问卷说明

一、封面、封二及前言说明

1. 问卷封面

问卷封面用以记录与采访相关的一些信息，以备后期处理和监督采访过程之用。采访员无权更改问卷上方的编号。

封面中上方的表格是为记录采访地点、采访日期、采访用时等信息而准备的。采访地点务必填写完备。因为我们是一次全国抽样调查，如果这些信息不全，很难进行后期处理。采访日期记录的是采访完成的日期，采访未完成及另约时间的信息则填写在封面中下方的表格中。

封面中下方的表格是为记录采访进程及未完成原因等信息而准备的。我们要求采访员做到：只有当三次寻找受访人，仍不能完成采访任务时，才能由督导决定是否放弃该受访人。不要轻易接受受访人的拒访，要耐心细致地做工作，争取得到受访人的支持与配合，达到完成采访的目的。

对于未采访到的受访人，首先要了解受访人未在家的原因，以及如何才能采访到受访人。必要时，应将这些信息记录在备注一栏中。要尽量约好第二次采访的时间。在寻找或约定受访人时所发生的任何特殊情况，均应记录在备注栏中。

2. 问卷封二

问卷封二是入户后使用的 KISH 抽样表及前言，每一问卷有一专用的抽样表，共有 12 种不同的抽样表。请严格地按照规定的方法和程序，在每个地址中抽选符合要求的受访人。为了保证抽样的科学性，采访员绝不能更换受访人。

本项目规定受访人的条件是在抽样地址居住 30 天以上的 18—65 岁的中国公民（港澳台等非大陆居民除外）。注意区分“虚岁”和“周岁”，应算“周岁”。

根据 KISH 表抽选受访人的方法分为三步，第一步是登记地址中的所有成员，第二步是排序，第三步是抽选。在第一步进行登记时，若地址成员过多，应当按照规则给所有人排序，登记前 10 个人，再进行抽选。具体操作办法请参见封二的表格和说明。采访员在入户采访之前，要在主管人员的指导下，利用各种类型的模拟案例，反复练习，务求熟练，正确地掌握这种方法。

Q1—Q4 的问题均需询问并记录。如果该地址中没有户口不在本地址或本乡镇/街道的人，Q3 或 Q4 要记录“0”。

特别注意：在江苏省，已经完成成人问卷的家庭中，如果有 6—17 岁的青少年在场，请访问一份青少年问卷。

青少年问卷左上方的左侧的问卷编码必须和成人问卷编码保持一致。

3. 前言

照本宣读。强调保密、声明自愿和征得同意三个原则。如受访人对文中字句有疑问，请简略解释。可主动解释一下何谓“不熟悉的提问方式”，诸如四项限定的选择，0—10 的量表等（此时不妨向受访人大略展示一下答案卡，注意在整个采访过程中应避免受访人观看问卷），目的是使受访人在采访之初便对这些“不熟悉”的东西有思想准备。不过，所有这些务求简单明了，不占用过多的时间。如受访人询问“为什么选中我来采访”之类的问题，请回答“是按科学方法选中的”。如受访人仍不满意，可将责任推给项目设计人，然后尽快进入采访而不再做进一步的解释。一定要用非常肯定的口吻说明采访内容将不会与受访人的姓名联系起来，以消除受访人的疑虑。

二、问题说明

以下是对问卷中所有问题逐个的解释和说明。在采访过程中，如受访人对某一问题质疑，采访员可参阅本问题说明做出回答。注意，向受访人做出的任何解释和说明都不应超出这里所提供的范围。采访员处理受访人疑问的最好办法是重复诵读该问题，要求受访人就其一般意义给出答案；最后的办法是将引起受访人疑问的责任推至项目设计人头上，以示自己实际与受访人是一致的，然后仍然要求受访人就其一般的理解回答这一问题。

省、区县、半分格、受访人编码								问卷版本	
								A	

采访员注意：对应问卷封面左上角的编号，务必再次填写问卷编号，否则问卷作废。

务必填写开始时间：（24 小时制）________点________分	A. 个人基本信息

请采访员首先记录受访对象的性别：　1. 男性　　0. 女性

采访员注意：请采访员记录下采访开始时间和受访人的性别。记录时间一律用 24 小时制

A1. 请问您是哪年出生的？________年

采访员注意：务必提问 A1，用抽样表中换算的出生年份通常不具体，会对数据造成偏差。记不清出生年份的，请根据属相和年纪进行换算。

这里还要和抽样表中的入选者进行年龄比对，如果是这里正确，抽样表登记错误，请更正。如果抽样表的登记错误导致入选者发生改变，则重新进行户内抽样，找到入选者进行访问。

A2. 您在本市生活了多少年？________年________月　　99 一直

A2a. 您在现在这个住址上住多长时间了？

a）________年　　99 一直

b）（若受访人在这个住址住了不到一年，则询问）________月

采访员注意：如果受访人说三四年，请追问三年多少个月。受访人说两个月二十天，则按四舍五入原则将“天”进位到“月”记为三个月。

A3. 您是在农村，小城镇，还是城市长大的？

[1] 农村　[2] 小城镇　[3] 城市　[8] 不知道

A4. 您上过多少年学？________年

A4a. 您的最高学历是什么

[1] 小学以下　[2] 小学　[3] 初中　[4] 高中　[5] 职高/中专

[6] 大专　[7] 大学　[8] 硕士　[9] 博士　[99] 拒绝回答

> 采访员注意：上学时间从小学一年级开始计算，请受访人计算自己的总上学年限，采访员填写整数。学历是指接受教育的程度，完成学制要求者即算，例如，受访人正在上高中，最高学历就算作高中，其他依次类推。

A5. 您现在的户口属于下列哪一种

[1] 本市农业户口　[2] 本市非农户口

[3] 外地农业户口→（进行到 A7）　[4] 外地非农户口→（进行到 A7）

> 采访员注意：如果受访人说本地已经取消了户口，那么请在空白处记录，并继续询问 A6。

A6. 您的户口本上是现在住的地址吗？ [1] 是→（进行到 A8）　[5] 否

A7.【出示答案卡】您的户口所在地和现在的住址相比较，符合下列哪一种情况

[1] 与现住址不同省/自治区/直辖市

[2] 与现住址同省/自治区/直辖市，不同地级市

[3] 与现住址同省/自治区/直辖市，同地级市，不同市辖区/县

[4] 与现住址同省/自治区/直辖市，同地级市，同市辖区/县，不同乡镇/街道

[5] 与现住址同街道/乡镇　[8] 不知道

A8. 您的民族是

[1] 汉族　[2] 蒙古族　[3] 满族　[4] 回族　[5] 藏族

6 壮族　7 维吾尔族　77 其他（请注明________________）

A9. 您有宗教信仰吗？ 1 有　5 没有→（进行到 A10）

A9a. 您信仰什么宗教

1 佛教　2 道教　3 伊斯兰教/回教　4 民间信仰

5 天主教　6 基督教　7 其他（请注明____）　9 拒绝回答

采访员注意：A9 没有宗教信仰就跳答下一题。注意区分天主教和基督教，这里的基督教指的是新教，天主教是以罗马教皇为教主的，基督新教包括很多教派，统称为新教。

A10. 您目前的具体职业是【出示答案卡，如已退休，请填写退休前最后一份工作的情况】

1 办事人员（如办公室普通职员、业务人员等）

2 服务人员（如营业员、保安、收银员等）

3 做小生意（如卖菜、开小餐馆等）　4 流动小贩

5 体力工人（勤杂工、搬运工等）

6 技术工人/维修人员/手工艺人

7 企业领导/公司老板　8 企业中层管理人员

9 教师、医生、科研/技术/工程人员　10 事业单位领导

11 文化、艺术、体育从业人员　12 普通公务员

13 机关干部（科级及以上）　14 军人/警察

15 农民/牧民　16 无业/失业/下岗

17 从未工作过

采访员注意：请尽量根据受访人的回答选出职业编码，实在无法归类的，请在空白处记录。如果受访人回答是私企老板，那么请询问是不是 8 人以上的企业，如果是，属于“公司老板”，如果低于 8 人，属于“做小生意”；如果回答“律师”“编辑”，都属于“9”专业技术人员这一类。如果回答会计，党政机关编制的会计是普通公务员，事业单位的会计与教师一样是专业技术人员，事业单位的行政人员属于办事人员。

B. 总体认知与判断

B1. 过去一年，您对以下媒体的使用情况是【出示答案卡，逐项提问】

	从不	很少	有时	经常	非常频繁	不知道
a. 纸质报纸	1	2	3	4	5	8
b. 纸质杂志	1	2	3	4	5	8
c. 广播	1	2	3	4	5	8
d. 电视	1	2	3	4	5	8
e. 各种政府网站	1	2	3	4	5	8
f. 社交媒体（微博、微信、博客、播客等）	1	2	3	4	5	8
g. 新媒体（如数字报纸、数字杂志、移动电视等）	1	2	3	4	5	8

采访员注意：B1 请耐心地逐条提问，如有必要，可解释社交媒体、新媒体的含义，即括号中内容。

B2. 跟五年前相比，您觉得自己的社会经济地位有什么变化

1 上升了　2 差不多　3 下降了　8 不好说/说不清

B3. 您感觉在未来的五年中，您的生活水平将会有什么变化

1 上升很多　2 略有上升　3 没有变化

4 略有下降　5 下降很多　8 不好说/说不清

采访员注意：B2 和 B3 都是凭受访人的理解和感觉回答，无须太精确。

B4. 总的来说，您觉得目前的生活幸福吗

1 非常不幸福　2 不太幸福　3 谈不上幸福不幸福

4 比较幸福　5 非常幸福

B5. 您对自己目前的生活状态满意吗

1 非常满意　2 比较满意　3 不太满意

4 非常不满意　8 不知道

采访员注意：B4—B5 主要是问受访人的主观感觉。

B6. 社会上发生的一些事情，您一般是从什么渠道最先知道【出示答案卡，限选两项】

1 电视　2 报纸　3 电台广播
4 微博/微信等网络社交媒介　5 网络
6 和朋友/亲戚同事交谈　7 单位传达
77 其他（请注明＿＿＿＿＿＿＿＿＿）

采访员注意：B6 要强调“最先”知道。

B7. 与传统的报纸/电视相比，从网络中获得的信息（文字、图片、视频等）对您的思想行为有多大程度的影响

1 影响很大　2 有一些影响　3 影响很小
4 完全没有影响　5 不适用，因为不上网　8 不知道

采访员注意：B7 只有对那些从不上网的受访人，才选择 5。

B8. 我们国家和每个人对未来都有美好的梦想，您认为中国梦和您个人、家庭追求美好生活有多大程度的关系

1 关系很大　2 关系不大
3 根本没有关系　4 不清楚什么是中国梦

B9. 您对当前中国社会道德状况的总体满意度是

1 非常满意　2 比较满意　3 不太满意
4 非常不满意　8 不知道

B10. 您对当前中国社会人与人之间的关系的总体满意度是

1 非常满意　2 比较满意　3 不太满意
4 非常不满意　8 不知道

B11. 您对自己的道德状况的满意度是

1 非常满意　2 比较满意　3 不太满意

4 非常不满意　　8 不知道

B12. 您觉得今后中国社会的道德状况会变成什么样

1 越来越差　　2 不变　　3 越来越好　　8 不知道

采访员注意：B9—B12，就是问受访人自己的主观判断和感觉。

B13. 您认为中国目前人与人之间的关系受什么影响【出示答案卡，限选两项】

1 利益　　2 情感　　3 国家倡导的主流价值观

4 中国传统价值观　　5 西方价值观　　8 不知道

采访员注意：B13 对主流价值观、中国传统价值观和西方价值观不用过多解释，全凭受访人自己的理解，如不得已，可做简单解释，如中国主流价值观就是社会主义价值观，即集体主义，中国传统价值观就是老祖宗传下来的东西，西方价值观就是平等，自由等。

B14. 对中国社会，您最担忧的问题是【出示答案卡，限选两项】

1 腐败不能根治　　2 生态环境恶化

3 分配不公，两极分化　　4 老无所养，未来没有把握

5 生活水平下降　　6 道德滑坡，社会风气恶化

7 人际关系紧张　　77 其他（请注明__________________）

采访员注意：B14 凭受访人的认知和感受填答即可。如果受访人回答没有担忧的，那么请追问一次，即，让受访人在卡片中的选项中选择相对最担忧的两项。如果受访人还是回答没有担忧的，那么，请在“其他”处记录。

B15. 对伦理关系和道德生活，您最向往的是【出示答案卡，限选一项】

1 传统社会的伦理和道德（如仁、义、礼、智、信）

2 战争年代为理想而献身的革命精神（如革命烈士无私献身精神）

3 新中国成立后到“文化大革命”前的大公无私的集体主义精神

4 追求个人利益的市场经济下的道德

5 西方道德（如个人主义，实用主义，功利主义）

77 其他（请注明__________________）

采访员注意：如果受访人回答没有向往的，那么请追问一次，即，让受访人在卡片中的选项中选择相对最向往的一项。如果受访人还是回答没有向往的，那么，请在“其他”处记录。

B16. 您认为当前中国社会道德生活中最重要的内容是什么【出示答案卡，填写选项代码】

A. 最重要 | ____ |　　B. 第二重要 | ____ |　　C. 第三重要 | ____ |

1 意识形态中所提倡的社会主义道德　　2 中国传统道德

3 西方文化影响而形成的道德　　4 市场经济中形成的道德

7 其他（请注明__________________）

采访员注意：B16 受访人的认知和理解填答，如不得已，可将社会主义道德解释为集体主义，将中国传统道德解释为推己及人，将西方道德解释为个人权利，将市场经济中形成的道德解释为通过契约来获利。

B17. 您认为目前中国社会中伦理道德对人际关系的调节能力如何

1 良好　　2 一般　　3 很差

4 几乎没有，一切都听从利益支配　　8 不知道

B18. 您认为目前中国社会中伦理道德对个人行为的约束能力如何

1 良好　　2 一般　　3 很差

4 几乎没有，一切都听从利益支配　　8 不知道

采访员注意：B17、B18 很类似，区别在于 B17 要强调的是对“人际关系”的调节能力，而 B18 要强调的是对“个人行为”的约束力。

B19. 您认为当今中国社会最基本的伦理冲突是【出示答案卡，限选两项】

1 人与自然的冲突　　2 人与自身的冲突

3 人与人之间的冲突　　4 个人与社会的冲突

5 个人与政府的冲突　　7 其他（请注明__________________）

> 采访员注意：B19 人与自身的冲突主要是指个体的心灵问题，或者，指的是人如何克制自身欲望的问题。

B20. 在下列关系中，您认为哪些关系对您来说最重要【出示答案卡，填写选项代码】

A. 第一位：|____|　B. 第二位：|____|　C. 第三位：|____|
D. 第四位：|____|　E. 第五位：|____|

1 父母与子女　2 夫妻　3 兄弟姐妹
4 同事或同学　5 上级与下级　6 师生
7 人与自然的关系　8 个人与社会　9 个人与国家
10 个人与工作单位　11 通过网络建立的各种“群”的关系
12 朋友　13 个人与他自身的关系（身心和谐）
77 其他（请注明____________________）

> 采访员注意：B20 非常重要，请出示答案卡，耐心地请受访人排序。

B21. 您认为哪一种关系对社会秩序最具根本性意义【出示答案卡，限选一项】

1 家庭关系或血缘关系　2 个人与社会的关系
3 职业关系　4 个人与国家民族的关系
5 人与自然的关系　6 个人与他自身的关系

B22. 您认为哪一种关系对个人生活最具根本性意义【出示答案卡，限选一项】

1 家庭关系或血缘关系　2 个人与社会的关系
3 职业关系　4 个人与国家民族的关系
5 人与自然的关系　6 个人与他自身的关系

> 采访员注意：B21、B22 很类似，区别在于 B21 要强调的是对“社会秩序”最具根本性意义，而 B22 要强调的是对“个人生活”最具根本性意义。

B23. 对于个人而言，您认为家庭、社会和国家三者的重要性程度如何【填写选项代码】

A. 第一位：|____|　　B. 第二位：|____|

1 国家　　2 社会　　3 家庭

采访员注意：B23 是排序题。

B24. 请根据您的理解选择对下列陈述的评价【出示答案卡，逐项提问】

	消极影响	没有影响	积极影响	说不清
1. 信息技术、网络技术的发展对伦理道德的影响	1	2	3	8
2. 市场经济对中国伦理道德的影响	1	2	3	8
3. 西方文化对中国伦理道德的影响	1	2	3	8

采访员注意：B24 不用过多解释，请受访人按照自己的理解回答，特殊情况请加注说明。

B25. 如果国外报道与国家主流媒体的宣传内容不一致，您倾向于相信

1 主流媒体　　2 国外报道

3 谁都不相信，自己判断　　8 说不清

B26. 如果朋友圈的消息与国家主流媒体的报道不一致，您会相信哪一个

1 主流媒体　　2 朋友圈/亲戚圈

3 都不相信，自己比较判断　　7 其他（请注明________________）

采访员注意：B25、B26 很类似，其比较的对象都是“国家主流媒体”，B25 是与国外报道比，而 B26 是与朋友圈比，这个朋友圈既传统意义上的，包括现实生活世界的朋友圈，也包括微信等朋友圈。

C. 个体道德

C1. 您认为当前中国社会个人道德素质的主要问题是【读出选项，限选一项】

1 道德上无知　　2 有道德知识，但不见诸行动

3 既道德上无知，也不见道德行动　　7 其他（请注明____________）

采访员注意：C1 所谓有道德知识，是指受访人对于道德有没有明确的自觉，不知道自己正在实施的行为是否道德，而不是靠直觉与本能。

C2. 您根据什么来判断某种行为是否符合伦理或道德【出示答案卡，限选三项】

1 传统道德观念　　2 风俗习惯

3 大多数人认同的道德规范　　4 当事人共同利益和意志

5 自己的良心　　6 自己的利益

7 意识形态的要求　　77 其他（请注明________）

> 采访员注意：C2 伦理或道德，作泛化的理解，不作明确的区分，就受访人自己日常中所理解伦理道德而言。

C3. 请结合自己的情况进行选择。理解题意之后，请不要思考过多，根据第一判断选择即可【出示答案卡，逐项提问】

	完全不符合	有点符合	一般	比较符合	完全符合	不知道
1. 我会经常关心比我不幸的人	1	2	3	4	5	8
2. 我时常会同情他人的难处	1	2	3	4	5	8
3. 在做决定前，我会试着从每个人的立场去考虑问题	1	2	3	4	5	8
4. 当我看到有人被利用时，时常想要保护他们	1	2	3	4	5	8
5. 我有时会试图站在他人的角度，以便更好地理解我的朋友	1	2	3	4	5	8
6. 他人的不幸通常不会给我带来很大的不安	1	2	3	4	5	8
7. 在观看电视剧或电影之后，我会感觉到自己仿佛成了其中的一个角色	1	2	3	4	5	8
8. 当我对某人很不耐烦的时候，我通常会暂时站在他/她的位置上	1	2	3	4	5	8
9. 当我在读一个有趣的故事或者看一部电影的时候，会想象如果这些事情发生在自己身上，我会是怎样的感受	1	2	3	4	5	8
10. 在批评他人之前，我会尝试想象一下如果我处于那个位置会是什么感受	1	2	3	4	5	8

> 采访员注意：C3 强调第一判断，主要是下意识的反应，不要做过多思考。但也要注意让受访人看清题目，要根据不同受访人的阅读速度做出适当的判断。

C4. 您认为当今中国社会最重要和最需要的德性是【出示答案卡，填写选项

代码】

A. 第一位：|____|　B. 第二位：|____|　C. 第三位：|____|
D. 第四位：|____|　E. 第五位：|____|

1 爱（仁爱、博爱、友爱）	2 义（道义、义务）	3 宽容
4 责任	5 公正	6 诚信
7 忠恕（将心比心）	8 理智	9 节制
10 谦让	11 勇敢	12 正直
13 善良	14 孝悌	15 敬业
77 其他（请注明____________________）		

> 采访员注意：C4要严格排序。如果受访人说，最重要和最需要不一样，那么请综合二者来进行选择并排序，即不仅重要还得需要。

C5. 一个制药厂做药品销售时，出资五十万元请您向公众介绍自己服药后的良好效果，您过去服用这药时并没有效果，但也没有发现很大的副作用，您将如何决定【出示答案卡，限选一项】

1 接受邀请，心安理得

2 接受邀请，心里不安，但这笔巨款很有吸引力

2 拒绝，这是虚假广告欺骗大众

7 其他（请注明____________________）

C6. 您正在申请一个重要的职位，如果具有两次以上在敬老院做义工的经历（不需要出具证据），将可能优先获得这个职位，您将如何决定【出示答案卡，限选一项】

1 如实填报，没做过义工，今后多参加这类活动

2 填报参加过两次义工，这机会太重要了，反正不需要出具证据

3 先填报，交表之后去做两次义工

7 其他（请注明____________________）

C7. 如果您全权代表本单位与另一单位进行项目谈判，对方要求您给予一千

万元的优惠，事成之后将您正在寻找工作的女儿安排到这一单位并且获得较好职位，您将如何决定

1 拒绝，不能以公谋私

2 接受，女儿前途重要，并且我有权决定

7 其他（请注明＿＿＿＿＿＿＿＿＿＿＿＿）

C8. 现在社会上有些人不守道德反而讨了便宜，您会不会为了得到好处而效仿【出示答案卡，限选一项】

1 从来不这么做　2 通常不这么做，关键时刻会这么做

3 经常这么做　4 相信善有善报，恶有恶报，终将会受到善恶报应

7 其他（请注明＿＿＿＿＿＿＿＿＿＿＿＿）

> 采访员注意：C8 如果受访人不理解“不守道德反而讨了便宜”，可以举例：不赡养、孝敬父母还继承了父母的财产；不遵守交规规则反而节省了时间；考试作弊反而取得了好成绩等。

C9. 下列说法您是否认同【出示答案卡，逐项提问】

	1. 完全不同意　2. 不太同意 3. 比较同意　4. 完全同意　8. 不知道				
1. 目前大多数人将职业当作谋生的手段，缺乏责任感和奉献精神	1	2	3	4	8
2. 企业老板剥削员工，利益关系不公正	1	2	3	4	8
3. 老板和员工、上级和下级相互勾结，共同对社会不负责任	1	2	3	4	8
4. 是否离婚主要考虑自己的感受和利益	1	2	3	4	8
5. 是否离婚应该从家庭整体（包括子女）考虑	1	2	3	4	8
6. 婚姻是社会的事，应当兼顾社会评价和社会后果	1	2	3	4	8
7. 婚姻应当是自由的，如果有更满意或更合适的人就与现在的配偶离婚	1	2	3	4	8
8. 婚姻意味着责任，要考虑给对方造成什么后果，不能轻率地选择离婚	1	2	3	4	8
9. 遇到困难的时候，兄弟姐妹通常都会给予力所能及的帮助	1	2	3	4	8
10. 无论父母对自己如何，都应当尽赡养义务	1	2	3	4	8
11. 为了家庭利益可以一定程度上牺牲国家利益	1	2	3	4	8
12. 为了国家利益可以一定程度上牺牲家庭利益	1	2	3	4	8

> 采访员注意：C9 中的“7”“8”考察受访人本人的而不是社会上流行的婚姻观念。对于没有结婚的受访人，启发他/她假设已经结婚了又遇到更满意或更合适的对象时会怎么做。“9”中如果受访人本人没有兄弟姐妹，可根据了解到的周围人的情况作出判断。

C10. 假设您的上司或老板是外国人，他侮辱了中国，但抗争会产生不利于自己的后果，您会选择【出示答案卡，限选一项】

1 当面抗议　2 保持沉默　3 暗地里报复

4 以屈求伸，背后骂几句就行了　5 无所谓

> 采访员注意：C10 强调的是“假设”，不是受访人是否有真实的体验。如果受访人从来不知道外国人是什么样的，那么请在空白处记录。

C11. 如果条件允许的话，您希望您的孩子生活在国内，还是到国外定居

1 还是在国内生活好　2 到国外定居　3 走一步看一步

4 没考虑过

> 采访员注意：C11 如果受访人还没有孩子，可让受访人想象自己有孩子的情形。

C12. 您常常体验到自己身上一种“伦理感”的存在吗？如把家庭、单位、国家当作归宿，经常与别人将心比心，为家庭和爱人无条件奉献，把自己的命运与所在单位和地区的命运紧紧联系在一起等【出示答案卡，逐项提问】

	1. 没有，只感受到自己实实在在的生活	2. 偶尔有，但主要是因为那种情况下我的利益与它高度一致	3. 偶尔有，是在受某种作品或生活情境的影响之后	4. 时常有，它是一种内在的信念
1. 人与人之间	1	2	3	4
2. 家庭	1	2	3	4
3. 单位	1	2	3	4
4. 社区、城市	1	2	3	4

> 采访员注意：C12“伦理感”主要指人与人之间的关系，是指个体与个体之间，以及个体对群体、团体的认同、信任等。区别于下一题的“道德感”。

C13. 您常常体验到自己身上有一种“道德感”的存在和满足吗？如与人相处或追求重大利益时总要首先考虑是否“应该”，做了不好的事常受到良心谴责，帮

助和成全别人虽然自己利益受损仍常有一种快感或心安【读出选项，限选一项】

1 没有，只是凭自己的感觉和利益办事

2 在有监督的环境中或有别人在场时有，其他环境中没有

3 经常有，问心无愧，不做亏心事最重要

4 没有特别的感觉，但从来不做不道德的事

7 其他（请注明____________________）

采访员注意：C13“道德感”是个体对自己行为的道德自觉。比如，事前想想我做事的动机道德不道德，事中明白我做事的方式道德不道德，事后反思这件事的后果道德不道德等。

C14. 您认为国家对于个人存在的意义是【读出选项，限选一项】

1 国家离我们很遥远，个人最重要

2 国家最重要，是我们的安身之地，国家富强个人才能过得好

7 其他（请注明____________________）

C15. 您认为对社会生活而言，个体德性（即个人的道德品质）和社会公正（如分配公正）哪个更重要

1 个体德性最重要

2 社会公正最重要

3 二者应当统一，但二者矛盾时应先追求个体德性

3 二者应当统一，但二者矛盾时应先追求社会公正

C16. 在公共生活中，个人之所以要遵守道德，是因为【读出选项，限选一项】

1 遵守道德有利于自身利益的实现

2 个人是社会的一分子，应当遵守道德

3 遵守道德社会才能有序和美好

4 不遵守道德会被别人议论或谴责

8 其他（请注明____________________）

C17. 关于职业劳动（如做工人，教师，医生等）的说法，您最认同的是【出示答案卡，限选一项】

1 职业劳动是个人和家庭谋生的手段

2 职业劳动是为社会创造财富

3 职业劳动是个人兴趣和价值实现的方式

7 其他（请注明____________________）

> 采访员注意：如果受访人回答不知道职业劳动，那么请解释，务农，种地，养鸡，在工厂上班，都是一种职业劳动。

C18. 当前有些人常有忧郁、自杀等状况，您认为造成这种情况的主要原因是什么【出示答案卡，可选多项】

1 欲望过多过大，不能知足常乐　　2 对自己和未来没有把握

3 竞争激烈，工作压力过大，身心疲惫

4 人与人之间缺乏信任感，人际关系紧张

5 有烦恼很难找到人倾诉和排解

6 个人的文化底蕴和文化积累不够，缺乏自我理解和自我调节能力

7 现代人缺乏安顿自己、化解内心矛盾的能力

8 缺乏道德公正，没有道德的人总是讨便宜

9 缺乏理想和信念支持，精神没有寄托和归宿

10 生活压力大　　11 生活孤独无聊

77 其他（请注明____________________）　　88 不知道

C19. 如果您与下列人员发生重大利益冲突（如财产纠纷等），您会首先选择哪种途径来解决【出示答案卡，逐项提问】

	诉诸法律，打官司	直接找对方沟通但得理让人，适可而止	通过第三方（如社会机构，朋友等）从中调解，尽量不伤和气	能忍则忍	不适用
1. 家庭成员之间	1	2	3	4	7

续表

	诉诸法律，打官司	直接找对方沟通但得理让人，适可而止	通过第三方（如社会机构，朋友等）从中调解，尽量不伤和气	能忍则忍	不适用
2. 朋友之间	1	2	3	4	7
3. 同事之间	1	2	3	4	7
4. 商业伙伴之间	1	2	3	4	7

采访员注意：C19“不适用”主要指1、2、3、4的方法不适用，或者受访人采取1、2、3、4之外的其他方法解决。但如果是用1、2、3、4方式综合解决，请选择出首先使用的方法。这道题也是“假设”的情景。

C20. 您认为在自己的成长中得到道德训练的最重要场所或机构是【限选一项】

1 家庭　　2 学校　　3 社会（如工作单位、社区等）

4 国家或政府　　5 媒体

7 其他（请注明________________）

C21. 您的思想行为受什么人影响最大【出示答案卡，限选三项】

1 政府官员　　2 企业家　　3 演艺明星　　4 教师

5 知识精英　　6 公众人物　　7 农民　　8 工人

9 先哲先贤　　10 父母　　11 网络大V　　12 宗教人士

77 其他（请注明________________）　　88 不知道

采访员注意：C21限选3项，可不用排序。可以在3项以内，请尽量选择3项，不可选择4项（含4项）以上。

C22. 影响您道德判断和道德选择的最主要的因素是【出示答案卡，限选两项】

1 自己的良心　　2 大多数人持有的观点

3 公众人物和权威人士的观点　　4 国外媒体的观点

5 自己的利益　　6 他人的评价

7 社会后果　　8 大多数人认可的道德规范

9 先贤教导　　10 “朋友圈”的观点

77 其他（请注明________________）　　88 不知道

> 采访员注意：C22 限选 2 项，可不用排序。可以在 2 项以内，请尽量选择 2 项，不可选择 3 项（含 3 项）以上。

C23. 现在经常有一些网民在网络上曝光别人的隐私，您怎么看待这种行为【出示答案卡，限选一项】

1 这是违法行为，应该制止

2 这是不道德行为，应该进行谴责

3 这是社会监督的重要途径，不必完全禁止，但需要规范和引导

4 这是网民的自由，别人不应该干涉　　8 说不清

C24. 您最近两年是否参加过以下活动【如果参加过，接着问参加频率，逐项提问】

	A 是否参加过 1. 是　5. 否		B 参加的频率 1. 从来没有　　2. 参加过一两次 3. 偶尔参加一次　4. 经常参加			
1. 志愿者活动	1	5	1	2	3	4
2. 无偿献血	1	5	1	2	3	4
3. 捐款、捐物	1	5	1	2	3	4

> 采访员注意：C24 递进式回答。若第一问选择“否”，则直接跳过第二问，进入 C27 题；若回答“是”，请进入第二问。

C25. 目前中国社会的两性关系日益开放（如婚前同居，婚外情等），它对社会风尚的影响是【限选一项】

1 是社会进步的表现

2 两性关系混乱必然导致道德沦丧，污染社会风气

2 个人选择，无所谓好坏

7 其他（请注明________________）

C26. 在日常生活中，您对一些重要事情所持的观点和看法与其他人一致的时候有多少

1 非常少	2 比较少	3 一般
4 比较多	5 非常多	8 不知道

> 采访员注意：C26 一些重要事情主要是既可以指人生重大事情，比如人生观、世界观、工作态度等，也可以指社会公共性事件，如房价、党的方针政策等。

C27. 您对待目前社会上一部分人的奢侈消费行为的态度是【出示答案卡，限选一项】

1 钞票是他们自己的，他们愿意怎么花就怎么花。

2 他们应该遵守勤俭的传统美德，适度消费

3 过度消费行为只要对别人无害，就不应干涉

7 其他（请注明＿＿＿＿＿＿＿＿＿＿）

C28. 中华民族历来有孝敬、礼让、仁爱、节俭等优良传统，您认为现在还需要这些吗【限选一项】

1 这些好传统什么时候都不能丢	2 可有可无
2 已经过时，没必要讲这些	4 有些要，有些不要

C29. 您可能听说过一些历史上的民族英雄和新时期的先进人物（如舍己救人，为帮助别人牺牲自己的利益等），您觉得他们的精神还值得在全社会大力倡导吗【出示答案卡，限选一项】

1 我很佩服他们，现在社会就缺这种精神，要加大宣传

2 以前知道一些，现在不太关注了

3 时过境迁，这些典型的影响力越来越小了，没太多人关心了。

4 不知道，也不关心

C30. 当在公交车上遇到小偷正在偷乘客钱包时，您会选择以下哪种做法【出示答案卡，限选一项】

1 马上冲上去制止

2 出于害怕，装作什么都没有看到

3 不敢直接与小偷对抗，但以适当方式悄悄提醒当事人或报警

4 只要偷的不是我，不用多管闲事，免得惹麻烦

7 其他（请注明____________________）

C31. 如果小王知道做某件事是道德的，但却最终没有去行动，您认为哪种因素是他采取行动最大的障碍【出示答案卡，限选一项】

1 采取行动会损害自己利益　2 采取行动也难以取得预期效果

3 大家都不做，我何必管闲事　4 自身能力有限，心有余而力不足

5 即使我不做，相信还会有别人去做　6 明白就行，让别人去做吧

7 其他（请注明____________________）

> 采访员注意：C31 这里的“某件事是道德的”，是指自己认为是道德的，社会也认可是道德的。

C32. 当与他人发生分歧时，能否体谅宽容他人

1 不宽容，必须弄清是非曲直　2 偶尔

3 有时　4 经常

C33. 您认为解决当前中国的公民道德和社会风尚问题，最关键的途径是【出示答案卡，限选两项】

1 加强法制　2 弘扬优秀道德传统

3 建设伦理道德的核心价值　4 惩治官员腐败

5 解决分配不公问题　6 提高个人道德素质

> 采访员注意：C33 如果受访人第一反应是其他途径，请追问一次，即请受访人在卡片中选择相对最关键的两个途径。如果受访人坚持其他途径，而且其他途径和上述 6 项完全不同，请在空白处记录。

C34. 您知道社会主义核心价值观吗？下面有 4 个关键词属于其中的内容，请您把它们选出来【出示答案卡，限选四项】

1 文明　2 诚信　3 勇敢　4 爱国

[5] 创新　[6] 友善　[7] 勤劳

采访员注意：C34 如果受访人第一反应是不知道，请追问，即请受访人在卡片中选出 4 项他认为最有可能是社会主义核心价值观的。

C35. 您认为社会主义核心价值观与您的工作、生活有关系吗

[1] 对改变社会风气有好处，每个人都应该这样做人做事

[2] 与个人工作、生活没关系　[8] 说不清楚

C36. 在全社会特别是青少年中开展革命传统教育，您认为有没有这个必要

[1] 很有必要，什么时候都不能忘本　[2] 可有可无

[3] 没有必要，已经过时了

C37. 当您途经一场所，正遇到升国旗仪式，看到国旗在国歌声中升起的时候，您会怎么做【限选一项】

[1] 原地站立，面向国旗行注目礼

[2] 停下来看一看　[3] 只当没看见，该干嘛干嘛

C38. 今年您参加过纪念中国共产党成立 96 周年、建军 90 周年、“砥砺奋进的五年”迎接党的十九大等主题教育活动吗？您觉得这些活动效果如何

[1] 参加过，很受教育　[2] 听说过，但是没有参加过

[3] 这种活动基本都是形式大于内容　[4] 不关心这些

务必填写当前时间：（24 小时制）________点________分

D. 家庭伦理

D1. 您认为现代家庭关系中最令人担忧的问题是【出示答案卡，限选两项】

[1] 只有一个孩子，对家庭的未来没把握（如独生子女出现意外情况等）

[2] 独生子女难以承担养老责任，老无所养

[3] 年轻人不愿结婚，或不愿生孩子，家族传承危机

[4] 婚姻不稳定，年轻人缺乏守护婚姻的意识和能力

5 子女尤其是独生子女缺乏责任感，孝道意识薄弱

6 代沟严重，父母与子女之间难以沟通

7 婆媳关系紧张

8 父母不民主，不能容忍差异

9 “啃老”现象严重

10 父母只培养孩子的知识和技能，忽视良好品德的养成

11 两性关系过度开放

77 其他（请注明________________）

采访员注意：D1 限选 2 项，可不用排序。可以在 2 项以内，请尽量选择 2 项，不可选择 3 项（含 3 项）以上。

D2. 您对家庭的感觉是【读出选项，限选一项】

1 温馨幸福

2 比较幸福

3 不太幸福

4 一般，没感觉

5 很不幸福，希望逃离

7 其他（请注明________________）

采访员注意：本单元中单选题请受访人读完选项后不要做过多思考，直接回答。

D3. 您对以下现象的态度是【出示答案卡，逐项提问】

	完全赞同	比较赞同	中立	比较反对	强烈反对	不知道
1. 不婚	1	2	3	4	5	8
2. 试婚	1	2	3	4	5	8
3. 同居	1	2	3	4	5	8
4. 同性恋	1	2	3	4	5	8
5. 婚外恋	1	2	3	4	5	8
6. 丁克家庭	1	2	3	4	5	8
7. 代孕	1	2	3	4	5	8

采访员注意：D3 试婚一般指年轻人没结婚就住在一起；同居泛指男女不领结婚证但长期住在一起；丁克家庭一般指不生孩子的夫妻，这里指主动不想要孩子的家庭；代孕是指女性一方不能或不愿忍受孕期与分娩的痛苦而选择通过技术手段，将这一过程转由其他女性完成的现象。

D4. 您如何看待为了应对拆迁、征地、买房等而出现的“假离婚”现象

[1] 完全赞同　[2] 比较赞同　[3] 不太赞同

[4] 坚决反对　[8] 不知道

D5. 如果夫妻中需要一方为对方或家庭做出牺牲（如多承担家务，多承担对对方家庭的义务，部分放弃自己的发展机会等），您的态度是

[1] 非常不愿意　[2] 不太愿意　[3] 比较愿意

[4] 愿意，时常这么做　[8] 不知道

D6. 在恋爱或婚姻中，您有为对方而改变自己的意识吗【限选一项】

[1] 有，经常这样做　[2] 有，但做起来有些困难

[3] 没想过这个问题

[4] 无须改变，只有找到愿意为我改变的人才是真爱

[7] 其他（请注明__________________）

D7. 在恋爱或婚姻中，你与对方相处的原则是【限选一项】

[1] 我首先对他/她好，然后希望他/她对我好

[2] 他/她对我好，我才对他/她好

[3] 他/她对我好就行了

[4] 总是我对他/她好，他/她对我不那么好

[4] 他/她对我不好，我没必要对他/她好

[7] 其他（请注明__________________）

D8. 你认为生育孩子是否是一种人生义务【限选一项】

[1] 是，如果大家都不生育，人类会灭绝

[2] 是，不生孩子家族延传会中断

[3] 不是，但没有孩子将老无所养也过于孤独

[4] 不是，自己觉得快乐就行，有孩子负担过重

7 其他（请注明________________）

D9. 如果孩子面临重大问题（婚姻、升学、就业等）时，您的态度是【出示答案卡，限选一项】

1 全部包办，替他们做决定或搞定

2 积极建议，努力说服他们采纳

3 只提建议，让他们自己选择

4 不表态，免得子女将来埋怨

5 经常提出建议，但大多不起作用　　6 没孩子/孩子太小

7 其他（请注明________________）

D10. 您对子女所提出的有关人生发展方面的建议，是否经常被采纳

1 经常被采纳　　2 较多被采纳

3 基本不采纳　　4 从不被采纳并遭到嘲讽　　8 不适用

D11. 您认为现在孩子价值观的形成受何种因素影响最大【限选两项】

1 父母　　2 老师　　3 同伴　　4 网络，朋友圈

5 明星　　5 道德模范　　7 伟大人物　　8 不知道

D12. 您认为老人是否有义务帮子女带孩子

1 有，天经地义的　　2 没有，老人帮助带孙辈，子女应感恩

3 没有义务，不过带孙辈也是天伦之乐，应该帮助带　　4 没想过

D13. 您认为最理想的养老方式是哪种【出示答案卡，限选一项】

1 敬老院、护理院等专业养老机构　　2 与子女同住

3 自己单住，生活难以自理时找护工　　4 与兄弟姐妹抱团养老

5 与志趣相投的人一起养老　　7 其他（请注明______________）

> 采访员注意：D13“与兄弟姐妹抱团养老”指空巢的兄弟姐妹互相照顾养老的方式。“志趣相投的人”指无血缘关系的同事、朋友等，有共同的爱好或性格相投的人。

D14. 当父母一方长期生活不能自理时，主要承担照顾工作的人应该是【出示答案卡，限选一项】

1 子女照顾　2 父母中还有能力的另一方（老伴儿）
3 雇保姆，老伴儿协助　4 雇保姆，子女协助
6 送护理机构，家人经常探望
7 其他（请注明__________________）

D15. 在过去的十天里，您为父母做过以下哪些事情【出示答案卡，限选三项】

1 看望　2 打电话　3 买东西　4 陪看病
5 生活照料　6 做家务　7 谈心聊天　8 给钱
8 外出游玩　10 无　11 父母已去世

D16. 您是否觉得孤独

1 经常　2 有时　3 不太觉得　4 不觉得

D17. 有人说，一条好家规、一个好家风可以影响三代人。现在开展的弘扬好家风好家训活动，您认为有意义吗

1 很有意义　2 可有可无　3 没有必要　8 不知道

采访员注意：D17 受访人可能认同好家规好家风的作用，但对开展的弘扬活动不认可，该题重点在对家风家训弘扬活动的认可度。

D18. 您所在的地方发生过虐待儿童的事件吗

1 经常会发生　2 偶尔发生　3 没听说过

采访员注意：D18 根据受访人了解的情况来回答。

D19. 在大街上或社区里，看到行走或生活困难的老人，您经常的反应是【出示答案卡，限选一项】

1 想到自己的（祖）父母或自己的未来，情不自禁地想帮助他
2 出于义务责任感，想帮助他　3 有同情感，但没有想帮助的冲动

4 没有感觉，习以为常　　7 其他（请注明________________）

D20. 如果您的父母或兄妹偷了别人的东西，警察正在查找，您的行为反应可能是【出示答案卡，限选一项】

1 批评他，但不会告发

2 批评他，陪他送回原处或去承认错误

3 默认，因为他得到的东西正是家庭所急需

4 告发，因为出于正义感　　5 告发，因为可能会连累自己

6 不管不问，由他自己决定

7 其他（请注明____________________）

D21. 当独生子女单独组成家庭后，您认为父母和子女哪一种居住方式更好

1 单独居住　　2 和父母同住　　3 和父母及祖辈共同居住

4 和父母靠近居住　　7 其他（请注明____________________）

D22. 您是否认为把老人送到养老院是不孝行为

1 是　　2 相对而言，部分是

3 不是　　7 其他（请注明____________________）

E. 集团伦理

E1. 您认为企业最重要的社会责任是什么【出示答案卡，限选一项】

1 为企业和企业股东自身赚钱　　2 通过依法纳税为国家积累财富

3 通过诚信经营提供质量可靠的产品，满足社会大众生活需求

4 为员工谋福利　　7 其他（请注明____________________）

8 不知道

> 采访员注意：E1 企业社会责任是指企业在创造利润，对股东和员工承担法律责任的同时，还要承担对消费者、社区、社会和环境的责任。本题关于社会责任，不需要向受访人做过多解释，请受访人根据自己的理解作答。如果受访人不知道企业是什么，可以举例子，比如生产洗衣粉的厂子，卖东西的商场等。

E2. 下列关于企业的说法，您的同意程度是【出示答案卡，逐项提问】

	1. 完全同意 2. 比较同意 3. 不太同意 4. 完全不同意 8. 不知道				
1. 只要能为员工谋福利就是一个好单位	1	2	3	4	8
2. 经济效益好坏是衡量企业成败的唯一标准	1	2	3	4	8
3. 企业做慈善都是做做样子，其实还是为自己做广告	1	2	3	4	8
4. 企业和员工之间只是合同关系，不需要共患难，效益好就好好干，效益不好就跳槽	1	2	3	4	8
5. 企业不需要对员工讲什么伦理关怀和道德责任，员工表现好就发奖金，不好就辞退	1	2	3	4	8
6. 企业为了履行社会责任，如保护环境、吸收残疾人就业、做社会公益活动等，应当放弃一些自身利益	1	2	3	4	8
7. 讲信用、遵循道德规范的企业能够获得更好的利益	1	2	3	4	8
8. 企业只是一台赚钱的机器，遵循市场规律能赚钱就行，无所谓社会责任，声誉也不重要	1	2	3	4	8
9. 同样的产品，国企生产的比私企生产的更有保障	1	2	3	4	8

E3. 下面哪种说法更符合或接近您的个人想法【出示答案卡，限选一项】

1 个人和工作单位之间是聘用或雇佣关系，通过工资和付出劳动满足彼此需求

2 不只是利益关系，应当还有很多情感的联系，应当共命运

3 个人是单位的一分子，单位如同个人的另一个家

7 其他（请注明____________________）

E4. 您对自己所在企业（或所熟悉的本地企业）履行下列责任的满意情况如何【出示答案卡，逐项提问】

	1. 非常不满意 2. 不太满意 3. 比较满意 4. 非常满意 8. 不知道				
1. 劳动安全保障	1	2	3	4	8
2. 员工薪酬合理	1	2	3	4	8
3. 关心员工生活	1	2	3	4	8
4. 诚实守法经营	1	2	3	4	8
5. 产品质量可靠	1	2	3	4	8

续表

	1. 非常不满意 2. 不太满意 3. 比较满意 4. 非常满意 8. 不知道				
6. 环境保护措施	1	2	3	4	8
7. 慈善公益事业	1	2	3	4	8

采访员注意：E4 正在、曾在或退休前在企业工作的受访人，根据自己所在企业的情形回答。如果受访人是个体户或农民等没有工作单位的人员，或不在企业工作，则鼓励受访人根据其家人所在的企业，或其所知道的本地企业为例作答。

E5. 您对本地的或自己熟悉的企业家的道德状况怎么评价

1 总体还不错　2 普遍比较差

3 和普通群众没有太大差别　8 不知道

采访员注意：E5 主要考察受访人对企业家道德水平的主观态度，采访员不需要对“企业家”做过多解释。若无法从总体上加以判断，受访人尽量根据自己有所了解的企业家来回答。

E6. 您对自己所生活的地方下列群体职业道德状况总体评价如何【出示答案卡，逐项提问】

	1. 非常满意 2. 比较满意 3. 不太满意 4. 非常不满意 8. 不知道				
1. 公务员道德状况（如工作认真负责、依法办事、公正廉洁、讲究效率、文明服务等）	1	2	3	4	8
2. 医生道德状况（如爱岗敬业、医术水准较高、救死扶伤、尊重病人、不收红包等）	1	2	3	4	8
3. 教师道德状况（如爱岗敬业、关爱学生、教书育人、为人师表、不搞有偿家教等）	1	2	3	4	8
4. 个体工商户道德状况（如不卖假冒伪劣产品、不价格欺诈、不缺斤少两、讲诚信服务等）	1	2	3	4	8

采访员注意：E6 主要考察受访人对不同职业群体道德状况的主观评价，括号中的举例旨在帮助受访人理解不同群体道德评价的主要依据。根据受访人自我感觉回答即可。

E7. 您通常怎么称呼周围那些经营企业或做生意发了财的人【可选多项】

1 企业家　2 老板　3 商人　4 生意人

2 土豪　6 暴发户　7 其他（请注明____________________）

E8. 如果您有一个不错的家庭企业，但儿子或女儿缺乏经营能力或经营兴趣，难以交班，您可能选择【出示答案卡，限选一项】

1 培养儿媳或女婿，交给她/他经营

2 交给儿媳和女婿有风险，离婚了怎么办，还是自己撑到有第三代接管

3 找一个懂经营的职业经理人，我们家庭成员做董事长

4 做一天是一天，最后将钞票留给子孙，但外人不可靠，不能交给外人

7 其他（请注明____________________）

采访员注意：E8 为情境题，请受访人根据假设的情景作出最符合自己想法的答案。

E9. 在市场上购买食品、衣物、家用电器等商品时，您觉得有安全感吗【限选一项】

1 有安全感，相信产品质量

2 没安全感，不相信他们的标签，常担心质量问题影响自己的健康

3 没安全感，担心在价格上被欺骗，要货比三家

4 一般还可以，相信大商店的产品，不相信小商店和地摊货

7 其他（请注明____________________）

E10. 您怎么看待电视、报纸和其他主流媒体上的广告【限选一项】

1 相信，因为是明星们推荐

2 将信将疑，眼见为真

3 不相信，是企业和那些明星联合起来忽悠大众

4 讨厌，既欺骗大众，又占用公共媒体资源

7 其他（请注明____________________）

采访员注意：E10 主流媒体主要是指具有喉舌功能，传播社会主流意识形态和主流价值观，并具有较强影响力的媒体。

E11. 您怎么看待现在一些企业做公益和慈善【出示答案卡，限选一项】

1 是做善事，把赚公众的钱还给社会

2 是在作秀，为自己树牌坊

3 是做广告，把弱势群体当作宣传自己的工具

4 做总比不做好，随他去吧

7 其他（请注明________________）

E12. 一些政府机关、企事业单位和大中小学，利用权力让本单位的职工子女在入学、招工中提供特殊政策，您认为这种行为道德吗【出示答案卡，限选一项】

1 为本单位人员谋福利，符合道德

2 以权谋私，不道德

3 是对社会公众的不公平，严重不道德

4 符合本单位员工利益，但严重侵蚀社会道德

3 无所谓道德不道德

E13. 如果您所在的单位有一项举措可以提高集体福利并使您个人得到利益，但会造成环境污染或社会公害，您会举报吗

1 会　　2 不会

采访员注意：E13 为情境题，要让受访人假设自己身处这种情境，根据自己的想法作答。

E14. 您认为您所工作的单位同事之间是何种关系

1 平等合作关系　　2 利益竞争关系　　3 彼此没有关系

7 其他（请注明________________）

采访员注意：E14 如果受访人是个体户或农民，没有工作单位，则标注不适用。

E15. 为了单位组织的利益，你的单位（或你亲友所在的单位）是否会默认员工做违背道德的事情

1 常常　　2 较多　　3 一般　　4 较少

5 从来没有　8 不知道

E16. 您所工作的单位是否存在如下现象：（如果是村集体，问您所在的生产大队或村组织是否存在以下现象）【出示答案卡，可选多项】

1 给领导干部送礼讨好　2 背后互相告恶状

3 拉帮结派　4 为谋私利找关系走后门

5 奖惩制度不公平　6 领导干部滥用职权

7 都不存在

采访员注意：E16 需要根据受访人个人情况选用适当的题干问法，如果受访人是农民，则询问其所在的生产大队或村集体组织是否有选项中所述的现象。此题为多选题，选出所有相符的选项。

E17. 下列关于企业履行社会责任（如捐款捐物、做公益慈善）的说法，您的同意程度是【出示答案卡，逐项提问】

	1. 完全同意　2. 比较同意 3. 不太同意　4. 完全不同意　8. 不知道				
1. 只有国企才应该履行社会责任	1	2	3	4	8
2. 只有大企业才应该履行社会责任	1	2	3	4	8
3. 只有盈利多的企业才需要履行社会责任	1	2	3	4	8
4. 污染类企业要履行更多的社会责任	1	2	3	4	8
5. 小企业只要管好自己就行了，不需要履行社会责任	1	2	3	4	8

E18. 您觉得下列哪类单位最讲道德＿＿＿＿＿；哪类单位道德水平最差＿＿＿＿＿【出示答案卡，填写选项代码】

1 国有（控股）企业　2 民营企业　3 私营企业

4 外资企业　5 学校　6 医院

7 政府机关　8 民间组织　88 不知道

采访员注意：E18 考察受访人对不同类型单位的道德水平的判断，要求受访人根据其个人想法选出最好和最坏的两类。

E19. 以下关于学校的说法，您的同意程度是【出示答案卡，逐项提问】

	1. 完全同意 2. 比较同意 3. 不太同意 4. 完全不同意 8. 不知道				
1. 学校越来越以营利为目的	1	2	3	4	8
2. 学校主要传授知识和技能，培养道德不重要	1	2	3	4	8
3. 学校升学率高比素质教育更重要	1	2	3	4	8
4. 青少年儿童行为不端，主要是学校没教好	1	2	3	4	8
5. 要想孩子培养得好，就要多给老师送礼	1	2	3	4	8

采访员注意：E19 所说的“学校”，主要指中小学，要让受访人根据自己所了解的学校的情况作答。

E20. 您所在单位（如果是村集体，问您所在的生产大队或村组织是否存在以下现象）当员工或村民受到不应该的对待时，员工或村民有没有申诉的机会

1 有　　2 没有　　3 不知道

采访员注意：E20—E24 题都需要根据受访人个人情况选用适当的题干问法，如果受访人是农民，则询问其所在的生产大队或村集体组织是否有选项中所述的现象。此外，采访员在向受访人提问时要提醒对方甄别题干的差别，询问的依次是机会、渠道、是否有过先例、处理态度。

E21. 您所在单位（如果是村集体，问您所在的生产大队或村组织是否存在以下现象）当员工或村民受到不应该的对待时，员工或村民有没有申诉的地方或渠道

1 有　　2 没有　　3 不知道

E22. 您所在单位（如果是村集体，问您所在的生产大队或村组织是否存在以下现象）的员工或村民受到不应该的对待时，有没有人进行过申诉

1 全部会申诉　　2 大部分会申诉　　3 小部分会申诉

4 无人申诉　　8 不知道

E23. 您所在的单位（如果是村集体，问您所在的生产大队或村组织是否存在以下现象）在多大程度上认真对待员工或村民的申诉

1 完全不认真　　2 不太认真　　3 一般

4 比较认真　　5 非常认真　　8 不知道

E24. 您所在单位（如果是村集体，问您所在的生产大队或村组织）是否有道德方面的教育或活动

1 有（是什么？＿＿＿＿＿＿＿＿＿＿）　　2 没有

3 不知道

E25. 您对下列组织的道德状况的满意程度如何【出示答案卡，逐项提问】

	非常不满意	不太满意	比较满意	非常满意	不知道
1. 当地企业道德状况	1	2	3	4	8
2. 当地医院道德状况	1	2	3	4	8
3. 当地政府道德状况	1	2	3	4	8
4. 当地学校的群道德状况	1	2	3	4	8
5. 当地的 NGO 组织（如红十字会等）	1	2	3	4	8

采访员注意：E25 要求受访人对其生活所在地的相应组织的道德状况做出评价。

F. 社会伦理

F1. 下列在公共场所的行为，您的看法是什么【出示答案卡，逐项提问】

	A. 您认为以下行为是否关乎道德 1. 有关　5. 无关		B. 您本人是否做出过这些行为 1. 经常做　2. 偶尔做 3. 从来不做		
1. 随地吐痰	1	5	1	2	3
2. 插队	1	5	1	2	3
3. 公交或地铁上大声打电话	1	5	1	2	3
4. 餐馆里说话声音很大	1	5	1	2	3
5. 在公共场所的椅子或沙发上躺着睡觉	1	5	1	2	3

采访员注意：F1 其实包含两个问题，第一列问题是询问受访人对下述行为的看法，第二列问题是问受访人是否有过下述行为。不要漏答或错答。

F2. 入夜后，很多中老年朋友在广场上伴着录音机的音乐跳舞，产生噪音。有人向政府或物管投诉，要求阻止。对这件事您怎么看【出示答案卡，限选一项】

1 在广场上跳舞是居民的自由，不应干预

2 跳舞如果破坏了别人的清静，就应该停止

3 中老年人没地方活动，即便跳舞构成干扰，也应尽量容忍和理解

4 请跳舞者降低音量，大家相互妥协

7 其他（请注明________________）

> 采访员注意：F2 是情境题，注意是单选题。把题干和选项读给受访人听，让受访人选择其中之一，如果受访人有其他看法，那就选择最接近的选项，如果没有接近的选项，就选其他，然后用文字简单说明受访人的意见。

F3. 社会上经常发生一些因个人认为自身受到不公正待遇而导致的社会泄愤事件，比如厦门公交爆炸案、徐州幼儿园爆炸案。对下列说法，您的同意程度如何【出示答案卡，逐项提问】

	完全同意	比较同意	不太同意	完全不同意	不知道
1. 这是暴徒行为，无论何种情况下，都不应该采取暴力手段	1	2	3	4	8
2. 其他社会成员在需要的时候，没有及时给予他们温暖和帮助，因此我们每个人都有责任	1	2	3	4	8
3. 他们的遭遇值得同情，但应该去报复那些给予他们不公平待遇的人，而不是伤及无辜	1	2	3	4	8
4. 受到不公平待遇，应该充分相信政府，积极寻求相关部门的帮助	1	2	3	4	8

> 采访员注意：F3 是态度题，询问受访人对这些事件的态度，如果受访人回答“同意”或“不同意”，要注意追问是“完全”还是“比较”程度。

F4. 总的来说，您认为当今的社会公不公平

1 完全不公平　2 比较不公平　3 说不上公平但也不能说不公平

4 比较公平　5 非常公平　8 不知道

> 采访员注意：F4 要注意区分受访人的主观看法程度，注意追问，但不要引导受访人的态度。下面几个态度都要注意这个问题。

F5. 和前几年相比，您认为目前中国社会的分配不公、两极分化现象

1 有较大改善　2 没什么变化　3 更加恶化　8 不知道

> 采访员注意：F5 要注意提醒受访人是和前几年相比。“分配不公、两极分化”用日常语言说即是，富人很富、穷人很穷。

F6. 您认为目前中国社会成员之间的收入差距

1 合理，可以接受　　2 不合理，但可以接受

3 不合理，不能接受　　8 不知道

采访员注意：F6 如果受访人回答不合理，那要追问是“可以接受”还是“不能接受”。

F7. 请问您是否同意以下说法【出示答案卡，逐项提问】

	完全同意	比较同意	不太同意	完全不同意	不知道
1. 当前的社会是人人为自己	1	2	3	4	8
2. 现在社会的大多数人是见利忘义的	1	2	3	4	8
3. 现在社会是一个物欲横流的社会	1	2	3	4	8
4. 当前大多数人都是以集体利益为重	1	2	3	4	8
5. 当前大多数人都是家庭利益至上	1	2	3	4	8
6. 当前的社会是个金钱至上的社会	1	2	3	4	8
7. 现在社会守道德的人大都吃亏，不守道德的人讨便宜	1	2	3	4	8
8. 现在社会中好人有好报，恶人终归会受到惩罚	1	2	3	4	8
9. 人们的生活水平越高，就越幸福	1	2	3	4	8
10. 我们的社会中道德能够很好地约束人们的行为	1	2	3	4	8
11. 现有的规范和习俗能够很好地调节人与人的关系	1	2	3	4	8
12. 现在社会大多数人都有荣辱感	1	2	3	4	8

采访员注意：F7 是量表题。要注意追问同意的程度。对于一些受访人，可能有些词语听不懂，需要用更日常的语言解释一下。如“见利忘义”就是只注重利益，不管别的。“荣辱感”是指知道什么是好的、什么是坏的，什么该做什么不该做。

F8. 您听说过或参加过道德讲堂吗

1 参加过　　2 听说过，但没参加过→（进行到 F10）

3 没听说过→（进行到 F10）

采访员注意：F8 问受访人是否参加过道德讲堂或者类似活动，以道德为主题的讲座活动。注意追问，区分不同的选项。

F9. 如果您参加过道德讲堂，您觉得开展这样的活动有意义吗

1 很有意义　　2 可有可无　　3 没有必要　　8 不知道

F10. 您对您生活的地方（您所在的社区）社会公德状况（如文明礼貌、助人为乐、遵纪守法、遵守公共秩序、不乱抛杂物、不随地吐痰、不破坏花草树木等）满意吗

1 非常满意　　2 比较满意　　3 不太满意

4 非常不满意　　8 不知道

采访员注意：F10 是态度题，这里是指受访人对生活所在社区的公德状况的满意程度，社区指的是受访人所在村落或城市里居住的小区。

F11. 您认为当前社会下列状况的严重程度如何【出示答案卡，逐项提问】

	1. 非常不严重　2. 比较不严重 3. 比较严重　4. 非常严重　8. 不知道				
1. 坑蒙拐骗现象	1	2	3	4	8
2. 人际关系冷漠，见危不救	1	2	3	4	8
3. 诚信缺乏，不讲信用	1	2	3	4	8
4. 人与人之间缺乏信任，社会安全度低	1	2	3	4	8
5. 缺乏公德，如公共场所大声喧哗、随地吐痰等	1	2	3	4	8
6. 自私自利，损人利己	1	2	3	4	8
7. 缺乏公正心和正义感	1	2	3	4	8
8. 私欲膨胀，物欲横流	1	2	3	4	8
9. 缺乏羞耻感	1	2	3	4	8
10. 干部贪污受贿，以权牟利	1	2	3	4	8
11. 生活奢侈，铺张浪费	1	2	3	4	8
12. 干部不作为，扯皮推诿	1	2	3	4	8

采访员注意：F11 是让受访人判断当前社会上，下述这些现象是否严重，注意区分程度。有些词语如果受访人不理解，可以用日常语言稍加解释。

F12. 您怎么看待周围那些经营企业或做生意发了财的人【出示答案卡，可选多项】

1 他们自己有本事，应该发财

2 尊重他们，他们为社会做了贡献

3 没什么了不起，他们常用不正当手段发财

4 是土豪，没文化，没教养　　5 是他们运气好

6 有钱没钱，这都是命　　7 天道不公，希望他们明天就破产

77 其他（请注明__________________）

采访员注意：F12 是询问受访人对经营企业或做生意致富的人的看法，是多选题，因为选项之间并不存在互斥的关系。

F13. 您认为当前社会下列状况的严重程度如何【出示答案卡，逐项提问】

	1. 非常不严重　2. 比较不严重　3. 比较严重　4. 非常严重　8. 不知道				
1. 企业损害社会利益，如污染环境、以虚假广告误导公众等	1	2	3	4	8
2. 娱乐界以丑闻、绯闻炒作，污染社会风气	1	2	3	4	8
3. 媒体缺乏社会责任，炒作新闻	1	2	3	4	8
4. 社会财富分配不公，贫富悬殊过大	1	2	3	4	8
5. 教师不尽职	1	2	3	4	8
6. 医生不守职业道德	1	2	3	4	8
7. 公众人物用知名度攫取财富	1	2	3	4	8
8. 两性关系过度开放导致婚姻不稳定	1	2	3	4	8
9. 年轻人缺乏责任感，不孝敬父母	1	2	3	4	8

采访员注意：F13 询问的是受访人对这些社会现象严重程度的判断。不是询问受访人这些现象好还是不好，而是说这类现象是不是严重、很多、很普遍。

F14. 您是否知道您生活的社区（村）有社区公约、村规民约

1 知道有　　2 知道没有　　3 不知道有没有

采访员注意：F14 所说的村规民约是村民群众在村民自治的起始阶段，依据党的方针政策和国家法律法规，结合本村实际，为维护本村的社会秩序、社会公共道德、村风民俗、精神文明建设等方面制定的约束规范村民行为的一种规章制度。社区公约则是在城市社区中相应的一种规章制度。

F15. 您觉得您周围的人在日常生活中遵守下列规则吗【出示答案卡，逐项提问】

	1. 不遵守	2. 基本遵守	3. 自觉遵守
1. 步行、骑车不闯红灯	1	2	3
2. 乘车、购物自觉排队	1	2	3
3. 文明游览	1	2	3
4. 社区公约、村规民约	1	2	3

采访员注意：F15 询问受访人，其周围人是否遵守下列规则。文明游览指外出旅游时不乱涂乱画、大吵大闹等不文明行为。社区公约和村规民约指城市和农村中制定的一系列规章和规范。

F16. 您对下列关于网络的说法是否赞同【出示答案卡，逐项提问】

	1. 非常不赞同	2. 不太赞同	3. 比较赞同	4. 非常赞同
1. 网络是个虚拟空间，不受现实生活中的道德规范约束	1	2	3	4
2. 人肉搜索侵犯个人隐私，应该杜绝	1	2	3	4
3. 明知网络谣言仍转发的，应该受到惩罚	1	2	3	4

采访员注意：F16 询问的是受访人对网络行为的看法。如果有些受访人不理解虚拟空间，就用日常语言"上网聊天"等解释一下。"人肉搜索"是指主要通过集中许多网民的力量去搜索信息和资源的一种方式，经常涉及个人隐私问题。

F17. 假如您走在街上被陌生人不小心踩到并发出"哎哟"一声后，您认为对方会做何种反应

1 用言语或手势表达歉意　　2 不会有任何表示

3 反而说你大惊小怪　　8 不知道

采访员注意：F17 是情境题，主要是询问人们对陌生人态度的判断，注意是问认为对方会有什么反应，而不是受访人的反应。

F18. 您觉得您周围大多数人工作生活的精神状态怎么样【限选一项】

1 精神饱满、积极向上　　2 安于现状、按部就班

3 精神萎靡、无所事事

F19. 您觉得下面的这些现象在您身边常见吗【出示答案卡，逐项提问】

	1. 经常见到	2. 偶尔见到	3. 没见到
1. 占卜算命	1	2	3
2. 操办喜事比富斗阔	1	2	3
3. 在父母生前不尽孝，死后却对父母的丧事大操大办	1	2	3
4. 赌博或变相赌博	1	2	3
5. 封建迷信活动	1	2	3
6. 非法宗教活动	1	2	3

采访员注意：F19 询问的是受访人的生活环境中这类现象是否常见。“比富斗阔”是指互相攀比，讲排场。“封建迷信活动”是指利用看相、卜卦、算命、抽贴、看阴阳宅地、求仙拜神、讨药、装神弄鬼、降妖、驱邪等封建迷信手段，扰乱社会秩序，危害公共利益，损害他人身体健康或者骗取财物，尚不够刑事处罚的行为，法律允许的合法宗教活动除外。“非法宗教活动”是指未经法律允许的宗教活动，若受访人无法判定是否为合法宗教活动，以官方认定为非法并采取干预措施作为非法的标准。

F20. 您认为目前中国社会中道德和幸福的现实关系是【读出选项，限选一项】

1 总体上道德和幸福能够一致，能惩恶扬善

2 有道德讲伦理的人大都吃亏，不守道德的人更能讨便宜

3 道德与幸福没有关系，能挣钱有发展无论怎样行动都行

8 不知道

采访员注意：F20 询问在现实生活中，道德和幸福之间是什么关系。

F21. 您在工作或生活的地方，有没有一种亲切和踏实的感觉吗【逐项提问】

1. 所在单位	1. 有　2. 还可以　3. 没有
2. 所在社区/村	1. 有　2. 还可以　3. 没有
3. 所在城市	1. 有　2. 还可以　3. 没有

采访员注意：F21 题主要询问的是受访人对于所在的组织或地方有没有认同感，有没有一种类似家的感觉。

F22. 您认为您目前的状况是【出示答案卡，限选一项】

1 生活富裕，但不感到幸福和快乐　2 生活富裕，幸福也快乐

3 生活小康，幸福且快乐　4 生活小康，但不感到幸福和快乐

5 生活清贫，幸福且快乐　6 生活贫困，既不幸福也不快乐

采访员注意：F22 询问的是生活条件和幸福感之间的关系，涉及生活水平的变化、幸福感的变化，以及两者之间的联系。采访员可以分别问生活水平情况，和幸福感情况。

F23. 最近这些年，您的生活水平对幸福感的影响是怎样的【出示答案卡，限选一项】

1 生活水平提高了，但幸福感和快乐感降低了

2 生活水平提高了，幸福感和快乐感提高了

3 生活水平没变，幸福感和快乐感提高了

4 生活水平没变，幸福感和快乐感降低了

5 生活水平下降，但幸福感和快乐感提高了

6 生活水平下降，幸福感和快乐感也降低了

采访员注意：F23 询问的是生活条件和幸福感之间的关系，涉及生活水平的变化、幸福感的变化，以及两者之间的联系。

F24. 相比较而言，近 10 年来，您认为下列【出示答案卡，填写选项代码】
哪一类人获得的利益最多？________【限选一项】
哪一类人获得的利益最少？________【限选一项】

1 工人　2 农民　3 公务员

4 国有企业的经营管理者　5 集体企业的经营管理者

6 私营企业家　7 外商、境外来大陆的投资者

8 个体户　9 私营、外资企业中的管理人员

10 专家学者、专业技术人员　11 政府官员

77 其他（请注明____________________）　88 不知道

采访员注意：F24 询问两个问题，近 10 年来社会发展中获益最多和获利最少的两类人分别是谁？注意不要漏答。如果有选择其他，请在横向上注明是哪一类人。

F25. 您认为弱势群体产生的最主要原因是【出示答案卡，限选两项】

1 制度不合理，社会关怀不够　　2 收入分配不公

3 机会不平等　　4 弱势群体自己不努力

5 缺乏生存技能　　7 其他（请注明____________________）

8 不知道

采访员注意：F25 询问为什么会产生弱势群体，注意是限选 2 项。这里所说的弱势群体，指在社会生活中群体力量和权力较弱，在社会分配中获取财富较少的群体，往往较为贫困。如农民工、残疾人、孤寡老人等。

F26. 我们经常看到一些老人或流浪者在垃圾筒中找东西，弄得满身污物，您认为我们是否应该改造城市的垃圾筒，如调整垃圾筒的角度、集中放矿泉水瓶等，以为他们提供方便【限选一项】

1 应该，社会有义务为他们提供一种有尊严的生活

2 不应该，这些人本来就与城市不和谐

3 做这样的事不值得，应该将钱花到更重要的地方

7 其他（请注明____________________）

采访员注意：F26 询问受访人对弱势群体的态度，社会是否有责任帮助他们过得更有尊严，还是这完全是个人自己的责任。

F27. 对当今中国社会，您更担忧哪种问题【出示答案卡，限选一项】

1 坑蒙拐骗，不守信用

2 人与人之间互不信任，相互提防，没有安全感

3 可信任的人很少，遇到问题难以找到人倾诉和帮助

7 其他（请注明____________________）

> 采访员注意：F27 询问受访人最担忧目前社会上的什么问题，要区分信用和信任两个方面。信用是讲诚信，往往跟交易相关。信任是相信并敢于托付。

F28. 您觉得大多数人都是可以相信的吗？如果 1 分代表“大多数人都可以相信”，5 分代表“对其他人都应该小心防备”，您会选几分？请在下面的分数上画圈【出示答案卡】

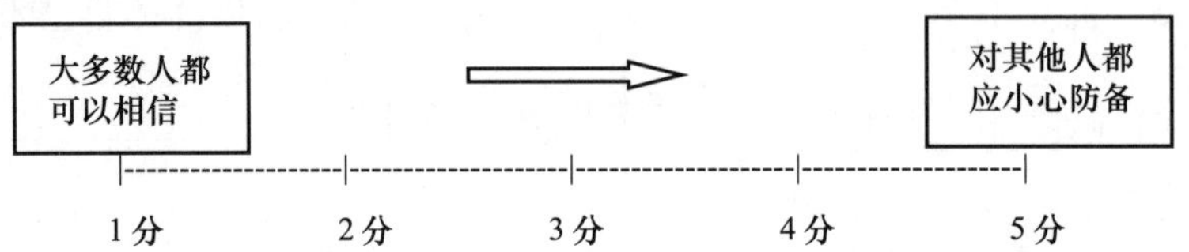

> 采访员注意：F28 询问受访人的社会信任水平，1 和 5 分别是两个极端，让受访人在其中选择一个分数，必要时可以把这张图给受访人看。

F29. 您对下面这些人的信任程度如何【出示答案卡，逐项提问】

	1. 完全信任　2. 比较信任　3. 不太信任　4. 根本不信任　8. 不知道				
1. 您的家人	1	2	3	4	8
2. 您的邻居	1	2	3	4	8
3. 外地人	1	2	3	4	8
4. 陌生人	1	2	3	4	8
5. 外国人	1	2	3	4	8
6. 同事或同学	1	2	3	4	8
7. 您的上司或领导	1	2	3	4	8
8. 您的朋友	1	2	3	4	8

> 采访员注意：F29 询问受访人对不同人的信任程度，从家人一直到陌生人、外国人，注意区分信任的程度，要有适当追问。下面的两个信任量表都与此类似。

F30. 您是否同意以下说法：“在这个社会上，您一不小心，别人就会想办法占您的便宜”

1 非常不同意　2 比较不同意　3 说不上同意不同意

4 比较同意　5 非常同意　8 不知道

> 采访员注意：F30 也是测量对他人的信任程度和社会安全感程度，F25 是正面询问，本题是从反面来询问，注意追问区分程度。

F31. 您对所生活的地方道德建设满意吗

1 满意　　2 基本满意　　3 不满意

8 不知道/说不清楚

采访员注意：F31 问的是道德建设，而不仅是道德状况，即地方政府或相关部门采取了什么措施了提升社会道德状况。所生活的地方指受访人生活的社区、村庄。

F32. 您对下面这些职业群体的信任程度如何【出示答案卡，逐项提问】

	1. 完全信任　2. 比较信任　3. 不太信任 4. 根本不信任　8. 不知道				
1. 商人	1	2	3	4	8
2. 单位领导/社区（村）干部	1	2	3	4	8
3. 公务员	1	2	3	4	8
4. 教师	1	2	3	4	8
5. 警察	1	2	3	4	8
6. 医生	1	2	3	4	8
7. 法官	1	2	3	4	8
8. 农民	1	2	3	4	8
9. 工人	1	2	3	4	8
10. 专家学者	1	2	3	4	8
11. 演艺娱乐界	1	2	3	4	8
12. 公众人物	1	2	3	4	8

采访员注意：F32 询问对不同职业群体的信任程度，注意区分单位领导和党政官员，单位领导指自己所在单位或社区的领导和干部，党政官员则是一般的泛指。警察和法官则是特定的公务员群体。公众人物指在一定范围内具有重要影响，为人们所广泛知晓和关注，并与社会公众利益密切相关的人物。

F33. 您在生活中经常买到假冒伪劣商品吗

1 经常　　2 偶尔　　3 没有

8 不知道/不清楚

采访员注意：F33 是一个客观情况的自我报告，经常和偶尔的区分由受访人自己决定。包括从实体店和电商那里买到的商品。假冒产品是指购买时误以为是正版的产品，伪劣产品是指质量低劣或者失去使用性能的产品。

F34. 您在购物、就医、理财等方面经常遇到虚假广告吗

1 经常　　2 偶尔　　3 没有　　8 不知道/不清楚

F35. 如果在路边看到一个老人摔倒，您的反应是【读出选项，限选一项】

1 立即扶起　　2 等有证人时再扶

3 先拍照，再扶起　　4 不扶，避免惹是生非

5 报警　　7 其他（请注明__________________）

采访员注意：F35 询问受访人对扶老人的看法，这是一个情境题，让受访人假设一下，如果遇到这种情况会采取什么措施或行动。

F36. 我们都听说过或见证过好心人救助老人却反被诬陷的诸如此类的事情。假如您是这位好心人，您会【读出选项，限选一项】

1 我是多管闲事，下次再也不会帮助别人了

2 我正直善良真心待人，对得起良知和良心

3 下次还是会伸出援手，但是会提高警惕，注意保护自己

4 其他（请注明__________________）

F37. 您对下列群体的伦理道德整体状况的满意度【出示答案卡，逐项提问】

	1. 非常不满意　2. 比较不满意 3. 比较满意　4. 非常满意　8. 不知道				
1. 政府官员	1	2	3	4	8
2. 一般公务员	1	2	3	4	8
3. 企业家	1	2	3	4	8
4. 演艺娱乐界	1	2	3	4	8
5. 教师	1	2	3	4	8
6. 青少年	1	2	3	4	8
7. 弱势群体	1	2	3	4	8
8. 自由职业者	1	2	3	4	8
9. 农民	1	2	3	4	8
10. 商人	1	2	3	4	8
11. 工人	1	2	3	4	8

续表

	1. 非常不满意　2. 比较不满意 3. 比较满意　4. 非常满意　8. 不知道				
12. 专家学者	1	2	3	4	8
13. 医生	1	2	3	4	8

> 采访员注意：F37 是量表，询问受访人对下述群体道德状况的满意程度。弱势群体指在社会上需要帮助的群体，如残疾人、失业者等。自由职业者是指摆脱企业公司等组织限制，自己管理自己，以个体劳动为主的一种职业，如自由撰稿人、独立歌手、个体设计师、一些理发师和艺术家等，包括个体户，有时也包括大街上的小摊小贩等。

F38. 下列哪些因素可能影响人际关系紧张【出示答案卡，限选三项】

1 社会资源缺乏，引发恶性竞争　2 过度宣扬竞争意识

3 社会财富分配不公，贫富差距过大　4 个人主义盛行

5 缺乏爱心　6 缺乏相互理解和沟通的意识和能力

7 制度安排不公正，机会不平等　8 以权谋私，官员腐败

9 缺乏道德信用　10 人与人、人与社会之间缺乏信任

11 传统伦理瓦解，社会缺乏统一的价值观

12 一切诉诸利益或法律，人际关系缺乏伦理调节的机制和能力

77 其他（请注明________________）　88 不知道

> 采访员注意：F38 限选 3 项。“统一的价值观”是指大家都认可的社会规范和制度，即都认为某事是对，某事是错的，分歧很少。

F39. 您认为在现代中国社会实际奉行的道德价值是【出示答案卡，限选一项】

1 义利合一，用符合道德的方式牟利　2 见利忘义，唯利是图

3 不计较利害得失，道德至上

7 其他（请注明________________）　8 不知道

> 采访员注意：F39 询问实际奉行的道德价值，而非受访人认为应该奉行的价值。后半句是对前半句的解释，主要向受访人读后半句即可。

F40. 对形成中国当前各种新型伦理关系和道德观念，哪些因素影响最大【出示答案卡，限选三项】

1 网络和媒体　　2 政府　　3 大学及其文化

4 市场　　5 企业　　6 社会团体

7 知识精英　　8 国外的思潮与生活方式

77 其他（请注明__________________）　　88 不知道

采访员注意：F40 询问影响新型伦理、道德观念的影响因素，这是多选题，但最多只能选 3 项，可以选择少于 3 项。

F41. 您认为对当前中国伦理关系和道德风尚造成最大负面影响的因素是【出示答案卡，限选两项】

1 传统文化的崩坏　　2 外来文化的冲击

3 市场经济导致的个人主义　　4 网络技术的发展

5 分配不公，两极分化　　6 以权谋私，官员腐败

77 其他（请注明__________________）　　88 不知道

采访员注意：F41 询问的是造成最大负面影响的因素，是单选题。注意，伦理是指人与人之间的关系，道德是个体性的。

F42. 您认为造成当今不良道德风尚的最主要原因是【出示答案卡，限选三项】

1 以权谋私，官员腐败

2 企业不讲诚信和损害社会利益

3 学校道德教育功能弱化　　4 家庭伦理功能弱化

5 个人缺乏道德自觉　　6 分配不公，两极分化

7 社会的不良影响

77 其他（请注明__________________）　　88 不知道

F43. 您认为导致当前医患关系紧张的首要原因是？次要原因是【出示答案

卡，填写选项代码】

A. 首要原因：| ____ |　　B. 次要原因：| ____ |

1 医生缺乏职业道德，对病人不负责任

2 医疗制度不合理，看病难、看病贵

3 医生腐败，不送红包不认真看病

4 “医闹”，病人蓄意闹事

7 其他（请注明____________________）　　8 不知道

> 采访员注意：F43 询问受访人认为什么是医患关系紧张的主要原因，先选择两个原因，然后进行排序，选出最主要的原因。

F44. 您是否曾经与医生（医院）发生过矛盾或纠纷

1 是　　5 否→（进行到 F46）

F45. 如果您曾卷入过医患纠纷，您采取了以下哪些方式来解决问题【出示答案卡，可选多项】

1 与医院（医生）协商　　2 寻求卫生局的调解或介入

3 医学鉴定　　4 司法诉讼

5 寻求媒体曝光　　6 信访

7 寻求第三方医疗纠纷调解委员会的调解或介入

8 直接找医生或医院算账

> 采访员注意：F45 仅询问那些有卷入医患纠纷的受访人，这是多选题，第三方医疗纠纷调解委员会是指医院、政府之外的专门调解机构。

F46. 某些患者会在手术前给医生红包，您认为送红包的主要目的是【出示答案卡，限选一项】

1 不相信医生能平等地对待每个病人，送红包能提高关注度，必须送

2 医生很辛苦，送红包是表示尊敬和感谢

3 大家都送，我不送会吃亏，不送心里不踏实

4 送红包能让医生对我更用心，但我不会这么做

5 大家都送红包，事实上无助于提高治疗效果，我不会这么做

6 想送，但我没有能力送　　8 不知道/说不清楚

> 采访员注意：F46 是一个情境假设题，让受访人假设自己要做手术，会怎么做。

G. 政府伦理

G1. 和前几年相比，您认为目前中国官员腐败现象有什么变化

1 有很大改善　　2 有较大改善　　3 没什么变化

4 更加恶化　　7 其他（请注明＿＿＿＿＿＿＿＿）

8 不知道

> 采访员注意：G1“前几年”是个模糊概念，主要以受访人体验为主，不必过多解释。官员主要指拥有权力的公务员。

G2. 您认为干部当官的目的是【出示答案卡，可选多项】

1 为国家与社会做贡献　　2 为人民服务，为百姓做好事做实事

3 为家庭增光，光宗耀祖　　4 为自己升官发财

5 没什么特殊目的，一个稳定而待遇高的职业而已

7 其他（请注明＿＿＿＿＿＿＿＿）　　8 不知道

> 采访员注意：G2 干部当官，主要是指公务员中追求官职的情况，考察社会对公务员追求官职的认识。

G3. 与前几年相比，您对政府官员的信任度有什么变化

1 信任度提高了　　2 更加不信任　　3 没什么变化

7 其他（请注明＿＿＿＿＿＿＿＿）

> 采访员注意：G3“前几年”是个模糊概念，主要以受访人体验为主，不必过多解释。官员主要指拥有权力的公务员。

G4. 在生活中或媒体上，当看到政府官员时，大多数情况下您首先想到的是【出示答案卡，限选一项】

1	公仆，为老百姓谋福利	2	官僚，根本不了解我们的情况
3	有权有势的人	4	有本事的人
5	领导，决定我们命运的人	6	贪官
7	惹不起但躲得起的人	8	遇到大事可以信任的人
77	其他（请注明__________________）		

> 采访员注意：G4 请受访人读完选项后不要作过多思考，直接回答。

G5. 您觉得当前中国政府官员道德问题最严重的是【出示答案卡，限选三项】

1	贪污受贿	2	以权谋私
3	生活作风腐败	4	官僚主义
5	平庸，不作为，只保护自己不解决实际问题		
6	乱作为，搞政绩工程折腾百姓	7	铺张浪费
8	拉帮结派	9	骄横跋扈，欺压百姓
77	其他（请注明__________________）	88	不知道

> 采访员注意：G5 限选 3 项，可不用排序。可以在 3 项以内，请尽量选择 3 项，不可选择 4 项（含 4 项）以上。

G6. 您认为政府在制定政策和决策时充分考虑到伦理道德方面的要求了吗（如社会公平、利益均衡、关怀弱势群体，城市交通等公共资源配置，以及大多数人利益和感受）【出示答案卡，限选一项】

1 有考虑，能够从日常生活中感受到

2 有考虑，能够从政策文件中体会到

3 只是口头上说说，没有实质性行动

4 没有考虑，政策制度都是从自己的政绩和富人的利益着想

7 其他（请注明＿＿＿＿＿＿＿＿＿＿＿）

采访员注意：G6 调查受访人对政府政策的伦理度的理解，可以举例帮助理解，“能够从日常生活中感受到”，如城市红路灯时间的设置有没有考虑行人过马路的必要时间；“能够从政策文件中体会到”，如单位、社会以及媒体宣传中的垃圾分类等。

G7. 残疾人、留守儿童、孤寡老人等弱势群体需要来自全社会的关爱与帮助，您认为本地区做得怎么样【出示答案卡，逐项提问】

	1. 很好	2. 比较好	3. 不太好	4. 很差	8. 不知道
1. 社区提供的服务	1	2	3	4	8
2. 周围人的尊重和关爱	1	2	3	4	8
3. 社会服务机构提供专业化服务	1	2	3	4	8
4. 政府实施的社会援助	1	2	3	4	8
5. 公益与慈善事业	1	2	3	4	8
6. 志愿者帮助	1	2	3	4	8

采访员注意：G7 是一个相对程度比较，请受访人按照自己的体会与认识作答即可。不必过多解释。

G8. 现在有的地方建了“好人馆”“好人广场”“好人公园”，您认为有必要为好人树碑立传吗

1 很有必要，可以让更多的人知道他们、学习他们

2 可有可无　　3 没有必要　　8 不知道

G9. 党的十八大以来，以习近平同志为核心的党中央出台了一系列治国理政的新举措，您觉得给社会生活带来了什么变化【读出选项，限选一项】

1 社会在向好的方面发展，对未来生活更有信心

2 目前没看出有什么影响

3 虽然出台了一些政策，感觉解决不了什么问题

4 不关心这些，说不清楚

7 其他（请注明＿＿＿＿＿＿＿＿＿＿＿）

采访员注意：G9 请受访人根据自己的体会与认识作答即可。不必过多解释。

G10. 您认为本地政府在以下方面的政策措施对促进社会公平有效果吗【出示答案卡，逐项提问】

	较大效果	有点效果	没有效果	更不公平	大大加剧了不公平	不知道
1. 就业政策	1	2	3	4	5	8
2. 教育政策	1	2	3	4	5	8
3. 医疗卫生政策	1	2	3	4	5	8
4. 低保政策	1	2	3	4	5	8
5. 房地产政策	1	2	3	4	5	8
6. 拆迁安置政策	1	2	3	4	5	8

采访员注意：G10 本地政府指县级行政区一级政府，即受访人所在的市辖区政府或县政府。

G11. 如果遭遇重大公共事件，如流行病、企业爆炸、暴力事件、自然灾害、惩治贪腐等，您相信政府公布的信息和采取的措施吗【读出选项】

1 相信，大都是可靠的，比网络流传的可靠

2 不相信，都是安抚百姓的策略措施

3 将信将疑，走一步看一步

5 其他（请注明____________________）

G12. 您觉得政府推动或倡导的下列活动，效果如何【出示答案卡，逐项提问】

	1. 完全没效果　2. 效果较差 3. 效果较好　　4. 效果很好 8. 没听说过该活动				
1. 文明城市创建	1	2	3	4	8
2. 学雷锋活动	1	2	3	4	8
3. 典型人物的宣传（感动中国、中国好人、道德楷模等）	1	2	3	4	8
4. 志愿服务的倡导和推广	1	2	3	4	8
5. 反腐倡廉的举措	1	2	3	4	8
6.《公民道德建设实施纲要》的推进	1	2	3	4	8

采访员注意：G12 是一个相对程度比较，请受访人按照自己的体会与认识作答即可。不必过多解释。

G13. 您对于我们正在走的中国特色社会主义道路怎么看【出示答案卡，限选一项】

1 充满信心，因为它可以给中国带来繁荣富强

2 不太了解，但相信这条路能够让老百姓都过上好日子

3 表示怀疑，走这条路究竟怎么样，现在还说不清楚

4 走什么样的路，跟我没关系

7 其他（请注明____________________）

采访员注意：G13 如果受访人不知道中国特色社会主义道路，可作适当解释，就是当前中国共产党领导的社会主义的制度建设。如果没听说过，或无法理解，请在其他中说明。

G14. 每个人都希望我们的国家越来越好，我们的生活越来越好。党的十八大提出，到 2020 年全面建成小康社会，到 21 世纪中叶建成社会主义现代化国家，您认为这样的目标能实现吗【限选一项】

1 相信一定能实现　　2 有困难，但只要努力还是能实现的

3 不可能实现　　4 说不清楚，跟我没关系。

7 其他（请注明____________________）　　8 不知道

采访员注意：G14 如果受访人不知道小康社会，不理解社会主义现代化国家等概念，请在其他中说明。

G15. 您对您周围的党员干部道德状况怎么评价【读出选项】

1 总体还不错　　2 普遍比较差

3 和普通群众没有太大差别　　8 不知道

采访员注意：G15 此题中党员干部，主要指身边的共产党员以及政府官员。

G16. 您认为当前官员的勤政作为是怎样的【出示答案卡，限选一项】

1 努力作为，成绩显著　　2 努力作为，成绩一般

3 行政不作为　　4 行政乱作为　　8 说不清楚

> 采访员注意：G16 调查受访人对于当前官员的工作现状的评价，是一个主观认识，不必作过多解释，请受访人按照自己的理解作答。

G17. 您到政府部门办事，首先选择的方法是【限选一项】

1 找亲朋好友帮忙办理　　2 找政府中的熟人办理

3 送红包　　4 直接找相关职能部门办理

7 其他（请注明＿＿＿＿＿＿＿＿＿＿）　　8 不知道

> 采访员注意：G17 主要问受访人第一个想到与选择的处理方式。

H. 生态伦理

H1. 您认为近五年来，您所在地区政府的环境保护工作做得怎么样【出示答案卡，限选一项】

1 片面注重经济发展，忽视了环境保护工作

2 重视不够，环保投入不足　　3 虽尽了努力，但效果不佳

4 尽了很大努力，有一定成效　　5 取得了很大的成绩

8 说不清

> 采访员注意：H1“所在地区”，指的是受访人所居住的、与其息息相关的较小范畴区域，例如，A 市 B 县 C 区的居民，仅需对 C 区做出判断，无须评价 A 市。

H2. 在最近的一年里，您是否从事过下列活动或行为【出示答案卡，逐项提问】

	1. 从不	2. 偶尔	3. 经常
1. 垃圾分类投放	1	2	3
2. 与自己的亲戚朋友讨论环保问题	1	2	3
3. 采购日常用品时自己带购物篮或购物袋	1	2	3
4. 优先选择公交、自行车、步行等绿色出行方式	1	2	3
5. 为环境保护捐款	1	2	3
6. 主动关注环境方面的信息报道和宣传教育	1	2	3
7. 积极参加民间环保团体举办的环保活动	1	2	3

续表

	1. 从不	2. 偶尔	3. 经常
8. 积极参加要求解决环境问题的投诉、上诉	1	2	3

H3. 如果您的周围有一片森林，政府将成材的树木砍伐下来办木材厂，将极大提高您的收入，但将破坏环境，您会支持这一决定吗

1 支持，对大家有好处　　2 反对，这是发子孙财，破坏生态

3 不支持也不反对，政府决定

7 其他（请注明________________）

H4. 如果您所在的地方要办一个化工厂，您是这个厂的持股职工，化工厂的排污管将未经处理的污水排向下游地区，给下游地区造成污染，您会支持这个决定吗

1 支持，我们不会受污染　　2 反对，这是嫁祸于人

3 不支持也不反对，成了可分红，不成是领导的责任

7 其他（请注明________________）

采访员注意：H4 若受访人不理解“持股”“分红”，可采用“向您借钱建厂，年底给您高额利息”的比方进行解释。如果受访人不知道什么是化工厂，请举例，例如，生产农药的厂子。

H5. 您认为造成生态环境问题的最主要原因是【限选一项】

1 企业唯利是图，造成环境污染　　2 政府缺乏生态意识，政策失当

3 个人缺乏环保意识　　4 当代人自私自利，不顾未来和子孙利益

6 其他（请注明________________）

H6. 如果环境保护主管部门邀请您参加座谈会或听证会，听取对环境保护相关事项或者活动的意见和建议，您是否会出席

1 会　　5 不会　　8 不知道

采访员注意：H6 若受访人不理解“座谈会或听证会”“环境保护相关事项”，可举例解释，例如，“您家附近要建产生废气的化工厂，或是产生噪声的高速公路、地铁，请您去参加会议征询意见”。

H7. 若您所在社区参加“绿色社区”创建活动，您是否会积极参与

[1] 会　　[5] 不会　　[8] 不知道

务必填写当前时间：（24 小时制）________点________分

I. 世界伦理

I1. 如果您周围有很多外国人，您愿意和他们建立什么样的关系【限选一项】

[1] 愿意做朋友　　[2] 愿意做兄弟姐妹

[3] 不愿意来往，得提防他们　　[4] 偶尔交往，仅限于礼节性的

[5] 无法和他们来往，存在语言、文化、习俗等障碍

[7] 其他（请注明____________________）

> 采访员注意：I1 各选项是相互排斥的，不可多选。

I2. 您更愿意过春节还是圣诞节

[1] 圣诞节　　[2] 春节　　[3] 两个都愿意过　　[4] 两个都不想过

> 采访员注意：如果没有听说圣诞节，请在空白处记录。

I3. 您同意中国人与外国人通婚吗

[1] 非常同意　　[2] 比较同意　　[3] 不太同意

[4] 强烈反对　　[8] 不知道

I4. 对外来的城市农民工如建筑工人、家庭保姆等，您的态度是【限选一项】

[1] 看不起和排斥　　[2] 无视和冷漠以对

[3] 尊重和体谅　　[4] 同情和友爱

[7] 其他（请注明____________________）

> 采访员注意：I4 中外来人员包括外国人。

I5. 您在日常生活中与同乡人和外乡人的关系是【限选一项】

1 与同乡人交往多　　2 与外乡人交往多　　3 一样多

4 偶尔与外乡人有交往，主要与同乡人交往

7 其他（请注明＿＿＿＿＿＿＿＿＿＿）

采访员注意：I5 中，同乡人与外乡人主要是指不是相同地域、说不同样方言或有不相同口音的人。

I6. 您所在地区的政府对待外来人员的政策取向是【限选一项】

1 不冷不热，顺其自然　　2 提高门槛，严加限制

3 降低门槛，广泛吸收

4 对有钱人、高级专家采取特殊政策吸引，对一般人严加限制

7 其他（请注明＿＿＿＿＿＿＿＿＿＿）

采访员注意：I6 中，门槛是指取得本地户口的条件限制的难易。

I7. 您认为在当前的中国，读书还能不能改变命运【出示答案卡，限选一项】

1 读书只是改变命运的一个路径　　2 读书是改变命运的主要路径

3 读书是改变命运的唯一路径

4 不再是改变命运的路径，没权势的人读了书照样穷

7 其他（请注明＿＿＿＿＿＿＿＿＿＿）

采访员注意：I7 从第一选项到第四选项，读书改变命运的路径是越来越少、越来越窄的。

I8. 您如何看待名牌大学里农村学生比例急剧减少的现象【出示答案卡，限选一项】

1 是一种社会倒退　　2 农村教育的落后

3 教育不公平　　4 有钱人和有权人特权的表现

5 代际不公、社会不公的延续和加剧

7 其他（请注明____________________）

I9. 假如您与您的同学、朋友或同事来自不同的地方，当你们在一起讨论各自家乡的风俗习惯时，您同学指出你们家乡的某一风俗习惯很落后保守（您心底里也这样想），您会作出什么反应【出示答案卡，限选一项】

1 坦然面对，承认这一风俗习惯确实落后

2 虽然认为说得对，但是感觉他或她在批评自己的家乡，因此不自在

3 虽然认为说得对，但是感到受到羞辱

4 批评家乡就是批评自己，要为自己家乡的风俗习惯做辩护

7 其他（请注明____________________）

采访员注意：I9 主要考察不同文化风俗背景中的人们能否相互理解、相互尊重的问题。

I10. 如果您有机会出国，初到国外时，您交朋友会有意识地交中国朋友吗【限选一项】

1 会，认为在异国他乡结交自己本国人有一种归属感

2 不会，看缘分交朋友，不强调国籍

3 不会，会有意识地多交外国朋友

4 视情况而定

I11. 您是否愿意与不同民族的人交往

1 非常不愿意　　2 不太愿意　　3 比较愿意

4 非常愿意　　8 不知道

I12. 您是否愿意与不同宗教信仰的人相处

1 非常不愿意　　2 不太愿意　　3 比较愿意

4 非常愿意　　8 不知道

I13. 您与您的邻居平时来往多吗

1 非常多　　2 比较多　　3 偶尔

4 几乎不来往　　8 没有邻居

I14. 您在多大程度上愿意和下列哪些群体成为邻居【出示答案卡，逐项提问】

	非常愿意	比较愿意	不太愿意	很不愿意	不知道
a. 农民工，进城务工人员	1	2	3	4	8
b. 商人	1	2	3	4	8
c. 企业家或高级管理人员	1	2	3	4	8
d. 技术工人	1	2	3	4	8
e. 教师	1	2	3	4	8
f. 医生	1	2	3	4	8
g. 富人	1	2	3	4	8
h. 土豪	1	2	3	4	8
i. 专家学者	1	2	3	4	8
j. 政府官员	1	2	3	4	8
k. 公众人物，演艺人士	1	2	3	4	8

I15. 您如何看待中国对其他落后国家的广泛援助计划【出示答案卡，限选一项】

1 完全支持，认为这有助于提升国家形象和国际地位

2 支持，认为我们应该帮助比我们落后的国家

3 支持，但国家应该征求纳税人的意见

4 不支持，因为我们国家尚存在很多贫困人口　　8 不知道

采访员注意：如果受访人不知道广泛援助计划，可以举例子，给非洲一些国家粮食、药品，帮助修路等。

I16. 您听说过一些道德模范或身边好人的故事吗？您愿意像他们那样做人做事吗【出示答案卡，限选一项】

1 知道一些，他们很了不起，应努力向他们学习

2 知道一些，很敬佩他们，但自己学不来

3 知道一些，我感觉他们那样做有点不值得

4 没听说过谁是道德模范和身边好人

7 其他（请注明____________________）

> 采访员注意：I16 道德模范和身边好人都是官方逐级推选并授予的称号。

I17. 当有陌生人走进您的单位或社区，或在车厢中与陌生人在一起时，您经常的态度是【限选一项】

1 对他/她微笑　　2 主动打招呼

3 没有任何反应　　4 保持警惕，防止上当

7 其他（请注明____________________）　　8 不知道

I18. 假设您双手抱着东西走进电梯，您觉得电梯里的陌生人可能会怎样【限选一项】

1 主动问您去几楼并帮您按楼层　　2 当作没看见

3 会在您的请求下给予帮助　　8 不知道

> 采访员注意：如果受访人不知道电梯，请解释电梯的样子，注意说明想去哪一层是需要按楼层号的。

CHK2 采访员检验点：请参见采访地点

1 江苏省样本　→（进行到 J1）

5 其他省市样本→（进行到 K1）

8 现在我们省正按照习近平总书记的要求，努力建设经济强、百姓富、环境美、社会文明程度高的新江苏。您对江苏实现这样的目标有信心吗

1 很有信心　　2 没有信心　　8 说不清楚

K. 个人、家庭基本信息

K1. 您目前的婚姻状况是

1 未婚　　2 已婚　　3 离婚　　4 丧偶

7 其他（请注明____________________）

K1a. 您丈夫/妻子是哪年出生的？________年

采访员注意：未婚的、离婚的、丧偶的不需要回答 K1a。

K2. 您家里住在一起并且一起吃饭的有几个人（包括您自己）？________人

采访员注意：这里不包括非家庭成员，例如，保姆。

K3. 请问您有几个子女？________个；其中儿子________个，女儿________个。

K4. 您目前的居住状况是【出示答案卡】

1 与配偶居住　　2 与配偶及已婚子女居住

3 与配偶及父母居住　　4 独自居住

5 与配偶及未婚子女居住　　6 祖父母辈与孙辈居住

7 其他（请注明____________________）

K5. 请问您现在的住房属于以下哪种情况【出示答案卡】

1 父母买或祖上传的私房　　2 自己买或盖的房

3 与父母合买的商品房　　4 买的单位/房管局的房

5 单位分的公房　　6 租私人的房

7 租房管局的房　　77 其他（请注明____________________）

K6. 您最近一年来的月平均收入属于下面哪个范围？（包括退休金、工资、奖金、房租、股票等各种收入）【出示答案卡】

1 无收入　　2 1—999 元

3 1000—1999 元　　4 2000—3999 元

5 4000—5999 元　　6 6000—8999 元

7 9000—12999 元　　8 13000—20000 元

9 20000 元以上　　88 不知道　　99 拒绝回答

> 采访员注意：对于农村居民，有的是一年才有一次收入，那么请换算成每月的。在农村，一年一次的收入有时候无法区分出是哪个家庭成员挣得的，那么请用家庭劳动力人口平均一下。

K7. 2016 年您的家庭全年总收入属于下面哪个范围？（包括工资、奖金、房租、股票等各种收入）【出示答案卡】

1 少于 1000 元　　2 1000—1999 元
3 2000—3999 元　　4 4000—6999 元
5 7000—9999 元　　6 1 万—1. 9999 万元
7 2 万—3. 9999 万元　　8 4 万—5. 9999 万元
9 6 万—7. 9999 万元　　10 8 万—9. 9999 万元
11 10 万—19. 9999 万元　　12 20 万—29. 9999 万元
13 30 万—49. 9999 万元　　14 50 万—99. 9999 万元
15 100 万元及以上　　88 不知道　　99 拒绝回答

> 采访员注意：注意强调家庭全年的总收入。包括农作物、各种副业收入，外出打工的收入等。

K8. 您目前的政治面貌是

1 共产党员　　2 民主党派　　3 共青团员　　4 群众

K9. 您经常离开本市外出（包括出差、旅游、探亲等）吗

1 每周几次　　2 每月几次　　3 每年几次　　4 每年一次
5 两三年一次　　6 几乎不去　　8 不知道

> 采访员注意：如果受访人在某个县里居住，这里的“市”指该县所属的地级市。

K10. 您去过国外或港、澳、台地区吗？　1 去过　　5 没去过

K11. 您的家人和亲戚当中是否有人曾经或正在国外学习、工作或生活

1 有　　5 没有

K12. 您的好朋友当中是否有人曾经或正在国外学习、工作或生活

1 有　　5 没有

> 采访员注意：K11，K12 中，只要有一个家人或亲戚，或好朋友在国外，都算“有”，仅仅是在国外旅游的不算。港、澳、台属于国内。

K13. 最后一个问题，为了保证调查质量，便于检查采访员的工作，请您告诉我您家或您单位的电话号码

家庭电话号码：__________________

单位电话号码：__________________

手机号码：__________________

> 采访员注意：我们想知道受访人家里或单位的电话号码，是为了项目执行的质量核查目的，并没有其他的意思，如果受访人有疑虑可稍作解释，如受访人仍不愿意告知，不要强求。

耽误了您不少时间，谢谢您的合作。

务必填写结束时间（24 小时制）：______点______分

采 访 记 录

> 采访员注意：采访记录必须填写，Z1 至 Z5 根据访问过程来综合判断，其他题目根据客观情况来判断。

Z1. 采访对象的合作

1. 非常好　　2. 好　　3. 一般　　4. 不好　　5. 非常不好

Z2. 采访对象理解能力

1. 很高　　2. 高于一般水平　　3. 一般水平

4. 低于一般水平　　5. 很低

Z3. 采访开始以前，采访对象对这项研究的疑虑程度

1. 没有疑虑　　3. 有一些疑虑　　5. 非常疑虑

Z4. 采访对象回答问题的可信程度

1. 完全可信　　3. 一般说可信　　5. 有时看起来不可信

Z5. 总体来看，采访对象对访谈的感兴趣程度

1. 非常高　　2. 高于一般水平　　3. 一般水平

4. 低于一般水平　　5. 非常低

Z6. 请您根据自己对采访对象家庭的印象，估计一下该家庭的经济状况，说明该家庭在当地是属于低收入家庭、一般收入家庭、中高收入家庭，还是高收入家庭

1. 低收入　　2. 一般收入　　3. 中高收入　　4. 高收入　　9. 不适用

Z7. 采访时有无其他人员在场

1. 有　　5. 没有→（进行到 Z8）

Z7a. 是什么人在场【可选多项】

1. 六岁以下儿童　　2. 大孩子　　3. 配偶

4. 其他亲属　　5. 其他成人

Z7b. 其他人在场是否影响了采访的质量

1. 是　　5. 否

> 采访员注意：是否影响质量，可以根据以下指标进行判断，例如，是否代替回答、是否让受访人改变了答案、是否和受访人商量着选出答案等。

Z8. 受访人家庭住的是什么样的房子

1. 平房　　2. 六层及以下楼房　　3. 六层以上楼房

Z9. 受访人家庭的住房和当地一般情况相比是什么状况

1. 好　　3. 中　　5. 差

Z10. 受访人居住的地方是否属于以下情况

1 农村民居	2 普通住宅区
3 政府机关大院	4 工厂/农场里的职工宿舍
5 高档住宅区	6 建筑工地宿舍
7 学生宿舍	8 宾馆、餐馆等商业场所
77 其他（请注明＿＿＿＿＿＿＿＿＿＿）	

Z11. 受访人家/楼门前的道路状况如何

1 足够宽广可容汽车通过，并且铺有柏油、水泥	3 石子路
2 汽车无法通过，但铺有柏油、水泥或人造材料	4 泥土路

Z12. 受访人住家附近有哪些公共设施？

	没有设施/服务	步行10分钟以内	步行20分钟以内	步行40分钟以内	步行1个小时以内	无法判断
a. 接受到手机信号	0	1	2	3	4	9
b. 公共休闲设施	0	1	2	3	4	9
c. 大众交通工具站牌（如公交车、火车、船舶、电车等）	0	1	2	3	4	9
d. 宗教建筑（教堂、寺庙、神坛等）	0	1	2	3	4	9

采访员注意：以上设施和服务都记录步行距离最近的。大众交通工具站牌如果有多个，例如，10分钟以内有一个公交站、20分钟以内有个地铁站，请在10分钟以内那一栏做记录。

Z13. 访问时使用的语言？

1 方言　　3 少数民族语言　　5 普通话

Z14. 访问时受访人是否曾经拒绝

1 是，在访问一开始时拒访　　2 是，在访问进行过程中拒访

3 是，在访问即将结束前拒访　　4 不曾拒访

Z15. 其他您认为应该报告和说明的情况

____

____

采访员注意：这里需要报告的地方，例如，访问的场景，受访人对哪些不理解、对哪类题目比较抵触、担忧。受访人家庭环境；受访人的特殊经历；受访人对问卷的抱怨等。

2017 年中国（暨江苏）伦理道德发展状况
调查受访者答案卡

A7. 您的户口所在地和现在的住址相比较，符合下列哪一种情况

1 与现住址不同省/自治区/直辖市

2 与现住址同省/自治区/直辖市，不同地级市

3 与现住址同省/自治区/直辖市，同地级市，不同市辖区/县

4 与现住址同省/自治区/直辖市，同地级市，同市辖区/县，不同乡镇/街道

5 与现住址同街道/乡镇

A10. 您目前的具体职业是
（如已退休，请填写退休前最后一份工作的情况）

1 办事人员（如办公室普通职员、业务人员等）

2 服务人员（如营业员、保安、收银员等）

3 做小生意（如卖菜、开小餐馆等）

4 流动小贩

5 体力工人（勤杂工、搬运工等）

6 技术工人/维修人员/手工艺人

7 企业领导/公司老板

8 企业中层管理人员

9 教师、医生、科研/技术/工程人员

10 事业单位领导

11 文化、艺术、体育从业人员

12 普通公务员　　13 机关干部（科级及以上）

14 军人/警察　　15 农民/牧民

16 无业/失业/下岗　　17 从未工作过

B1. 过去一年，您对以下媒体的使用情况是

	从不	很少	有时	经常	非常频繁
a. 纸质报纸	1	2	3	4	5
b. 纸质杂志	1	2	3	4	5
c. 广播	1	2	3	4	5
d. 电视	1	2	3	4	5
e. 各种政府网站	1	2	3	4	5
f. 社交媒体（微博、微信、博客、播客等）	1	2	3	4	5
g. 新媒体（如数字报纸、数字杂志、移动电视等）	1	2	3	4	5

B6. 社会上发生的一些事情，您一般是从什么渠道最先知道

【限选两项】

1 电视　　2 报纸

3 电台广播　　4 微博/微信等网络社交媒介

5 网络　　6 和朋友/亲戚/同事交谈

7 单位传达　　77 其他（请注明______________）

B13. 您认为中国目前人与人之间的关系受什么影响

【限选两项】

1 利益　　2 情感　　3 国家倡导的主流价值观

4 中国传统价值观　　5 西方价值观

B14. 对中国社会，您最担忧的问题是

【限选两项】

1 腐败不能根治　　2 生态环境恶化

3 分配不公，两极分化　　4 老无所养，未来没有把握

5 生活水平下降　　6 道德滑坡，社会风气恶化

7 人际关系紧张

77 其他（请注明______________）

B15. 对伦理关系和道德生活，您最向往的是

【限选一项】

[1] 传统社会的伦理和道德（如仁、义、礼、智、信）

[2] 战争年代为理想而献身的革命精神（如革命烈士无私献身精神）

[3] 新中国成立后到“文化大革命”前的大公无私的集体主义精神

[4] 追求个人利益的市场经济下的道德

[5] 西方道德（如个人主义、实用主义、功利主义）

[77] 其他（请注明____________________）

B16. 您认为当前中国社会道德生活中最重要的内容是什么

A. 最重要|____|　B. 第二重要|____|　C. 第三重要|____|

[1] 意识形态中所提倡的社会主义道德　[2] 中国传统道德

[3] 西方文化影响而形成的道德　[4] 市场经济中形成的道德

[7] 其他（请注明____________________）

B19. 您认为当今中国社会最基本的伦理冲突是

【限选两项】

[1] 人与自然的冲突　[2] 人与自身的冲突

[3] 人与人之间的冲突　[4] 个人与社会的冲突

[5] 个人与政府的冲突

[7] 其他（请注明____________________）

B20. 在下列关系中，您认为哪些关系对您来说最重要

A. 第一位：|____|　B. 第二位：|____|　C. 第三位：|____|

D. 第四位：|____|　E. 第五位：|____|

[1] 父母与子女　[2] 夫妻　[3] 兄弟姐妹

[4] 同事或同学　[5] 上级与下级　[6] 师生

[7] 人与自然的关系　[8] 个人与社会　[9] 个人与国家

10 个人与工作单位　11 通过网络建立的各种“群”的关系

12 朋友　13 个人与他自身的关系（身心和谐）

77 其他（请注明＿＿＿＿＿＿＿＿＿＿）

B21. 您认为哪一种关系对社会秩序最具根本性意义

【限选一项】

1 家庭关系或血缘关系　2 个人与社会的关系

3 职业关系　4 个人与国家民族的关系

5 人与自然的关系　6 个人与他自身的关系

B22. 您认为哪一种关系对个人生活最具根本性意义

【限选一项】

1 家庭关系或血缘关系　2 个人与社会的关系

3 职业关系　4 个人与国家民族的关系

5 人与自然的关系　6 个人与他自身的关系

B24. 请根据您的理解选择对下列陈述的评价。

	消极影响	没有影响	积极影响
1. 信息技术、网络技术的发展对伦理道德的影响	1	2	3
2. 市场经济对中国伦理道德的影响	1	2	3
3. 西方文化对中国伦理道德的影响	1	2	3

C2. 您根据什么来判断某种行为是否符合伦理或道德

【限选三项】

1 传统道德观念　2 风俗习惯

3 大多数人认同的道德规范　4 当事人共同利益和意志

5 自己的良心　6 自己的利益

7 意识形态的要求　77 其他（请注明＿＿＿＿＿＿＿＿＿＿）

C3. 请结合自己的情况进行选择。理解题意之后，请不要思考过多，根据第一判断选择即可。

	完全不符合	有点符合	一般	比较符合	完全符合
1. 我会经常关心比我不幸的人	1	2	3	4	5
2. 我时常会同情他人的难处	1	2	3	4	5
3. 在做决定前，我会试着从每个人的立场去考虑问题	1	2	3	4	5
4. 当我看到有人被利用时，时常想要保护他们	1	2	3	4	5
5. 我有时会试图站在他人的角度，以便更好地理解我的朋友	1	2	3	4	5
6. 他人的不幸通常不会给我带来很大的不安	1	2	3	4	5
7. 在观看电视剧或电影之后，我会感觉到自己仿佛成了其中的一个角色	1	2	3	4	5
8. 当我对某人很不耐烦的时候，我通常会暂时站在他/她的位置上	1	2	3	4	5
9. 当我在读一个有趣的故事或者看一部电影的时候，会想象如果这些事情发生在自己身上，我会是怎样的感受	1	2	3	4	5
10. 在批评他人之前，我会尝试想象一下如果我处于那个位置会是什么感受	1	2	3	4	5

C4. 您认为当今中国社会最重要和最需要的德性是

A. 第一位：|____|　B. 第二位：|____|　C. 第三位：|____|

D. 第四位：|____|　E. 第五位：|____|

1 爱（仁爱、博爱、友爱）　2 义（道义、义务）　3 宽容

4 责任　5 公正　6 诚信

7 忠恕（将心比心）　8 理智　9 节制

10 谦让　11 勇敢　12 正直

13 善良　14 孝悌　15 敬业

77 其他（请注明____________________）

C5. 一个制药厂做药品销售时，出资五十万请您向公众介绍自己服药后的良好效果，您过去服用这药时并没有效果，但也没有发现很大的副作用，您将如何决定【限选一项】

1 接受邀请，心安理得

2 接受邀请，心里不安，但这笔巨款很有吸引力

3 拒绝，这是虚假广告欺骗大众

7 其他（请注明____________________）

C6. 您正在申请一个重要的职位，如果具有两次以上在敬老院做义工的经历（不需要出具证明），将可能优先获得这个职位，您将如何决定【限选一项】

1 如实填报，没做过义工，今后多参加这类活动

2 填报参加过两次义工，这机会太重要了，反正不需要出具证明

3 先填报，交表之后去做两次义工

7 其他（请注明____________________）

C8. 现在社会上有些人不遵守道德反而讨了便宜，您会不会为了得到好处而仿效【限选一项】

1 从来不这么做　2 通常不这么做，关键时刻会这么做

3 经常这么做　4 相信善有善报、恶有恶报、终将会受到善恶报应

7 其他（请注明____________________）

C9. 下列说法您是否认同

	1. 完全不同意　2. 不太同意 3. 比较同意　4. 完全同意			
1. 目前大多数人将职业当作谋生的手段，缺乏责任感和奉献精神	1	2	3	4
2. 企业老板剥削员工，利益关系不公正	1	2	3	4
3. 老板和员工、上级和下级相互勾结，共同对社会不负责任	1	2	3	4
4. 是否离婚主要考虑自己的感受和利益	1	2	3	4
5. 是否离婚应该从家庭整体（包括子女）考虑	1	2	3	4
6. 婚姻是社会的事，应当兼顾社会评价和社会后果	1	2	3	4
7. 婚姻应当是自由的，如果有更满意或更合适的人就与现在的配偶离婚	1	2	3	4
8. 婚姻意味着责任，要考虑给对方造成什么后果，不能轻率地选择离婚	1	2	3	4
9. 遇到困难的时候，兄弟姐妹通常都会给予力所能及的帮助	1	2	3	4
10. 无论父母对自己如何，都应当尽赡养义务	1	2	3	4
11. 为了家庭利益可以一定程度上牺牲国家利益	1	2	3	4
12. 为了国家利益可以一定程度上牺牲家庭利益	1	2	3	4

C10. 假设您的上司或老板是外国人，他侮辱了中国，但抗争会产生不利于自己的后果，您会选择【限选一项】

1 当面抗议　　2 保持沉默　　3 暗地里报复

4 以屈求伸，背后骂几句就行了　　5 无所谓

C12. 您常常体会到自己身上一种"伦理感"的存在吗？如把家庭、单位、国家当作归宿，经常与别人将心比心，为家庭和爱人无条件奉献，把自己的命运与所在单位和地区的命运紧紧联系在一起等。

	1. 没有，只感受到自己实实在在的生活	2. 偶尔有，但主要是因为那种情况下我的利益与它高度一致	3. 偶尔有，是在受某种作品或生活情境的影响之后	4. 时常有，它是一种内在的信念
1. 人与人之间	1	2	3	4
2. 家庭	1	2	3	4
3. 单位	1	2	3	4
4. 社区、城市	1	2	3	4

C17. 关于职业劳动（如做工人、教师、医生等）的说法，您最认同的是【限选一项】

1 职业劳动是个人和家庭谋生的手段

2 职业劳动是为社会创造财富

3 职业劳动是个人兴趣和价值实现的方式

7 其他（请注明____________________）

C18. 当前有些人常有忧郁、自杀等状况，您认为造成这种情况的主要原因是什么【可选多项】

1 欲望过多过大，不能知足常乐

2 对自己和未来没有把握

3 竞争激烈，工作压力过大，身心疲惫

4 人与人之间缺乏信任感，人际关系紧张

5 有烦恼很难找到人倾诉和排解

6 个人的文化底蕴和文化积累不够，缺乏自我理解和自我调节能力

7 现代人缺乏安顿自己，化解内心矛盾的能力

8 缺乏道德公正，没有道德的人总是讨便宜

9 缺乏理想和信念支持，精神没有寄托和归宿

10 生活压力大

11 生活孤独无聊

77 其他（请注明________________）

C19. 如果您与下列人员发生重大利益冲突（如财产纠纷等），您会首先选择哪种途径来解决

	诉诸法律，打官司	直接找对方沟通但得理让人，适可而止	通过第三方（如社会机构、朋友等）从中调解，尽量不伤和气	能忍则忍
1. 家庭成员之间	1	2	3	4
2. 朋友之间	1	2	3	4
3. 同事之间	1	2	3	4
4. 商业伙伴之间	1	2	3	4

C21. 您的思想行为受什么人影响最大【限选三项】

1 政府官员　2 企业家　3 演艺明星　4 教师

5 知识精英　6 公众人物　7 农民　8 工人

9 先哲先贤　10 父母　11 网络大V　12 宗教人士

77 其他（请注明________________）

C22. 影响您道德判断和道德选择的最主要的因素是【限选两项】

1 自己的良心　2 大多数人持有的观点

3 公众人物和权威人士的观点　4 国外媒体的观点

5 自己的利益　6 他人的评价

7 社会后果　8 大多数人认可的道德规范

9 先贤教导　　10 “朋友圈”的观点

77 其他（请注明___________________）

C23. 现在经常有一些网民在网络上曝光别人的隐私，您怎么看待这种行为【限选一项】

1 这是违法行为，应该制止　　2 这是不道德行为，应该进行谴责

3 这是社会监督的重要途径，不必完全禁止，但需要规范和引导

4 这是网民的自由，别人不应该干涉

C27. 您对待目前社会上一部分人的奢侈消费行为的态度是【限选一项】

1 钞票是他们自己的，他们愿意怎么花就怎么花

2 他们应该遵守勤俭的传统美德，适度消费

3 过度消费行为只要对别人无害，就不应干涉

7 其他（请注明___________________）

C29. 您可能听说过一些历史上的民族英雄和新时期的先进人物（如舍己救人，为帮助别人牺牲自己的利益等），您觉得他们的精神还值得在全社会大力倡导吗【限选一项】

1 我很佩服他们，现在社会就缺这种精神，要加大宣传

2 以前知道一些，现在不太关注了

3 时过境迁，这些典型的影响力越来越小了，没太多人关心了

4 不知道，也不关心

C30. 当在公交车上遇到小偷正在偷乘客钱包时，您会选择以下哪种做法【限选一项】

1 马上冲上去制止

2 出于害怕，装作什么都没有看到

3 不敢直接与小偷对抗，但以适当方式悄悄提醒当事人或报警

4 只要偷的不是我，不用多管闲事，免得惹麻烦

7 其他（请注明____________________）

C31. 如果小王知道做某件事是道德的，但却最终没有去行动，您认为哪种因素是他采取行动最大的障碍【限选一项】

1 采取行动会损害自己利益

2 采取行动也难以取得预期效果

3 大家都不做，我何必管闲事

4 自身能力有限，心有余而力不足

5 即使我不做，相信还会有别人去做

6 明白就行，让别人去做吧

7 其他（请注明____________________）

C32. 您认为解决当前中国的公民道德和社会风尚问题，最关键的途径是【限选两项】

1 加强法制　　2 弘扬优秀道德传统

3 建设伦理道德的核心价值　　4 惩治官员腐败

5 解决分配不公问题　　6 提高个人道德素质

C33. 您知道社会主义核心价值观吗？下面有 4 个关键词属于其中的内容，请您把它们选出来。（限选四项）

1 文明　　2 诚信　　3 勇敢　　4 爱国

5 创新　　6 友善　　7 勤劳

D1. 您认为现代家庭关系中最令人担忧的问题是【限选两项】

1 只有一个孩子，对家庭的未来没把握（如独生子女出现意外情况等）

2 独生子女难以承担养老责任，老无所养

3 年轻人不愿结婚，或不愿生孩子，家族传承危机

4 婚姻不稳定，年轻人缺乏守护婚姻的意识和能力

5 子女，尤其是独生子女缺乏责任感，孝道意识薄弱

6 代沟严重，父母与子女之间难以沟通　　7 婆媳关系紧张

8 父母不民主，不能容忍差异　　9 “啃老”现象严重

10 父母只培养孩子的知识和技能，忽视良好品德的养成

11 两性关系过度开放　　77 其他（请注明＿＿＿＿＿＿＿＿）

D3. 您对以下现象的态度是

	完全赞同	比较赞同	中立	比较反对	强烈反对
1. 不婚	1	2	3	4	5
2. 试婚	1	2	3	4	5
3. 同居	1	2	3	4	5
4. 同性恋	1	2	3	4	5
5. 婚外恋	1	2	3	4	5
6. 丁克家庭	1	2	3	4	5
7. 代孕	1	2	3	4	5

D9. 如果孩子面临重大问题（婚姻、升学、就业等）时，您的态度是【限选一项】

1 全部包办，替他们做决定或搞定

2 积极建议，努力说服他们采纳

3 只提建议，让他们自己选择

4 不表态，免得子女将来埋怨

5 经常提出建议，但大多不起作用

6 没孩子/孩子太小

7 其他（请注明＿＿＿＿＿＿＿＿）

D13. 您认为最理想的养老方式是哪种【限选一项】

1 敬老院、护理院等专业养老机构　　2 与子女同住

3 自己单住，生活难以自理时找护工　　4 与兄弟姐妹抱团养老

5 与志趣相投的人一起养老

7 其他（请注明____________________）

D14. 当父母一方长期生活不能自理时，主要承担照顾工作的人应该是【限选一项】

1 子女照顾　　2 父母中还有能力的另一方（老伴儿）

3 雇保姆，老伴儿协助　　4 雇保姆，子女协助

5 送护理机构，家人经常探望

7 其他（请注明____________________）

D15. 在过去的十天里，您为父母做过以下哪些事情【限选三项】

1 看望　　2 打电话　　3 买东西　　4 陪看病

5 生活照料　　6 做家务　　7 谈心聊天　　8 给钱

9 外出游玩

D19. 在大街或社区里，看到行走或生活困难的老人，您经常的反应是【限选一项】

1 想到自己的（祖）父母或自己的未来，情不自禁地想帮助他

2 出于义务责任感，想帮助他

3 有同情感，但没有想帮助的冲动

4 没有感觉，习以为常

7 其他（请注明____________________）

D20. 如果您的父母或兄妹偷了别人的东西，警察正在查找，您的行为反应可能是【限选一项】

1 批评他，但不会告发

2 批评他，陪他送回原处或去承认错误

3 默认，因为他得到的东西正是家庭所急需

4 告发，因为出于正义感　　5 告发，因为可能会连累自己

6 不管不问，由他自己决定

7 其他（请注明____________________）

E1. 您认为企业最重要的社会责任是什么【限选一项】

1 为企业和企业股东自身赚钱

2 通过依法纳税为国家积累财富

3 通过诚信经营提供质量可靠的产品，满足社会大众生活需求

4 为员工谋福利

7 其他（请注明____________________）

E2. 下列关于企业的说法，您的同意程度是

	1. 完全同意　2. 比较同意 3. 不太同意　4. 完全不同意			
1. 只要能为员工谋福利就是一个好单位	1	2	3	4
2. 经济效益好坏是衡量企业成败的唯一标准	1	2	3	4
3. 企业做慈善都是做样子，其实还是为自己做广告	1	2	3	4
4. 企业和员工之间只是合同关系，不需要共患难，效益好就好好干，效益不好就跳槽	1	2	3	4
5. 企业不需要对员工讲什么伦理关怀和道德责任，员工表现好就发奖金，表现不好就辞退	1	2	3	4
6. 企业为了履行社会责任，如保护环境，吸收残疾人就业，做社会公益等，应当放弃一些自身利益	1	2	3	4
7. 讲信用、遵循道德规范的企业能够获得更好的利益	1	2	3	4
8. 企业只是一台赚钱的机器，遵循市场规律能赚钱就行，无所谓社会责任，声誉也不重要	1	2	3	4
9. 同样的产品，国企生产的比私企生产的更有保障	1	2	3	4

E3. 下面哪种说法更符合或接近您的个人想法【限选一项】

1 个人和工作单位之间是聘用或雇佣关系，通过工资和付出劳动满足彼此需求

2 不只是利益关系，应当还有很多情感的联系，应当共命运

3 个人是单位的一分子，单位如同个人的另一个家

7 其他（请注明____________________）

E4. 您对自己所在企业（或所熟悉的本地企业）履行下列责任的满意情况如何

	1. 非常不满意 2. 不太满意 3. 比较满意 4. 非常满意			
1. 劳动安全保障	1	2	3	4
2. 员工薪酬合理	1	2	3	4
3. 关心员工生活	1	2	3	4
4. 诚实守法经营	1	2	3	4
5. 产品质量可靠	1	2	3	4
6. 环境保护措施	1	2	3	4
7. 慈善公益事业	1	2	3	4

E6. 您对自己所生活的地方下列群体职业道德状况总体评价如何

	1. 非常满意 2. 比较满意 3. 不太满意 4. 非常不满意			
1. 公务员道德状况（如工作认真负责、依法办事、公正廉洁、讲究效率、文明服务等）	1	2	3	4
2. 医生道德状况（如爱岗敬业、医术水准较高、救死扶伤、尊重病人、不收红包等）	1	2	3	4
3. 教师道德状况（如爱岗敬业、关爱学生、教书育人、为人师表、不搞有偿家教等）	1	2	3	4
4. 个体工商户道德状况（如不卖假冒伪劣产品、不价格欺诈、不缺斤少两、讲诚信服务等）	1	2	3	4

E8. 如果您有一个不错的家庭企业，但儿子或女儿缺乏经营能力或经营兴趣，难以交班，您可能选择【限选一项】

1 培养儿媳或女婿，交给她/他经营

2 交给儿媳和女婿有风险，离婚了怎么办，还是自己撑到有第三代接管

3 找一个懂经营的职业经理人，我们家庭成员做董事长

4 做一天是一天，最后将钞票留给子孙，但外人不可靠，不能交给外人

7 其他（请注明____________________）

E11. 您怎么看待现在一些企业做公益和慈善【限选一项】

1 是做善事，把赚公众的钱还给社会

2 是在作秀，为自己树牌坊

3 是做广告，把弱势群体当作宣传自己的工具

4 做总比不做好，随他去吧

7 其他（请注明＿＿＿＿＿＿＿＿＿＿）

E12. 一些政府机关、企事业单位和大中小学，利用权力让本单位的职工子女在入学、招工中提供特殊政策，您认为这种行为道德吗【限选一项】

1 为本单位人员谋福利，符合道德

2 以权谋私，不道德

3 是对社会公众的不公平，严重不道德

4 符合本单位员工利益，但严重侵蚀社会道德

5 无所谓道德不道德

E16. 您所工作的单位是否存在以下现象（如果是村集体，问您所在的生产大队或村组织是否存在以下现象）【可选多项】

1 给领导干部送礼讨好

2 背后互相告恶状

3 拉帮结派

4 为谋私利找关系走后门

5 奖惩制度不公平

6 领导干部滥用职权

7 都不存在

E17. 下列关于企业履行社会责任（如捐款、捐物、做公益慈善）的说法，您的同意程度是

	1. 完全同意　2. 比较同意 3. 不太同意　4. 完全不同意			
1. 只有国企才应该履行社会责任	1	2	3	4
2. 只有大企业才应该履行社会责任	1	2	3	4
3. 只有盈利多的企业才需要履行社会责任	1	2	3	4
4. 污染类企业要履行更多的社会责任	1	2	3	4
5. 小企业只要管好自己就行了，不需要履行社会责任	1	2	3	4

E18. 您觉得下列哪类单位最讲道德＿＿＿＿；哪类单位道德水平最差＿＿＿＿。

1 国有（控股）企业　2 民营企业　3 私营企业

4 外资企业　5 学校　6 医院

7 政府机关　8 民间组织

E19. 以下关于学校的说法，您的同意程度是

	1. 完全同意　2. 比较同意 3. 不太同意　4. 完全不同意			
1. 学校越来越以营利为目的	1	2	3	4
2. 学校主要传授知识和技能，培养道德不重要	1	2	3	4
3. 学校升学率高比素质教育更重要	1	2	3	4
4. 青少年儿童行为不端，主要是学校没教好	1	2	3	4
5. 要想孩子培养得好，就要多给老师送礼	1	2	3	4

E25. 您对下列组织的道德状况的满意程度如何

	非常不满意	不太满意	比较满意	非常满意
1. 当地企业道德状况	1	2	3	4
2. 当地医院道德状况	1	2	3	4
3. 当地政府道德状况	1	2	3	4
4. 当地学校的群道德状况	1	2	3	4
5. 当地的 NGO 组织（如红十字会等）	1	2	3	4

F1. 下列在公共场所的行为，您的看法是什么

	您认为以下行为是否关乎道德？ 1. 有关　5. 无关		您本人是否做出过这些行为？ 1. 经常做　2. 偶尔做 3. 从来不做		
1. 随地吐痰	1	5	1	2	3
2. 插队	1	5	1	2	3
3. 公交或地铁上大声打电话	1	5	1	2	3
4. 餐馆里说话声音很大	1	5	1	2	3
5. 在公共场所的椅子或沙发上躺着睡觉	1	5	1	2	3

F2. 入夜后，很多中老年朋友在广场上伴着录音机的音乐跳舞，产生噪声，有

人向政府或物管投诉，要求阻止。对这件事您怎么看【限选一项】

1 在广场上跳舞是居民的自由，不应干预

2 跳舞如果破坏了别人的清静，就应该停止

3 中老年人没地方活动，即便跳舞构成干扰，也应尽量容忍和理解

4 请跳舞者降低音量，大家相互妥协

7 其他（请注明＿＿＿＿＿＿＿＿＿＿）

F3. 社会上经常发生一些因个人认为自身受到不公正待遇而导致的社会泄愤事件，比如，厦门公交爆炸案、徐州幼儿园爆炸案。对下列说法，您的同意程度如何

	完全同意	比较同意	不太同意	完全不同意
1. 这是暴徒行为，无论何种情况下，都不应该采取暴力手段	1	2	3	4
2. 其他社会成员在需要的时候，没有及时给予他们温暖和帮助，因此我们每个人都有责任	1	2	3	4
3. 他们的遭遇值得同情，但应该去报复那些给予他们不公平待遇的人，而不是伤及无辜	1	2	3	4
4. 受到不公平待遇，应该充分相信政府，积极寻求相关部门的帮助	1	2	3	4

F7. 请问您是否同意以下说法

	完全同意	比较同意	不太同意	完全不同意
1. 当前的社会是人人为自己	1	2	3	4
2. 现在社会的大多数人是见利忘义的	1	2	3	4
3. 现在社会是一个物欲横流的社会	1	2	3	4
4. 当前大多数人都是以集体利益为重	1	2	3	4
5. 当前大多数人都是家庭利益至上	1	2	3	4
6. 当前的社会是个金钱至上的社会	1	2	3	4
7. 现在社会守道德的人大都吃亏，不守道德的人讨便宜	1	2	3	4
8. 现在社会中好人有好报，恶人终归会受到惩罚	1	2	3	4
9. 人们的生活水平越高，就越幸福	1	2	3	4
10. 当前的社会中道德能够很好地约束人们的行为	1	2	3	4
11. 现有的规范和习俗能够很好地调节人与人的关系	1	2	3	4
12. 现在社会大多数人都有荣辱感	1	2	3	4

F11. 您认为当前社会下列状况的严重程度如何

	1. 非常不严重　2. 比较不严重 3. 比较严重　　4. 非常严重			
1. 坑蒙拐骗现象	1	2	3	4
2. 人际关系冷漠，见危不救	1	2	3	4
3. 诚信缺乏，不讲信用	1	2	3	4
4. 人与人之间缺乏信任，社会安全度低	1	2	3	4
5. 缺乏公德，如公共场所大声喧哗、随地吐痰等	1	2	3	4
6. 自私自利、损人利己	1	2	3	4
7. 缺乏公正心和正义感	1	2	3	4
8. 私欲膨胀、物欲横流	1	2	3	4
9. 缺乏羞耻感	1	2	3	4
10. 干部贪污受贿，以权牟利	1	2	3	4
11. 生活奢侈，铺张浪费	1	2	3	4
12. 干部不作为，推诿扯皮	1	2	3	4

F12. 您怎么看待周围那些经营企业或做生意发了财的人【可选多项】

1 他们自己有本事，应该发财

2 尊重他们，他们为社会做了贡献

3 没什么了不起，他们常用不正当手段发财

4 是土豪，没文化、没教养　　5 是他们运气好

6 有钱没钱，这都是命　　7 天道不公，希望他们明天就破产

77 其他（请注明＿＿＿＿＿＿＿＿＿＿）

F13. 您认为当前社会下列状况的严重程度如何

	1. 非常不严重　2. 比较不严重 3. 比较严重　　4. 非常严重			
1. 企业损害社会利益，如污染环境，以虚假广告误导公众等	1	2	3	4
2. 娱乐界以丑闻、绯闻炒作，污染社会风气	1	2	3	4
3. 媒体缺乏社会责任，炒作新闻	1	2	3	4
4. 社会财富分配不公，贫富悬殊过大	1	2	3	4
5. 教师不尽职	1	2	3	4

续表

	1. 非常不严重　2. 比较不严重 3. 比较严重　4. 非常严重			
6. 医生不守职业道德	1	2	3	4
7. 公众人物用知名度攫取财富	1	2	3	4
8. 两性关系过度开放导致婚姻不稳定	1	2	3	4
9. 年轻人缺乏责任感，不孝敬父母	1	2	3	4

F15. 您觉得您周围的人在日常生活中遵守下列规则吗

	1. 不遵守　2. 基本遵守　3. 自觉遵守		
1. 步行、骑车不闯红灯	1	2	3
2. 乘车、购物自觉排队	1	2	3
3. 文明游览	1	2	3
4. 社区公约、村规民约	1	2	3

F16. 您对下列关于网络的说法是否赞同

	1. 非常不赞同　2. 不太赞同 3. 比较赞同　4. 非常赞同			
1. 网络是个虚拟空间，不受现实生活中的道德规范约束	1	2	3	4
2. 人肉搜索侵犯个人隐私，应该杜绝	1	2	3	4
3. 明知网络谣言仍转发的，应该受到惩罚	1	2	3	4

F19. 您觉得下面的这些现象在您身边常见吗？

	1. 经常见到　2. 偶尔见到　3. 没见到		
1. 占卜算命	1	2	3
2. 操办喜事比富斗阔	1	2	3
3. 在父母生前不尽孝，死后却对父母的丧事大操大办	1	2	3
4. 赌博或变相赌博	1	2	3
5. 封建迷信活动	1	2	3
6. 非法宗教活动	1	2	3

F22. 您认为您目前的状况是【限选一项】

1 生活富裕，但不感到幸福和快乐　2 生活富裕，幸福也快乐

3 生活小康，幸福且快乐 4 生活小康，但不感到幸福和快乐

5 生活清贫，幸福且快乐 6 生活贫困，既不幸福也不快乐

F23. 最近这些年，您的生活水平对幸福感的影响是怎样的【限选一项】

1 生活水平提高了，但幸福感和快乐感降低了

2 生活水平提高了，幸福感和快乐感提高了

3 生活水平没变，幸福感和快乐感提高了

4 生活水平没变，幸福感和快乐感降低了

5 生活水平下降了，但幸福感和快乐感提高了

6 生活水平下降了，幸福感和快乐感也降低了

F24. 相比较而言，近十年来，您认为下列
哪一类人获得的利益最多？________【限选一项】
哪一类人获得的利益最少？________【限选一项】

1 工人 2 农民 3 公务员

4 国有企业的经营管理者 5 集体企业的经营管理者

6 私营企业家 7 外商、境外来大陆的投资者

8 个体户 9 私营、外资企业中的管理人员

10 专家学者、专业技术人员 11 政府官员

77 其他（请注明____________________）

F25. 您认为弱势群体产生的最主要原因是【限选两项】

1 制度不合理，社会关怀不够 2 收入分配不公

3 机会不平等 4 弱势群体自己不努力

5 缺乏生存技能 7 其他（请注明____________________）

F27. 对当今中国社会，您更担忧哪种问题【限选一项】

1 坑蒙拐骗，不守信用

2 人与人之间互不信任，相互提防，没有安全感

3 可信任的人很少，遇到问题难以找到人倾诉和帮助

7 其他（请注明________________）

F28. 您觉得大多数人都是可以相信的吗？如果 1 分代表“大多数人都可以相信”；5 分代表“对其他人都应该小心防备”，您会选几分？请在下面的分数上画圈。

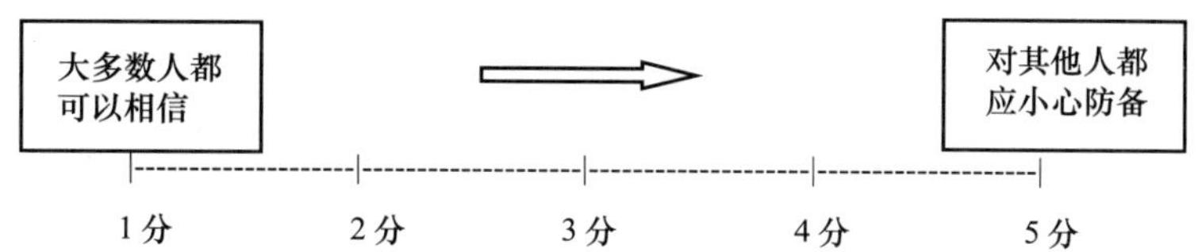

F29. 您对下面这些人的信任程度如何

	1. 完全信任　2. 比较信任 3. 不太信任　4. 根本不信任			
1. 您的家人	1	2	3	4
2. 您的邻居	1	2	3	4
3. 外地人	1	2	3	4
4. 陌生人	1	2	3	4
5. 外国人	1	2	3	4
6. 同事或同学	1	2	3	4
7. 您的上司或领导	1	2	3	4
8. 您的朋友	1	2	3	4

F32. 您对下面这些职业群体的信任程度如何

	1. 完全信任　2. 比较信任 3. 不太信任　4. 根本不信任			
1. 商人	1	2	3	4
2. 单位领导/社区（村）干部	1	2	3	4
3. 公务员	1	2	3	4
4. 教师	1	2	3	4
5. 警察	1	2	3	4
6. 医生	1	2	3	4
7. 法官	1	2	3	4

续表

	1. 完全信任　2. 比较信任 3. 不太信任　4. 根本不信任			
8. 农民	1	2	3	4
9. 工人	1	2	3	4
10. 专家学者	1	2	3	4
11. 演艺娱乐界	1	2	3	4
12. 公众人物	1	2	3	4

F37. 您对下列群体的伦理道德整体状况的满意度?

	1. 非常不满意　2. 比较不满意 3. 比较满意　4. 非常满意			
1. 政府官员	1	2	3	4
2. 一般公务员	1	2	3	4
3. 企业家	1	2	3	4
4. 演艺娱乐界	1	2	3	4
5. 教师	1	2	3	4
6. 青少年	1	2	3	4
7. 弱势群体	1	2	3	4
8. 自由职业者	1	2	3	4
9. 农民	1	2	3	4
10. 商人	1	2	3	4
11. 工人	1	2	3	4
12. 专家学者	1	2	3	4
13. 医生	1	2	3	4

F38. 下列哪些因素可能影响人际关系紧张【限选三项】

1 社会资源缺乏，引发恶性竞争　　2 过度宣扬竞争意识

3 社会财富分配不公，贫富差距过大

4 个人主义盛行　　5 缺乏爱心

6 缺乏相互理解和沟通的意识和能力

7 制度安排不公正、机会不平等　　8 以权谋私，官员腐败

9 缺乏道德信用

10 人与人、人与社会之间缺乏信任

11 传统伦理瓦解，社会缺乏统一的价值观

12 一切诉诸利益或法律，人际关系缺乏伦理调节的机制和能力

77 其他（请注明__________________）

F39. 您认为在现代中国社会实际奉行的道德价值是【限选一项】

1 义利合一，用符合道德的方式牟利

2 见利忘义、唯利是图

3 不计较利害得失，道德至上

7 其他（请注明__________________）

F40. 对形成中国当前各种新型伦理关系和道德观念，哪些因素影响最大【限选三项】

1 网络和媒体　　2 政府　　3 大学及其文化

4 市场　　5 企业　　6 社会团体

7 知识精英　　8 国外的思潮与生活方式

77 其他（请注明__________________）

F41. 您认为对当前中国伦理关系和道德风尚造成最大负面影响的因素是【限选两项】

1 传统文化的崩坏　　2 外来文化的冲击

3 市场经济导致的个人主义　　4 网络技术的发展

5 分配不公，两极分化　　6 以权谋私，官员腐败

77 其他（请注明__________________）

F42. 您认为造成当今不良道德风尚的最主要原因是【限选三项】

1 以权谋私，官员腐败　　2 企业不讲诚信和损害社会利益

3 学校道德教育功能弱化　　4 家庭伦理功能弱化

5 个人缺乏道德自觉　　6 分配不公，两极分化

7 社会的不良影响

77 其他（请注明＿＿＿＿＿＿＿＿＿＿＿＿＿）

F43. 您认为导致当前医患关系紧张的首要原因是？次要原因是

A. 首要原因：|＿＿|　　B. 次要原因：|＿＿|

1 医生缺乏职业道德，对病人不负责任

2 医疗制度不合理，看病难、看病贵

3 医生腐败，不送红包不认真看病

4 “医闹”，病人蓄意闹事

7 其他（请注明＿＿＿＿＿＿＿＿＿＿＿＿＿）

F45. 如果您曾卷入过医患纠纷，您采取了以下哪些方式来解决问题【可选多项】

1 与医院（医生）协商　　2 寻求卫生局的调解或介入

3 医学鉴定　　4 司法诉讼

5 寻求媒体曝光　　6 信访

7 寻求第三方医疗纠纷调解委员会的调解或介入

8 直接找医生或医院算账

F46. 某些患者会在手术前给医生红包，您认为送红包的主要理由是【限选一项】

1 不相信医生能平等地对待每个病人，送红包能提高关注度，必须送

2 医生很辛苦，送红包是表示尊敬和感谢

3 大家都送，我不送会吃亏，不送心里不踏实

4 送红包能让医生对我更用心，但我不会这么做

5 大家都送红包，事实上无助于提高治疗效果，我不会这么做

6 想送，但我没有能力送

G2. 您认为干部当官的目的是【可选多项】

1 为国家与社会做贡献

2 为人民服务，为百姓做好事、做实事

3 为家庭增光，光宗耀祖　　4 为自己升官发财

5 没什么特殊目的，一个稳定而待遇高的职业而已

7 其他（请注明＿＿＿＿＿＿＿＿＿＿）

G4. 在生活中或媒体上，当看到政府官员时，大多数情况下您首先想到的是【限选一项】

1 公仆，为老百姓谋福利　　2 官僚，根本不了解我们的情况

3 有权有势的人　　4 有本事的人

5 领导，决定我们命运的人　　6 贪官

7 惹不起但躲得起的人　　8 遇到大事可以信任的人

77 其他（请注明＿＿＿＿＿＿＿＿＿＿）

G5. 您觉得当前中国政府官员道德问题最严重的是【限选三项】

1 贪污受贿　　2 以权谋私

3 生活作风腐败　　4 官僚主义

5 平庸，不作为，只保护自己不解决实际问题

6 乱作为，搞政绩工程折腾百姓　　7 铺张浪费

8 拉帮结派　　9 骄横跋扈，欺压百姓

77 其他（请注明＿＿＿＿＿＿＿＿＿＿）

G6. 您认为政府在制定政策和决策时充分考虑到伦理道德方面的要求了吗？（如社会公平、利益均衡、关怀弱势群体、城市交通等公共资源配置，以及大多数人利益和感受）【限选一项】

1 有考虑，能够从日常生活中感受到

2 有考虑，能够从政策文件中体会到

3 只是口头上说说，没有实质性行动

4 没有考虑，政策制度都是从自己的政绩和富人的利益着想

7 其他（请注明＿＿＿＿＿＿＿＿＿＿）

G7. 残疾人、留守儿童、孤寡老人等弱势群体需要来自全社会的关爱与帮助，您认为本地区做得怎么样

	1. 很好　2. 比较好 3. 不太好　4. 很差			
1. 社区提供的服务	1	2	3	4
2. 周围人的尊重和关爱	1	2	3	4
3. 社会服务机构提供专业化服务	1	2	3	4
4. 政府实施的社会援助	1	2	3	4
5. 公益与慈善事业	1	2	3	4
6. 志愿者帮助	1	2	3	4

G10. 您认为，本地政府在以下方面的政策措施对促进社会公平有效果吗

	较大效果	有点效果	没有效果	更不公平	大大加剧了不公平
1. 就业政策	1	2	3	4	5
2. 教育政策	1	2	3	4	5
3. 医疗卫生政策	1	2	3	4	5
4. 低保政策	1	2	3	4	5
5. 房地产政策	1	2	3	4	5
6. 拆迁安置政策	1	2	3	4	5

G12. 您觉得政府推动或倡导的下列活动，效果如何

	1. 完全没效果　2. 效果较差 3. 效果较好　4. 效果很好			
1. 文明城市创建	1	2	3	4
2. 学雷锋活动	1	2	3	4
3. 典型人物的宣传（感动中国、中国好人、道德楷模等）	1	2	3	4
4. 志愿服务的倡导和推广	1	2	3	4
5. 反腐倡廉的举措	1	2	3	4
6. 《公民道德建设实施纲要》的推进	1	2	3	4

G13. 您对于我们正在走的中国特色社会主义道路怎么看【限选一项】

1 充满信心，因为它可以给中国带来繁荣富强

2 不太了解，但相信这条路能够让老百姓都过上好日子

3 表示怀疑，走这条路究竟怎么样，现在还说不清楚

4 走什么样的路，跟我没关系

7 其他（请注明＿＿＿＿＿＿＿＿＿＿）

G16. 您认为当前官员的勤政作为是怎样的【限选一项】

1 努力作为，成绩显著　　2 努力作为，成绩一般

3 行政不作为　　4 行政乱作为

H1. 您认为近五年来，您所在地区政府的环境保护工作做得怎么样【限选一项】

1 片面注重经济发展，忽视了环境保护工作

2 重视不够，环保投入不足　　3 虽尽了努力，但效果不佳

4 尽了很大努力，有一定成效　　5 取得了很大的成绩

H2. 在最近的一年里，您是否从事过下列活动或行为？

	1. 从不	2. 偶尔	3. 经常
1. 垃圾分类投放	1	2	3
2. 与自己的亲戚朋友讨论环保问题	1	2	3
3. 采购日常用品时自己带购物篮或购物袋	1	2	3
4. 优先选择公交、自行车、步行等绿色出行方式	1	2	3
5. 为环境保护捐款	1	2	3
6. 主动关注环境方面的信息报道和宣传教育	1	2	3
7. 积极参加民间环保团体举办的环保活动	1	2	3
8. 积极参加要求解决环境问题的投诉、上诉	1	2	3

I7. 您认为在当前的中国，读书还能不能改变命运【限选一项】

1 读书只是改变命运的一个路径　　2 读书是改变命运的主要路径

3 读书是改变命运的唯一路径

4 不再是改变命运的路径，没权势的人读了书照样穷

7 其他（请注明___________________）

I8. 您如何认识名牌大学里农村学生比例急剧减少的现象【限选一项】

1 是一种社会倒退

2 农村教育的落后

3 教育不公平

4 有钱人和有权人特权的表现

5 代际不公、社会不公的延续和加剧

7 其他（请注明___________________）

I9. 假如您与您的同学、朋友或同事来自不同的地方，当你们在一起讨论各自家乡的风俗习惯时，您同学指出你们家乡的某一风俗习惯很落后保守（您心底里也这样想），您会作出什么反应【限选一项】

1 坦然面对，承认这一风俗习惯确实落后

2 虽然认为说得对，但是感觉他或她在批评自己的家乡，因此不自在

3 虽然认为说得对，但是感到受到羞辱

4 批评家乡就是批评自己，要为家乡的风俗习惯做辩护

7 其他（请注明___________________）

I14. 您在多大程度上愿意和下列哪些群体成为邻居

	非常愿意	比较愿意	不太愿意	很不愿意
a. 农民工、进城务工人员	1	2	3	4
b. 商人	1	2	3	4
c. 企业家或高级管理人员	1	2	3	4
d. 技术工人	1	2	3	4
e. 教师	1	2	3	4
f. 医生	1	2	3	4
g. 富人	1	2	3	4
h. 土豪	1	2	3	4
i. 专家学者	1	2	3	4
j. 政府官员	1	2	3	4
k. 公众人物、演艺人士	1	2	3	4

I15. 您如何看待中国对其他落后国家的广泛援助计划【限选一项】

1 完全支持，认为这有助于提升国家形象和国际地位

2 支持，认为我们应该帮助比我们落后的国家

3 支持，但国家应该征求纳税人的意见

4 不支持，因为我们国家尚存在很多贫困人口

8 不知道

I16. 您听说过一些道德模范或身边好人的故事吗？您愿意像他们那样做人做事吗【限选一项】

1 知道一些，他们很了不起，应努力向他们学习

2 知道一些，很敬佩他们，但自己学不来

3 知道一些，我感到他们那样做有点不值得

4 没听说过谁是道德模范和身边好人

7 其他（请注明____________________）

K4. 您目前的居住状况是

1 与配偶居住　　2 与配偶及已婚子女居住

3 与配偶及父母居住　　4 独自居住

5 与配偶及未婚子女居住　　6 祖父母辈与孙辈居住

7 其他（请注明____________________）

K5. 请问您现在的住房属于以下哪种情况

1 父母买或祖上传的私房　　2 自己买或盖的房

3 与父母合买的商品房　　4 买的单位/房管局的房

5 单位分的公房　　6 租私人的房

7 租房管局的房

77 其他（请指明）____________________

K6. 您最近一年来的月平均收入属于下面哪个范围？（包括退休金、工资、奖金、房租、股票等各种收入）

1 无收入
2 1—999 元
3 1000—1999 元
4 2000—3999 元
5 4000—5999 元
6 6000—8999 元
7 9000—12999 元
8 13000—20000 元
9 20000 元以上

K7. 2016 年您的家庭全年总收入属于下面哪个范围？（包括工资、奖金、房租、股票等各种收入）

1 少于 1000 元
2 1000—1999 元
3 2000—3999 元
4 4000—6999 元
5 7000—9999 元
6 1 万—1. 9999 万元
7 2 万—3. 9999 万元
8 4 万—5. 9999 万元
9 6 万—7. 9999 万元
10 8 万—9. 9999 万元
11 10 万—19. 9999 万元
12 20 万—29. 9999 万元
13 30 万—49. 9999 万元
14 50 万—99. 9999 万元
15 100 万元及以上

第四章　调查数据使用说明

2017 年江苏省道德发展状况测评调查数据使用说明

➢ 变量名：

1. 基本与问卷题号保持一致。

2. 开放型题目的变量名称以“＊＊k”为标志。

➢ 变量标签：

大部分变量的标签使用题干原文，过长的题干，进行了关键词的提取。

➢ 特殊编码：

1. –1 不适用，由于跳问产生的。

2. 0 没有进一步答案，在限选两项、三项、排序题中出现。

3. 6/96 不理解题意。

不理解题意是在调查过程中发现许多受访者回答“听不明白”“问的啥意思”，为了帮助问卷设计，让采访员记录出这类回答，即当受访者主动说出“听不明白”“问的是啥”时，记录“不理解题意”。

4. 7/77 其他。

5. 8/88 不知道。

6. 9/99 拒绝回答。

➢ 缺失值定义：

SPSS 版数据库中定义了缺失值，多数变量中的缺失值是“不知道”“不理解题意”“不适用”“拒绝回答”“没有进一步答案”。

测量知识类的题目中，“不知道”为有效选项。

➢ 限选两项、三项的题目：

有的受访者选择的项目数超出题干的要求，在“＊＊k”（其他）中已列举受访者的所有选项。

➢ 多选题：

每个选项为一个变量，1 表示选中该项，0 表示未选中该项。

➢ 复杂抽样下的统计分析：

数据库中提供了两种权重变量，一是基础权重；二是事后分层权重。

由于该调查采用了复杂抽样设计，为此在做统计推断时，需使用复杂抽样设计下的统计方法。

用 Stata 软件执行复杂抽样设计的命令如下：

复杂抽样设计在 Stata 软件中的执行命令为：

```
svysetpsu [pweight = wt_ base], strata (strata) vce (linearized)
svy : mean age
svy : proportionb5
svy : reg Y X1 i. X2
```

2017 年中国伦理道德发展状况调查数据使用说明

➢ 变量名：

1. 基本与问卷题号保持一致。

2. 开放型题目的变量名称以“＊＊k”为标志。

➢ 变量标签：

大部分变量的标签使用题干原文，过长的题干，进行了关键词的提取。

➢ 特殊编码：

1. －1 不适用，由于跳问产生的。

2. 0 没有进一步答案，在限选两项、三项、排序题中出现。

3. 6/96 不理解题意。

不理解题意是在调查过程中发现许多受访者回答“听不明白”“问的啥意思”，为了帮助问卷设计，让采访员记录出这类回答，即当受访者主动说出“听不明白”“问的是啥”时，记录“不理解题意”。

4. 7/77 其他。

5. 8/88 不知道。

6. 9/99 拒绝回答。

➢ 缺失值定义：

SPSS 版数据库中定义了缺失值，多数变量中的缺失值是“不知道”“不理解题意”“不适用”“拒绝回答”“没有进一步答案”。

测量知识类的题目中，不知道为有效选项。

➢ 限选两项、三项的题目：

有的受访者选择的项目数超出题干的要求，在“＊＊k”（其他）中已列举受访者的所有选项。

➢ 多选题：

每个选项为一个变量，1 表示选中该项，0 表示未选中该项。

➢ 复杂抽样下的统计分析：

数据库中提供了两种权重变量，一是基础权重；二是事后分层权重。

由于该调查采用了复杂抽样设计，为此在做统计推断时，需使用复杂抽样设计下的统计方法。

用 Stata 软件执行复杂抽样设计的命令如下：

复杂抽样设计在 Stata 软件中的执行命令为：

```
svysetpsu [pweight = wt_ base], strata (strata_ n) vce (linearized)
svy : mean age
svy : proportionb5
svy : reg Y X1 i. X2
```

第五章　理论框架：伦理道德，如何才是发展？

樊　浩*

【摘要】以何种理念对待伦理道德？“建设”，还是“发展”？“建设”是被动态，是对“建设者”能动性的凸显；“发展”是主动态，是对伦理道德自身规律的尊重，必须以“发展”看待伦理道德。伦理道德发展能否测评？如何测评？基于伦理道德发展的哲学规律、中国传统、中国问题、时代精神要求四个维度，中国伦理道德发展测评可以展开为七大结构或七个“力”：公民的道德自主力、家庭的伦理承载力、集团的伦理建构力、社会的伦理凝聚力、政府的伦理公信力、生态的伦理亲和力、文化的伦理兼容力。它们分别对应七大指标：公民的道德自觉自持指数，表征个体的道德自主度；家庭的伦理承载力指数，表征家庭的伦理强度；集团的伦理可靠性指数，表征集团的伦理浓度；社会的伦理凝聚力指数，表征社会的伦理温度；政府的伦理公信力指数，表征政府的伦理信度；生态的伦理亲和力指数，表征人与自然关系的伦理安全度；文化的伦理魅力指数，表征文化的伦理的兼容度。七个“力”、七个“指数”、七个“度”，构成“个体—家庭—集团—社会—国家—生态—世界”一体贯通的伦理道德的发展体系和测评体系，标志伦理道德发展水平的总体性话语，就是：“道德美好度”“伦理魅力度”。

【关键词】伦理道德　发展　测评

1. 伦理道德，“建设”还是“发展”？

关于伦理道德的理念，到底是“建设”还是“发展”？伦理道德的“发展水平”是否可以测评？如何测评？已经是一个亟须突破的重大理论前沿与现实课题。

---

* 作者简介：樊和平，笔名樊浩，教育部长江学者特聘教授，东南大学资深教授，江苏省社会科学院副院长，东南大学人文社会科学学部主任。

人们已经习惯一种话语范式，以伦理道德为主语的谓语搭配是“建设”，所谓“道德建设”。而经济、社会乃至文化在“建设”之外还有另一种话语表述即“发展”，如“经济发展”“文化发展”。作为集体潜意识的这种固定搭配，已经不只是语词习惯，而是隐喻一种理念，因而需要一种理念辩证：伦理道德，“建设”还是“发展”？

显而易见，“建设”的话语重心与其说是其对象，不如说是作为主人的“建设者”。在英文中，“建设”即“建构”（construction），它首先肯定和预设是一个建设的主体，将客体作为被“建设”或“建构”的对象，在“建设”的理念下，客体只是主体即“建设者”的作品。而“发展”有三个特点：一是凸显主体性，任何发展都是主体自身的发展，在语态上，“道德建设”是被动态，“道德”是“建设”的对象；“道德发展”是主动态，是道德的自我展开。二是对规律的尊重。“道德建设”强调“建设者”的主观能动性，按照其主观意志和价值诉求对其进行能动建构，而“道德发展”则承认道德本身有其内在规律，它不只是被动的作品，而且是能动的主体。三是对相对独立性的承认。“建设”虽然是一种积极努力，但本质上是一种价值赋予和外在型塑，而发展则是内在的生长。“伦理道德发展”承认伦理道德相对于它所依存的那个时代及客观存在的相对独立性，肯定它是一个完整有机的世界，所谓“伦理世界”“道德世界”，是人类超越世俗现实性通向永恒和无限的“精神世界”的核心构造。“道德建设”的理念内在一种文化风险，它在承认建设主体的同时，也肯定了伦理道德上的某种先知先觉，承认“建设”的权利和“被建构”的义务，因为在“建设”理念中，“建设”和“被建设”的地位不仅截然二分而且永远固化。由此，伦理道德不仅永远只是主流意识形态的作品，而且是掌握意识形态话语权的主体的专利，在市场化和网络化时代，这种话语权不仅属于国家意识形态，而且也属于在经济上掌握话语权的企业家，以及在虚拟世界中左右大众舆论的“网络大V”。“建设者”的多重主体不仅导致价值上的多元，而且可能导致有机价值体系的撕裂，即丹尼尔·贝尔所说的“文化矛盾”，于是便可能出现社会精神生活的两极：要么是由伦理相对主义走向道德虚无主义，要么由伦理上的话语独白走向道德专制主义。为防止内在于伦理道德中的这种深刻文化风险，有必要进行顶层设计理念的重大转变，在坚持主流意识形态根据社会存在的变化对伦理道德“建设”的同时，肯定和尊重伦理道德自我运动的“发展”。以“发展”看待伦理，以“发展”看待道德。

以“发展”的理念看待伦理道德，逻辑地派生另一问题，即对伦理道德的“发展评估”。诚然，基于“建设”的理念也可以对其进行评估，但由此进行的评估，重心往往在于“建设效果”的测评，即“建设者”期望和推行的价值观和行为规范得到落实的程度，甚至是建设者或主管部门推行的各种措施和指令在制度程序上得到体现的状态，无论效果评价还是程序评价，其要义都在“建设者”意志得到贯彻的程度，因而很容易流于形式主义和程序政绩。“发展评估”不同，是对伦理道德实际上所达到的发展水平的测量和评估，它承认伦理道德与经济社会一样，有其独立发展规律，也有其客观标准，因而是对伦理道德自身所达到的文明水准而不是客观意志得到贯彻的程度的评估。一句话，“建设评估”重在对建设者意志对伦理道德影响程度的评估，“发展评估”重在对伦理道德发展所达到的实际水平的评估。虽然“建设评估”最终也必须体现为伦理道德的实际状况，但这些状况至少在相当程度上或是针对伦理道德问题的诊治，或是对经济社会发展的伦理道德跟进即所谓“相适应”，因而其重心在“建设者”，而不是至少首先不是伦理道德本身。同时，由于伦理道德是现代文明体系中的一个因子，与其他文明因子在“以经济建设为中心”的国家战略下尤其与经济发展存在辩证互动的关系，所以“伦理道德发展评估”逻辑与现实地包括两个方面：一是关于伦理道德自身发展的评估；二是关于现代中国“发展”，尤其是经济社会发展的伦理道德评估，这一评估的要义是从伦理道德的维度对发展进行伦理道德评价。第二个方面表面上已经溢出主题，然而因为伦理道德发展与经济社会发展之间辩证互动关系，特别是经济社会对于伦理道德发展的基础性作用，“发展的伦理道德评估”实际上是“伦理道德发展评估”的更具客观性和现实性的评估。

问题在于，如何对伦理道德进行“发展评估”？伦理道德是否可以进行“发展评估”？“建设评估”的优势在于其可操作性，因为它只要对主流意识形态所提倡的伦理道德的认识状况（相当程度上并不是认同状况），以及将主管部门所部署工作得到落实的状况进行测评，便可以获得相关信息。而发展评估则不同，它不仅因属于精神世界和精神生活，而具有内在性和主观性，而且因伦理道德的独特文化规律而期待高度的专业性。关于经济发展水平，当今已有诸多成熟并得到公认的测评指标，如 GDP 等，社会发展水平，也有不少测评方法，如关于“社会质量”的测评，国外学者就以公民参与社会的程度作为核心指标。关于伦理道德发展的测评，理论上包括两个相互联系的结构，即伦理关系和道德生活的发展水平，简称“伦理与道德的发展水平”。在一般共识中，道德是个体的和主观的，伦理是社会的和客观的。然而，伦理与伦理关系之所以体现为水平，本质上也是一种文明境界或精神世界中所达到境界，因为伦理关系并不是一般意义上的“人际”关系或所谓个别性的人与人之间的原子式关系，而是“人伦”关系，即个别性的“人”与实体性的“伦”的关系，是个体性的“人”在精神世界中所达到的普遍性的“伦”的水平和境界，以及以这种“人伦”水平处理世俗生活中人与人之间关系的能力和状态。而所谓道德发展水平，也不只是熟识道德规范的程度，而是古人所说“内得于己”又“外施于人”的水平，即道德上知行合一的程度，是个体生活和社会生活的道德化水准。难题在于，无论伦理发展水平还是道德发展水平因其所源于或属于“精神”，在测评中可能只能定性，难以定量。然而，精神之谓精神，区别于理性的重要本质之一就是知行合一，内在将其自身展现出来的力量，达到“它的自身就是它的世界，它的世界就是它自身”。因此，便可以也必须从现实世界的存在状态中测评伦理道德得到体现或所谓“呈现”的水平与程度，譬如从收入差距、公共资源配置测评“公正”的伦理道德水平。因此，与经济社会发展的测评不同，关于伦理道德发展的测评，必须是质与量、定性与定量的统一，透过社会生活的“量”测评伦理道德发展的“质”。同时还必须是相对与绝对的统一。“相对”的要义是它随着社会生活的变化而变化，伦理道德的价值理念在现实生活中展现，体现时代要求和时代特色；“绝对”的要义是伦理道德是人的精神世界的核心构造，在伦理型的中国文化中是人的精神世界和生活世界的顶层设计，体现人类的精神诉求和终极目的，相对于终极诉求和终极目的，它有所谓“发展水平”。与经济社会发展不同，伦理道德体现人类的信念和信仰，其发展水平的参照系不仅有与经济社会的匹合度，而且还有其对具有终极意义的理想信念的显现度，因而必有其相对与绝对、现实主义与理想主义两个维度。

与之相关的课题是：如何形成关于伦理道德发展的测评体系？关键在于“体系”，以及它与中国社会、中国传统的适应性与表达力。“体系”的双重意义在于，其一，相对于伦理道德尤其是中国的伦理道德传统，它必须是一个体系，或者说必须是一个有机的文化生态或精神生态；其二，相对于当今中国经济社会发展，它必须是一个体系，或者说必须是一个有机的文明生态。伦理道德是一种世界性的文明因子，也是一个中国话语。测评体系是关于当今中国伦理精神状况和道德生活水平的测评，体系之为体系，是将伦理道德当作有机而完整的精神世界，是关于伦理道德的精神世界的发展水平的测评，因而有四个可供参考的维度。一是伦理道德自身发展的规律，尤其是精神哲学规律；二是伦理道德的传统体系，其最直接的理论资源是“大学之道”中的“八条目”，尤其是其中修身、齐家、治国、平天下，即所谓“修齐治平”的水平；三是时代精神的要求，尤其是由传统向现代转化中的新的伦理关系结构和道德生活元素，如集团伦理、社会伦理；四是当今中国社会的重大且前沿性的伦理道德问题，如生态伦理、社会公正、伦理信任等。基于这四个维度，可以形成关于当今中国伦理道德发展测评的七个结构，即七个“力”：公民的道德自主力、家庭的伦理承载力、集团的伦理建构力、社会的伦理凝聚力、政府的伦理公信力、生态的伦理亲和力、文化的伦理兼容力。以定量话语表述，伦理道德的整体发展水平分别对应为七个“指数”或七个“度”：公民的道德自觉自持指数，表征个体的道德自主度；家庭的伦理承载力指数，表征家庭的伦理强度；集团的伦理可靠性指数，表征集团的伦理浓度；社会的伦理凝聚力指数，表征社会的伦理温度；政府的伦理公信力指数，表征政府的伦理信度；生态的伦理亲和力指数，表征人与自然关系的伦理安全度；文化的伦理魅力指数，表征文化的伦理的兼容度。七个“力”、七个“指数”、七个“度”，构成“个体—家庭—集团—社会—国家—生态—世界”一体贯通的伦理道德的发展体系和测评体系，其中，个体、家庭、国家、世界，是传统“大学之道”身、家、国、天下的结构，集团、社会、生态是新的文明元素，它们形成体现伦理关系、道德生活和伦理道德素质发展水平的辩证而有机的体系，标志伦理道德发展水平的总体性话语，就是：“道德美好度”“伦理魅力度”。

2. 公民的道德自主力

道德自主力，是公民道德状况的测评维度，核心是道德主体的素质和水平。道德主体是公民在道德上“自作主宰”的程度，其文化气质就是陆九渊所说的“收拾精神，自作主宰，万物皆备于我”。[①] 道德主体的真谛是公民透过道德的建构而成为主体。根据黑格尔理论，人的精神经过三个辩证发展的阶段。在伦理世界是个体与自己的普遍本质直接同一的实体，在生活世界是个体与普遍本质分裂的个体，在道德世界达到现实统一的主体，“实体—个体—主体”是精神世界的辩证运动，主体是精神发展的最高阶段。但是，主体的形成，必须以伦理认同为基础，而个体则是精神现实化自身的必经阶段，因此主体不是朦胧未分的自然实体性，当然也不是执迷于个别性的个体性，因为“把一个个体称为个人，实际上是一种轻蔑的表示”[②]，它使人“无体”即丧失作为人的公共本质的“体”的家园。在这个意义上，主体既超越个体，又以对伦理实体的认同为前提。只有在这个意义上，才会出现真正的道德主体。

道德主体是由道德所主宰的个体，也是觉悟到自己的伦理本质或公共本质并且扬弃自己的抽象个别性的个体，道德和道德主体生成的标志是所谓“道德世界观”，道德世界观的自觉程度是公民道德水平的基本标志。道德世界观是道德世界

① 陆九渊：《语录·下》。

② 黑格尔：《精神现象学》，贺麟、王玖兴译，商务印书馆1996年版，第35—36页。

的自我意识，它以对道德世界的自觉为前提。道德世界观的基本问题，是道德与自然的关系问题，以中国传统道德哲学的资源诠释，它包括三方面：（1）道德与主观自然的关系，即个体内在的理与欲、道德准则与自然欲望的关系；（2）道德与客观自然的关系，即个体内在生命秩序与社会的外在生活秩序的关系，或所谓公与私的关系；（3）作为以上两种关系的形上表达，即道德与义务，或所谓义与利的关系。如果不能达到对这三种关系或概言之道德与自然关系的自觉，便表明公民还没有达到道德主体，或迷失于市民社会的个体，或停滞于自然的伦理世界的实体。公民的道德主体性必须达到这样的自觉：在道德世界和道德世界观中追求和坚持道德的合理性，所谓见利思义、以理导欲、公私合一，由此才能生成和建构“道德的”世界即由道德所主宰的精神世界，其最高境界是“道德规律应该成为自然规律”,[①] 即道德成为个体的习惯与自然，由此便可以克服道德与自然之间，或理与欲、公与私、义与利之间的紧张，既不是自律，也不是他律，而是孔子所说的“从心所欲不逾矩”的自由。然而，道德自由只是公民道德的至善之境，以理导欲、公私兼顾、见利思义的自律甚至他律，是公民道德发展水平的两个不同阶段，乃至“存天理，灭人欲”“正其义而不谋其利”式的紧张，在特殊情境和个体道德发展的初级阶段，也是个体道德发展水平的表现。

道德的核心构成是规范，道德自觉首先是对道德规范的自觉。问题在于，在主观而多元的道德规范中，究竟对哪些规范的自觉成为道德发展水平的标志和道德测评的不可或缺的内涵？在任何时代，道德规范总是多元多样的，正如恩格斯所说，道德从一个时代到另一个时代、一个民族到另一个民族，会变得完全不同，甚至截然相反。当今之世，作为道德发展测评对象的道德规范的自觉可能包括三个方面的内容。第一是优秀道德传统的继承弘扬，或所谓传统美德；第二是主流价值或国家意识形态所要求的那些规范，其集中表达就是核心价值观所提出的关于个体道德的四大要求：爱、敬、诚、善，即爱国、敬业、诚信、友善。当然，作为道德自觉，还需要对这四大核心价值进行哲学提升，如“爱”不仅是爱国，而且是孔子所说的“爱人”，即中国传统中仁爱的伦理情怀；“敬”不仅是敬业，更深刻的表现是对道德的敬畏之心，这就是中国传统道德中所谓“主敬集义”，也是康德所说的对“人内心的道德律”的“满怀敬畏”，没有对道德的敬畏就没有道德。第三是当今中国社会大众所达到的关于中国社会最重要德性的价值共识，即所谓“新五常”。根据我们所进行的三轮全国性大调查的信息，在众多德性中五种德性共识度最高，因而也最重要，分别是：爱，诚信，公正、责任、宽容。

① 黑格尔：《精神现象学》，贺麟、王玖兴译，商务印书馆1996年版，第138页。

“善”的规范在部分调查中也处于前五位，但总体上在第六位。[①] 在“新五常”中，爱、诚信与仁、义、礼、智、信的传统“五常”中的“仁”和“信”大抵相似，责任与“义”或所谓义务也可以相通，其他二者则是体现新的时代要求的德性。如果对传统美德、国家意识形态与大众意识形态进行整合，那么，七者可以成为公民道德自觉和道德发展测评的重要内容：爱、敬、信、善、义、公正、宽容。对这七大规范的认同与内化，成为个体道德发展水平的重要标志。

然而，道德之为精神，真谛不在知而在行，只知不行，只是黑格尔所说的“优美灵魂”，最终会“消逝得无影无踪”，道德的要义不仅是知识的自觉，而且是行为自持，所谓知行合一。王阳明曾说，说某人孝，不是说他知孝，而是说他已经行了孝。同样根据我们所进行的全国性大调查的结果，超过85%的被调查对象认为，当前中国人道德素质中的最大缺陷是“有道德知识，而不见诸道德行动”。[②] 为此，道德测评不能仅以道德知识为对象，而必须以现实的道德行动为重点，否则它便如当今不少大中小学的德育课堂考试，造就在道德上只知不行的“理智的傻瓜”。道德的自持，不仅是行动，而且是坚持和坚守，因而在冲突情境中道德发展水平往往能得到更为可靠的测评。正如黑格尔所说，道德往往发生于某些冲突的情境中，尤其是理与欲、公与私、义与利的冲突中，最典型的便是孟子鱼与熊掌、生与义的两难情境。“鱼，我所欲也；熊掌，亦我所欲也，二者不可得兼，舍鱼而取熊掌者也。生，亦我所欲也；义，亦我所欲也，二者不可得兼，舍生而取义者也。”[③]

于是，根据“自觉自持力”的理念，道德发展水平便可能有三种测评方法。（1）关于道德知识尤其是体现中国传统和主流价值要求，在当今中国社会已经形成最大共识的那些道德规范，它们是道德生活中的最大公约数，也是当今中国社会的同一性道德基础。这些道德规范和道德知识，往往体现公民的德性造诣，即个体与社会“同心同德”的能力，也是个体在道德上的教养或教化水平。（2）道德行为与道德行为能力。道德知识只是“内得于己”，行为才是“外施于人”，道德测评中关于公民道德行为的观察与考察可以直接体现道德发展水平，这便是孔子所说“君子讷于言而敏于行”的道理。行为是一种能力，也是一种智慧，前一段时期中国社会关于“见义勇为”与“见义智为”的讨论，就体现了道德发展中能力和智慧的统一。（3）设计冲突情境，考察道德发展所达到的水平和境界。这

① 2007年、2013年、2016年，我们分别进行了三轮道德国情大调查，前两次分别在江苏和全国展开，第三次在江苏投放近万份问卷。这些数据是三次调查的共同信息。

② 参见拙文“当前中国伦理道德状况及其精神哲学分析”，《中国社会科学》2009年第4期。

③ 《孟子·告子上》。

些冲突情境的生活表现是“鱼与熊掌”，最高体现是“生与义”。其实，现实生活的许多日常情境或隐蔽的冲突情境尤其能呈现道德发展水平，不仅是排队插队，而且自助餐中对稀缺食品取舍有度都无语地呈现个体的道德水准和共同体的道德风尚。

知识、行动、冲突都是道德教化，道德教化既是伦理的现实化，也是伦理的异化。黑格尔曾经说过一句令世界惊愕的哲语：道德的最高任务是消灭道德本身，使道德成为多余。事实上，一旦道德规律成为自然规律，道德便成为多余。也许，对整个社会和人的一生来说，这是一个难以企及的至境，然而这种道德与自然同一的至境在现实生活中经常存在，并且成为道德的魅力所在。孟子所说的“见父自然知孝，知兄自然知悌，见孺子入井自然知恻隐”之“自然”就是“道德规律成为自然规律”的生活化体现。中国伦理传统与西方相比最大特色在于它的入世性，其神圣根源奠基于现世的血缘关系，因而道德的终极动力来自血缘之“自然”，而不是上帝的“绝对命令”。道德世界观生成的标志是关于道德与自然关系的自觉，其最大局限在于道德与自然的紧张，即道德世界中理与欲、公与私、义与利的对峙与对立，所谓道德修养，以及被当今伦理学所误读误传的所谓“道德法庭”，其实都是这种紧张和对立的表现。紧张必须缓解，对立必须达到和解。道德与自然的和解，在本性和境界上的表现，便是孟子所谓良知、良能、良心。“人之所不学而能者，其良能也；不虑而知者，其良知也。”① 见父自然知孝之“自然”便是良知、良能。而所谓良心，就是孟子所说的作为仁、义、礼、智四善端之根的恻隐、羞恶、辞让、是非之心。良知、良能、良心，对个体来说是本性，对社会来说是风尚，对个体和社会来说是“率性之道”。它们扬弃道德与自然的对立，达到道德世界的和解，既是道德发展的人性根基，又是道德发展的最高境界。为此，道德测评必须是对个体和社会的良知考问，良能发现、良心追寻，它们不仅是个体之善良本性和社会之淳朴世风，也是道德发展的家园回归。在道德发展测评中发现个体与社会的良知、良能、良心的存在状况和发展水平，虽然困难，但却十分重要，它们是道德测评的最为尖端和最富挑战魅惑的课题之一。

综上，公民的道德自主力的测评由三大结构、五个元素构成。道德世界观的自觉和道德规范的自觉是道德自觉度的两个元素；知行合一与冲突情境中的道德坚持是道德自持度的两个元素；良知、良能、良心的“三良”是道德自觉度和道德自持度的同一性指数。道德世界观中的理欲、公私、义利的自觉意识，传统美德、主流意识形态和大众意识形态三者整合的七大道德规范，是道德自觉指数测

① 《孟子·尽心上》。

评的具体内容。以道德行为为重心的知行合一度，冲突中的道德选择是道德自持指数的测评内容。而以道德与自然和解为本质的良知、良能、良心，则是个体本性善良指数，民风淳朴指数的测评内容。三大结构、五个元素体系性地呈现公民道德的发展水平。

3. 家庭的伦理承载力

在传统伦理体系中，“齐家”是“修身”之后的环节。在任何文化传统中，家庭都是自然的伦理实体，是伦理的直接存在形态，“齐家”的哲学真义是如何使在家庭或家庭伦理关系中处于不同地位的成员安伦尽份，恪尽自己的道德本务，惟齐非齐，从而使家成为一个伦理性的实体，“齐”即实体的中国化表达。家庭是一个伦理性的实体，个体在家庭中的伦理身份是“成员”。正如黑格尔所说，家庭作为出于自然的关联必须是“精神”的，而且只有具备“精神”这一文化条件时才可能是伦理的。家庭作为伦理实体和个人作为家庭“成员”的必要条件，是每个人的行动以家庭这一整体为内容和现实性，由此个体才能在家庭这一自然的和直接的伦理实体中养育伦理的能力和素质。在这个意义上，家庭是伦理的摇篮和策源地。

“伦理承载力”之成为当今中国伦理道德发展及其测评的聚焦点，有三个方面的根据。

第一，文化传统与文明血脉。在任何文明体系中，家庭血缘关系都是人类与自己的原初状态即原始社会，甚至与自己的生物本性最具普遍意义的关联。梁漱溟先生曾说，中国社会是伦理本位，而伦理本位的根源是家庭本位，中国文化之所以是伦理型文化，最根本的原因就是家庭。与西方文化相比，中国文明的最大特色是其“国家”构造，所谓家国一体、由家及国，于是家庭便具有比其他任何文明更重要、更基础的意义。国外学者发现，家庭是中国文化的万里长城，二十世纪的中国虽然伤痕累累，但唯一坚韧的就是中国人的家庭。然而时至今日，我们必须正视一个严峻课题：家庭是否还具有足够的伦理承载力？家庭的伦理承载力是中国文化之成为中国文化，是中国伦理道德发展的最具基础意义的条件，家庭一旦失去充沛的伦理承载力或者其伦理承载力削弱到一定程度，中国文化将不再是伦理型是文化，便标志着伦理道德发展最深刻危机的到来。

第二，家庭在当今中国伦理道德发展中的基础地位。在我们所进行的三次全国性大调查中，很多与家庭相关的问题往往都能达成最大共识。“在你成长中伦理道德养成的第一收益场所是什么?”三次调查，几乎所有群体的首选都是“家庭”。“对你道德品质养成影响最大的人是谁?”绝大多数首选“父母”。在最重要的五种伦理关系即所谓“新五伦”中，三次调查，居前三位的都有家庭血缘关系，不仅选择相同，而且排序高度一致：父母子女关系，夫妻关系，兄弟姐妹关系。这些信息说明，家庭在现代中国社会中仍具有绝对的伦理意义。

第三，伦理道德发展的难题。西方曾有预言家预言家庭必将消亡，虽然这一预言并未实现，但基因技术、市场经济，还有认知层面的理性主义都不断侵蚀家庭的精神机体，尤其当今中国特殊的社会结构以及家庭在文明体系中的地位，使家庭伦理问题日益深刻和紧迫。三十多年来改革开放对中国社会转型影响最大的国情之一是独生子女政策。独生子女对文化最大的影响是伦理。一方面，它使家庭伦理关系“瘦身”为原子式的单向度，多子女家庭所卵化的具有巨大社会伦理意义的复杂有机的伦理关系断崖式消失，家庭生活及其血缘关系失去原有的伦理养育功能；另一方面，核心型家庭不可避免地出现以“孝”为核心的传统伦理记忆的集体丧失，因为在这场空前的社会试验中，血脉延传的迫切性及其危机意识远远压过至少在一代人中暂时压过对“孝”的伦理诉求。独生子女是一次巨大的伦理断裂和文化断裂，当下还无法准确估计这一断裂的文明后果，但可以肯定，家庭的伦理承载力必将面临巨大考验，而这种伦理承载力又关乎中国文化的存续，关乎伦理道德发展。

家庭伦理承载力的测评可以从代际伦理关系、婚姻伦理素质、同胞伦理意识、家庭伦理向社会伦理的移植和扩展能力、家国伦理关系五个层面展开，而作为它们的伦理精神基础的是“爱”或所谓“亲亲”之爱的素质与能力。测评其聚力点和核心问题是家庭伦理安全和家庭伦理风险。

伦理与宗教，都以爱为出发点，区别在于，爱的神圣性根源在哪里，爱的文明真谛是什么？是“在一起”。宗教以上帝之爱为根源动力，其神圣根据在于，我们都是上帝的创造物，上帝造人，上帝和我们的祖先亚当、夏娃本来在一起，这是爱上帝和众生相爱的根本理由，亚当、夏娃因偷吃智慧果被逐出伊甸园，赎罪得救的文化长征本质上是通过上帝之爱重新回到“在一起”的原初状态或本真状态。入世的中国伦理型文化以家庭为爱的根源动力，其神圣根源在于：十月怀胎，人本来就是从父母的实体中走来，因而与父母、与家人，乃至与有血缘关系的所有人，本来就是“在一起”，日后的伦理教养，就是通过“爱”的回归而“在一起”。所以，“亲亲”之爱，是爱的根源，将它扩而充之，便成为社会之爱。这便是孔孟儒家以“仁”说“人”，以“爱人”释“仁”，又以“亲亲”为爱之根基和始点的伦理智慧，“人—仁—爱人—亲亲—仁道”构成儒家伦理体系的基本内核。正如黑格尔所说，“爱”的本质是不专为自己而孤立起来，是不独立不孤立，由此“在一起”才有可能，伦理才有可能。孟子说，人有大体和小体，其实人身上有两种构造，所谓理性和情感。理性使人独立，使人强大；情感扬弃人的抽象独立性，使人美好，这种使人美好的情感最终来源于家庭。情感的本性是“只知如此，不可究诘”，这便是孔子“父为子隐，子为父隐，直在其中”的人文大智慧所在。因为，一方面，家庭是情感性和伦理的策源地，不应该被理性建构的社会法则所颠覆；另一方面，由于家庭在中国文明体系中的本位地位，一旦以理性法则颠覆了家庭，社会也便分崩离析。所以，对家庭“亲亲”之爱的伦理状况的测评，其意义不仅关乎家庭的伦理实体性，根本上也关乎社会的伦理凝聚力，是家庭的伦理承载力的根本。

代际伦理测评的核心要素是慈与孝。孝慈是家庭“亲亲”之爱也是家庭伦理承载力的最自然和最强大的表现，然而它们却是两种不同的伦理智慧和伦理能力。“慈”是父母实体性的人格表现。男人和女人以婚姻而成为实体，在中国话语中互为“另一半”，其客观性和人格化的表现就是子女，子女是父母伦理上成为一体的人格化，所谓“爱情的结晶”。因此，“慈”在相当程度上具有本能意义，正如恩格斯所说，爱子女是老母鸡都会的事。“孝”则不同，它是一种对生命的伦理觉悟。孝的精神本性是意识到自己的生命是在父母生命的枯萎中成长起来的，对父母的爱便是对生命根源的爱，所谓“慎终追远”，因而需要启蒙，需要教养。孝慈是家庭的自然伦理安全系统，它以伦理的机制维护人种再生产的生生不息，尤其在物质生活水平低下的条件下，它几乎是家庭也是种族伦理安全的最重要的保障，否则人类文明将遭遇巨大的伦理风险。正因为如此，伦理型的中国文化发展出了一套完整的几乎具有宗教意义的孝慈尤其是孝亲的伦理智慧和道德规范。当今之世，虽然物质生活水平巨大提高，然而孝慈依然是事关人种延传尤其是人的生命意义的两个最基本的伦理能力。独生子女邂逅老龄化，将中国社会推向空前的高风险，形成“超载的老龄化”——不仅在所谓“2+8”的代际数量失衡而导致的客观伦理条件上超载，更重要的是在文化承载力方面超载，文化尤其是孝道文化的断裂将使老龄人即便不在物质生活条件方面面临“老无所养”，也可能因亲情“供给侧危机”而失去人生意义和终极关怀，日益增多的阿尔茨海默病呈现了这种文化稀缺。可以说，中国正面临日益严重的家庭伦理风险，遭遇严重的家庭伦理安全危机，即便是“老母鸡都会”的慈爱，也因诸如“卖婴儿买宠物”之类的丧失天良的行为出现深重危机。因此，孝慈素质和孝慈能力的测评便可以为家庭的伦理承载力评估提供重要的信息。

婚姻伦理素质和伦理能力是家庭伦理发展水平的另一个重要标尺，也是当今中国社会的重大伦理难题。孟子曰：“男女居室，人之大伦。”男女关系为何是

“人之大伦”？很简单，在任何文明的神话传说中，人类历史从哪里开始？从一个男人和一个女人开始。在西方是亚当夏娃，在中国是盘古女娲。依据伦理传统和文化现实，当今中国婚姻伦理的关键问题也是测评重点，一是两性关系的道德风尚，二是婚姻的伦理能力。在传统“五伦”范型中，依据家国一体、由家及国的文明原理，家庭伦理中的父子、兄弟两伦与社会伦理都内在巨大的文化亲和，父子关系是君臣关系的范型，兄弟关系是朋友关系的范型，这便是所谓“人伦本于天伦”的“神的规律”与“人的规律”同一的伦理规律，唯有对夫妇关系保持高度的伦理警惕和伦理紧张，不能成为男女关系的范型，因为它是“人之大伦”。在任何社会中，两性关系的紊乱都将导致道德风尚的沦丧，导致严重的伦理后果。全国大调查显示，虽然经过40年改革开放，人们对两性关系已经表现出很大包容，但两性关系所导致的社会风尚问题已经成为家庭伦理中最令人担忧的问题。与之相联系，婚姻危机成为当今中国社会最重要的社会危机之一。危机不仅表现为离婚率的不断攀升，更表现为不婚和失婚人群的不断增长。婚姻能力是人类最重要的伦理能力，它是依自然规律和伦理规律所建构的最重要的伦理实体，是对人的伦理能力的最大检验，因为它以西方学者所说“学会与大猩猩相处”，中国人所比喻的“两个刺猬过冬”的法则将一个男人和一个女人继而也将一个家庭造就为一个实体。不婚族的不断增长、离婚率的攀升，是社会的伦理能力丧失和伦理素质缺陷的最自然最直接的呈现。因此，两性风尚、婚姻能力（包括离婚率和结婚率）是婚姻伦理测评的两个基本指标。

兄弟姐妹关系的伦理测评是一个难题，因为独生子女造就的是血缘关系中的孤独的伦理单子。独生子女在享受“万千宠爱于一身”的伦理厚待的同时，也承受着伦理期待和伦理重负，更失去在与兄弟姐妹相处中获得伦理体验和伦理记忆的机会，在这个意义上说他们是伦理上的鲁滨孙并不为过，稀有的多子女家庭已经是社会的非常态，对一代人来说，“悌”已经成为一个伦理上的异国他乡。“孝悌也者，其为仁之本欤。”可以说，独生子女时代，已经失去了培育“亲亲”之爱的能力的横坐标，剩下的只是父母子女之爱的纵坐标的孤独支撑。“兄友弟恭”已经残缺，作为其社会后果，是“友”的伦理凝聚力和恭敬之心的缺失。独生子女时代，以“悌”为核心的伦理能力的测评是一个难以为之而又应当为之的评估，因为它事关家庭伦理能力和伦理记忆可能的断裂。如果在现实伦理关系中不存在，也许只能通过某种兄弟姐妹关系的虚拟来预测和评估。

家国一体，家庭的伦理承载力及其合理性绝不止于家庭内部，其最大风险和最大难题，是家庭与社会、国家的关系，具体地说，难题有二：家庭伦理的“亲亲”之情如何向社会推广，如何在家庭伦理与国家伦理尤其是所谓孝与忠的和解中防止家庭伦理逻辑对国家政治生活的蔓延侵蚀？在家庭本位的中国社会，家庭从来都是一把伦理上的双刃剑，既是文明的基础，也是诸多社会问题的症结所在，它始终存在两个相互矛盾又同时存在的身份认同，即家庭成员与社会公民，这便是黑格尔所说的“黑夜的规律”与“白日的规律”的冲突。两种身份、两大规律的真理在于相互过渡，由此缔造文明的有机性与合理性。于是两个维度的测评不可或缺。一是家庭的公益心和公德心，或者说是孔子“亲亲”基础之上墨子所说的“兼爱”；二是处理国家与家庭关系的伦理状况，即家庭及其成员公私关系的伦理水平，其核心是爱国心与履行政治义务的道德品德。二者构成所谓“家风”，准确地说处理家庭与社会、国家关系的伦理风尚，它是考察家庭作为文化本位承载其伦理功能的合理性的重要元素。

综上，家庭伦理测评以“伦理承载力”为主题，以家庭的伦理安全与伦理风险为着力点。从“爱”的伦理素质与伦理能力出发，展现为五个结构，七个元素：父母子女伦理关系的孝慈；婚姻伦理的两性风尚与婚姻能力；兄弟姐妹关系的友爱；家庭与社会、国家关系中的公德心和政治义务。由此形成关于家庭的伦理承载力的评估和测评体系。

4. 集团的伦理建构力

集团伦理或组织伦理已经成为目前最具前沿意义的“中国问题”之一，因而必须成为伦理评估的重要因素。

其一，改革开放40年，中国发生的最大也是最深刻变化之一，就是进入所谓“后单位”时代。如前所述，传统中国社会结构的特质是家国一体，由家及国，它是中国文明的特色及其对人类文明的最大贡献，也是中国文明面临的最大难题。在这种文明形态中，“家”如何与“国”相通一体是基本课题，因为在“家”“国”之间，有一个巨大的跨越，家—国链的断裂将导致文明的严重危机。毛泽东时代的最大文明贡献之一，就是创造性地在“家”与“国”之间建立了所谓“单位”，所谓“单位制”。“单位”往往既是伦理实体，又是政治实体。作为伦理实体履行丹尼尔·贝尔所说的“第二家庭”的功能，作为政治实体，不仅与国家相通，而且对个体履行教育督察等政治功能。企业、事业、学校等林林总总的“单位”在分工体系中各有不同的经济社会和文化功能，但无例外都必须具有伦理与政治的两个基本功能。改革开放、市场经济解构了“单位制”，个体走出家庭之后相聚合的各种“实体”，事实上主要是利益共同体，伦理和政治的功能被严重弱化甚至彻底消解，成为“无伦理”因而也是“没精神”的存在，在这个意义上，家庭与国家之间的旷野已经出现，横亘于它们之间的不是“单位”，而是“集团”。

其二，根据我们所进行的全国性大调查的结果，80%以上的受查对象认为，当今社会造成最严重社会后果或道德上最大恶的行为，不是个体，而是集体或集团。从假冒伪劣到生态破坏，再到企业大爆炸，导致最严重后果的不道德主体不是个体，而是集团，这是当今中国社会必须承认也不得不承认的事实。20世纪中叶，英国哲学家罗素曾满怀担忧地指出，人类的命运正在被一些“有组织的激情所破坏”，譬如战争就是最癫狂的集体行动的“恶”。在世界文明史上，集团的恶比个体的恶灾难更深重也更值得警惕。

其三，市场经济、个人主义、理性主义，使“后单位制”下集体行动的逻辑发生根本性变化，利益逻辑成为根本逻辑，无论集体还是组织，都可能因为迷失精神目的性和伦理上的自我调节能力而沦落为“无伦理”的集团，其中最典型的是企业。在单位制转型过程中，关于企业的最重要也是最著名命题之一，便是“企业是一个经济实体”。企业从一个集伦理、政治、经济三大功能于一身的社会公器，成为一个简单的“经济实体”。于是，无论个体企业、民营企业、还是国有企业，都逻辑和历史地存在一种危机：从经济实体沦为“经济动物”，企业与社会的关系发生根本性蜕变，导致集体行动的恶。在内部，由于伦理的精神力量和政治的制度力量退隐，集体行动的动员机制只剩下利益驱动，于是不仅集体行动，而且共同体的存在都可能因为利益状况的变化而产生经常性危机，中国企业旺盛生命周期的短暂与伦理凝聚力的耗散有着直接关联。

其四，在集体行动中，存在一种伦理—道德悖论：“伦理的实体—不道德的个体”①。许多集团行为，如假冒伪劣，生态破坏，往往因对集团内部关系来说可能有利可图而是“伦理”的，但对社会来说，却是严重的恶。集团或集体具有双重主体性和双重功能，在内部关系意义上是整体，在外部关系意义上是个体，所谓“整个的个体”。内部关系的伦理性掩盖外部关系的不道德性，不仅是一种“平庸的恶”，而且导致“最大的恶”。根据我们的全国性大调查，如果某一行为如排放污水，将对自己及所在共同体带来很大利益，但对环境造成巨大破坏，“不举报”与“沉默率”的总和高达41.9%。② 它说明，“伦理的实体—不道德的个体”已经不是可能，而是现实。

以上论证的结论是：必须对集团行为进行伦理测评和道德评估。以往的伦理学理论和道德建设实践有一个共同盲区，教育、评价、建构的对象都只是个体，最多

---

① 参见拙文《伦理的实体与不道德的个体》，《学术月刊》2006年第5期。

② 参见拙文《当前中国伦理道德状况及其精神哲学分析》，《中国社会科学》2009年第4期。

是所谓职业伦理，而所谓职业伦理归根结底是个体伦理。集团行为长期逃逸于伦理评价和道德归责之外，这是社会风尚和伦理道德问题难以得到根本解决的重要问题之一。这种居于“家”“国”之间的中介环节是什么？组织、集体、共同体？“集团”的表达最恰当。“集体”“共同体”都有“体”，因而是“有精神”或精神家园的，而“组织”既是名词也是动词，更多强调共同行动形成的过程及其目的性，根据西方管理学理论，组织必须具有共同目的、协作的愿望、信息三要素。而“集团”不同，它是个人的“集合并列”，本质上是无精神的，利益驱动是集团形成的最重要动力。所以，在“后单位制”下，如何将“单位”退化而成的诸多“集团”通过伦理的和精神的努力提升为“集体”“共同体”，也是一个重要任务。

如何对集团伦理进行评估？在操作上，可以将除政府机构以外的所有组织都作为评估对象。评估的逻辑结构有三：集团伦理关系，集团道德行为，集团的伦理—道德素质。其中，集团的伦理建构力是核心，它考察“后单位”背景下各种集团组织对自己的伦理实体性的自我认同和自我建构能力，表现为集团组织的伦理自觉、伦理自治、伦理自制或伦理自律，是集团在伦理上的自我调节力。

集团伦理关系：集团的伦理实体性。包括集团内部的伦理关系，集团与社会的伦理关系，集团与国家的伦理关系，它是集团的伦理自治能力。在严格的哲学意义上，“实体”是存在与精神一体的概念。当一个集团不仅以组织形态存在，而且个体在自我意识中认同这种存在并且建立起与它的精神同一性时，集团便成为实体。实体以精神为灵魂，那种“没精神”的集团，只有肉体没有灵魂。伦理关系是个体性的“人”建立与作为自己的公共本质的实体性的“伦”的关系，并以此处理现实生活中人与人之间关系的状况。内部伦理关系包括：个体对集团在伦理上的认同度；内部利益关系的公正度；内部人际关系的亲和度；个体的自我实现度。集团与社会的伦理关系包括：社会大众对集团的伦理评价或伦理上的美誉度，集团对所在区域伦理环境的影响；集团与国家的关系包括：集团履行国家义务的状况，集团对国家政治的响应与参与状况，政府部门对集团的伦理评价。在此三者基础上，还有总体性的集团伦理环境、伦理文化，以及重大伦理事件和伦理故事。

集团道德行为：集团的道德主体性，或集团作为道德主体的状况，其核心是集团道德行为的自律或自制力。包括：（1）集团道德行为的道德自觉度，集团的伦理理念、伦理宪章和具体的道德制度；（2）集团的社会责任状况，如参与公益慈善、遵守道德规范状况；（3）产品的可信度，履行道德义务如纳税状况；（4）集团不道德行为的发生率，如集团贿赂、环境污染、恶性道德事件等。

集团的伦理—道德素质评估，核心是伦理道德的自我调节能力，着力点是经济冲动力与伦理冲动力之间的关系。内容包括：个体与集团行为的义利价值取向；义利冲突中价值让度与行为选择；集团内部的伦理聚合力与外部道德冲动的强度。

总之，伦理实体性即在内部与外部关系中作为伦理存在的自治力，道德主体性即作为道德主体的自制力，以及义利价值冲突中的伦理调节力，是集团伦理评估的三大着力点。其中，社会贡献、公众评价、重大伦理事件、恶性道德事件、内部伦理关系与外部伦理环境，是兼具客观性与主观性的重要评估元素。

5. 社会的伦理凝聚力

集团、社会、共同体三者之间的关系，是关于社会的伦理评估的概念基础。集团与社会理论上是两个相互交切的概念。个体走出家庭之后以各种形式重建共同生活，集团、组织、集体等是具有一定组织形态的共同体，在此之外，还有一些没有组织形态的共同体生活，如公共场域中的共存关系、邻里关系等。为了对“单位制”解体之后存在于家庭与国家之间的那些中介关系做一个比较仔细的区分，同时兼顾到与原有的“单位”形态的比照，应该将“集团”与“社会”区别对待。可以将除了职业生活以外的那些公共领域称为“社会”。这个意义上的“社会”已经是一个狭义概念，因为集团等本身也是“社会”。职业生活的伦理是“职业伦理”，职业生活之外的公共生活的伦理是“社会伦理”即“社会公德”，其整体性表现是所谓“社会风尚”，其中，公共领域的伦理关系、公众人物的道德状况，往往具有标志性意义。“社会”与“共同体”的关系是另一难题。在《共同体与社会》一书中，斐迪南·滕尼斯曾将“共同体”与“社会”相区分，认为共同体是具有某种先验性和神圣性的关系，如血缘关系、地缘关系，而社会则是理性建构结果，也可以说共同体是社会的自然形态。在最广泛的形上意义上，可以将具有公共生活意义的关系及其组织形态都称作“共同体”，“共同体”概念的精髓在“体”，其本质上是对公共生活的伦理性的一种精神赋予。

对“社会”进行伦理评估的最具挑战性也是最易引起混乱的是所谓“市民社会”的概念。“市民社会”原本是黑格尔在《法哲学原理》中在家庭与国家之间思辨的一个伦理中介，因而在理论上本身就存在某种彻底性，比如他认为“市民社会是处在家庭与国家之间的差别的阶段，虽然它的形成比国家晚。”[①] “在现实中国家本身倒是最初的东西，在国家内部家庭才发展成为市民社会”。[②] 市民社会

① 黑格尔：《法哲学原理》，范扬、张企泰译，商务印书馆1996年版，第197页。

② 同上书，第252页。

既是家庭走向国家的中介，又以国家为前提，内在逻辑和历史的混乱。近三十年被移植到中国后，这一思辨性概念便被误读为应然性的存在，将它当作评判社会文明合理性的标准，不少学者认为现代中国之所以存在许多问题，就是因为缺乏"市民社会"的结构。这一立论的根据，可能在学术源头上就是黑格尔所说的那个"市民社会是在现代世界中形成的"断言。[①] 某种意义上可以说，市民社会是与市场经济的经济结构相对应的一种社会结构，在精神现象学意义上，它是原初实体性的伦理世界解构之后的"法权状态"；在法哲学意义上，它是个体被"从家庭中揪出"之后的"集合并列"。市民社会最重要的特质是个体本位，在精神发展和共同体发展的过程中原有的自然实体分裂为以个体为目的的单子，"在市民社会中，每个人都以自身为目的，其他一切在他看来都是虚无。"[②] 黑格尔曾说，既然社会将人"从家庭中揪出"，就必须为个体建立"第二家庭"，市民社会应该具有这样的属性，这是它的伦理性所在，财富的普遍性与权力的公共性是其伦理诉求，但这种伦理性又非常脆弱，因为市民社会的本质是"无精神"。然而，当下中国学界的讨论往往只偏重于"市民社会"的现代性，完全忘记了它的发轫者黑格尔的那些忠告："市民社会是个人私利的战场，是一切人反对一切人的战场，同样，市民社会也是私人利益跟特殊公共事务冲突的舞台，并且是它们二者共同跟国家的最高观点和制度冲突的舞台。"[③] 市民社会导致了生理上和伦理上两极蜕化的景象，其特点是"无尺度"，一方面是情欲的无尺度，另一方面是节制这些情欲的制度的无尺度。市民社会应该是一个伦理实体，但又难以成为一个伦理实体，这就是市民社会的悖论。正因为如此，"市民社会"不能成为现代中国社会的理想模式，我们宁愿将与公共生活相关的领域称作"社会"。当然，因为已经将职业共同体从中剔除，这里的"社会"是狭义的。

关于社会的伦理评估的主题是什么？是伦理凝聚力。"社会"的文明本质是"在一起"。对伦理来说，"在一起"的力量不是市民社会中以个人为目的所谓"需要的体系"，而是以超越自己的个别性和有限性而过普遍生活、追求成为普遍存在者的伦理，"伦理是一种本性上普遍的东西"，普遍的东西"只有作为精神本质时才是伦理的"。[④] 通过对普遍物的信念将个体在精神上凝聚为一个共同体的力量就是伦理，因此，社会之为社会的精神本质和精神力量是伦理凝聚力。伦理凝聚力的现象形态，以及人们对它的主观感受，便是社会的伦理温度，或社会的伦

① 黑格尔：《法哲学原理》，范扬、张企泰译，商务印书馆 1996 年版，第 197 页。

② 同上。

③ 同上书，第 309 页。

④ 黑格尔：《精神现象学》，贺麟、王玖兴译，商务印书馆 1996 年版，第 8 页。

理魅力指数。市民社会、市场经济造就的是冷冰冰的“需要的体系”和“个人利益的战场”，伦理因为个体对共同体的认同和共同体对个体的关怀而饱含人情的温度，这种温度消融个体之间的利益鸿沟，使个体在对普遍物的追求和对自己的公共本质、精神家园的回归中融为一体，因而具有伦理的魅力。伦理凝聚力的精髓是“一体感”，其评估结构有三：社会风尚或社会的伦理感；社会公德或个体的道德感；善恶因果律。

社会风尚或社会的伦理感。黑格尔认为，风尚是个人与伦理普遍性的简单同一，是个人的普遍行为方式，其本质是精神，“风尚属于自由精神方面的规律”。① 伦理感不是一个心理学而是精神哲学的概念，其要义是个别性与普遍性的同一感。“社会的伦理感”不仅是社会对伦理的敏感度，而且是社会生活中的伦理浓度，是伦理的精神追求与市民社会作为“需要的体系”的互动力量。根据当前中国社会的前沿课题，社会风尚或社会伦理感的评估主要有三个元素：道德信用指数，伦理信任指数，伦理安全指数。评估的对象主要是社区、公共场域、网络媒介。长期以来，中国社会为诚信问题所纠结，从假冒伪劣到“扶老人难题”，所有问题都归结为诚信问题，继而又将诚信片面地解读为道德信用。然而，无论在理论还是实践上，诚信都包括两个结构：道德信用与伦理信任，而其超越性的形上基础就是所谓“诚”的本体。信用是个体的道德品质，所谓诚实守信；信任是一种“文明的资格”，是预期和建构未来的风险行为，因而具有重要的伦理意义。伦理信任是一种独立而重要的社会品质，是社会的伦理教养，道德信用不可能自然产生伦理信任。没有信用，社会将缺乏伦理安全；没有信任，社会将缺乏伦理温度和伦理魅力，同样没有伦理安全。因此，道德信用与伦理信任的状况，是社会的伦理风险与伦理安全的风尚标志，它们在三大场域中展示。首先是社区，社区是一种具有相对稳定性和自组织形态的公共生活场域，社会生活中的信用与信任状况往往体现社会风尚和社会伦理感的底线，社区中邻里之间的熟悉指数、家庭的“铁窗指数”即家庭单元外部装修中的防盗窗指数，可以直观地体现社区的信任指数和伦理安全指数。公共领域包括城市、商场、车站等公共场所，具有标志性的评估元素不仅包括这些公共场域的信用度和受骗度，还包括以“微笑指数”为温度计的信任度，“不要与陌生人讲话”体现社会严重的信任危机，“微笑指数”直接体现社会的伦理温度。网络媒介以隐蔽而赤裸的方式展现社会风尚和伦理感，其信用与信任状况在伦理评估中具有前瞻意义。

社会公德与个体道德感。社会公德在文化反思中长期是被批评的聚焦点之一，

---

① 黑格尔：《法哲学原理》，范扬、张企泰译，商务印书馆 1996 年版，第 170 页。

不少人认为，由于家庭本位的传统，中国人比较注重私德，但公德缺乏，表现为公共场域中的道德失范。这种批评虽缺乏充分的根据，但却表明公德之于中国社会的重要性。社会公德的评估主要包括三个方面。其一，公共场域道德规范的履行状况，从闯红灯、排队，到旅游景点的道德状况，而志愿者参与状况往往可以作为正向道德的重要标尺。其二，公众人物的道德状况。根据我们进行的全国大调查的结果，演艺界等公众人物，以及企业家和商人的道德状况，在三次调查中都分别排于第二和第三位的最不被满意的群体，在第二次大调查中，医生成为位列第四位的伦理道德上最不被满意的群体。公众人物的道德状况标志性地体现社会道德，不仅因为他们的显示度而成为公德的显示器，对社会道德具有演绎和示范作用，而且可以由此窥测社会大众的道德底线，因此，演艺人员、商人与企业家、医生，便成为社会公德评估中具有标志意义的群体。其三，公共道德舆论，包括社会舆论中的道德取向，它不仅是社会的道德敏感度，而且直接拷问社会的道德良知，因而应该成为道德评估的要素。

善恶因果律状况。善恶因果律是人类文明的普遍规律之一，它的实现是人类的最高文化理想，但在不同文化形态中有不同的实现机制。宗教型文化在终极信仰中实现，最典型的就是康德在《实践理性批判》中借助“上帝存在”和“灵魂不朽”两大预设达到道德与幸福的统一，而伦理型的中国文化则透过伦理信念追求在世俗生活中达到，从古神话开始，善恶因果便成为中国人贯通精神世界和生活世界的主题与规律。善恶因果律体现社会伦理和社会道德的现实力量，是社会的伦理凝聚力的具有终极意义的根据之一。善恶因果律状况的评估可以从两个方面展开。第一，社会大众关于善恶因果律的信念状况。善恶因果律的核心是道德与幸福的统一，是人类的终极追求，与其说它是现实，毋宁说是信念。它们在生活世界中往往并不直接统一，但人类执着地追求和实现这种统一，这便是信念的力量。黑格尔曾以思辨的方式论证了这种统一，指出道德本身是一个永远有待完成的任务，既然道德还没有完成，那么关于道德与幸福不统一的结论便缺乏根据，而那种认为“没有道德的人生活得很好”的说法只是披着道德外衣的嫉妒。[①] 正因为如此，中国伦理总是教诲人们“自强不息”“厚德载物”，因为道德与幸福的统一存在于自强不息的永恒努力之中。所以，关于善恶因果、德福同一的信念状况，是社会伦理考察的重要元素。第二，善恶因果的实现程度及其现实力量。善恶因果律虽然本质上是一种伦理信念，但如果缺乏实现的伦理力量，最终也会“化作一缕青烟”，消逝得无影无踪。这种现实力量包括：对道德楷模的褒奖；对

① 黑格尔：《精神现象学》，贺麟、王玖兴译，商务印书馆 1996 年版，第 142 页。

严重不道德行为的惩处力度；社会大众择善固执的能力。

要之，在由社会伦理、社会公德、善恶因果律三者所构成社会的伦理凝聚力的评估体系中，“道德信用—伦理信任—伦理安全”是社会伦理的测评系统；“公共场域的道德状况—公众人物的道德状况—公共道德舆论”是社会道德的测评系统；“善恶因果信念—善恶因果力量”是善恶因果律的测评系统；三个结构、八个元素，构成社会的伦理凝聚力的测评体系。

6. 政府的伦理公信力

政府伦理评估可能是一个最大胆、最富挑战性也是最有争议的哲学想象，也许它只是一种“书生意气”。然而，虽有争议，或者时机仍不成熟，却必要、应该，并且紧迫。其根据有三。

其一，政府不仅是政治机构，而且从根本上说是一种伦理存在，伦理是其基本属性和合法性基础。政府的政治属性不言自明，顾名思义，“政府”是“政治之府”，根据孙中山的理解，“政治就是管理众人的事”，“众人的事”就是普遍性或所谓公共事务。然而，政府的精神意义和伦理本性却很少被揭示。黑格尔认为，家庭与民族是人与自己的公共本质同一的两个自然的伦理实体，它们是伦理世界的两个基本结构，分别遵循“神的规律”（即血缘规律）与“人的规律”（即社会规律），这就是中国话语中的所谓“天伦”与“人伦”，而“人的规律”即人在社会生活中所建构的普遍性，“是以政府为它的现实的生命之所在，因为它在政府中是一个整个个体。政府是自身反思的，现实的精神，是全部伦理实体的单一的自我。”① 政府的精神哲学意义和伦理使命，一方面，是使个体凝聚为一个伦理实体或整体，如民族；另一方面，又使民族、国家这些整体作为一个个体而行动。“整个个体”就是政府的伦理本性：对内，它是一个整体，即民族；对外，它是一个个体，即国家。政府使个体性与普遍性的统一成为现实。一方面，通过各种制度和分工保障个体的权力和独立性；另一方面，又通过现实行动不断唤醒人的普遍本质和整体性，打破人的孤立性，保卫人的伦理存在使之不致堕落为自然存在。所以黑格尔才说，为了不让个体以及各种保障人的个体独立性的制度因孤立而瓦解整体，涣散精神，“政府不得不每隔一定时期利用战争从内部来震动它们，打乱它们已经建立起来的秩序，剥夺独立权利”。“战争是这样的一种精神和形式：伦理实体的本质环节……只在战争之中才是一个现实，才显示出它的价值。因为，一方面，由于

① 黑格尔：《精神现象学》，贺麟、王玖兴译，商务印书馆1996年版，第12页。

战争使个别的财产体制和个人的独立自由以及个别的人格本身都亲切体会到否定力量，另一方面，正是这个否定本质，在战争中，一跃而成为整体的捍卫者。”① 黑格尔以晦涩的语言道出了战争的伦理功能和精神哲学意义。政府作为“整体的个体”，其最重要的任务是调节个体与整体的关系，使处于民族和国家中的个体与整体保持一种“有生命的平衡”。这种“有生命的平衡”便是黑格尔所说的“伦理正义”：一方面，保障个体的合法权利，包括独立和自由；另一方面，使个体凝聚为整体，并且使破坏整体平衡的自为存在“重返普遍”。在这个意义上，“公正”，是政府的基本的伦理本性，政府的基本合法性在于个体与整体之间的伦理正义。

其二，官员道德是当今中国最大和最重要的道德难题。根据我们所进行的全国性大调查的结果，三次调查，共同的结果和信息是：政府官员是在伦理道德上总是位于最不被满意的群体之首，政府官员的伦理道德发展评估，已经成为当今中国最具前沿意义的课题之一。虽然不断推进的强力反腐已经使这一问题得到很大改变，但根治依然任重道远，官员道德评估必须而紧迫。政府官员的伦理道德状况，直接关乎政府伦理属性；对官员伦理道德的满意度，相当程度上标志政府的伦理上合法度。民族、国家将个体凝聚为一个整体，然而整体中的每个个体不可能亲自在场表达自己的意志和处理与自己相关的公共事务，只能授权于自己所信任的对象，无论代议制还是代表制，其真义都是如此，“代表”的真谛是代替自己表达意志和行使权力。于是，作为人民意志的代表者和被委托的权力行使者，对被委托者的忠诚，便是最重要的品质。而代表与被代表者之间的关系，是一种“服务”关系，公务人员、政府官员的第一美德是“服务的英雄主义”，这便是毛泽东所说的“全心全意为人民服务”的哲学根据和哲学精髓所在。在这个意义上，“服务”是政府官员的基本道德品质。

其三，行政伦理是当今中国最大和最重要的伦理难题。我们所进行的三次全国性大调查的另一个共同信息是：分配不公与官员腐败，分别是位于第一、第二位的人们对改革开放的最大担忧。如果说官员腐败与官员道德相关，那么分配不公便与决策伦理相关。分配不公所导致的社会问题已经严峻到如此程度，乃至当今中国社会一定程度上已经从经济上的两极分化，走向伦理上的两极分化，其社会心态表达是：政府官员、演艺界、商人与企业家，依次是伦理道德上最不被满意的三大群体；而农民、工人、教师，依次是伦理道德上三大最被满意的群体。在政治、文化、经济上掌握话语权的三大精英群体，恰恰是伦理道德上最不被满意的群体，而最被满意的群体是三大草根群体。伦理上的两极分化已经生成，它

---

① 黑格尔：《精神现象学》，贺麟、王玖兴译，商务印书馆 1996 年版，第 13、32 页。

是比经济上的两极分化更严重、更深刻的分化。防止伦理上的两极分化，必须攻克官员腐败与分配不公两大难题。权力公共性是政府合法性的基础，而权力公共性的现实体现是决策的伦理性，因而必须对政府决策与行政伦理状况进行评估。这种评估不仅关乎社会公正，而且关乎民族凝聚力和国家安全，当下所倡导的爱国主义核心价值观便与此密切相关。黑格尔断言，“在国家中，一切系于普遍性与特殊性的统一”。[①] 在国家伦理实体中，个人成为一个“群众”，所谓“人民群众”。“群众”之所以不会沦为乌合之众，就是因为它是“精神的存在物”，其最大特质是既追求个别性，又追求普遍性，是个别性与普遍性的统一。所谓爱国心，本质上是一种政治情绪，“这种政府情绪一般来说是一种信任（它转化为或多或少发展了的见解），是这样一种意识：我的实体性的和特殊的利益包含和保存在指导我当作单个人来对待的他物（这里就是国家）的利益和目的中，因此这个他物对我来说就根本不是他物。我有这种意识就自由了。”[②] 可以说，没有伦理公正，就没有群众对国家的信任；没有信任，就不可能培育爱国主义的政治情绪。政府决策的伦理评估的意义就在于此。

政府伦理评估如何展开？“公信力”是核心。所谓“公信力”，要义是政府公共权力在道德上的信用度和伦理上的信任度，二者生成公民对政府的信赖度。由此评估可以从三个维度展开：政府官员道德状况；政府行政、公共政策的伦理含量和发展的伦理合理性；政府伦理形象。

要素一：官员道德。之所以使用“官员道德”而不是“公务员道德”，是将评估的重点放在那些掌握重要权力的官员，而不是一般的公务人员。诚然，一般公务人员道德很重要，并且面广量大，直接与群众联系，但如果作为他们领导的官员有好的道德示范和道德管束，许多问题可以迎刃而解。官员腐败是一种国际现象，中国由于社会主义制度和所有制形式的多样性，不仅对官员道德提出更高要求，而且也更为复杂。官员道德评估着力于三个方面：一是廉政状况，底线是不以权谋私，客观标准是遵循各种廉政制度，“廉不蔽恶”。二是勤政，“廉政”只是道德底线，“勤政”才是道德本务，其要义是为人民做好事、做实事的业绩，庸、懒、散是对公共权力的最大玷污。三是服务，服务是官员伦理本务和道德要求，在服务中体现官员的政治品质和政治境界，它包括服务品质、服务态度、服务水平。

要素二：行政伦理。行政和决策的伦理公正度是这一评估的核心，聚力点是

---

① 黑格尔:《法哲学原理》，范扬、张企泰译，商务印书馆 1996 年版，第 263 页。

② 同上书，第 267 页。

权力公共性与财富普遍性。国家权力与社会财富是生活世界中伦理存在的两种形态，权力公共性的要义对官员来说是“服务”、对公民来说是“平等”；财富普遍性的根据是“为一个人劳动即为一切人劳动，一个人享受也促使一切人享受”，因而“自私自利只是一种想象的东西”，要义是分配公正。行政伦理评估的要素有三：（1）政府决策与公共政策的伦理含量，它不仅表现在一些建设与投资的重大决策，而且从城市盲道、无障碍通道、公共汽车的脚踏板高度，到老龄人政策等，都体现公共政策的伦理含量，其中弱势群体的生存状况和伦理关怀是标志性指标。（2）资源配置与财富分配的伦理取向，从城市交通资源配置中人行道、自行车道、汽车道的比例，到交通要道红绿灯对行人和机动车等待的不同时间，最直观的表达是最高收入与最低收入的差距，以及低收入人群的比例及其生存状况。（3）发展的伦理合理性，其要义是突破单一的 GDP 标准，将环境保护、资源消耗、社会公平度、伦理安全度、公共政策中的伦理暗示和政府行为中的伦理示范、公民幸福感等要素作为评估元素。公共政策和资源配置是无声的伦理、无形的道德，丹麦的哥本哈根市政府曾专门改造城市垃圾箱，以方便流浪者寻找食物，表现的就是一种特殊的政府伦理和城市伦理。

要素三：政府伦理形象。包括政府作为行政集体的伦理形象，和作为政府成员的官员的道德形象，由公民的感受和评价获得。伦理形象既不是政治形象，更不是政绩形象，但却是比它们更深入人心的形象。它由公民对政府的认同度、美誉度、信赖度等要素构成，负面的指标是政府行政的恶性伦理事件如严重失能失职等、官员的恶性道德事件如腐败等、社会的恶性伦理道德事件如弱势群体的恶性暴力事件等。

7. 生态的伦理亲和力

生态伦理之所以成为评估对象，不仅因为生态危机已经严重威胁到人类生存尤其是生态安全，更重要的是人类文明已经进入这样的时代，即生态文明时代。“生态文明时代”是以生态为文明特质的时代，它是继农业文明时代、工业文明时代之后的新的文明时代。20 世纪人类最重要的觉悟之一就是生态觉悟。从卡尔松在 20 世纪 60 年代发表《寂静的春天》揭示人与自然关系的生态危机之后，人类的生态觉悟经历了几次重大推进。首先是人与自然关系的觉悟；然而将这种觉悟移植于更为广泛的人类生活领域，形成“社会生态”“政治生态”“文化生态”等重要理念；在此基础上，20 世纪 90 年代，生态觉悟获得形而上学提升，形成“生态哲学”即所谓生态世界观；当今，生态世界观正日益向实践领域转化，形成

“生态价值观”,[①] 人们对生态问题的日益重视,“绿色发展”的国家战略的提出,就是生态价值观的体现。只有在“生态文明形态”或“生态文明时代”的意义上,才能真正理解生态伦理评估的必要性和文明意义,“生态危机”驱动下的问题意识的理解,很可能将生态伦理及其评估局限于因时制宜的权利之策。

生态在何种意义上是一种伦理?生态伦理一直有所谓“深层生态学”和“浅层生态学”之争。“浅层生态学”只是要求人类从自身长远生存发展的意义上关切和建设生态,但仍然坚持人类在世界体系中的中心地位;“深层生态学”要求彻底放弃人类中心主义的族类自私而狂妄的理念,将人类置于与宇宙万物平等对话的位置。二者的区别根本上是两种世界观的分歧。应该说,人与自然的关系本身就具有伦理意义,人在漫长的宇宙演化中诞生,因而与宇宙自然之间存在实体性伦理关系,也许正因为如此,梁漱溟先生才说,人类面临三大关系,人与自然的关系、人与人的关系、人与自身的关系。当然,他没有指出人与自然关系的伦理性,只是试图指证中国文化在攻克人与人的关系中对人类文明的特殊伦理贡献。如果一定要从人与人之间的关系理解生态的伦理性,那么一个显然的事实,是人与自然的关系本质上是以自然为中介的人与人之间的关系。一方面,是同代人之间一部分人与另一部分人的关系,如污水排放、环境污染;另一方面,是代际之间的伦理关系,如过度开发所导致的生态破坏,本质上是对后代资源的掠夺。无论同代关系还是代际关系,都是在人与自然关系的伦理上的不公正,都是对人类生存发展的自然同一性和自然安全系统的破坏,因而具有重要而深远的伦理意义。

毋庸讳言,日益严重的生态危机是生态伦理评估的直接根据。人类种族的自私、族群的自私,掠夺式发展、政绩工程,人类与自然关系的无知,种种原因,导致人类赖以生存的自然环境的深重危机。这一危机已经严峻到如此程度,以至人类已经开始想象如何逃离地球,在另一星球上寻找安身之处。然而问题在于,只要人类不改变对自然这一“他者”的态度,新的星球即便可以寻找,最终也难逃与地球同样的“废球”宿命。因此,对人类种族的绵延来说,与其逃离地球,不如从根本上调整人对自然的态度。应该说,中国的生态觉悟比西方发育得更迟缓。改革开放40年,经济得到很大发展,但也付出巨大的生态代价,至今我们仍处于无止境发展的本能冲动之中。当“氧吧”成为商业性的广告用语,当人类时常像动物大迁移一样躲避环境污染时,便标志着生态问题已经严重威胁我们的安全。在这个意义上,生态伦理评估,既是对人对自然的伦理态度的评估,也是对发展的生态代价的评估,更是对我们生存的自然安全与自然危机的评估。

---

① 关于“生态文明形态”,参见樊浩《伦理精神的价值生态》,中国社会科学出版社2001年版。

如何评估？生态伦理评估的核心概念是人与自然的“亲和力”。“亲和力”的要义是既“和”且“亲”。孔子说，“君子和而不同，小人同而不和”①。因为“和则生物，同则不继”②。“和”是多样性同一，是人与自然之间的和谐，“和”生何“物”？使人与自然同生共荣。然而“和”不是人对自然的认识、改造，以及在认识自然、改造自然基础上对自然的征服，“亲和”贵在“亲”。人类应当走出对自然认识、改造、征服的三部曲，学会尊重自然、敬畏自然，亲近自然，这便是“亲”的要义。“亲”的哲学精髓是《中庸》所说的由“尽己之性，尽人之性”，到“尽万物之性”，最后达到“赞天地化育”“与天地参”的境界。这便是所谓“天人合一”之境，“天人合一”就是天与人的“亲和”。“亲和力”就是天与人“合一”的能力。“亲和”既是面对自然的主观感受和享受，也是一种客观环境和现实境遇，因而根本上人与自然关系的一种伦理态度和伦理现实。“亲和力”如何测评？从三个维度进行：生态伦理关系，生态道德行为，生态伦理环境。

生态伦理关系测评。生态伦理关系包括直接的人与自然的关系，以及以人与自然关系为中介的人和人的关系，其着力点是测评对人与自然的伦理关系的自觉程度，以及人与自然关系的亲和度。包括三方面：政府的生态伦理理念，社会大众的生态伦理意识，对待自然的伦理态度；在自然资源的开发与利用中的代际伦理关系；地域的生态伦理关系。其中，政府的生态伦理理念体现于发展理念中，表现为发展中生态意识的自觉程度以及经济发展与生态发展之间的价值让渡。代际伦理关系的突出表现是生态超越和对自然资源的过度开发，美国与西方一些国家对已发现的矿产资源很多并不立即开发，而是留给后人，而对树木砍伐的立法保护更是严格，这当然相当程度上是全球化进程中国家战略理念上的一种民族自私，但其生态保护意识值得借鉴。地域生态伦理关系突出表现于污染物的异域排放等，一些国家根据风向规律在国境的边缘建立化工厂，污染气体流向另一国家就是典型表现。

生态道德行为测评。生态道德行为的测评主体包括政府、集团和个人。（1）政府生态道德行为，集中表现于政府的生态伦理政策，这些政策在宏观层面如经济发展中的环境保护政策，中观层面如对生态破坏和生态污染的处罚政策与措施，微观层面如对与人和自然关系相关的各种政策措施。西方社会体现人与自然关系的典型政策之一，是“宠物福利”，对家庭豢养的宠物狗给予适当经济补贴，当然也有强制性的遛狗规定，以防止虐待动物的现象发生。（2）集团生态道德行为，

① 《论语·子路》。

② 《国语·郑语》。

特别是企业的生态行为，如污染物排放、生态修复投资等，还有社区生态道德行为，如社区自然环境建设、垃圾管理等。（3）个体生态道德行为。相对于政府和集团，个体的行为的生态影响可能小些，但由于社会由个体构成，因而其生态伦理的敏感度和行为能力，如对破坏生态行为的监督、阻止和举报，个体行为中的生态自觉等，对生态发展具有基础性意义。

生态伦理环境测评。包括自然环境、社会环境和文化环境。自然生态环境比较客观，容易被感受，与之密切相关的是对发展的生态评估，包括三大评估：生态伦理成本、生态伦理资源和生态伦理安全的评估。它在根本上对发展观的评估，当今中国对发展成本计算往往只是货币成本、人力成本等，而生态成本是隐性也是影响更长远的成本，如果发展付出过于高昂的生态成本，便具有掠夺性。生态资源是发展的重要资源之一，最典型的旅游业，乡村游、风景游根本上是生态游。由此也必须对发展的生态前景进行展望和评估，这是发展后力的表现。发展的生态评估还可以防止一种偏向：发展迟缓、落后地区往往原生态反而可以存续，生态伦理的本质是发展过程中伦理与经济的价值均衡和价值让渡，是发展中的生态保护，以不发展保存生态只是对待自然的“遗产心态”。社会环境是生态伦理意识和生态道德行为的综合表现。文化环境的核心形成一种尊重和保护生态的伦理文化，是人与自然关系的文化自觉。

生态伦理关系、生态道德行为、生态伦理环境，构成生态的伦理风险指数、伦理安全指数和伦理魅力指数，生态伦理风险是生态的伦理亲和力的否定性指数，生态伦理安全是肯定性指数，伦理魅力是生态伦理亲和力的综合指数。

8. 文化的伦理兼容力

这是一个更可能引起争议、也更难操作的评估结构。然而，评估从来就是在争议中坚守，评估的难度有多大，其前沿性可能也就有多大。在现代文明体系和社会生活中，“文化的伦理兼容力”属于“世界伦理”的范畴，这里的“世界”是一个广义概念，既指向外部关系中的“国际”，也指向内部关系中地域意义上的“城际”，以及不同群体、不同阶层，即所谓“群际”，其时代精神的基础以一个意识形态话语表达就是“开放”。在传统承继方面，它与“大学之道”的“八条目”中“平天下”的结构存在文脉关联，“天下”是家、国结构之上的文化概念，故将“文化”作为考察的主体，这里的“文化”是包含观念、制度和行为在内的总体性话语。“文化的伦理兼容力”着重评估对待外部世界的伦理态度、伦理情怀与伦理关系。其根据有三。

其一，全球化时代走向世界的伦理。40 年来中国社会变化的重要关键词是“开放”，“开放”的基本含义是走向和拥抱世界，包括两个方面。一是走向世界的伦理，核心是对异质文化的尊重和民族精神的坚守；二是世界走向我们过程中拥抱世界的伦理，核心是对异质文化的接纳。前者是爱国主义，后者是世界主义。根据我们全国大调查的信息，“如果你的导师是外国人，他侮辱了中国，但抗议将引起对自己不利的结果，你将如何选择？”第一次调查有 30% 以上的沉默率，第二次调查沉默率也在 20% 左右。可见，民族精神、爱国主义很可能甚至已经为个人的利益算计所绑架。外国人来华投资、求学、旅游已成普遍现象，过于警惕的文化鸿沟也体现文化精神中伦理容摄力和文化兼容度的缺失。在全球化过程中，中国人必须重新补上“世界伦理”这一课程，造就面向世界的伦理教养。

其二，高度流动社会的伦理。三十年多年的“开放”不只局限于外部世界，内部世界的开放是更充分、更深入的“改革”。市场经济、城市化，再加上高铁、高速公路、网络媒介，已经将中国社会催生为一个高度开放的社会，传统意义上的“熟人社会”已成背影，在城市空间和职业生活中，几乎人人都可能是“大地上的异乡者”，于是如何学会“与陌生人相处”便成为开放社会的伦理要求，是个体与社会伦理教养的另一标志。

其三，市场社会的价值坚守和文化建构力量。无论外部开放还是内部开放，其原初动力都是物质的力量，个人主义、理性主义与市场法则的结合，使开放社会的外部与内部关系汇合成强大的利益逻辑和功利主义的洪流，利益追求成为“在一起”的唯一法则，很可能在精神世界和生活世界中出现伦理的荒野或“伦理戈壁”，从而使人的世界失去伦理凝聚力和伦理意义。在这种背景下，对于文化的伦理评估便具有重要导向意义。

“文化的伦理兼容力”的评估对象是“文化”，关键词是“兼容力”。“兼容”不是“包容”。“包容”是以我为是、以我为尊的居高临下的“伦理高地”，“兼容”是建立在平等基础上的相互承认、相互融合；“包容”是“君临天下”，“兼容”是“海纳百川”。前者是王者的伦理，后者是平等的伦理。在伦理上，“包容”不是承认，而只是显示包容者的大度，所谓“大腹能容容天下难容之事”，然而背后却是“笑容常开笑天下可笑之人”；而“兼容”则是“和则生物”的共生互动，是彼此需求的彻底的相互承认。在“包容”中，伦理世界局限于包容者的“大腹能容”之中；而在“兼容”中，世界在相互链接中不断延展，共生共荣。开放世界、平等社会，需要“兼容”的伦理，而不是“包容”的伦理。这种“兼容”的伦理与中国“平天下”的传统理想相契合。“平天下”的精髓是“天下平”或“使天下平”，决不是“平定天下”，它与“齐家”之“齐”相承接，其要义是通过“己立立人，己达达人”“老吾老以及人之老，幼吾幼以及人之幼”，最终达到“中国如一人”“天下如一家”，此“一”之境界即谓“天下平”。在哲学上，它是家国情怀下的伦理同一性建构，因而根本上是一种文化气象、伦理气象，也是一种文化和伦理的力量。这种气象和力量，在多元化的现代社会中，即是“文化的伦理兼容力”。

“伦理兼容力”如何测评？可以从外部伦理世界、内部伦理世界，以及文化的伦理精神三个维度展开。

外部世界的伦理即“国际伦理”的兼容力，其测评要素主要有三：（1）走向世界中的爱国主义，它是外部世界关系中的国家伦理意识与民族伦理精神，包括：走向世界的频率如文化、教育、经济、社会的对外交往投资情况等，文化生活中民族尊严的维护，经济政治生活中民族利益的坚持，个人行为中的民族气节与民族伦理形象的保护等。（2）拥抱世界中的世界主义，如吸引外资的状况，城市外国人士的流通频率与交往能力，城市标志物的双语、多语状况，市民伦理心态上的开放度，政府在经济社会文化政策上的开放度，对外来文化的接受和接纳品质等。（3）伦理对话能力。包括社会大众对异质文化的伦理识别能力、伦理互动能力，多元文化中对民族优秀伦理传统的坚持能力等。

内部世界的伦理即“群际伦理”的兼容力，着重考察内部社会流通中的伦理状况与伦理能力。要素有：（1）城市或地域的伦理开放度，包括人口流通状况，外来人员的伦理态度与伦理政策，社会大众对外来人员尤其是外来低层打工者如保姆、建筑工人等的伦理态度、理解能力、尊重品质，政府接受外来人员的政策，如城市落户的门槛、子女入学、医疗保障等。（2）社会流通的伦理能力，包括：社会阶层的固化程度，低层社会群体的上升通道是否畅通，如优质教育资源的特权化状况等；对弱势群体的伦理态度、伦理援助政策，公共政策和公共生活对多层次、多样化需求的尊重与满足状况等。（3）社会在伦理上两极分化状况，如政治生活中精英阶层及其子女的特权化程度，经济生活中财富集中及其“炫富”状况，诸社会群体、社会阶层之间的伦理关系尤其是相互信任和尊重的状况，由贫民、贱民引发的社会恶性事件的状况等。

伦理精神的兼容力。包括三种伦理能力：理解能力，尊重能力，和合能力。这些能力都发生于“国际”和“群际”之间。包括：对异质文化及其生活方式的伦理能力，对不同社会群体的生存状况和行为方式的理解能力。“理解”不是“了解”，“理解”指向承认和尊重，而“了解”可能只是出于好奇甚至猎奇，开放社会必须发展出一种伦理上的尊重能力，不仅是对异质文化的尊重，而且是对社会内部不同社会群体尤其是低层群体和弱势群体的伦理上的尊重，“学会尊重”是一种社会生活必需的伦理教养和伦理品质。“和合”能力是一种知行合一能力，它将不同文化、不同群体、不同阶层，在精神世界中“和”，在生活上世界“合”，共生互动，这种能力的伦理基础和传统资源，本质上的一种“及”的伦理能力：对个体来说，是推己“及”人；对社会来说，是老吾老以“及”人之老，幼吾幼以“及”人之幼。“及”是一种伦理境界、伦理教养，也是一种伦理能力。

当今之世，关于文化的伦理兼容力的评估，不是时机不成熟，而是缺乏觉悟。伦理兼容力不成熟，就不可能培育出在伦理上成熟开放社会。“伦理兼容力”的要义是文化的伦理魅力和伦理温度。由此，文化的伦理兼容力评估便具有重要的现实意义。

9. 小结

评估不是权力，测评不是专利，其根本目的是引导和推进发展，向社会宣示正解的价值目标和文化诉求。伦理评估是对个体和社会的一次伦理上的健康体检、水平测试，更是凝聚价值共识的一次文化推动。评估的根本指向不是“后顾”，而是“前瞻”。伦理道德发展评估，作为一种前所未有的事业，目前还是一种思辨、一种想象，一种理想和现实商谈中的行动，它以一种“理想类型”继往开来，达到集体意识和集体行动中的文化自觉和精神超越。

综上，当今中国伦理道德发展的评估测评体系是“七‘力’体系”：公民的道德自主力、家庭的伦理承载力、集团的伦理建构力、社会的伦理凝聚力、政府的伦理公信力、生态的伦理亲和力、文化的伦理兼容力。它们是中国发展的“软实力”，却是伦理道德发展的“硬实力”。七个“力”，与七个“指数”，七个“度”结合，构成伦理道德发展的定性与定量结合的评估体系。然而，评估的科学性与合理性还必须与另外三个重要结构契合，一是当今中国社会诸重要社会群体；二是当今中国社会的主流价值观，依照“伦理道德”与“发展”的关键词，必须与核心价值观中的具有伦理意义的要素，《公民道德发展纲要》的十个基本规范和四个基本结构即个人品德、家庭美德、职业道德、社会公德，以及创新、协调、绿色、开放、共享的五大发展理念相契合；三是当今中国伦理道德发展的理论前沿与现实前沿。当然，还必须体现中国传统和中国智慧，具有直接借鉴意义的是“大学之道”。在理论上，评估体系的概念基础是“伦理”与“道德”的区分与合一；评估的总体性话语是“道德美好度”与“伦理魅力度”；而“伦理道德发展”的逻辑结构则包括四个方面：伦理关系、道德生活、伦理道德素质、推进伦理道德发展的经验教训与管理创新。在整体上，以“七力”的历史结构为纵坐标，以四个逻辑结构为横坐标，综合以上诸要素，形成当今中国伦理道德发展的评估体系。需要说明，这个评估体系只是基于中国传统和中国国情，提供了关于伦理道德发展评估理念、理论、结构、元素，最基本的努力是对它进行学术论证，使之成为一个体系。付诸实践，还有许多操作问题需要进一步研究和解决，尤其需要进一步细化可测评的最后一个层次的具体指标体系，这些指标体系既要主观与客观、定性与定量结合，又要根据现实推进做及时调整，并确定“七力”结构，以及诸指标体系在评估中的不同权重，由此形成一个相对稳定的动态评估系统。

伦理道德发展评估学术构架

评估的两大总体性话语与最终指标：“道德美好度”“伦理魅力度”

测评对象	测评内容	总体话语	重点关涉群体	逻辑结构	基本内容	理论前沿 现实前沿	主流价值切合
公民道德	公民的道德自主力	公民的道德自觉自持度； 公民的伦理自主指数	1. 青少年群体； 2. 大学生群体； 3. 新兴群体	1. 道德自觉：道德世界观的自觉，道德规范的自觉； 2. 道德自持：知行合一，冲突情境中的道德选择； 3. 道德素质：良知良能，良心	1. 理欲、公私、义利关系自觉； 2. 传统美德、主流价值、大众共识统一的七大道德规范自觉：爱、敬、信、善、义、公正、宽容的认同度； 3. 知行合一度； 4. 冲突情境中的道德自持指数； 5. 良知、良能、良心的善良指数，民风淳朴度	1. 道德世界观； 2. 大众道德共识； 3. 知行合一； 4. 道德同一性，良知，良能，良心； 5. 道德能力与道德素质：人际人生的伦理调节能力，道德自觉自主能力，冲突境遇中的道德选择能力； 6. 伦理认同与道德自由的矛盾	个体道德“爱国、敬业、诚信、友善”的核心价值观
家庭伦理	家庭的伦理承载力	家庭的伦理强度； 家庭的伦理承载力指数	1. 家庭成员； 2. 青少年群体； 3. 其他公民群体	1. 爱的伦理素质； 2. 代际伦理； 3. 婚姻伦理； 4. “同胞”伦理； 5. 家庭与社会的伦理转化能力； 6. 家国关系的伦理合理性	1. 爱的伦理素质与伦理能力； 2. 孝慈伦理； 3. 两性伦理风尚与婚姻伦理能力； 4. “悌”的伦理； 5. “忠恕”伦理能力，“亲亲”与“兼爱”； 6. 家—国关系伦理	1. “家—国”文明道路与伦理型文化； 2. 家庭作为伦理道德根源的承载力； 3. 老龄化时代的伦理境遇，老龄伦理，孝道文化传承； 4. 独生子女的伦理环境与伦理素质； 5. 婚姻危机，两性关系与社会风尚； 6. 家风家训； 7. 家庭的伦理风险与伦理安全	家庭伦理

续表

测评对象	测评内容	总体话语	重点关涉群体	逻辑结构	基本内容	理论前沿现实前沿	主流价值切合
集团伦理	集团的伦理建构力	集团的伦理浓度；集团的伦理可靠性指数	1. 企业、企业家与企业员工；2. 学校；3. 除政府部门外的其他各类社会组织	1. 集团伦理关系；2. 集团道德行为；3. 集团的伦理道德素质	1. 组织的伦理实体性：内部伦理关系，外部伦理关系，内部伦理认同与外部道德评价的一致与矛盾；2. 集团道德自制力：道德自觉度，社会责任，产品信任度与集团不道德行为；3. 伦理道德素质：义利取向，价值让度，经济冲动与道德冲动的调控能力	1. 家庭与社会、国家伦理链的断裂；2. 集团的伦理自觉与伦理建构力；3. “后单位”时代集团的伦理可靠性；4. “有组织激情”的恶，重大恶性伦理事件；5. “伦理的实体—不道德的个体”的伦理—道德悖论；6. 企业伦理与企业家道德	职业伦理、社会伦理、创新发展
社会伦理	社会的伦理凝聚力	社会的伦理温度；社会的伦理凝聚力指数	1. 公众人士；2. 演艺娱乐界；3. 网络、媒体界；4. 医生；5. 专家学者	1. 社会风尚（社会伦理感）；2. 社会公德（个体道德感）；3. 善恶因果律	1. 道德信用指数，伦理信任指数，伦理安全指数；2. 公共场域的道德状况；3. 公众人物的道德状况；4. 网络伦理，公共舆论中的道德取向；5. 善恶因果的信念状况，善恶因果实现程度和现实力量；6. 伦理道德方面最信任的群体、最不信任的群体；7. 伦理道德方面的话语主体与影响力主体	1. “市民社会”的理论及其伦理风险；2. “社会”的伦理逻辑与伦理韧度；3. 公德与私德；4. 善恶因果律；5. 个体的伦理一体感与伦理热忱，志愿者；6. 社区伦理，虚拟空间伦理，网络道德；7. 公众人士道德；8. 演艺人员道德；9. 医患关系；10. 旅游伦理；11. 道德信用与伦理信任；12. 对社会环境的伦理安全度与满意度；13. 对弱势群体的伦理关怀、无障碍设施等；14. 老龄伦理境遇与伦理尊重、伦理关怀；15. 社会公德的满意度；16. 经济上的两极分化与伦理上的两极分化的互动关系，不同群体之间的相互信任度	社会公德“自由、平等、公正、法治”的核心价值观

续表

测评对象	测评内容	总体话语	重点关涉群体	逻辑结构	基本内容	理论前沿 现实前沿	主流价值切合
政府伦理	政府的伦理公信力	政府的伦理信度；政府的伦理公信力指数	1. 公务员群体； 2. 农民； 3. 工人； 4. 教师； 5. 弱势群体	1. 官员道德； 2. 行政伦理与发展的伦理合理性； 3. 政府伦理形象	1. 政府官员的廉政伦理，勤政伦理，“服务”伦理本色与道德品质； 2. 政府决策与公共政策的伦理含量，资源配置与财富分配的伦理取向，发展的伦理合理性。 3. 公民对政府的信任度、美誉度、依赖度，政府的伦理公信力与收入差异的伦理限度	1. 政府的伦理本性； 2. 生活世界中的伦理存在形态：权力公共性与财富普遍性； 3. 政府的“服务”本性； 4. 政府的伦理公信力； 5. 发展的伦理合理性； 6. 官员道德（官员腐败），惩治腐败的效果与对政府官员伦理信任度的变化； 7. 分配不公与两极分化； 8. 弱势群体伦理境遇； 9. 恶性伦理事件； 10. 新前沿：对官员腐败、不作为、乱作为等行为的道德否定度排序	职业伦理、“富强、民主、文明、和谐的”核心价值观共享发展
生态伦理	生态的伦理亲和力	生态的伦理安全度； 生态的伦理亲和指数	1. 政府组织； 2. 公务员群体； 3. 企业组织； 4. 企业家群体； 5. 其他公民个体	1. 生态伦理关系； 2. 生态道德行为； 3. 生态伦理环境与生态安全度	1. 政府与社会大众的生态伦理自觉与生态伦理理念； 2. 自然资源开发利用中的代际伦理关系，地域伦理关系，以及其他伦理关系； 3. 政府、集团、个体的生态道德行为； 4. 经济社会发展的生态伦理成本、生态伦理资源和生态伦理安全	1. “生态文明”的哲学精髓与生态觉悟的伦理意义； 2. “天人合一”的中国传统； 3. 人与自然关系的伦理本质； 4. 生态伦理关系结构：人与自然关系，代际伦理关系，地域伦理关系，组织尤其是企业与社会的伦理关系； 5. 生态危机； 6. 发展的生态伦理成本与生态伦理资源； 7. 生态伦理安全指数与伦理魅力指数	生态伦理、协调发展、绿色发展

续表

测评对象	测评内容	总体话语	重点关涉群体	逻辑结构	基本内容	理论前沿现实前沿	主流价值切合
世界伦理	文化的伦理兼容力	文化的伦理兼容度；文化的伦理魅力指数	1. 政府组织，公务员群体；2. 企业组织，企业家群体；3. 学生；4. 专家学者；5. 其他公民个体	1. “国际”伦理兼容力；2. “群际”伦理兼容力；3. “种际”伦理兼容力；4. 地域伦理兼容力；5. 地域伦理风尚、伦理魅力度与伦理精神的兼容力	1. 爱国主义，世界主义，伦理对话能力；2. 城市或地域的伦理开放度；3. 社会流动的伦理能力；4. 社会在伦理上两极分化状况；5. 伦理能力：人与人、诸社会群体之间伦理上的理解能力，尊重能力，和合能力；6. 对陌生人的友善度；7. 家国情怀与“天下”境界	1. “平天下”的伦理传统与伦理情怀；2. “文化”的伦理意义；3. “开放”进程中“走向世界”的伦理自觉；4. 全球伦理与民族精神；5. 全球化时代的爱国主义；6. 高度流动社会中的伦理关系；7. 经济利益与民族气节；8. 外资企业与合资企业中的恶性伦理事件；9. 伦理开放度与伦理兼容力；10. 多元共生的伦理道德环境	开放发展

下　篇

伦理道德发展初始数据库

（2007 年 · 中国与江苏）

第六章　2007 年中国伦理道德发展数据库

2007 年中国伦理道德状况调查数据库

2007 年中国伦理道德状况数据库

（江苏、新疆与广西三地区，发放问卷 1200 份，有效问卷 1149 份）

第一部分　基本信息

1. 您的性别

2. 您的年龄

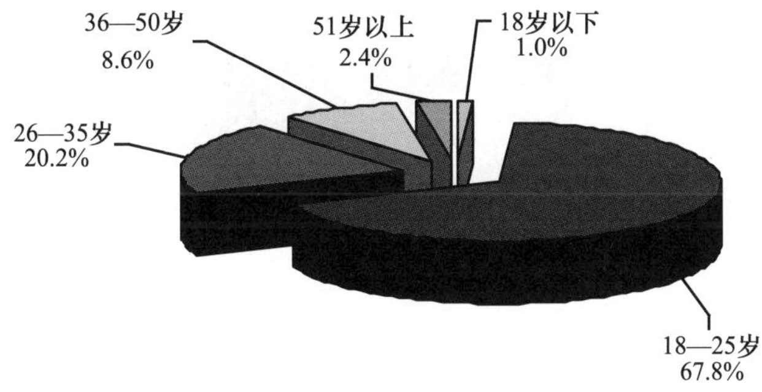

3. 您的受教育程度

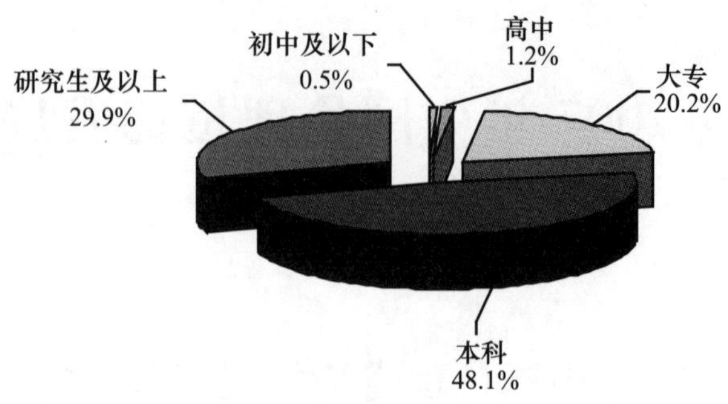

4. 您目前的职业

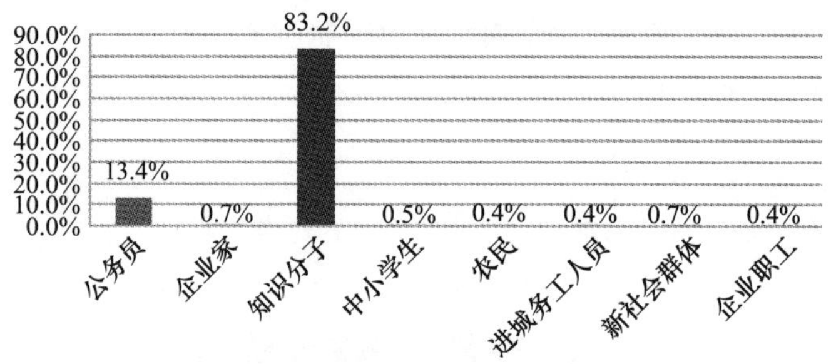

5. 您的月平均收入是

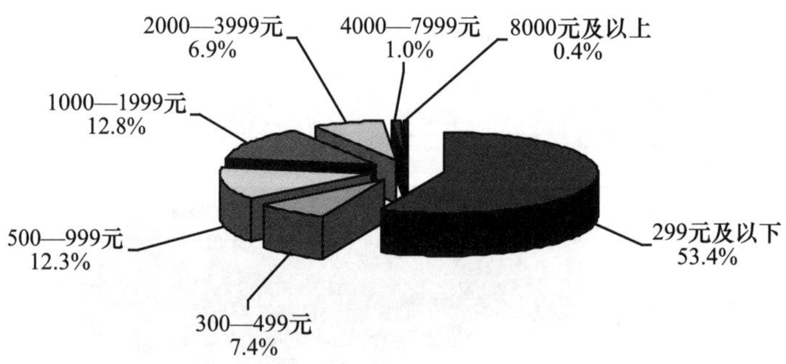

6. 您的宗教信仰是

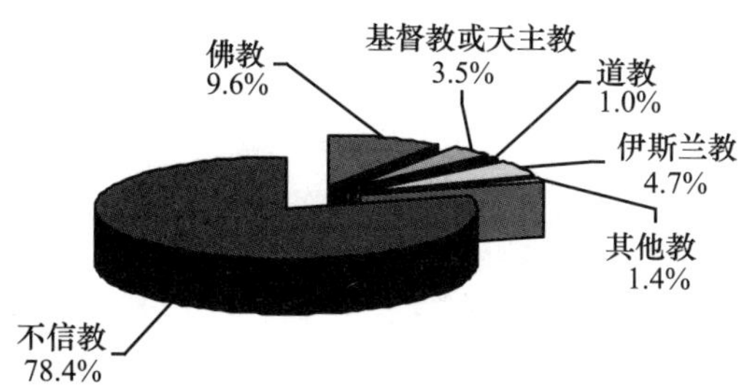

第二部分　调研信息

1. 您对中国目前的道德风尚与伦理状况，总体上的满意程度

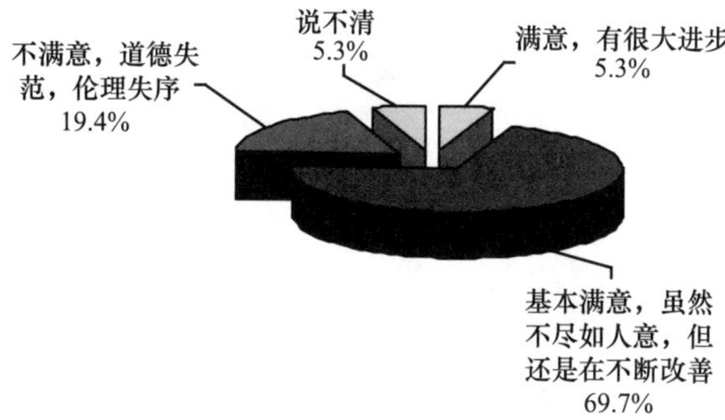

2. 您认为在现代中国社会实际奉行的道德价值是

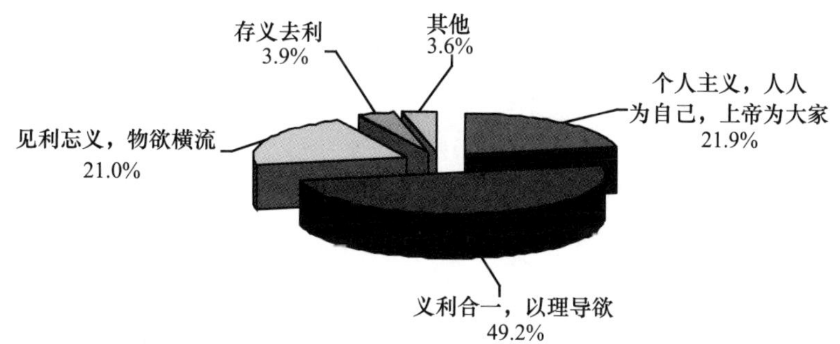

3. 您认为当前中国社会道德生活的基本方面是

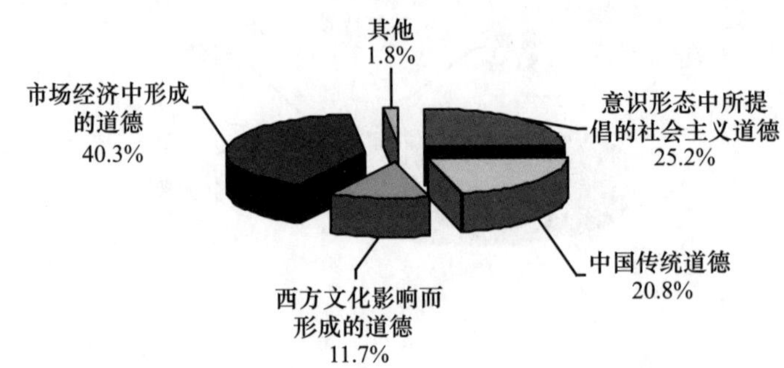

4. 您认为中国目前的人际关系

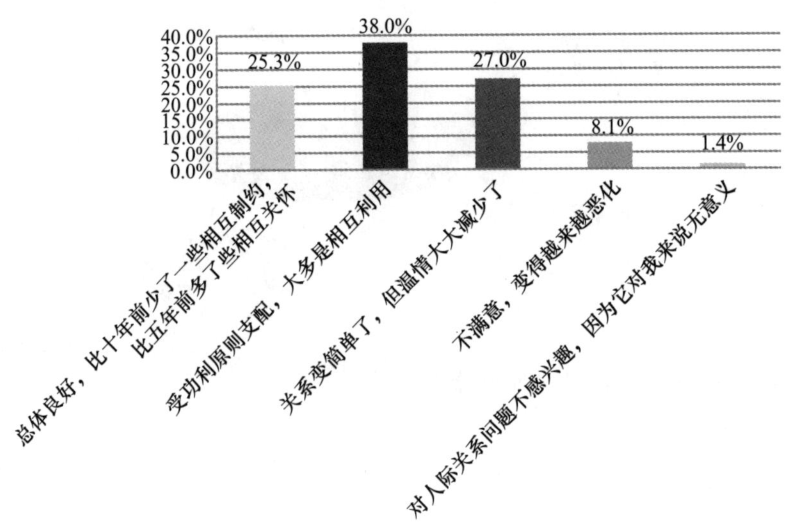

5. 您认为目前中国社会中道德和幸福的现实关系是

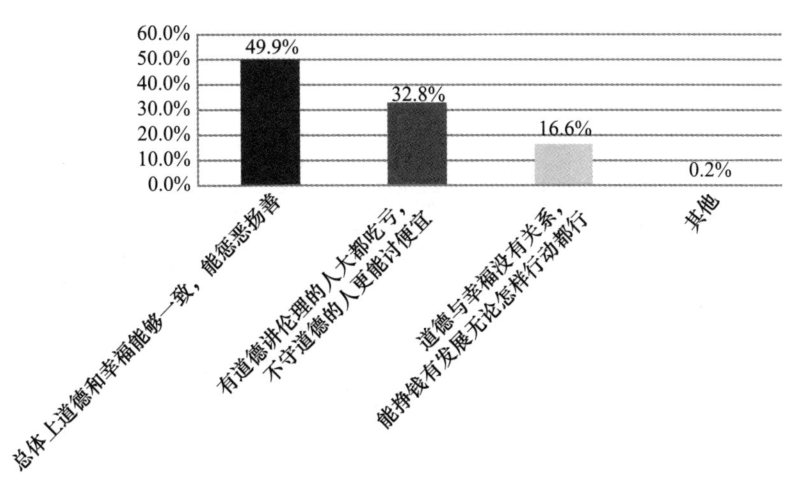

6. 您认为您目前的状况是

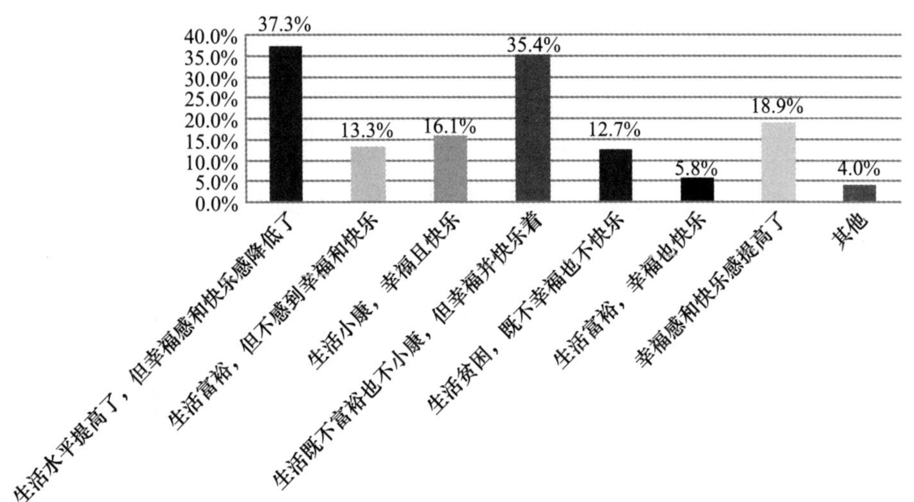

7. 现在人们常常对记忆中或电影作品中60年代前人们简洁的人际关系、清朗的精神风貌和友好的社会风气心存怀念和向往，您认为导致现在这种变化的主要伦理原因是

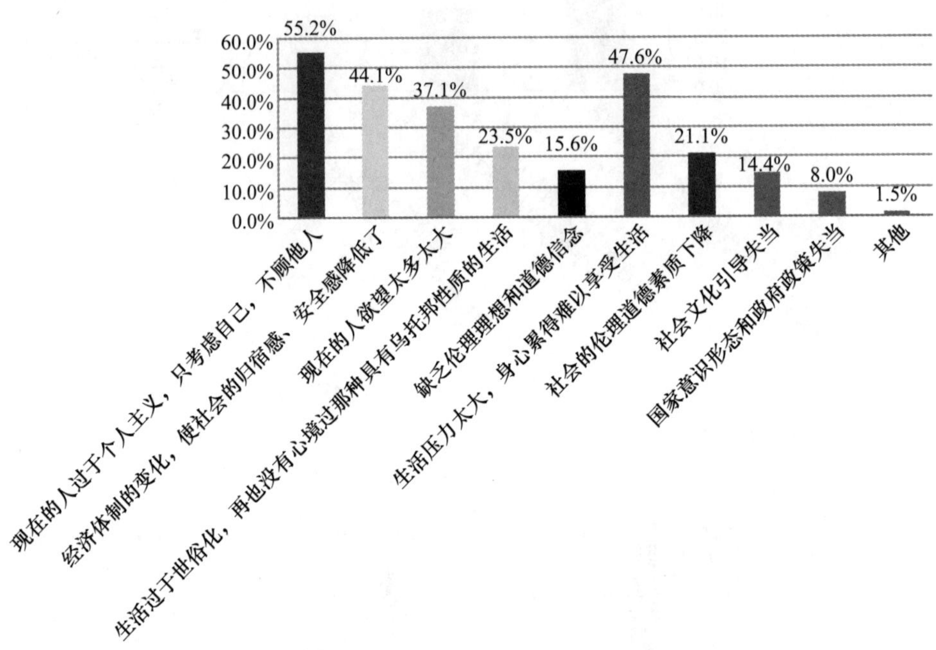

8. 对中国的伦理关系和道德生活，您最向往或怀念的是

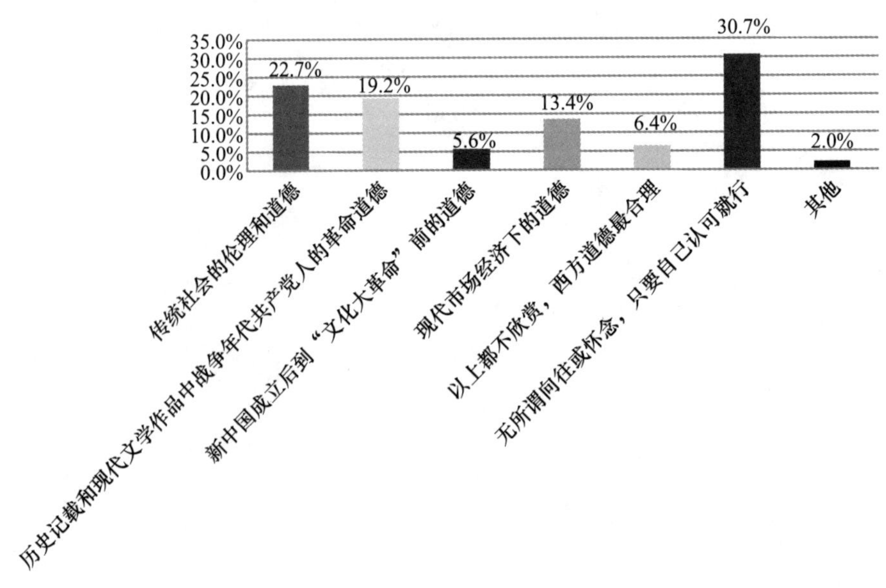

9. 您认为家庭和国家对于个人存在的意义是

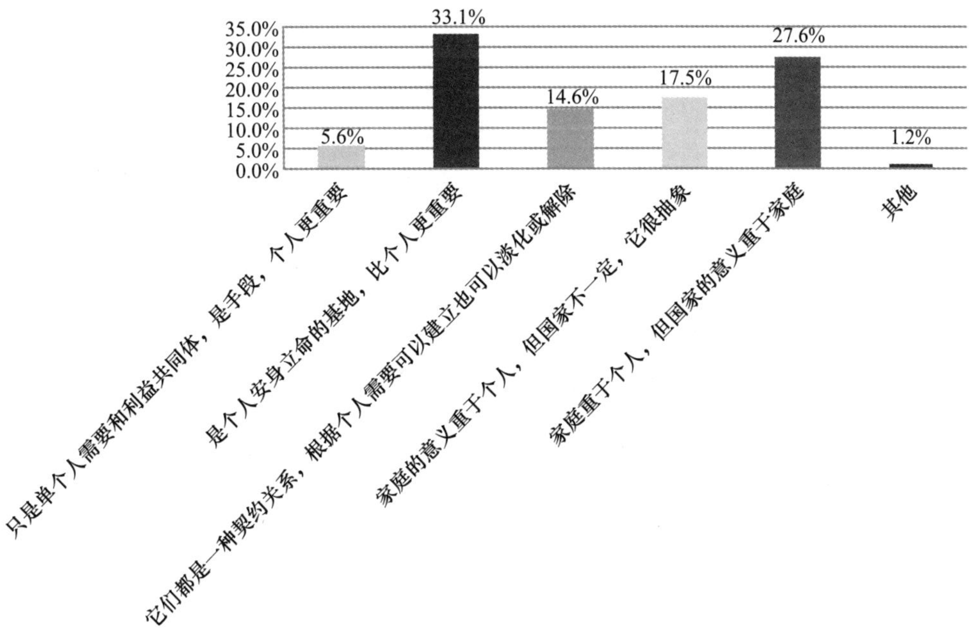

10. 您认为一种合理的伦理道德状态应当是

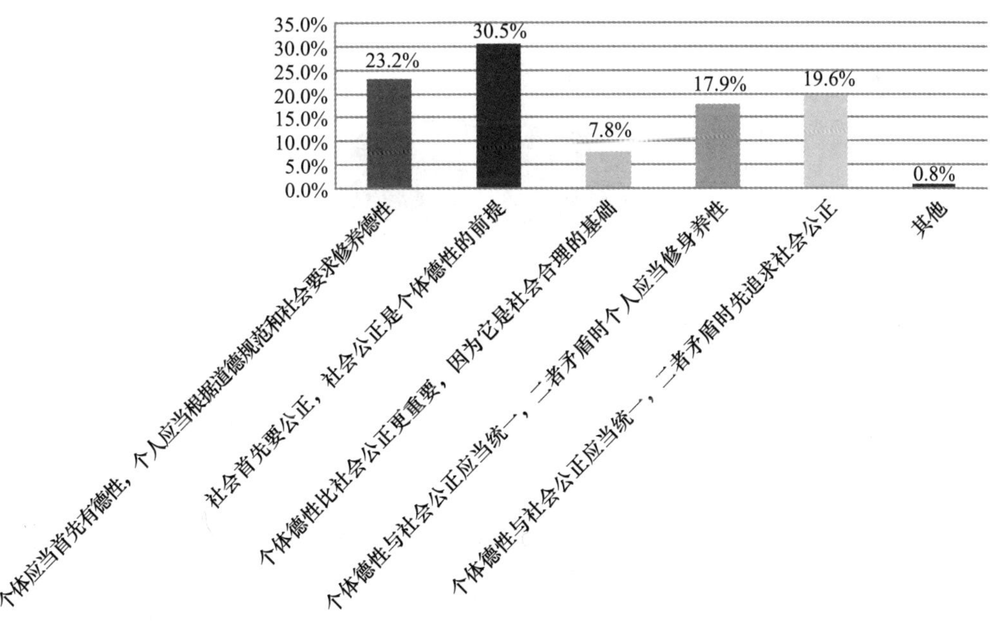

11. 您认为处理婚姻关系，譬如决定离婚时，决定性的因素应当是

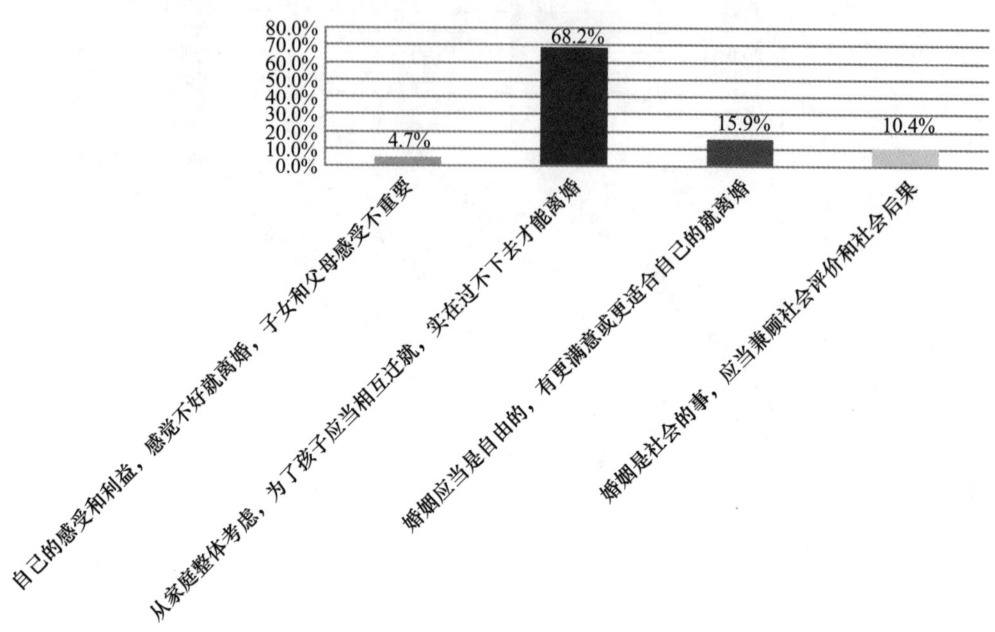

12. 您认为职业劳动

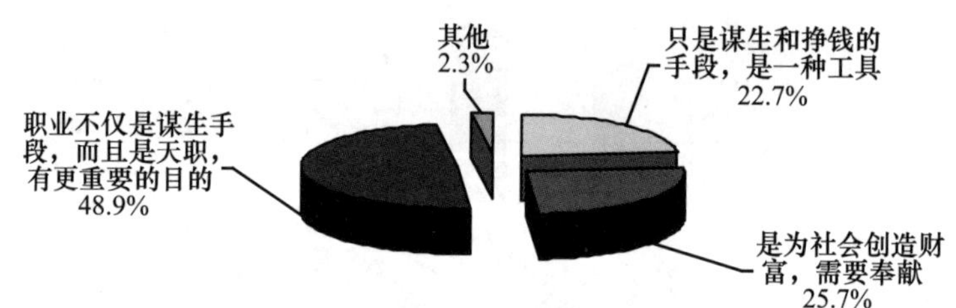

13. 在公共生活中，个人之所以要讲道德，是因为

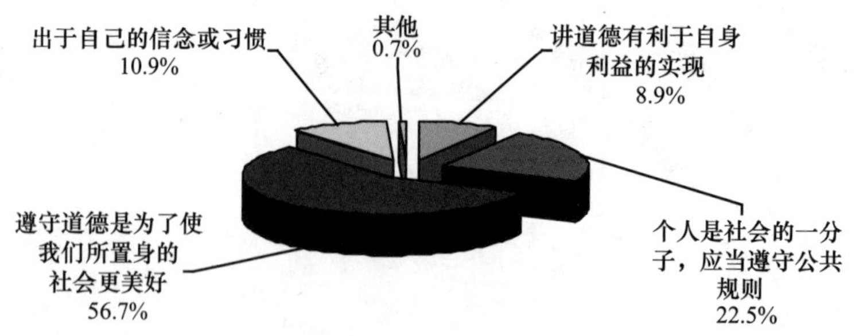

14. 您的上司或导师是外国人，如果他侮辱了中国，但抗争会产生不利于自己的后果，您会选择

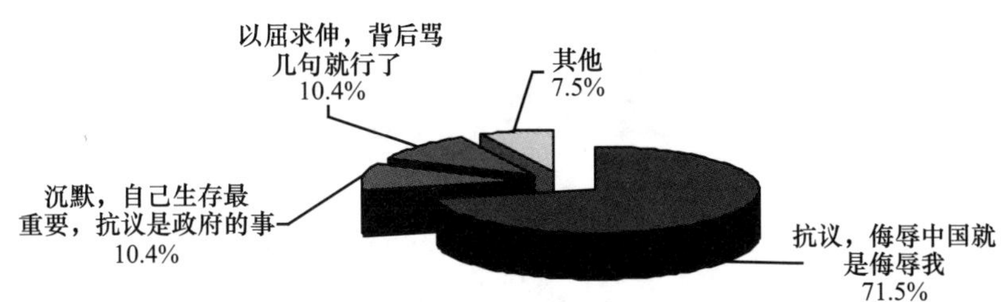

15. 在《公民道德建设纲要》和“八荣八耻”中都以“祖国”和“人民”为道德的最重要的尺度，您是如何感受到“国家”和“人民”存在的

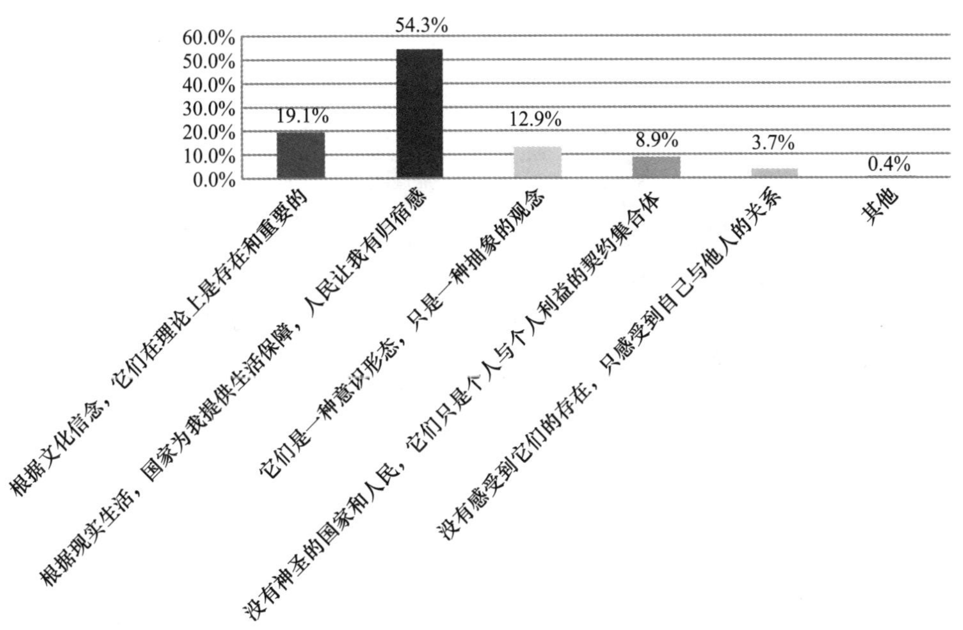

16. 您对现代家庭伦理中最忧虑的问题是

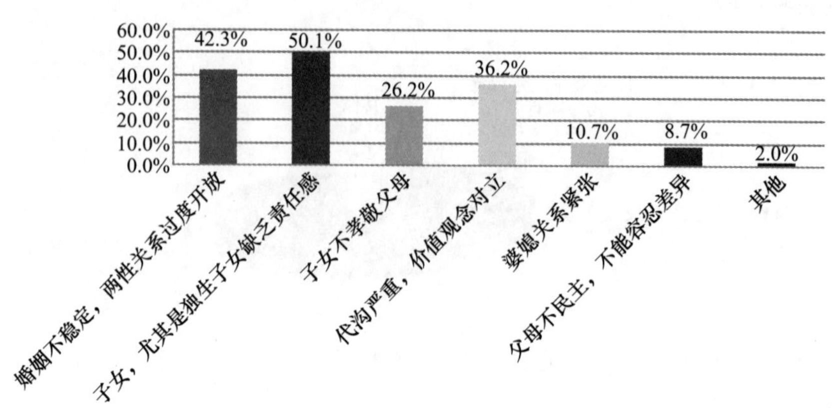

17. 您认为目前职业道德中最突出的问题是

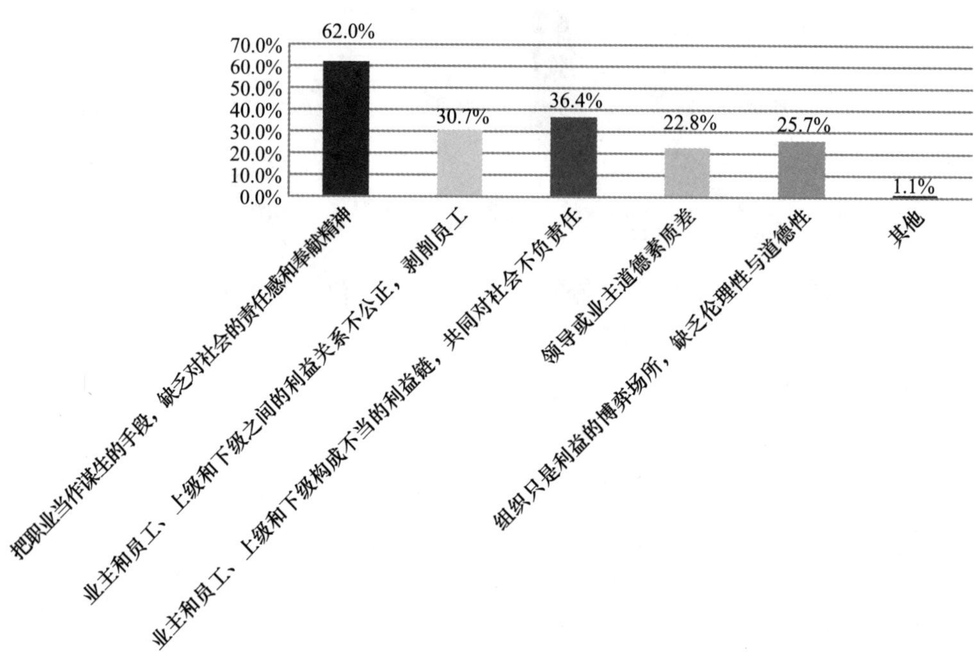

18. 您认为目前社会公德中存在的最突出问题是

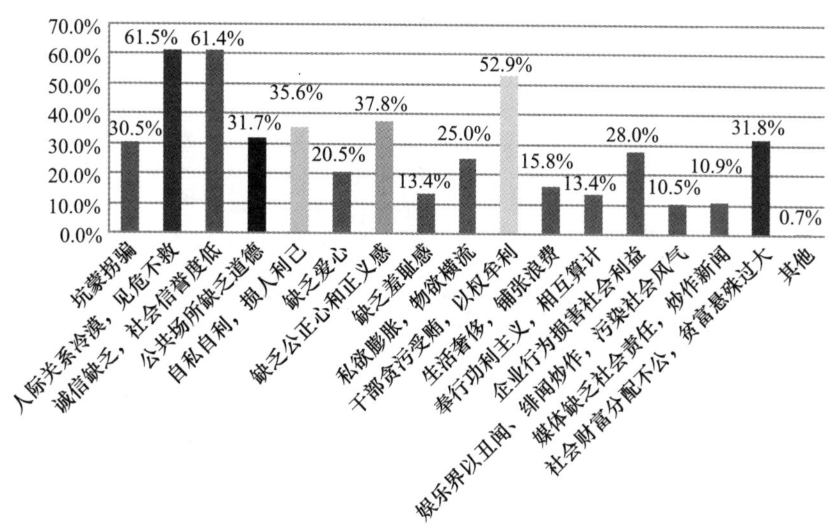

19. 您认为造成人与自然对立的主要原因是

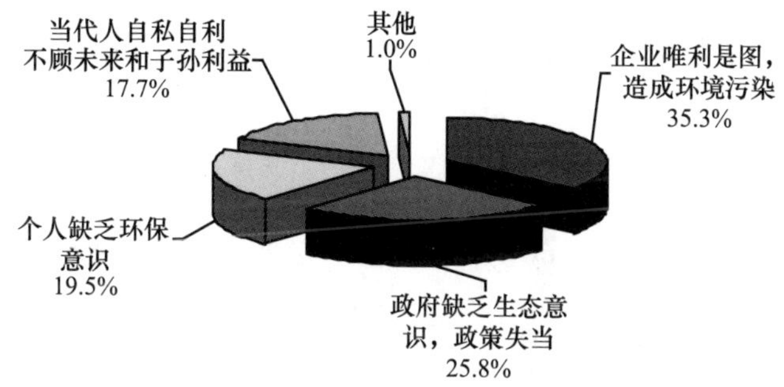

20. 您认为造成目前人际关系紧张的主要原因是

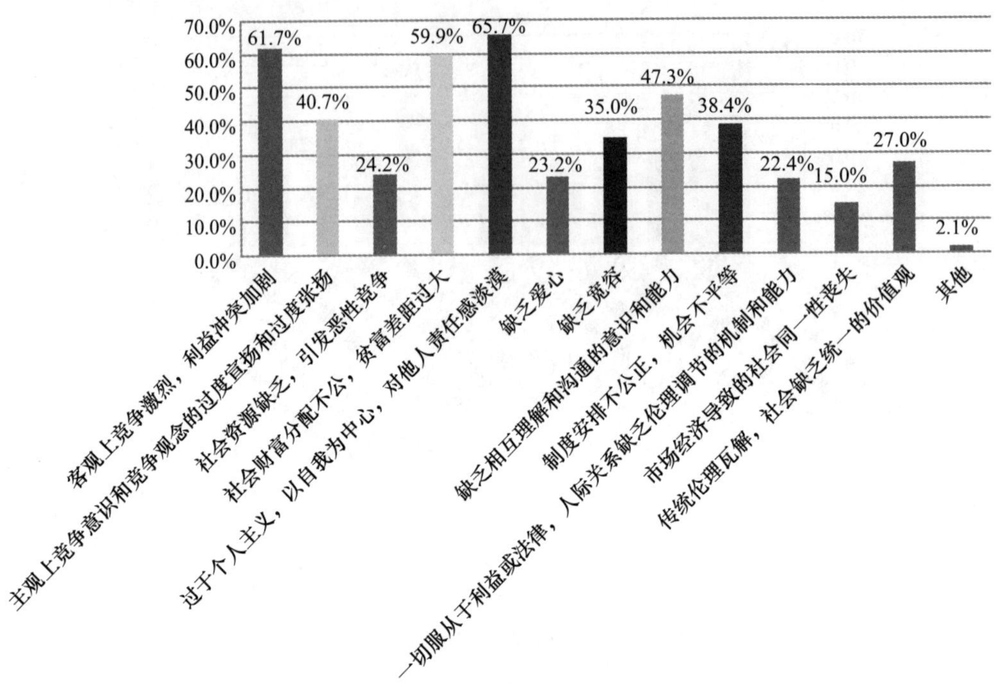

21. 您认为造成目前人与自身冲突，身心不和谐的主要原因是

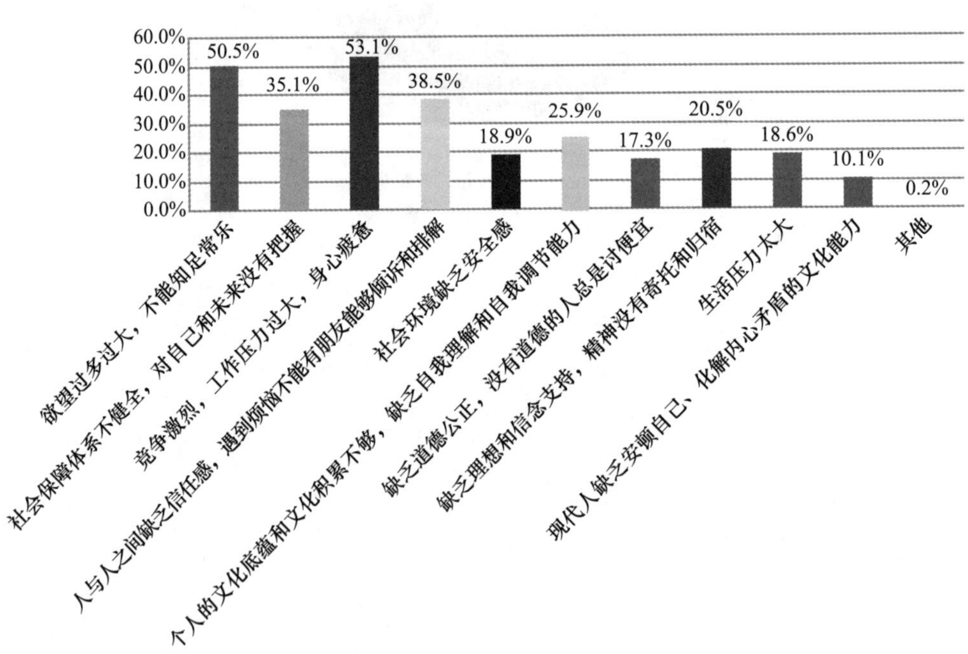

22. 您认为当今中国社会最基本的伦理冲突是（请排序）

该题为排序题。统计方法是：将某一支项在各个序位的出现率（a_i）×该序位的权重系数（η），相加后算平均数，此值（Φ）即为该支项的重要度。$\Phi = (\sum_{i=1}^{i=5} a_i \times \eta)/5$。我将第一序位的权重系数设为1，后面四位分别为0.8、0.6、0.4、0.2。例如，若第三支项“人与人之间的冲突”在序位一出现概率为12%，后四位分别为22%、31%、18%、17%，则：

$$\Phi = \frac{12 + 22 \times 0.8 + 31 \times 0.6 + 18 \times 0.4 + 17 \times 0.2}{5}$$，代入公式得：

$\Phi(1) = (21.1 + 15.8 \times 0.8 + 19.9 \times 0.6 + 11.7 \times 0.4 + 17.1 \times 0.2)/5 = 10.756$

$\Phi(2) = (15.7 + 17.7 \times 0.8 + 18.7 \times 0.6 + 17.9 \times 0.4 + 15.1 \times 0.2)/5 = 10.252$

$\Phi(3) = (23.8 + 22.7 \times 0.8 + 16.5 \times 0.6 + 14.7 \times 0.4 + 7.8 \times 0.2)/5 = 11.86$

$\Phi(4) = (11.1 + 17.8 \times 0.8 + 19.5 \times 0.6 + 24.4 \times 0.4 + 12.4 \times 0.2)/5 = 9.856$

$\Phi(5) = (13.9 + 11.3 \times 0.8 + 10.6 \times 0.6 + 16.5 \times 0.4 + 32.7 \times 0.2)/5 = 8.488$

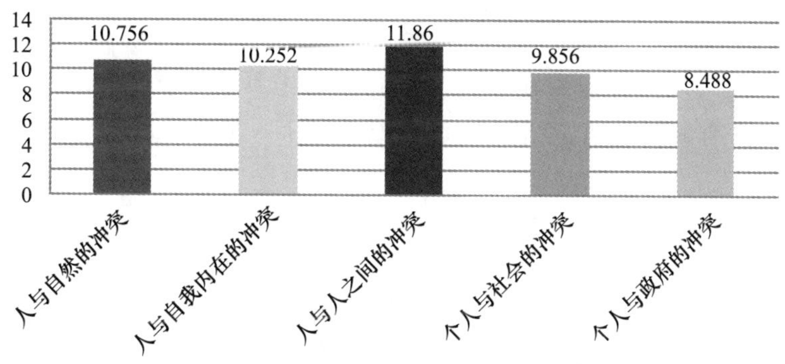

23. 在下列伦理关系中，您最重视哪些关系

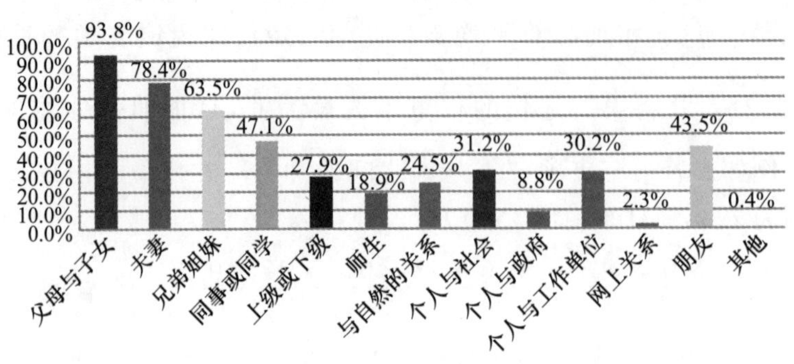

24. 您认为哪一种伦理关系对社会秩序和个人生活最具根本性意义

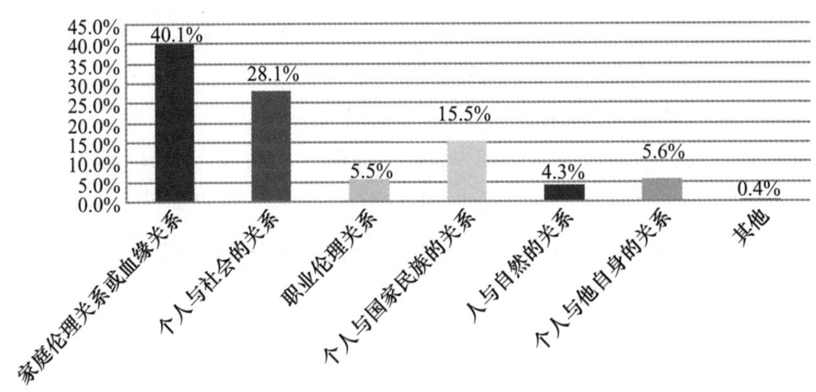

25. 男女或夫妇是否应当在社会生活和家庭中具有不同的伦理角色（如男主内，女主外），有一种说法："让妇女回到家庭去!" 您是否同意

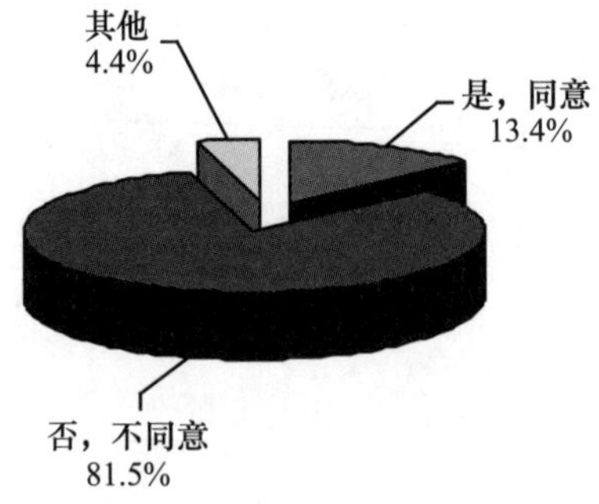

26. 您认为对待自然欲望的态度应当是

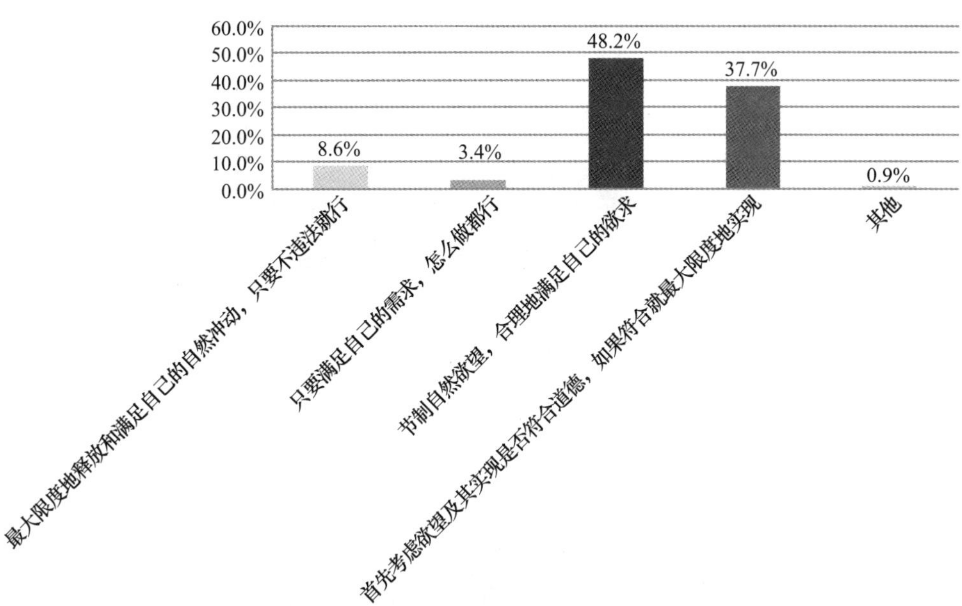

27. 您认为当今中国社会最重要和最需要的德性是

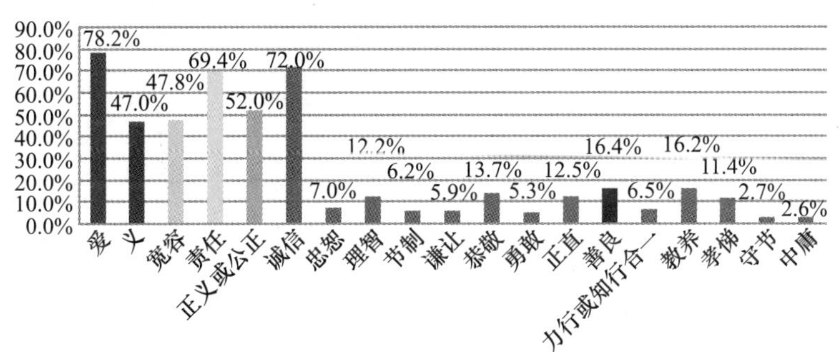

28. 目前中国社会两性之间的性开放日益发展，它对社会风尚的影响是

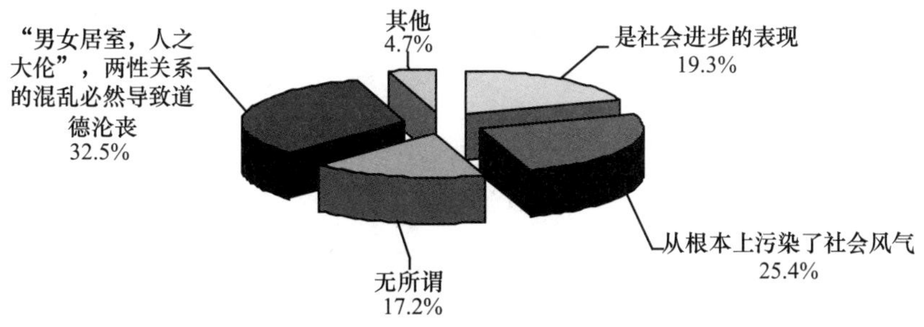

29. 您认为目前中国社会对人际关系的伦理调节能力和个人行为的道德调节能力

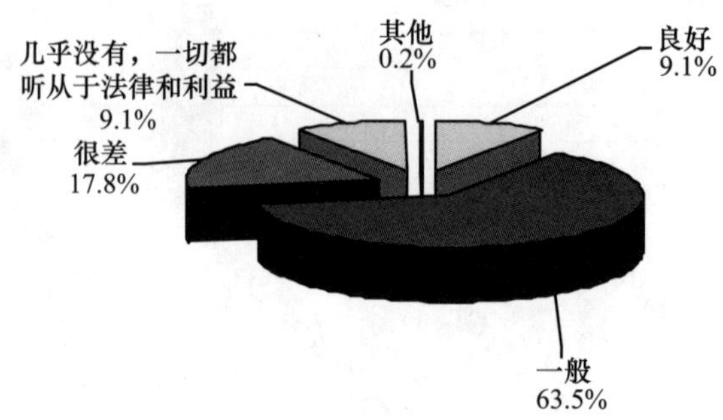

30. 当前中国社会中个体道德素质存在的主要问题是

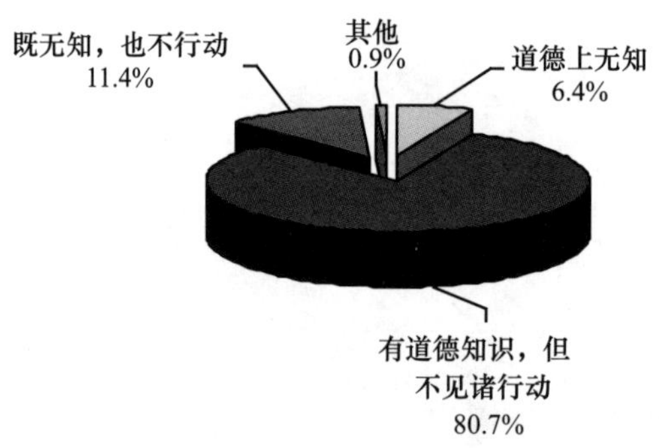

31. 您对自己的行为作出道德判断和道德选择的基本依据是

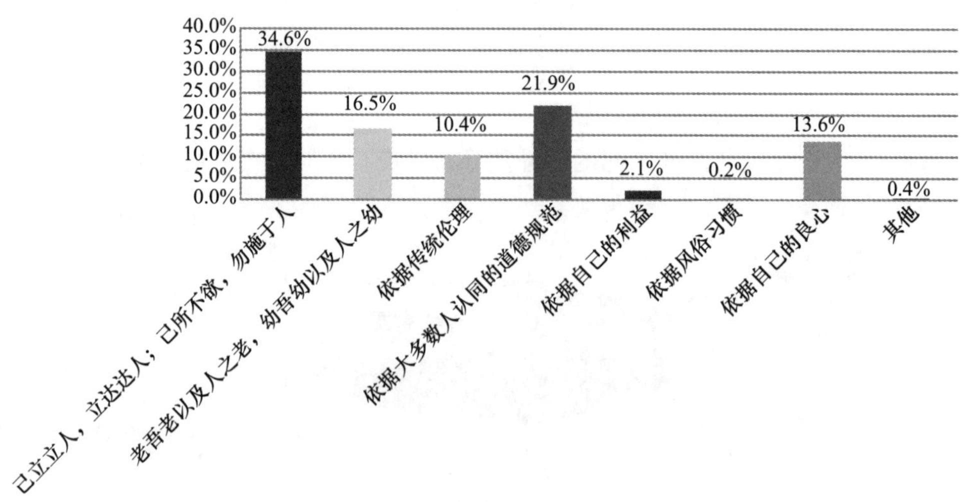

32. 您判断某个行为是否道德的主要依据是

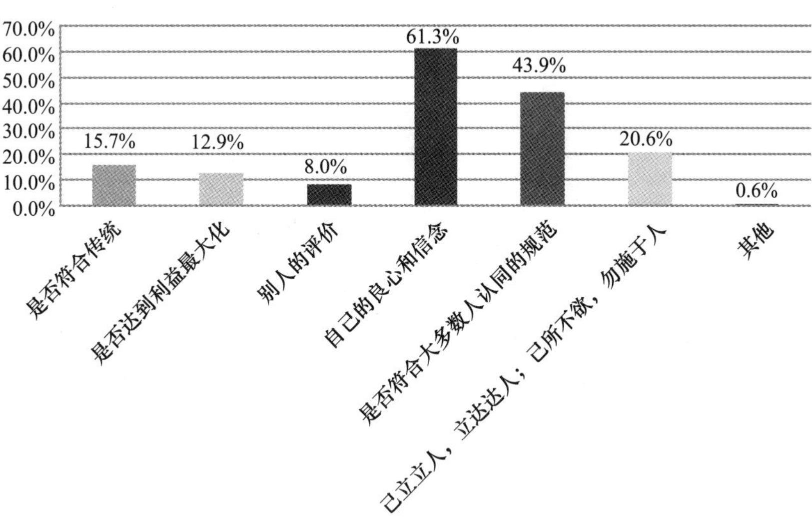

33. 您如何判断某种行为是否符合伦理或道德

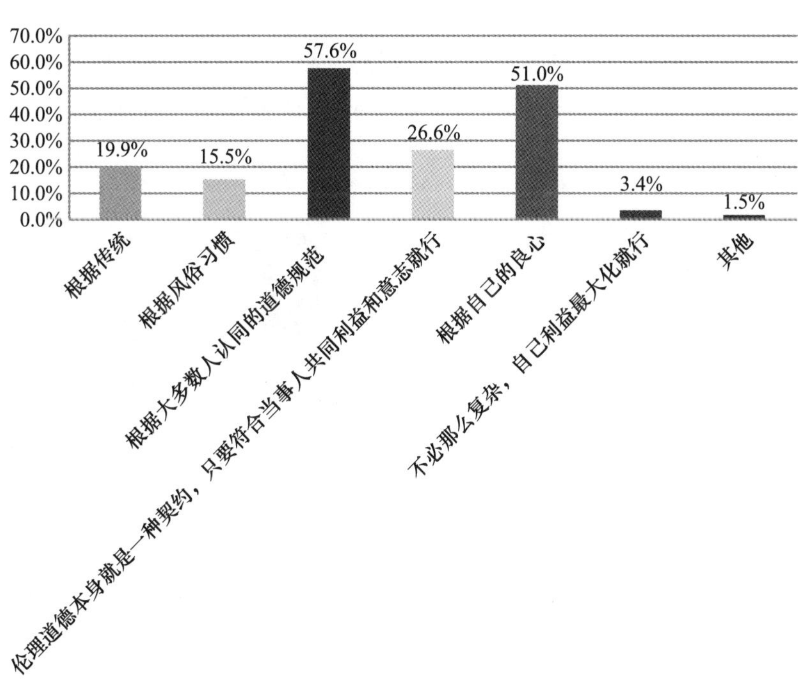

34. 看到社会上有时不讲道德的人讨便宜，守道德的人吃亏，您的反应是

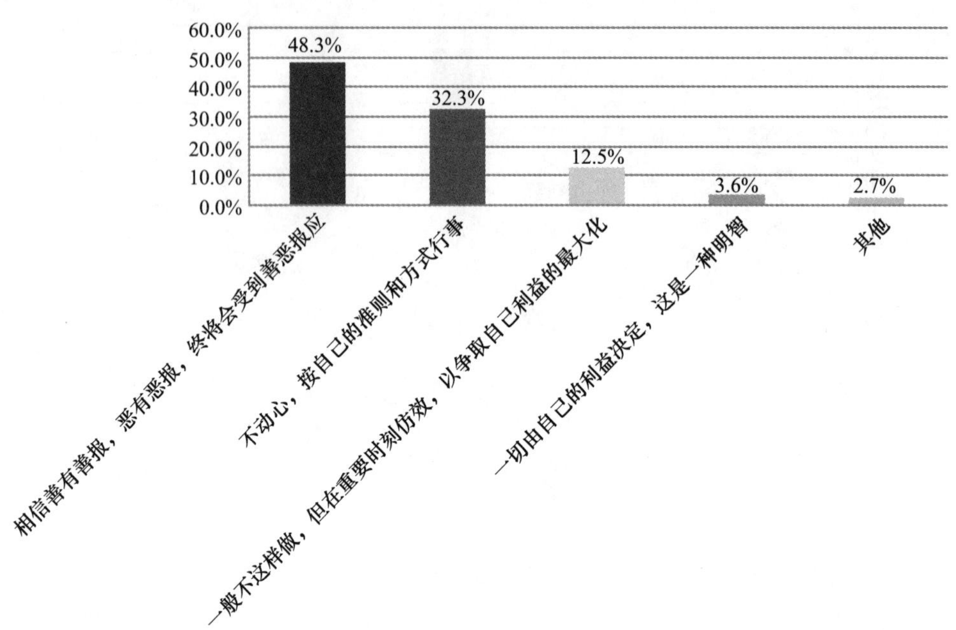

35. 您常常体验到自己身上一种“伦理感”的存在，如感到自己不属于自己，而属于他人、属于某个集体、国家、民族，行为选择要服从于它，有一种要为它奉献的冲动吗

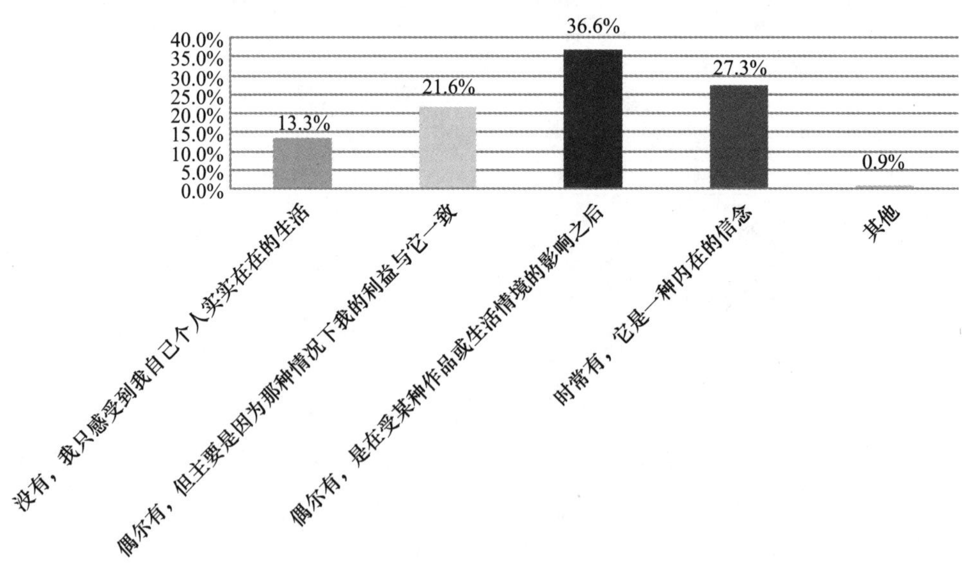

36. 您常常体验到自己身上“道德感”的存在和满足吗？如社会行为不是出于本能欲望的冲动，而是道德考虑是否符合道德规则，在为别人奉献后有一种满足感

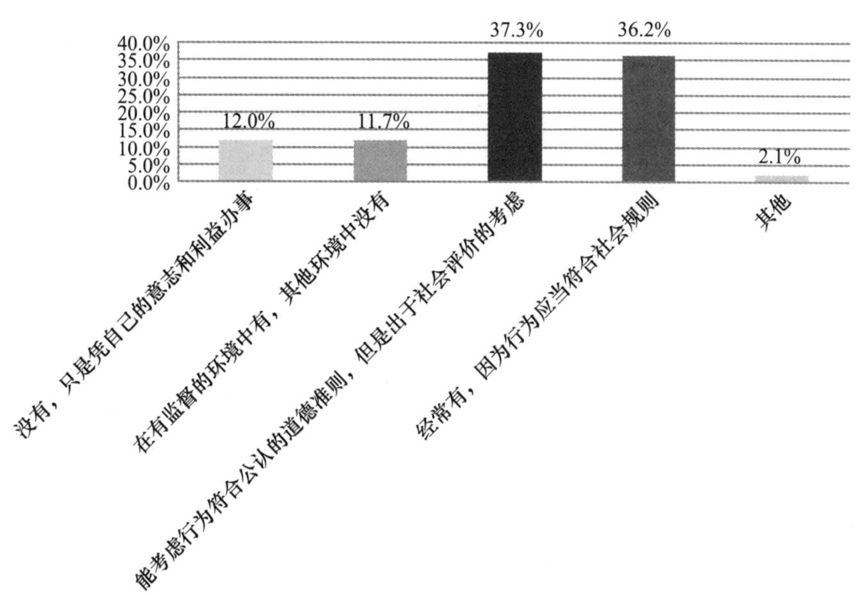

37. 如果遭遇利益冲突，如名誉、利益受他人侵害，您首先的行为反应是

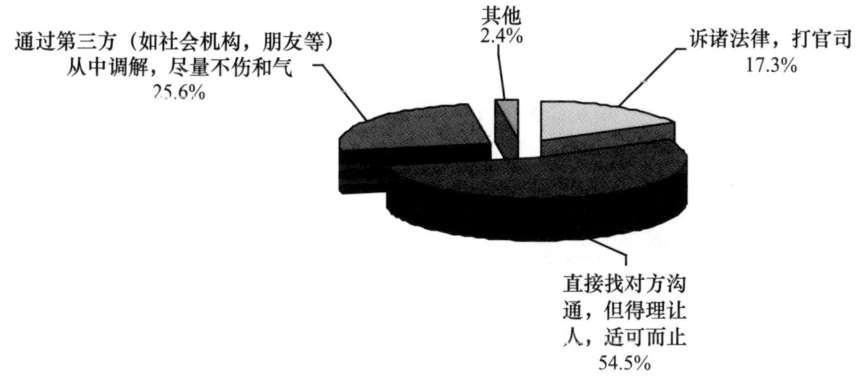

38. 您认为现代社会的大部分人有荣辱感或羞耻感吗

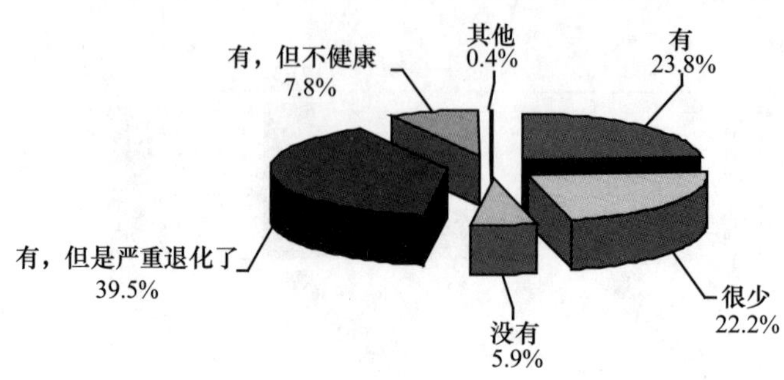

39. 一些政府机关，通过各种途径让本单位的干部子女在很好的幼儿园、小学、中学读书，您认为这种行为是

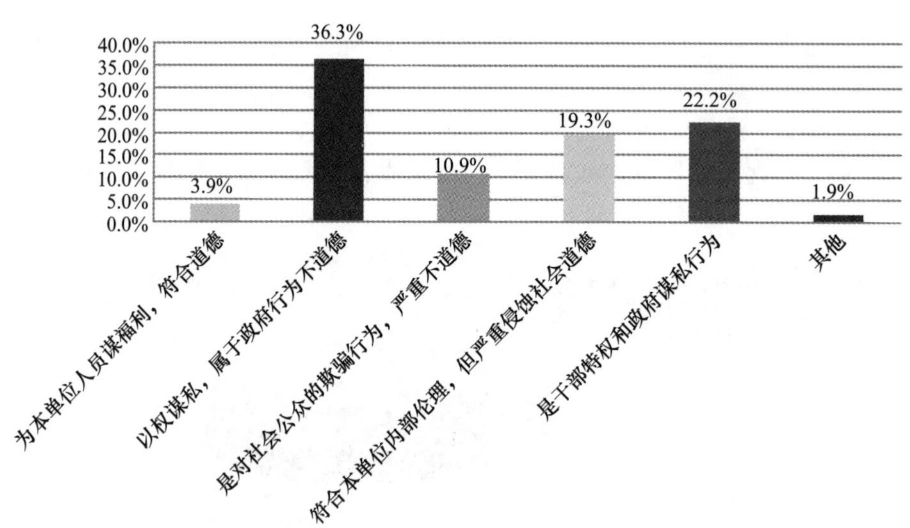

40. 在高校招生中，许多大学对本校教职工子女降分录取，您认为这种行为

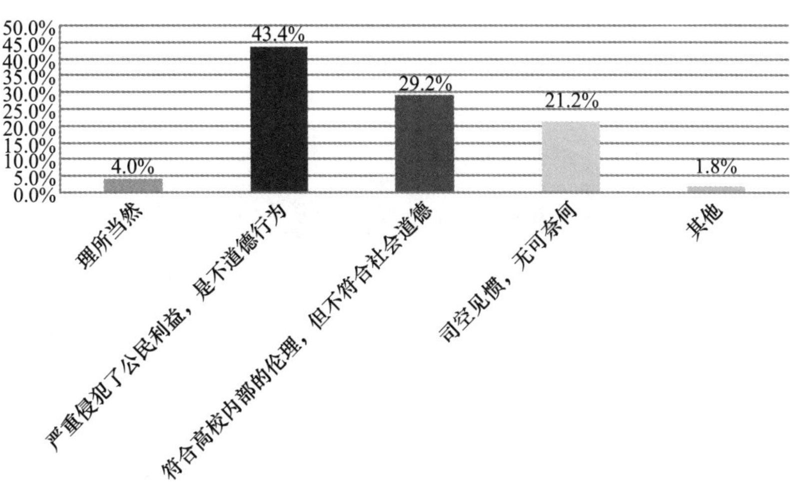

41. 您认为个人行为的不道德与集团行为的不道德（如企业污染，组织为自己及其成员谋取不正当利益等），哪一个对社会风气危害更大

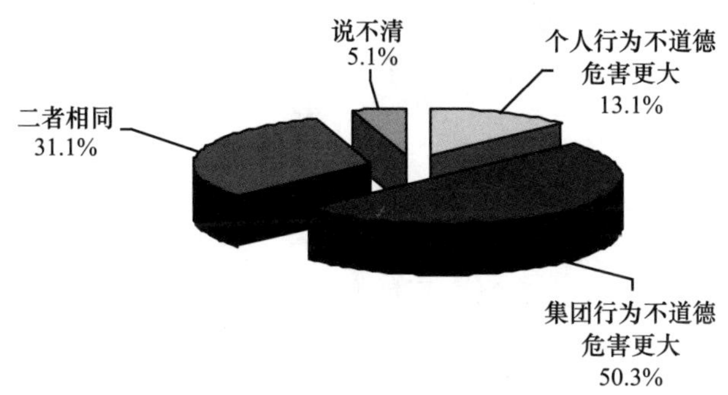

42. 如果您所在的单位有一项举措可以提高集体福利并使您个人得到利益，但会造成环境污染或社会公害，您会劝阻或举报吗

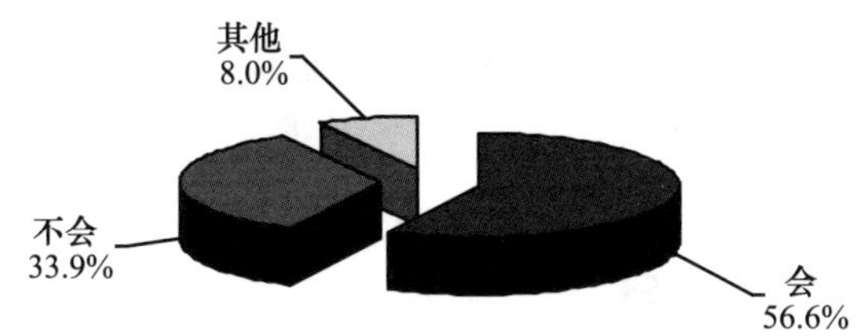

43. 您认为对现代中国社会伦理关系和道德风尚造成最大影响的因素是

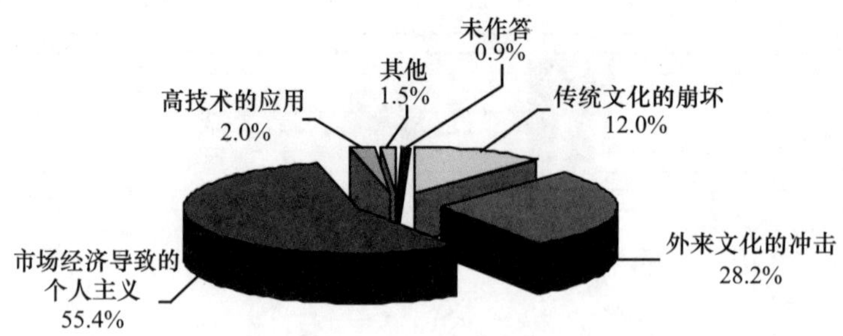

44. 您认为在自己的成长中得到最大伦理教益和道德训练的场所是

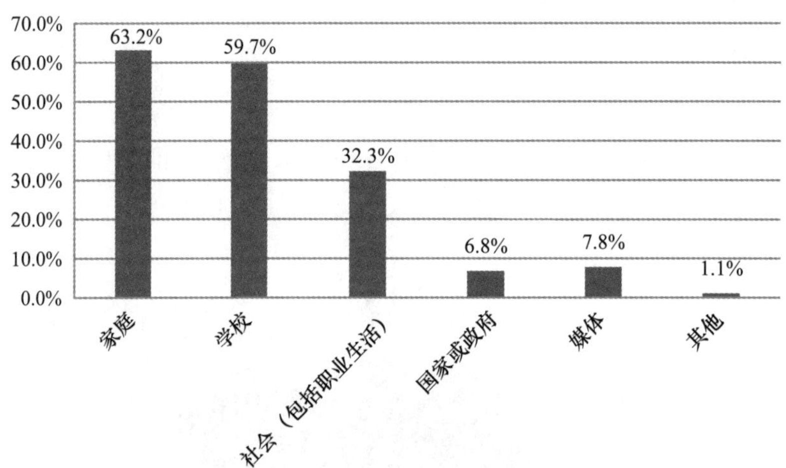

45. 您认为哪种因素应当对当今不良道德风尚负主要责任

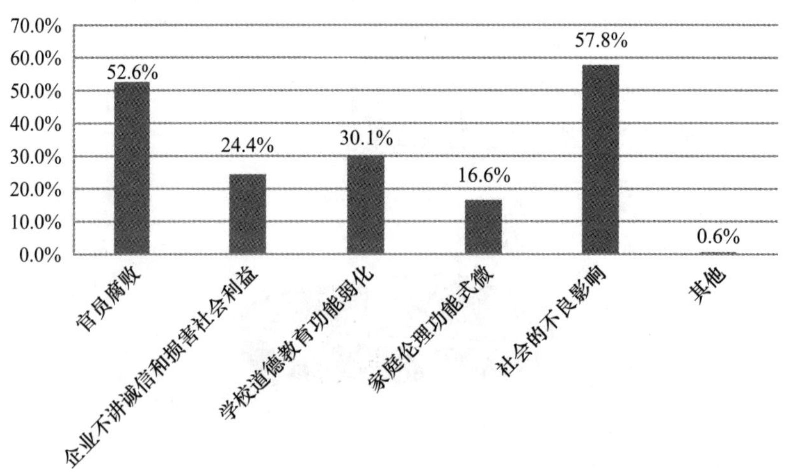

46. 您对哪类群体的伦理道德状况最不满意

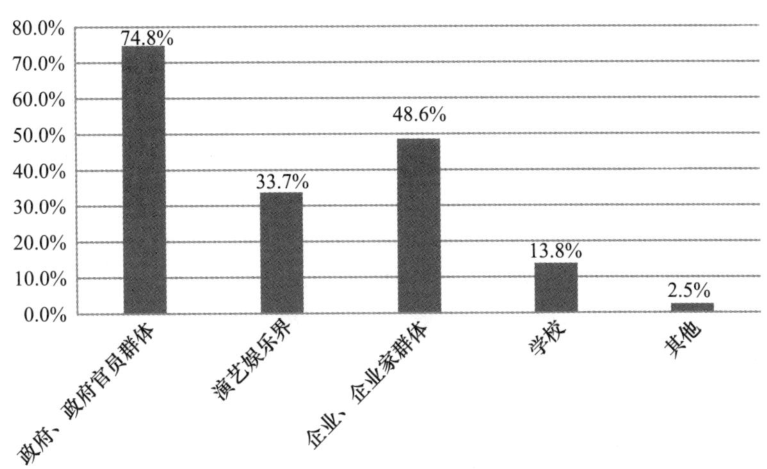

47. 您认为中国政府在制定政策和决策时充分考虑到伦理道德方面的要求（如维护、社会公平、利益均衡、关怀弱势群体，以及大多数人利益和感受）了吗

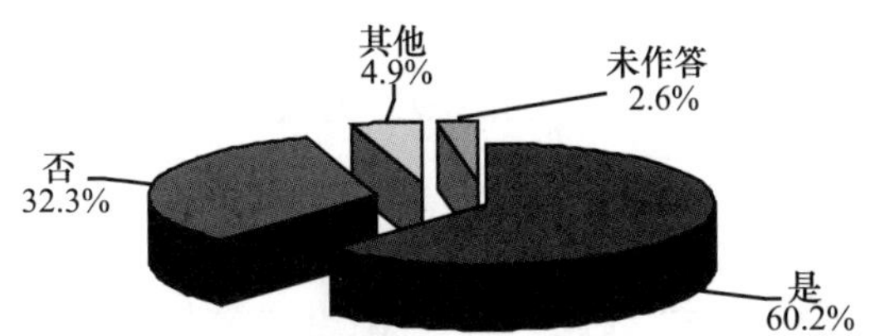

48. 对形成中国当前各种新型伦理关系和道德观念，哪些因素起主要作用

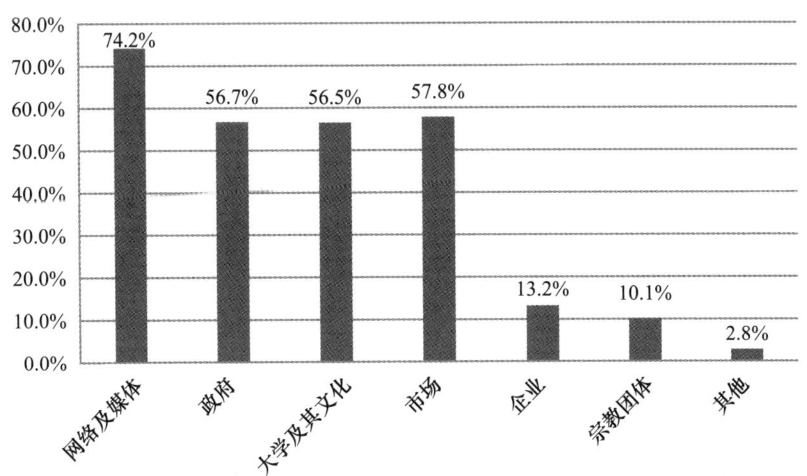

49. 您认为信息技术、网络技术的发展对伦理关系的影响是

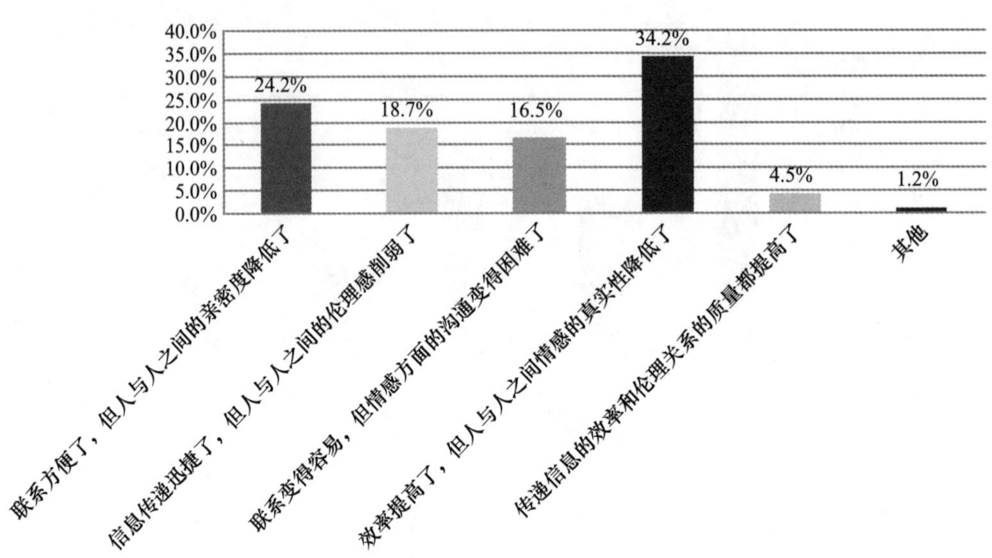

50. 您认为市场经济对中国伦理道德的影响是

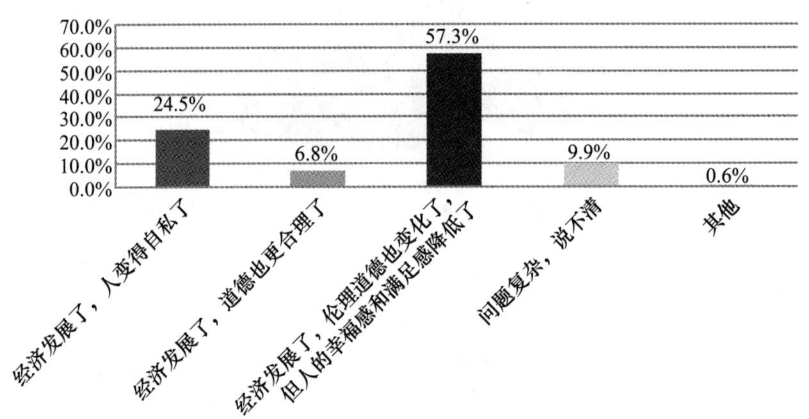

51. 您认为全球化、西方文化对中国伦理道德的影响

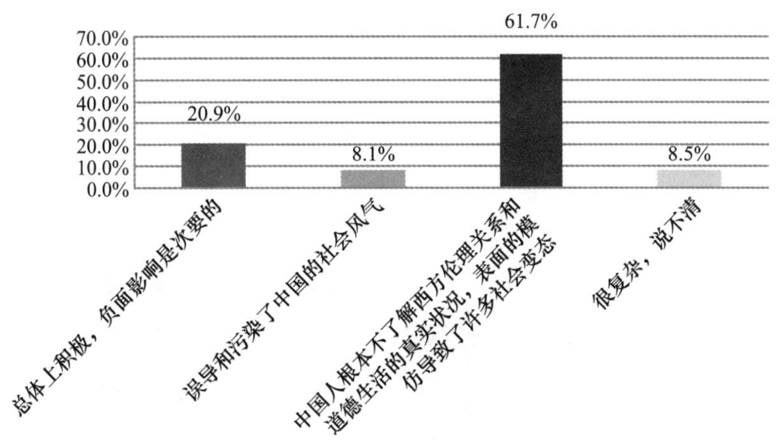

52. 您认为《公民道德建设纲要》及其实施对社会风尚的改善

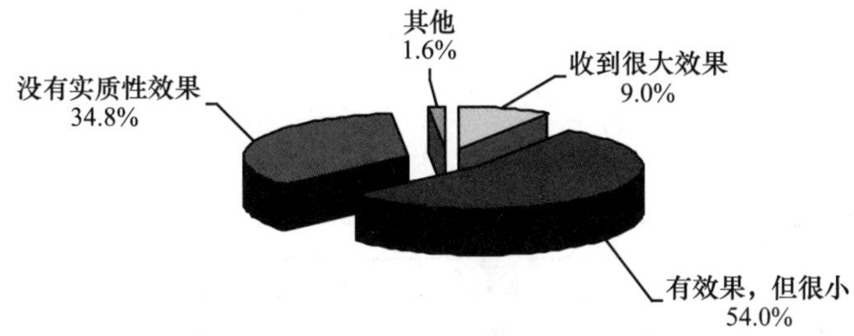

2007 年中国伦理道德状况比较数据库

——2007 年总课题组调查，江苏与广西、新疆两类地区比较

第一部分　基本信息

1. 您的性别

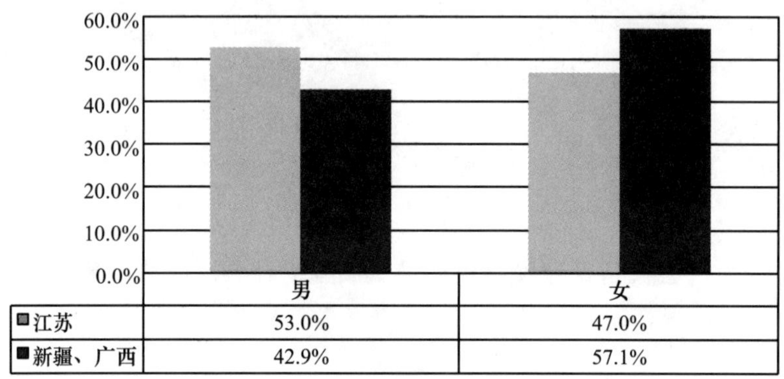

	男	女
江苏	53.0%	47.0%
新疆、广西	42.9%	57.1%

2. 您的年龄

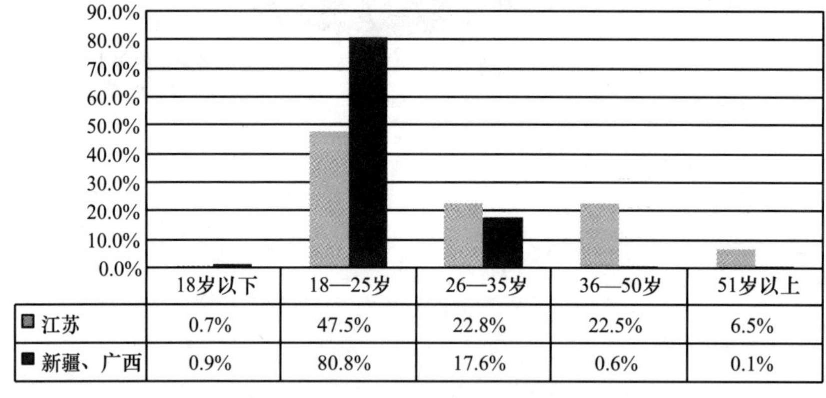

	18岁以下	18—25岁	26—35岁	36—50岁	51岁以上
江苏	0.7%	47.5%	22.8%	22.5%	6.5%
新疆、广西	0.9%	80.8%	17.6%	0.6%	0.1%

3. 您的受教育程度

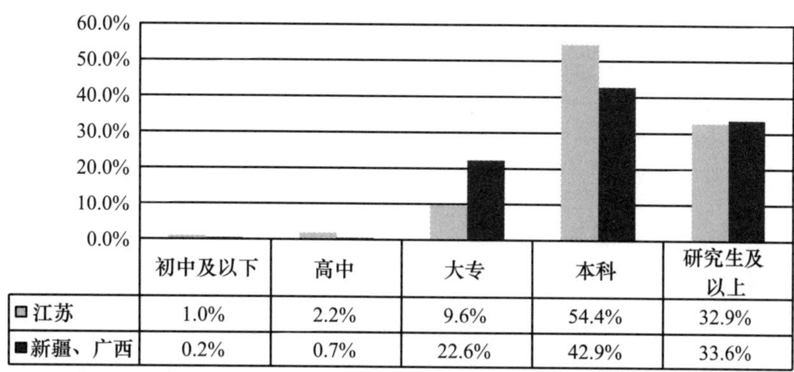

4. 您目前的职业

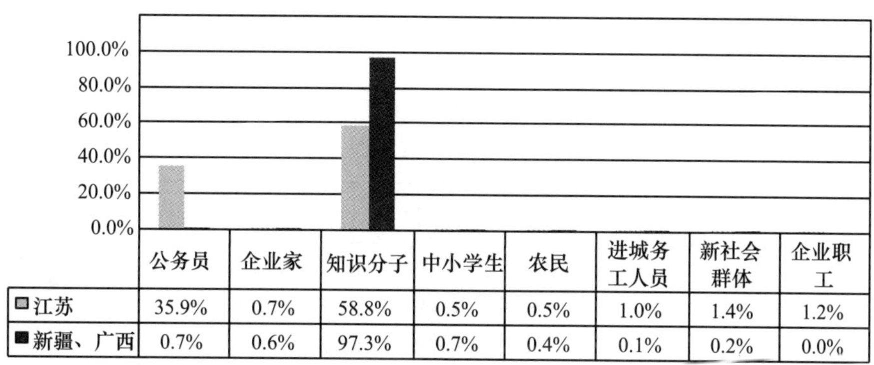

5. 您的月平均收入是

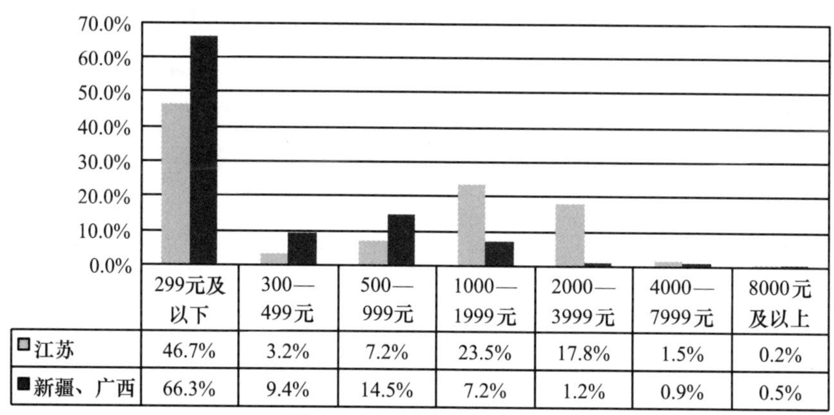

6. 您的宗教信仰是

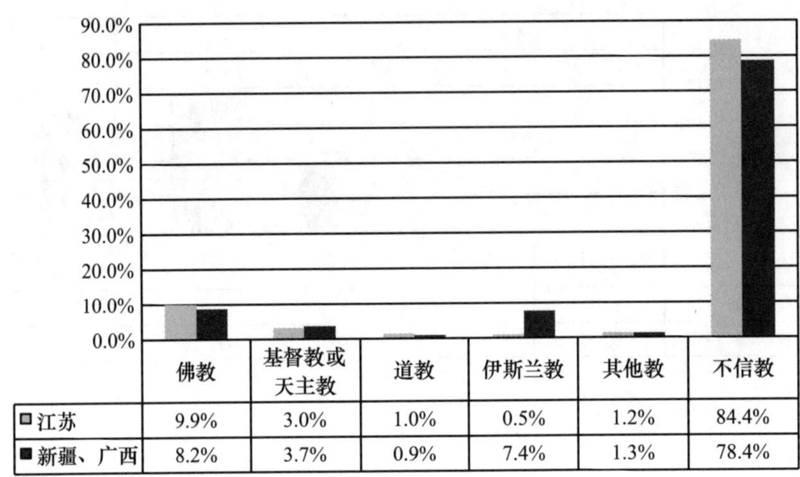

	佛教	基督教或天主教	道教	伊斯兰教	其他教	不信教
江苏	9.9%	3.0%	1.0%	0.5%	1.2%	84.4%
新疆、广西	8.2%	3.7%	0.9%	7.4%	1.3%	78.4%

第二部分 调研信息

1. 您对中国目前的道德风尚与伦理状况，总体上的满意程度

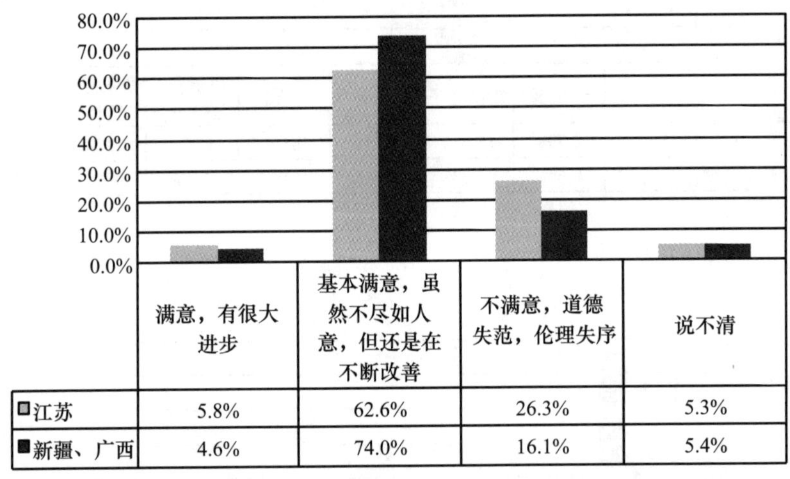

	满意，有很大进步	基本满意，虽然不尽如人意，但还是在不断改善	不满意，道德失范，伦理失序	说不清
江苏	5.8%	62.6%	26.3%	5.3%
新疆、广西	4.6%	74.0%	16.1%	5.4%

2. 您认为在现代中国社会实际奉行的道德价值是

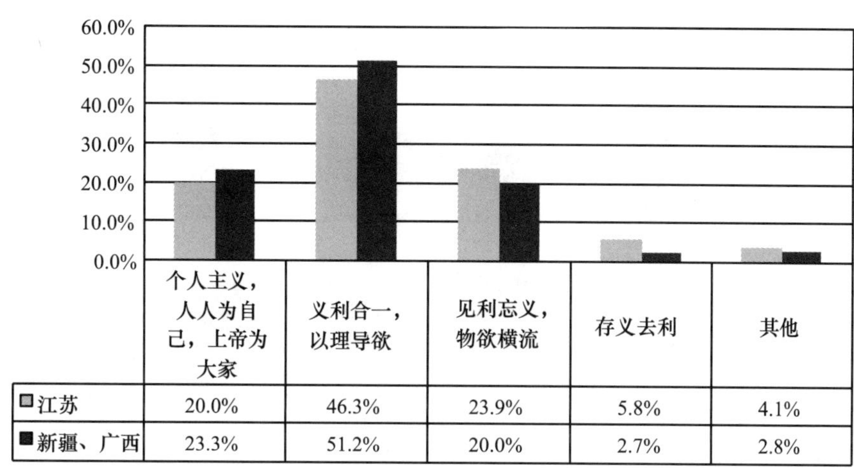

	个人主义，人人为自己，上帝为大家	义利合一，以理导欲	见利忘义，物欲横流	存义去利	其他
江苏	20.0%	46.3%	23.9%	5.8%	4.1%
新疆、广西	23.3%	51.2%	20.0%	2.7%	2.8%

3. 您认为当前中国社会道德生活的基本方面是

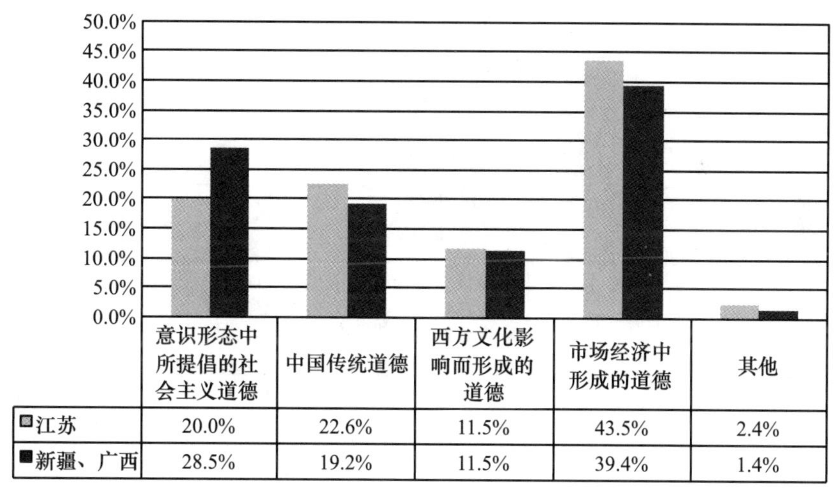

	意识形态中所提倡的社会主义道德	中国传统道德	西方文化影响而形成的道德	市场经济中形成的道德	其他
江苏	20.0%	22.6%	11.5%	43.5%	2.4%
新疆、广西	28.5%	19.2%	11.5%	39.4%	1.4%

4. 您认为中国目前的人际关系

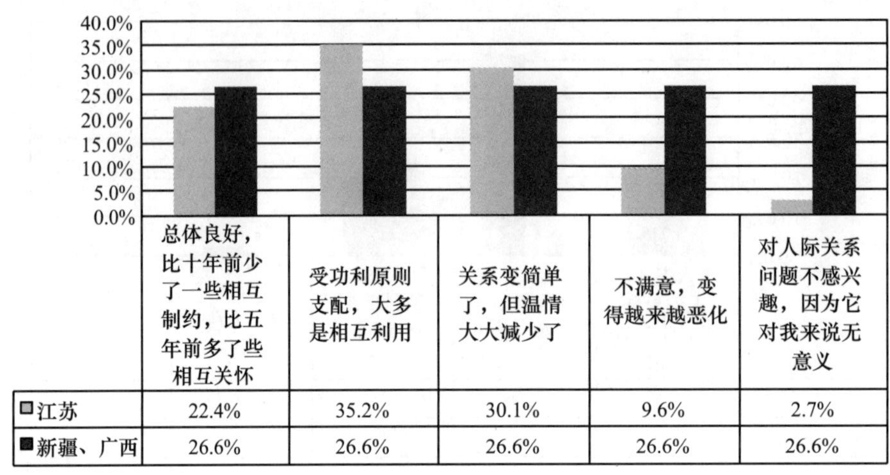

	总体良好，比十年前少了一些相互制约，比五年前多了些相互关怀	受功利原则支配，大多是相互利用	关系变简单了，但温情大大减少了	不满意，变得越来越恶化	对人际关系问题不感兴趣，因为它对我来说无意义
江苏	22.4%	35.2%	30.1%	9.6%	2.7%
新疆、广西	26.6%	26.6%	26.6%	26.6%	26.6%

5. 您认为目前中国社会中道德和幸福的现实关系是

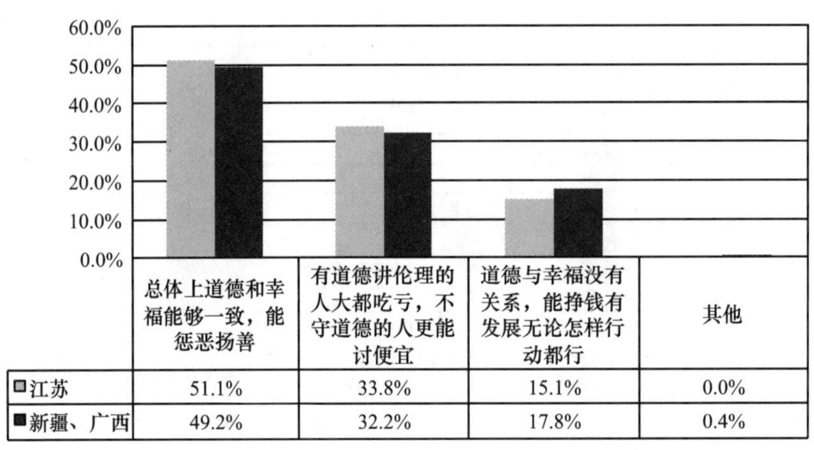

	总体上道德和幸福能够一致，能惩恶扬善	有道德讲伦理的人大都吃亏，不守道德的人更能讨便宜	道德与幸福没有关系，能挣钱有发展无论怎样行动都行	其他
江苏	51.1%	33.8%	15.1%	0.0%
新疆、广西	49.2%	32.2%	17.8%	0.4%

6. 您认为您目前的状况是

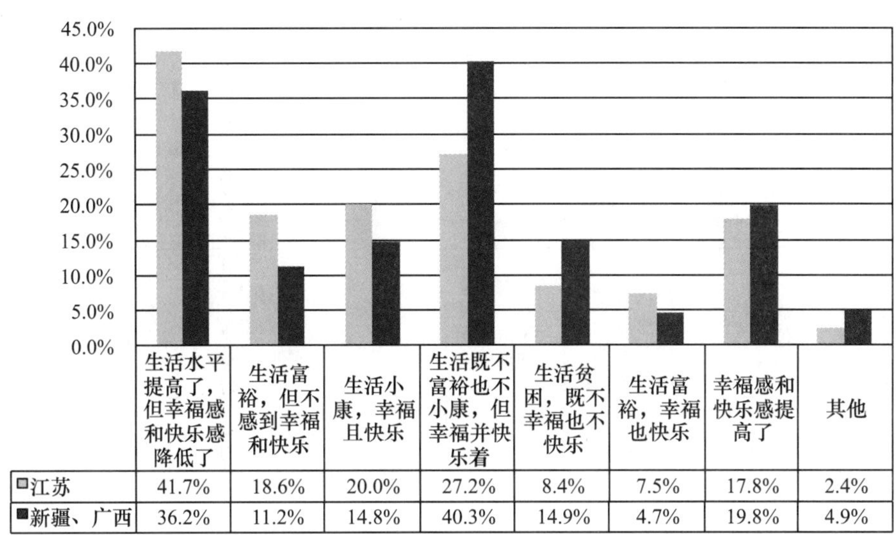

	生活水平提高了，但幸福感和快乐感降低了	生活富裕，但不感到幸福和快乐	生活小康，幸福且快乐	生活既不富裕也不小康，但幸福并快乐着	生活贫困，既不幸福也不快乐	生活富裕，幸福也快乐	幸福感和快乐感提高了	其他
江苏	41.7%	18.6%	20.0%	27.2%	8.4%	7.5%	17.8%	2.4%
新疆、广西	36.2%	11.2%	14.8%	40.3%	14.9%	4.7%	19.8%	4.9%

7. 现在人们常常对记忆中或电影作品中六十年代前人们简洁的人际关系、清朗的精神风貌和友好的社会风气心存怀念和向往，您认为导致现在这种变化的主要伦理原因是

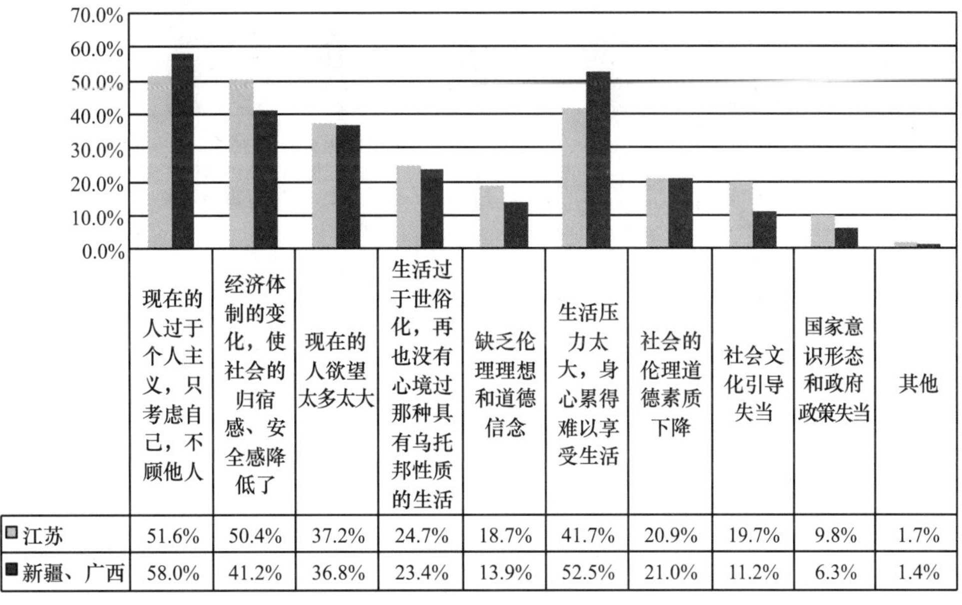

	现在的人过于个人主义，只考虑自己，不顾他人	经济体制的变化，使社会的归宿感、安全感降低了	现在的人欲望太多太大	生活过于世俗化，再也没有心境过那种具有乌托邦性质的生活	缺乏伦理理想和道德信念	生活压力太大，身心累得难以享受生活	社会的伦理道德素质下降	社会文化引导失当	国家意识形态和政府政策失当	其他
江苏	51.6%	50.4%	37.2%	24.7%	18.7%	41.7%	20.9%	19.7%	9.8%	1.7%
新疆、广西	58.0%	41.2%	36.8%	23.4%	13.9%	52.5%	21.0%	11.2%	6.3%	1.4%

8. 对中国的伦理关系和道德生活，您最向往或怀念的是

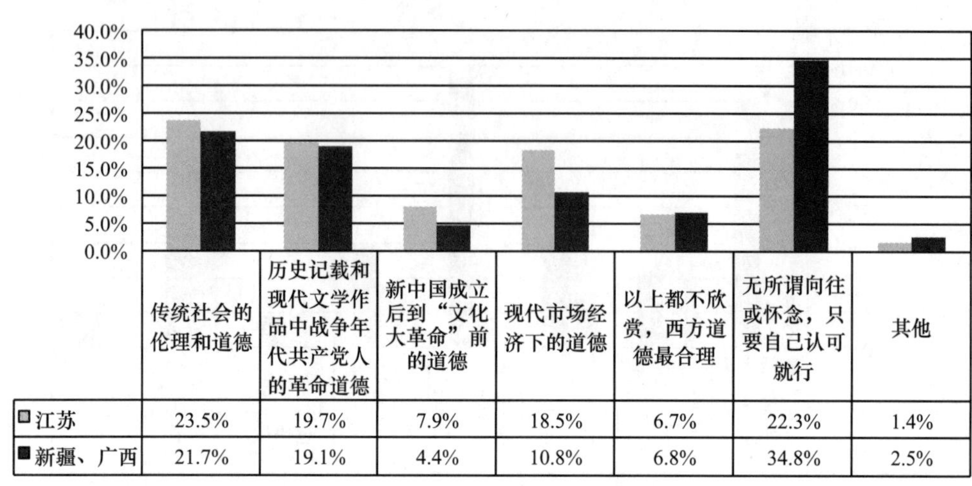

	传统社会的伦理和道德	历史记载和现代文学作品中战争年代共产党人的革命道德	新中国成立后到“文化大革命”前的道德	现代市场经济下的道德	以上都不欣赏，西方道德最合理	无所谓向往或怀念，只要自己认可就行	其他
江苏	23.5%	19.7%	7.9%	18.5%	6.7%	22.3%	1.4%
新疆、广西	21.7%	19.1%	4.4%	10.8%	6.8%	34.8%	2.5%

9. 您认为家庭和国家对于个人存在的意义是

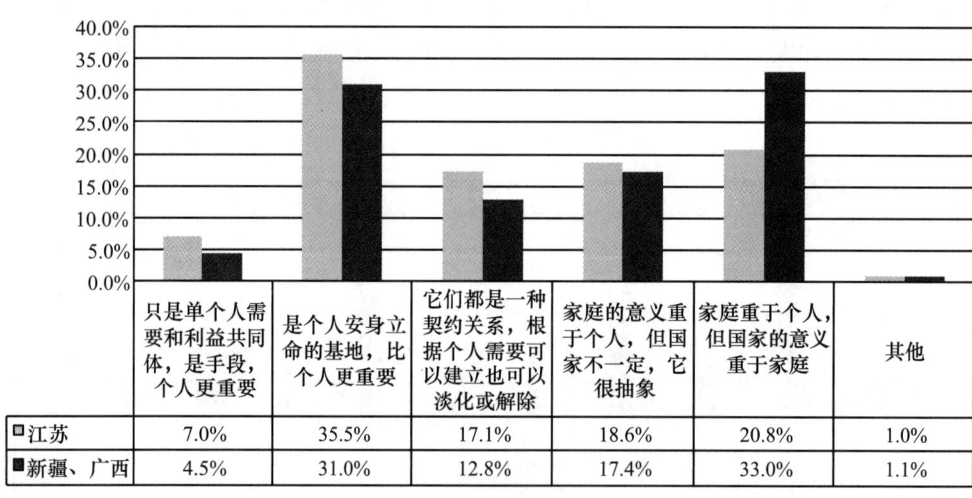

	只是单个人需要和利益共同体，是手段，个人更重要	是个人安身立命的基地，比个人更重要	它们都是一种契约关系，根据个人需要可以建立也可以淡化或解除	家庭的意义重于个人，但国家不一定，它很抽象	家庭重于个人，但国家的意义重于家庭	其他
江苏	7.0%	35.5%	17.1%	18.6%	20.8%	1.0%
新疆、广西	4.5%	31.0%	12.8%	17.4%	33.0%	1.1%

10. 您认为一种合理的伦理道德状态应当是

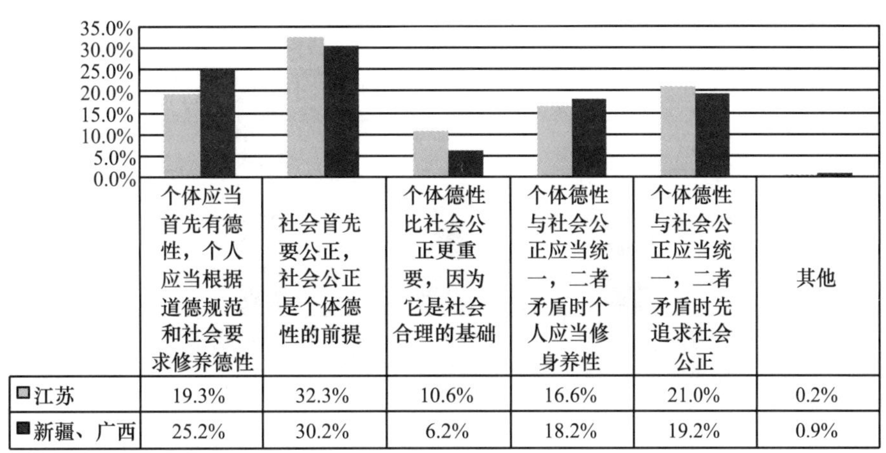

	个体应当首先有德性，个人应当根据道德规范和社会要求修养德性	社会首先要公正，社会公正是个体德性的前提	个体德性比社会公正更重要，因为它是社会合理的基础	个体德性与社会公正应当统一，二者矛盾时个人应当修身养性	个体德性与社会公正应当统一，二者矛盾时先追求社会公正	其他
□江苏	19.3%	32.3%	10.6%	16.6%	21.0%	0.2%
■新疆、广西	25.2%	30.2%	6.2%	18.2%	19.2%	0.9%

11. 您认为处理婚姻关系，譬如决定离婚时，决定性的因素应当是

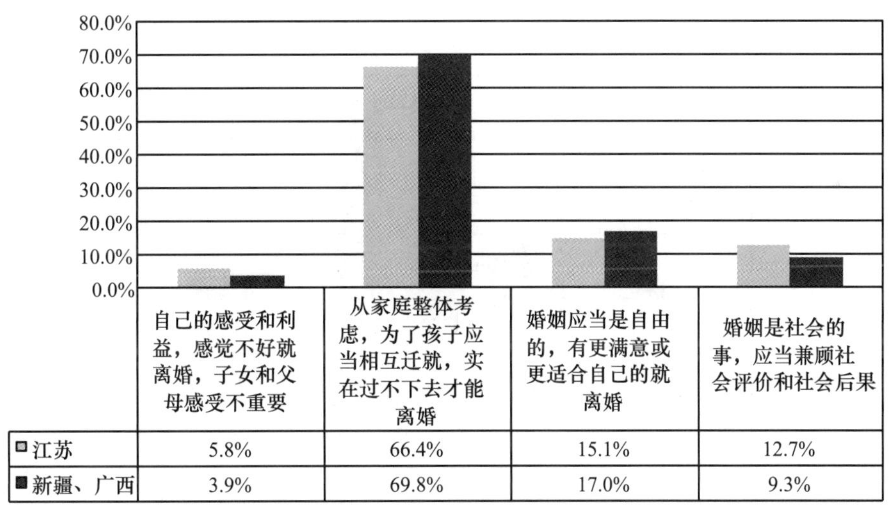

	自己的感受和利益，感觉不好就离婚，子女和父母感受不重要	从家庭整体考虑，为了孩子应当相互迁就，实在过不下去才能离婚	婚姻应当是自由的，有更满意或更适合自己的就离婚	婚姻是社会的事，应当兼顾社会评价和社会后果
□江苏	5.8%	66.4%	15.1%	12.7%
■新疆、广西	3.9%	69.8%	17.0%	9.3%

12. 您认为职业劳动

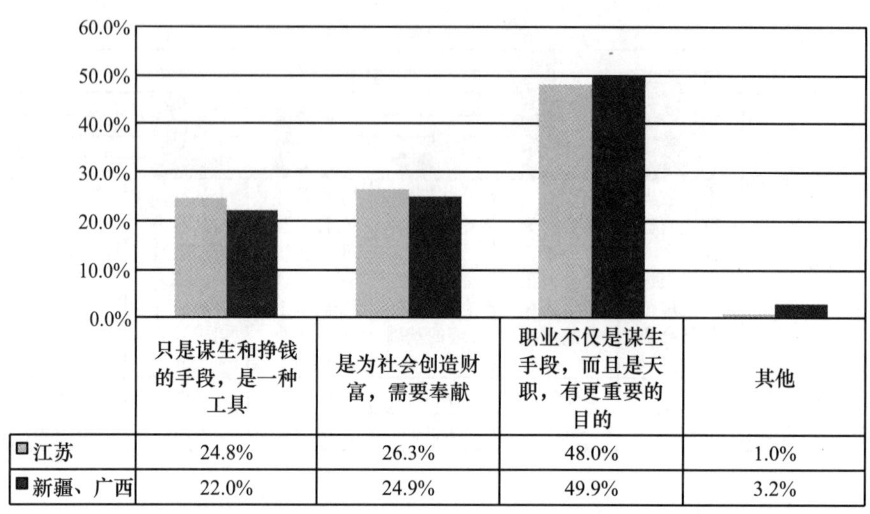

	只是谋生和挣钱的手段，是一种工具	是为社会创造财富，需要奉献	职业不仅是谋生手段，而且是天职，有更重要的目的	其他
江苏	24.8%	26.3%	48.0%	1.0%
新疆、广西	22.0%	24.9%	49.9%	3.2%

13. 在公共生活中，个人之所以要讲道德，是因为

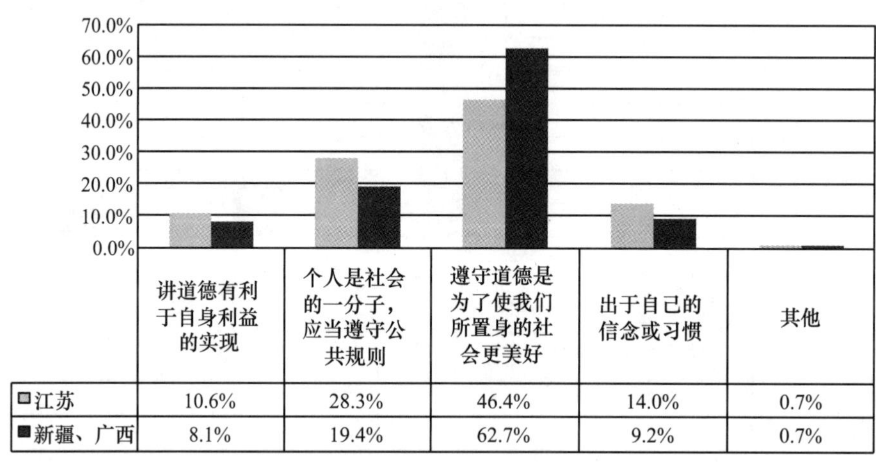

	讲道德有利于自身利益的实现	个人是社会的一分子，应当遵守公共规则	遵守道德是为了使我们所置身的社会更美好	出于自己的信念或习惯	其他
江苏	10.6%	28.3%	46.4%	14.0%	0.7%
新疆、广西	8.1%	19.4%	62.7%	9.2%	0.7%

14. 您的上司或导师是外国人，如果他侮辱了中国，但抗争会产生不利于自己的后果，您会选择

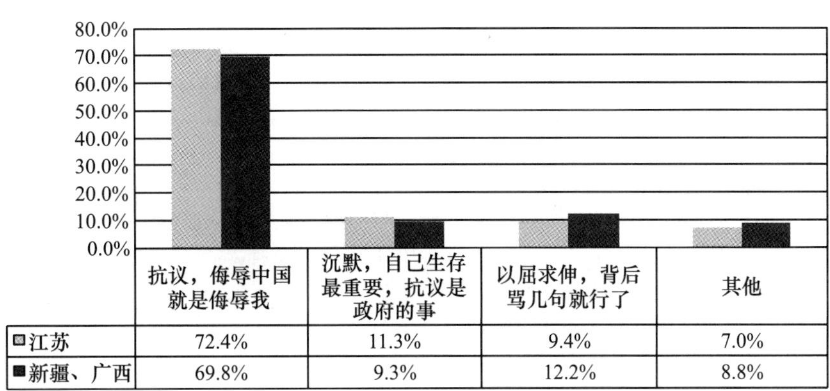

	抗议，侮辱中国就是侮辱我	沉默，自己生存最重要，抗议是政府的事	以屈求伸，背后骂几句就行了	其他
□江苏	72.4%	11.3%	9.4%	7.0%
■新疆、广西	69.8%	9.3%	12.2%	8.8%

15. 在《公民道德建设纲要》和“八荣八耻”中都以“祖国”和“人民”为道德的最重要的尺度，您是如何感受到“国家”和“人民”存在的

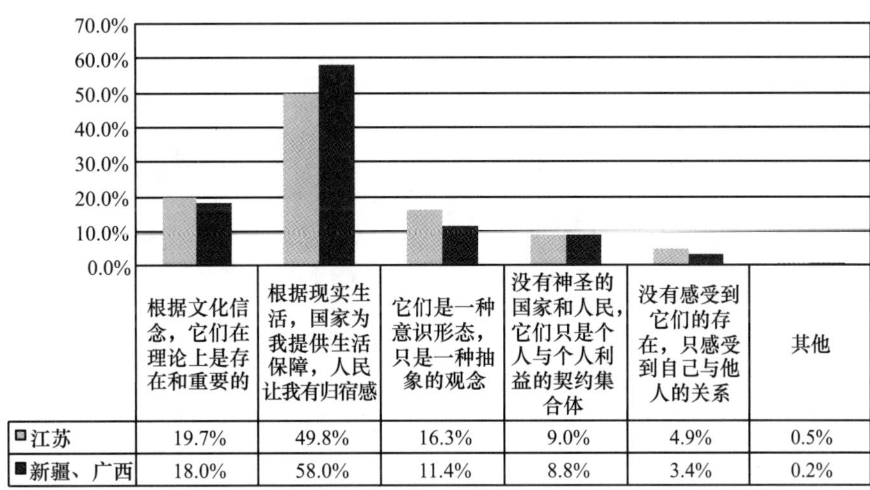

	根据文化信念，它们在理论上是存在和重要的	根据现实生活，国家为我提供生活保障，人民让我有归宿感	它们是一种意识形态，只是一种抽象的观念	没有神圣的国家和人民，它们只是个人与个人利益的契约集合体	没有感受到它们的存在，只感受到自己与他人的关系	其他
□江苏	19.7%	49.8%	16.3%	9.0%	4.9%	0.5%
■新疆、广西	18.0%	58.0%	11.4%	8.8%	3.4%	0.2%

16. 您对现代家庭伦理中最忧虑的问题是

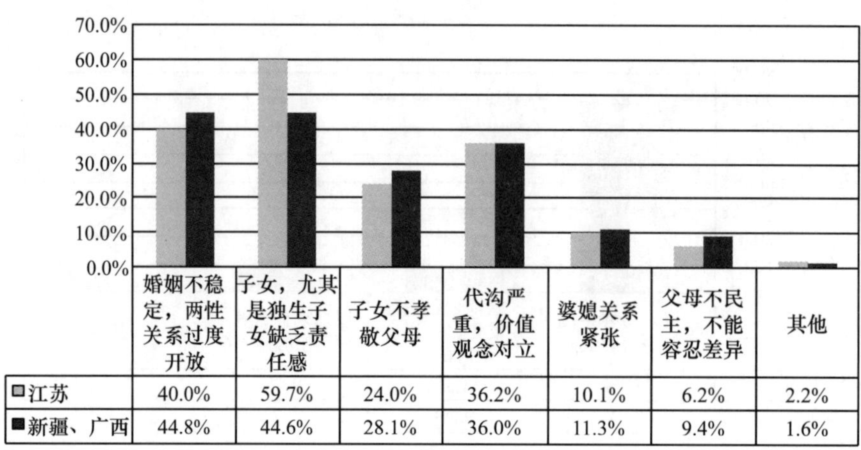

	婚姻不稳定，两性关系过度开放	子女，尤其是独生子女缺乏责任感	子女不孝敬父母	代沟严重，价值观念对立	婆媳关系紧张	父母不民主，不能容忍差异	其他
江苏	40.0%	59.7%	24.0%	36.2%	10.1%	6.2%	2.2%
新疆、广西	44.8%	44.6%	28.1%	36.0%	11.3%	9.4%	1.6%

17. 您认为目前职业道德中最突出的问题是

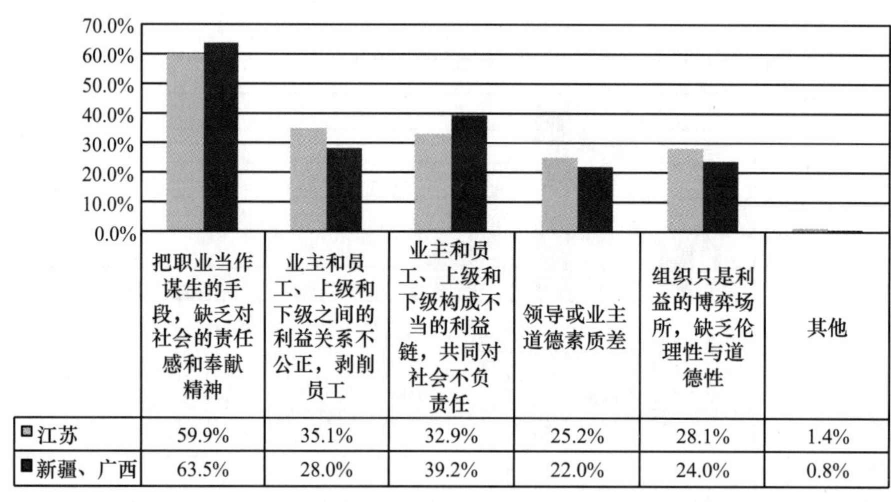

	把职业当作谋生的手段，缺乏对社会的责任感和奉献精神	业主和员工、上级和下级之间的利益关系不公正，剥削员工	业主和员工、上级和下级构成不当的利益链，共同对社会不负责任	领导或业主道德素质差	组织只是利益的博弈场所，缺乏伦理性与道德性	其他
江苏	59.9%	35.1%	32.9%	25.2%	28.1%	1.4%
新疆、广西	63.5%	28.0%	39.2%	22.0%	24.0%	0.8%

18. 您认为目前社会公德中存在的最突出问题是

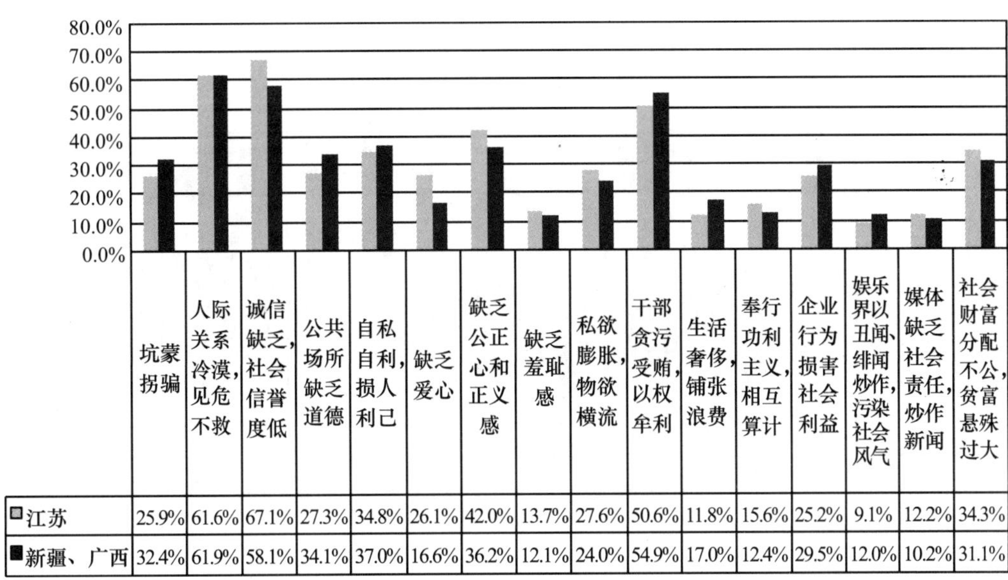

	坑蒙拐骗	人际关系冷漠，见危不救	诚信缺乏，社会信誉度低	公共场所缺乏道德	自私自利，损人利己	缺乏爱心	缺乏公正心和正义感	缺乏羞耻感	私欲膨胀，物欲横流	干部贪污受贿，以权牟利	生活奢侈，铺张浪费	奉行功利主义，相互算计	企业行为损害社会利益	娱乐界以丑闻、绯闻炒作，污染社会风气	媒体缺乏社会责任，炒作新闻	社会财富分配不公，贫富悬殊过大
江苏	25.9%	61.6%	67.1%	27.3%	34.8%	26.1%	42.0%	13.7%	27.6%	50.6%	11.8%	15.6%	25.2%	9.1%	12.2%	34.3%
新疆、广西	32.4%	61.9%	58.1%	34.1%	37.0%	16.6%	36.2%	12.1%	24.0%	54.9%	17.0%	12.4%	29.5%	12.0%	10.2%	31.1%

19. 您认为造成人与自然对立的主要原因是

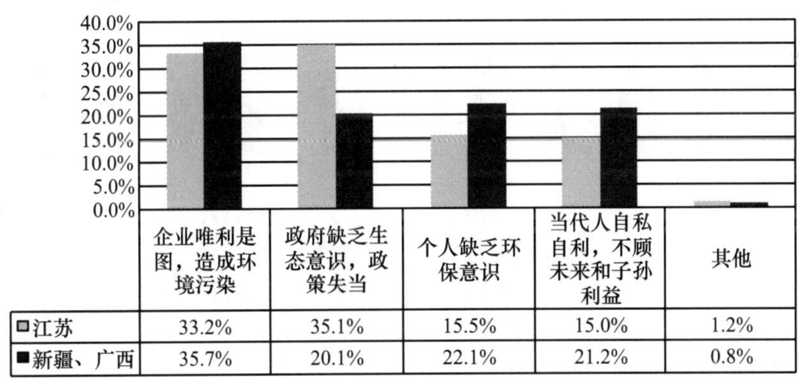

	企业唯利是图，造成环境污染	政府缺乏生态意识，政策失当	个人缺乏环保意识	当代人自私自利，不顾未来和子孙利益	其他
江苏	33.2%	35.1%	15.5%	15.0%	1.2%
新疆、广西	35.7%	20.1%	22.1%	21.2%	0.8%

20. 您认为造成目前人际关系紧张的主要原因

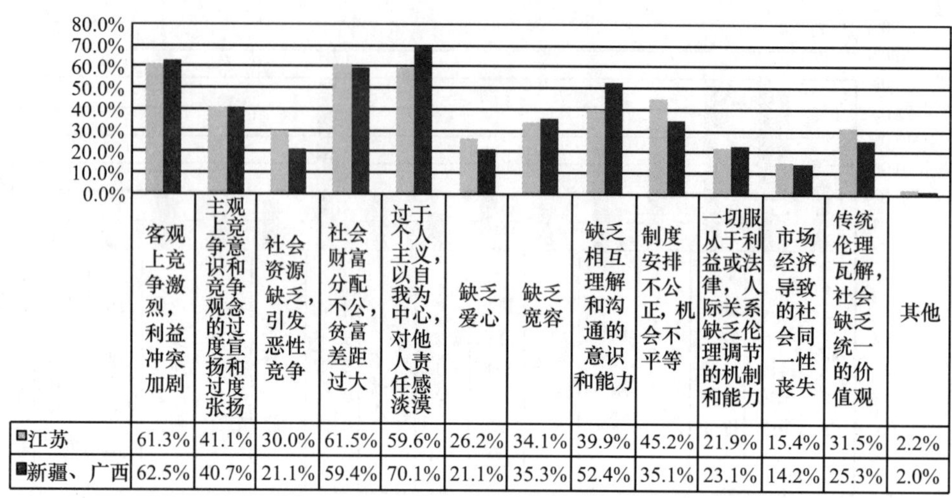

	客观上竞争激烈，利益冲突加剧	主观上竞争意识和竞争观念的过度宣扬和过度张扬	社会资源缺乏，引发恶性竞争	社会财富分配不公，贫富差距过大	过于个人主义，以自我为中心，对他人责任感淡漠	缺乏爱心	缺乏宽容	缺乏相互理解和沟通的意识和能力	制度安排不公正，机会不平等	一切服从于利益或法律，人际关系缺乏伦理调节的机制和能力	市场经济导致社会同一性丧失	传统伦理瓦解，社会缺乏统一的价值观	其他
江苏	61.3%	41.1%	30.0%	61.5%	59.6%	26.2%	34.1%	39.9%	45.2%	21.9%	15.4%	31.5%	2.2%
新疆、广西	62.5%	40.7%	21.1%	59.4%	70.1%	21.1%	35.3%	52.4%	35.1%	23.1%	14.2%	25.3%	2.0%

21. 您认为造成目前人与自身冲突，身心不和谐的主要原因是

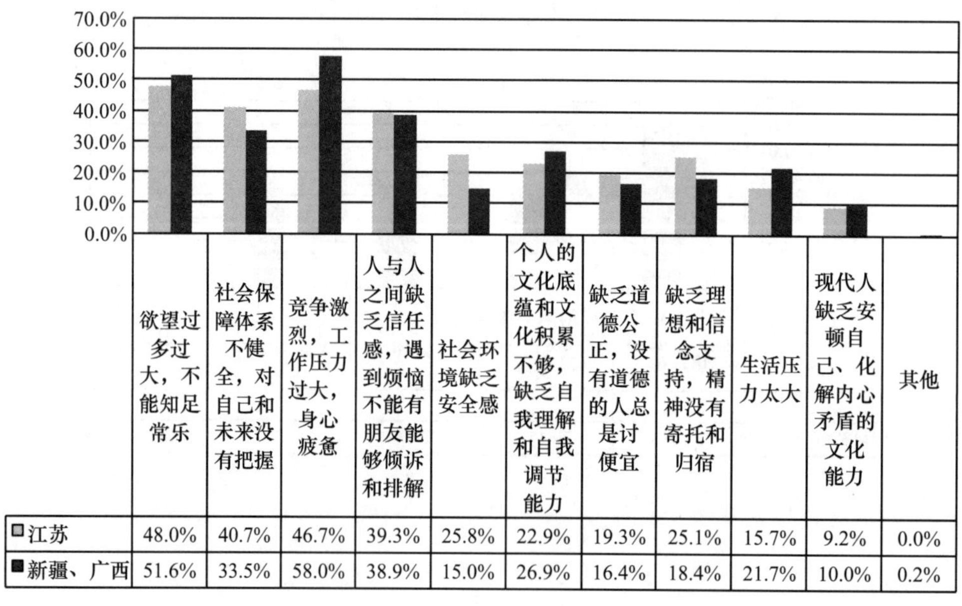

	欲望过多过大，不能知足常乐	社会保障体系不健全，对自己和未来没有把握	竞争激烈，工作压力过大，身心疲惫	人与人之间缺乏信任感，遇到烦恼不能有朋友能够倾诉和排解	社会环境缺乏安全感	个人的文化底蕴和文化积累不够，缺乏自我理解和自我调节能力	缺乏道德公正，没有道德的人总是讨便宜	缺乏理想和信念支持，精神没有寄托和归宿	生活压力太大	现代人缺乏安顿自己、化解内心矛盾的文化能力	其他
江苏	48.0%	40.7%	46.7%	39.3%	25.8%	22.9%	19.3%	25.1%	15.7%	9.2%	0.0%
新疆、广西	51.6%	33.5%	58.0%	38.9%	15.0%	26.9%	16.4%	18.4%	21.7%	10.0%	0.2%

22. 您认为当今中国社会最基本的伦理冲突是

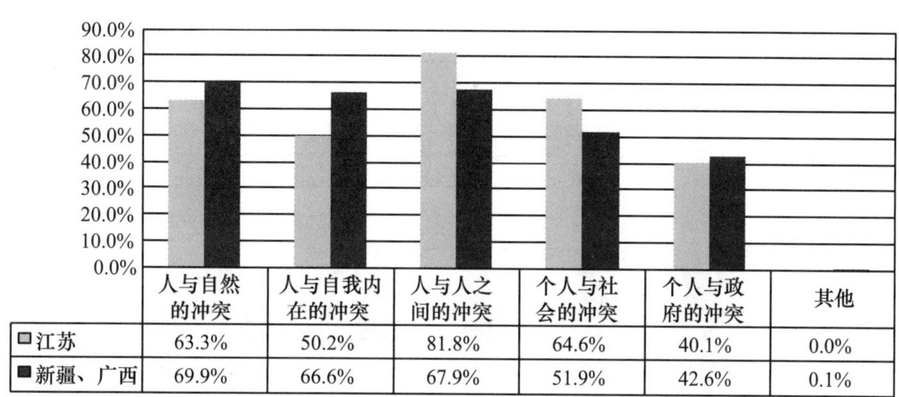

	人与自然的冲突	人与自我内在的冲突	人与人之间的冲突	个人与社会的冲突	个人与政府的冲突	其他
□江苏	63.3%	50.2%	81.8%	64.6%	40.1%	0.0%
■新疆、广西	69.9%	66.6%	67.9%	51.9%	42.6%	0.1%

23. 在下列伦理关系中，您最重视哪些关系

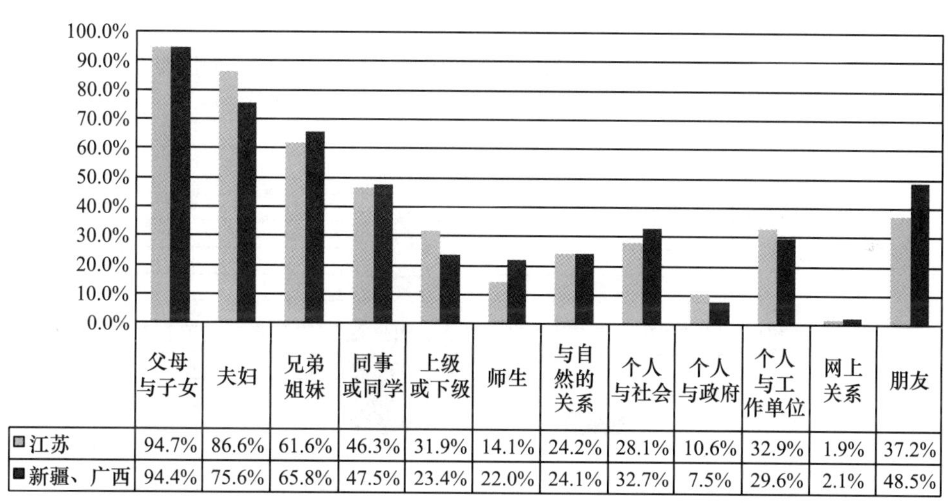

	父母与子女	夫妇	兄弟姐妹	同事或同学	上级或下级	师生	与自然的关系	个人与社会	个人与政府	个人与工作单位	网上关系	朋友
□江苏	94.7%	86.6%	61.6%	46.3%	31.9%	14.1%	24.2%	28.1%	10.6%	32.9%	1.9%	37.2%
■新疆、广西	94.4%	75.6%	65.8%	47.5%	23.4%	22.0%	24.1%	32.7%	7.5%	29.6%	2.1%	48.5%

24. 您认为哪一种伦理关系对社会秩序和个人生活最具根本性意义

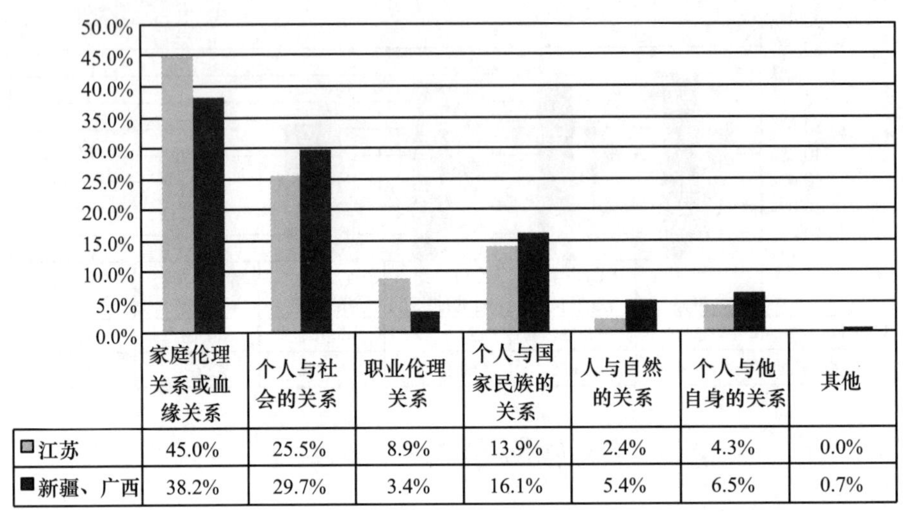

	家庭伦理关系或血缘关系	个人与社会的关系	职业伦理关系	个人与国家民族的关系	人与自然的关系	个人与他自身的关系	其他
江苏	45.0%	25.5%	8.9%	13.9%	2.4%	4.3%	0.0%
新疆、广西	38.2%	29.7%	3.4%	16.1%	5.4%	6.5%	0.7%

25. 男女或夫妇是否应当在社会生活和家庭中具有不同的伦理角色（如男主内，女主外），有一种说法："让妇女回到家庭去！"您是否同意

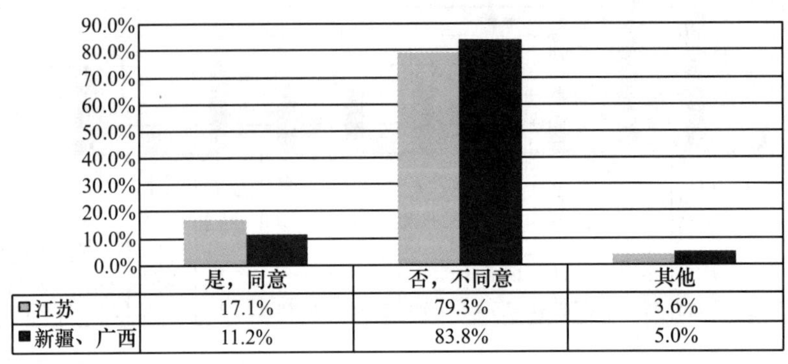

	是，同意	否，不同意	其他
江苏	17.1%	79.3%	3.6%
新疆、广西	11.2%	83.8%	5.0%

26. 您认为对待自然欲望的态度应当是

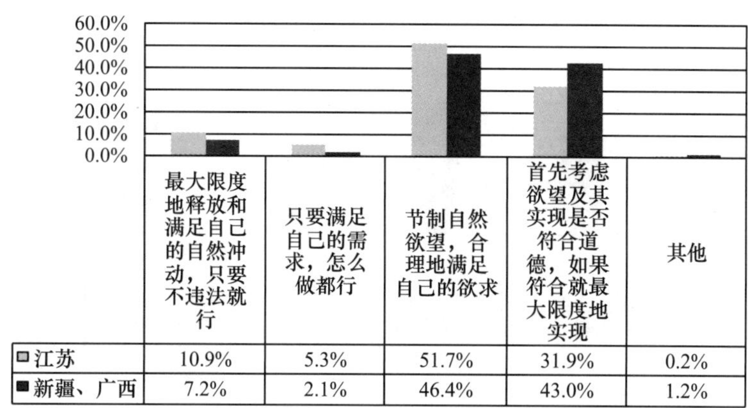

	最大限度地释放和满足自己的自然冲动，只要不违法就行	只要满足自己的需求，怎么做都行	节制自然欲望，合理地满足自己的欲求	首先考虑欲望及其实现是否符合道德，如果符合就最大限度地实现	其他
江苏	10.9%	5.3%	51.7%	31.9%	0.2%
新疆、广西	7.2%	2.1%	46.4%	43.0%	1.2%

27. 您认为当今中国社会最重要和最需要的德性是：（限选五项）

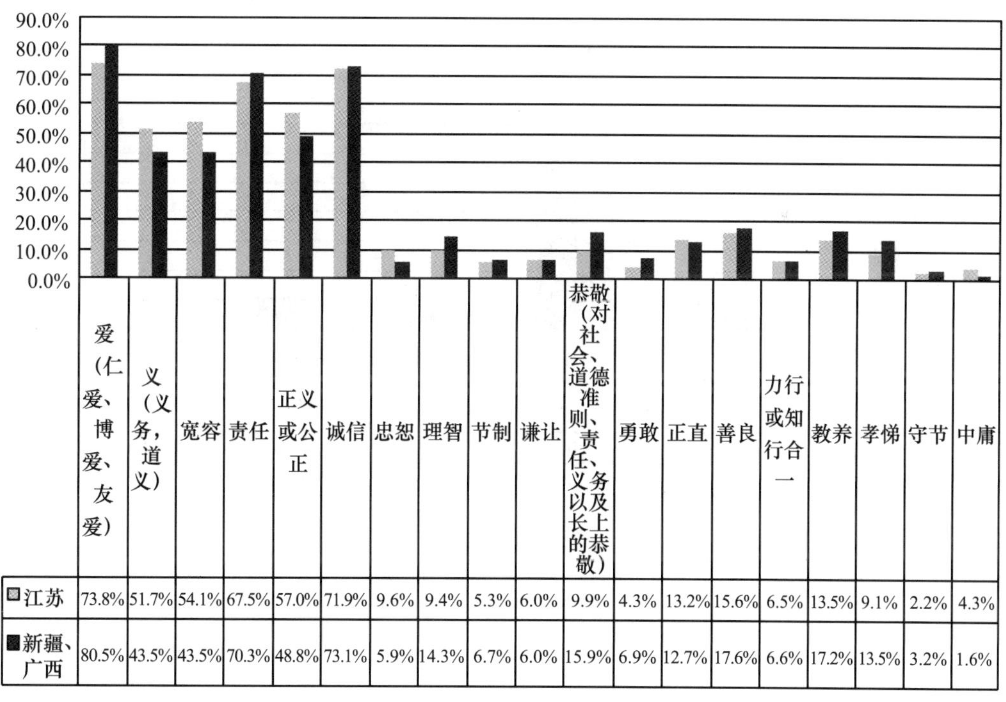

	爱（仁爱、博爱、友爱）	义（义务，道义）	宽容	责任	正义或公正	诚信	忠恕	理智	节制	谦让	恭敬（对社会、道德准则、责任、义务及长上的恭敬）	勇敢	正直	善良	力行或知行合一	教养	孝悌	守节	中庸
江苏	73.8%	51.7%	54.1%	67.5%	57.0%	71.9%	9.6%	9.4%	5.3%	6.0%	9.9%	4.3%	13.2%	15.6%	6.5%	13.5%	9.1%	2.2%	4.3%
新疆、广西	80.5%	43.5%	43.5%	70.3%	48.8%	73.1%	5.9%	14.3%	6.7%	6.0%	15.9%	6.9%	12.7%	17.6%	6.6%	17.2%	13.5%	3.2%	1.6%

28. 目前中国社会两性之间的性开放日益发展，它对社会风尚的影响是

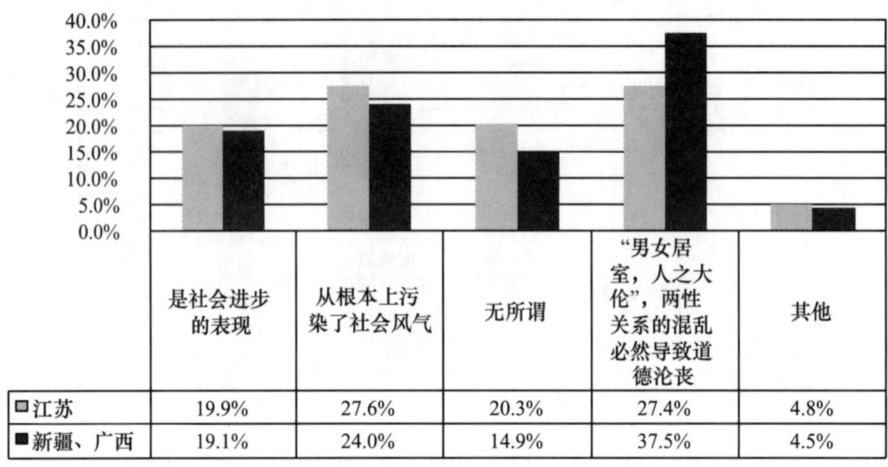

	是社会进步的表现	从根本上污染了社会风气	无所谓	“男女居室，人之大伦”，两性关系的混乱必然导致道德沦丧	其他
江苏	19.9%	27.6%	20.3%	27.4%	4.8%
新疆、广西	19.1%	24.0%	14.9%	37.5%	4.5%

29. 您认为目前中国社会对人际关系的伦理调节能力和个人行为的道德调节能力

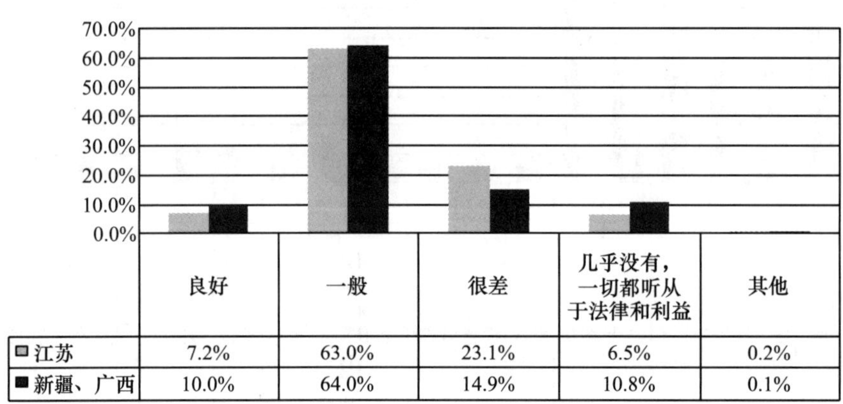

	良好	一般	很差	几乎没有，一切都听从于法律和利益	其他
江苏	7.2%	63.0%	23.1%	6.5%	0.2%
新疆、广西	10.0%	64.0%	14.9%	10.8%	0.1%

30. 当前中国社会中个体道德素质存在的主要问题是

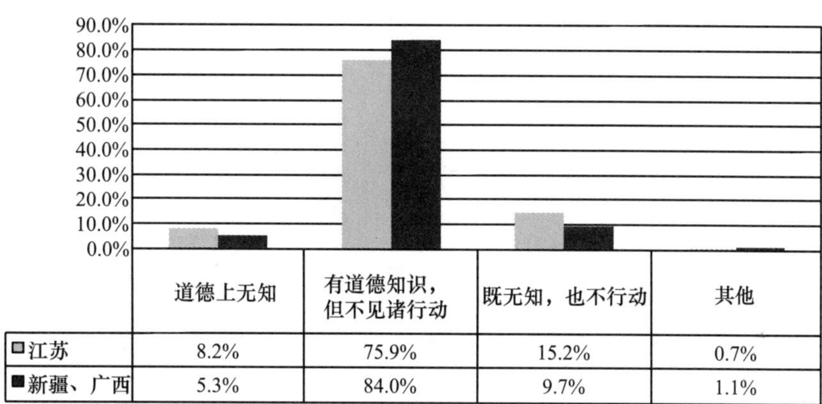

	道德上无知	有道德知识，但不见诸行动	既无知，也不行动	其他
□江苏	8.2%	75.9%	15.2%	0.7%
■新疆、广西	5.3%	84.0%	9.7%	1.1%

31. 您对自己的行为作出道德判断和道德选择的基本依据是

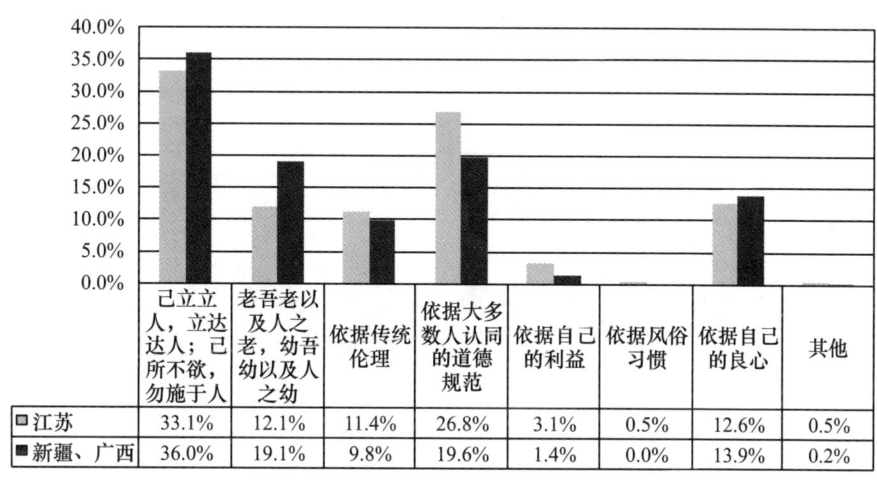

	己立立人，立达达人；己所不欲，勿施于人	老吾老以及人之老，幼吾幼以及人之幼	依据传统伦理	依据大多数人认同的道德规范	依据自己的利益	依据风俗习惯	依据自己的良心	其他
□江苏	33.1%	12.1%	11.4%	26.8%	3.1%	0.5%	12.6%	0.5%
■新疆、广西	36.0%	19.1%	9.8%	19.6%	1.4%	0.0%	13.9%	0.2%

32. 您判断某个行为是否道德的主要依据是

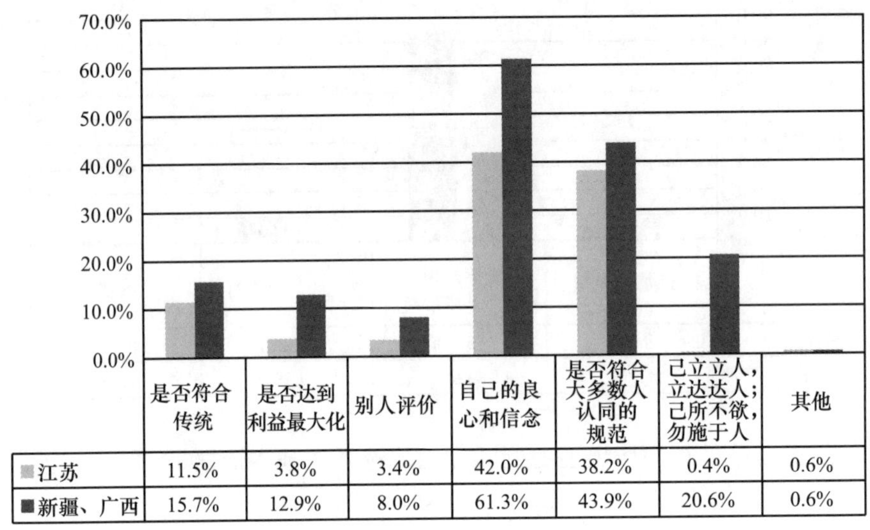

	是否符合传统	是否达到利益最大化	别人评价	自己的良心和信念	是否符合大多数人认同的规范	己立立人，立达达人；己所不欲，勿施于人	其他
江苏	11.5%	3.8%	3.4%	42.0%	38.2%	0.4%	0.6%
新疆、广西	15.7%	12.9%	8.0%	61.3%	43.9%	20.6%	0.6%

33. 您如何判断某种行为是否符合伦理或道德

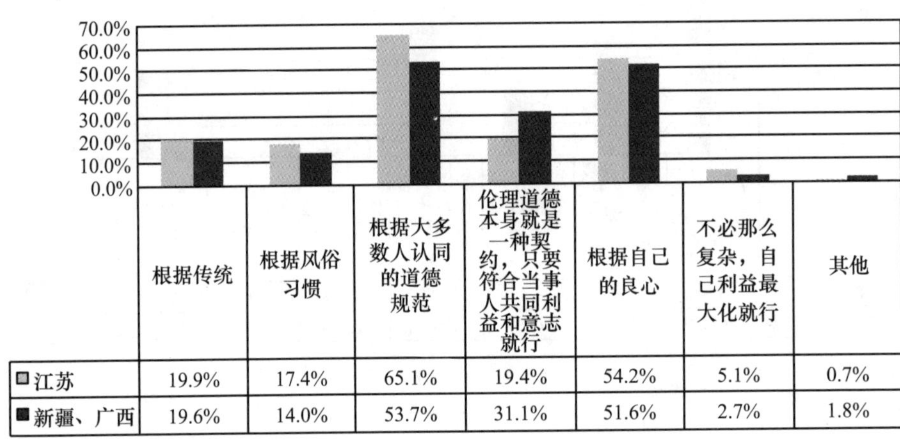

	根据传统	根据风俗习惯	根据大多数人认同的道德规范	伦理道德本身就是一种契约，只要符合当事人共同利益和意志就行	根据自己的良心	不必那么复杂，自己利益最大化就行	其他
江苏	19.9%	17.4%	65.1%	19.4%	54.2%	5.1%	0.7%
新疆、广西	19.6%	14.0%	53.7%	31.1%	51.6%	2.7%	1.8%

34. 您常常体验到自己身上一种“伦理感”的存在，如感到自己不属于自己，而属于他人、属于某个集体、国家、民族，行为选择要服从于它，有一种要为它奉献的冲动吗

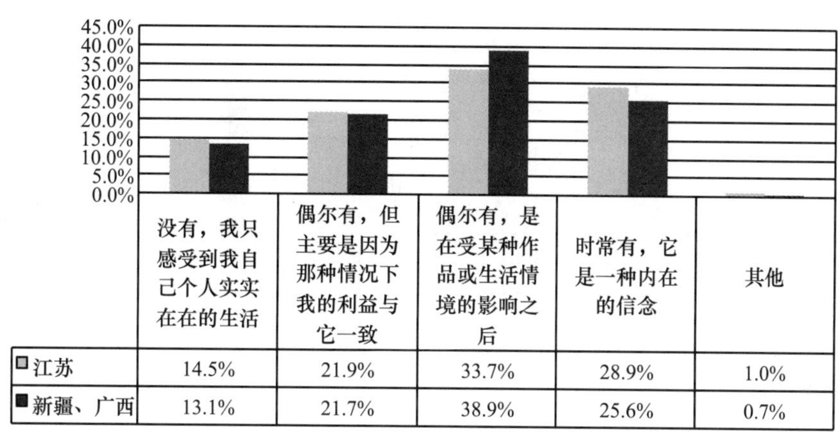

	没有，我只感受到我自己个人实实在在的生活	偶尔有，但主要是因为那种情况下我的利益与它一致	偶尔有，是在受某种作品或生活情境的影响之后	时常有，它是一种内在的信念	其他
江苏	14.5%	21.9%	33.7%	28.9%	1.0%
新疆、广西	13.1%	21.7%	38.9%	25.6%	0.7%

35. 您常常体验到自己身上“道德感”的存在和满足吗？如社会行为不是出于本能欲望的冲动，而是道德考虑是否符合道德规则，在为别人奉献后有一种满足感

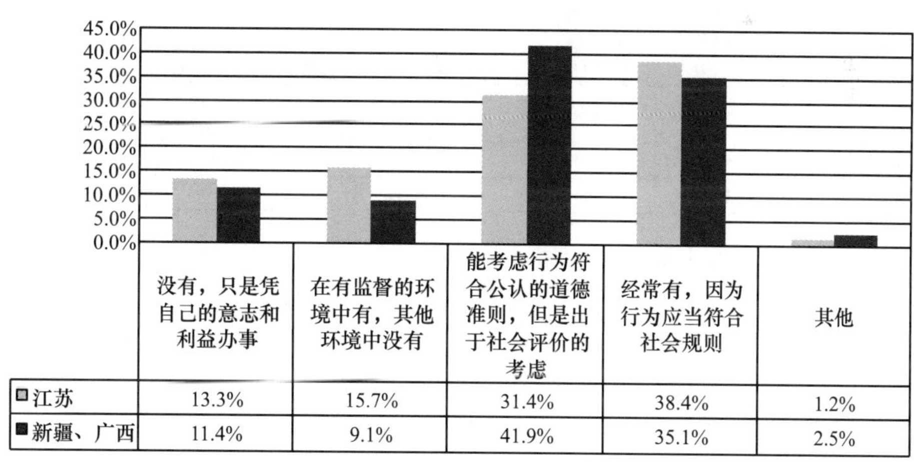

	没有，只是凭自己的意志和利益办事	在有监督的环境中有，其他环境中没有	能考虑行为符合公认的道德准则，但是出于社会评价的考虑	经常有，因为行为应当符合社会规则	其他
江苏	13.3%	15.7%	31.4%	38.4%	1.2%
新疆、广西	11.4%	9.1%	41.9%	35.1%	2.5%

36. 如果遭遇利益冲突，如名誉、利益受他人侵害，您首先的行为反应是

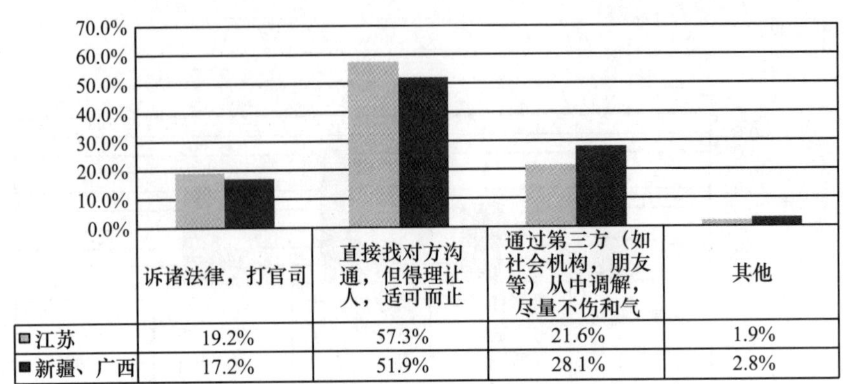

	诉诸法律，打官司	直接找对方沟通，但得理让人，适可而止	通过第三方（如社会机构，朋友等）从中调解，尽量不伤和气	其他
江苏	19.2%	57.3%	21.6%	1.9%
新疆、广西	17.2%	51.9%	28.1%	2.8%

37. 您认为现代社会的大部分人有荣辱感或羞耻感吗

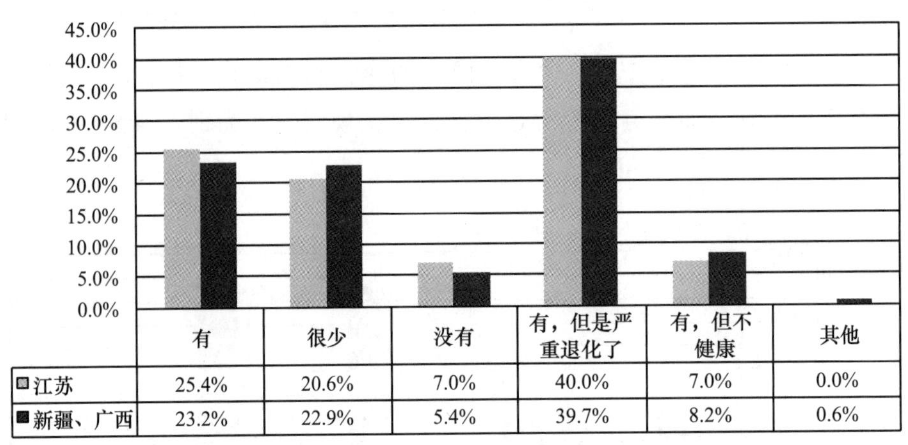

	有	很少	没有	有，但是严重退化了	有，但不健康	其他
江苏	25.4%	20.6%	7.0%	40.0%	7.0%	0.0%
新疆、广西	23.2%	22.9%	5.4%	39.7%	8.2%	0.6%

38. 一些政府机关，通过各种途径让本单位的干部子女在很好的幼儿园、小学、中学读书，您认为这种行为是

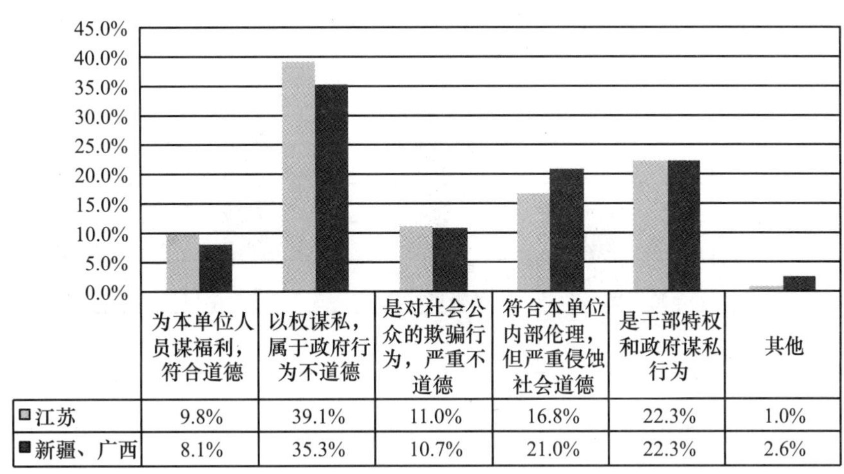

	为本单位人员谋福利，符合道德	以权谋私，属于政府行为不道德	是对社会公众的欺骗行为，严重不道德	符合本单位内部伦理，但严重侵蚀社会道德	是干部特权和政府谋私行为	其他
□江苏	9.8%	39.1%	11.0%	16.8%	22.3%	1.0%
■新疆、广西	8.1%	35.3%	10.7%	21.0%	22.3%	2.6%

39. 在高校招生中，许多大学对本校教职工子女降分录取，您认为这种行为

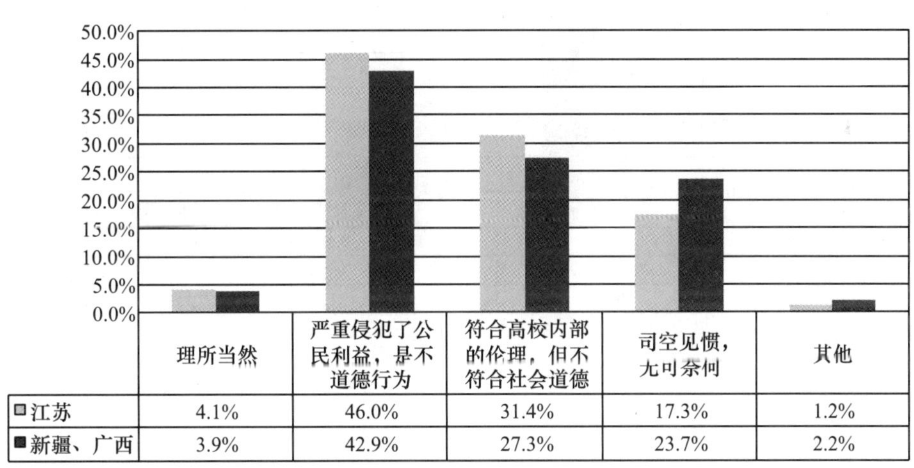

	理所当然	严重侵犯了公民利益，是不道德行为	符合高校内部的伦理，但不符合社会道德	司空见惯，无可奈何	其他
□江苏	4.1%	46.0%	31.4%	17.3%	1.2%
■新疆、广西	3.9%	42.9%	27.3%	23.7%	2.2%

40. 您认为个人行为的不道德与集团行为的不道德（如企业污染，组织为自己及其成员谋取不正当利益等），哪一个对社会风气危害更大

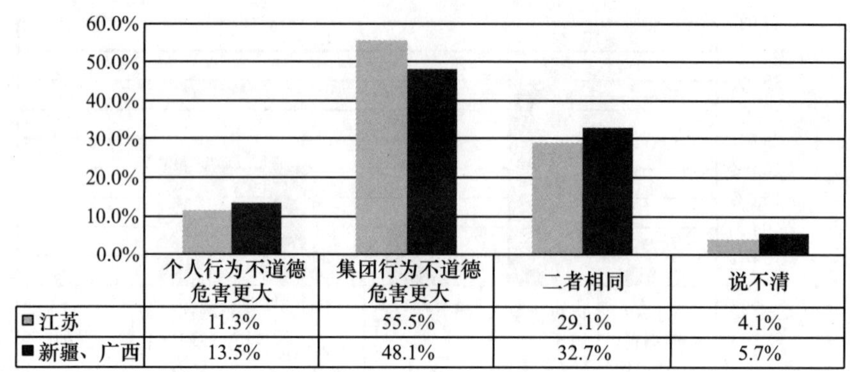

	个人行为不道德危害更大	集团行为不道德危害更大	二者相同	说不清
江苏	11.3%	55.5%	29.1%	4.1%
新疆、广西	13.5%	48.1%	32.7%	5.7%

41. 如果您所在的单位有一项举措可以提高集体福利并使您个人得到利益，但会造成环境污染或社会公害，您会劝阻或举报吗

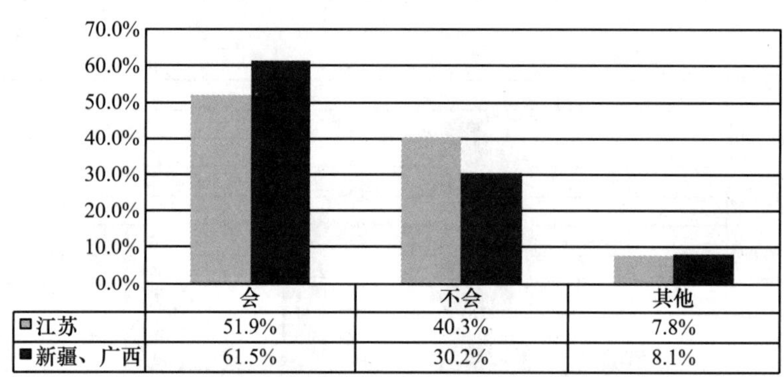

	会	不会	其他
江苏	51.9%	40.3%	7.8%
新疆、广西	61.5%	30.2%	8.1%

42. 您认为对现代中国社会伦理关系和道德风尚造成最大影响的因素是

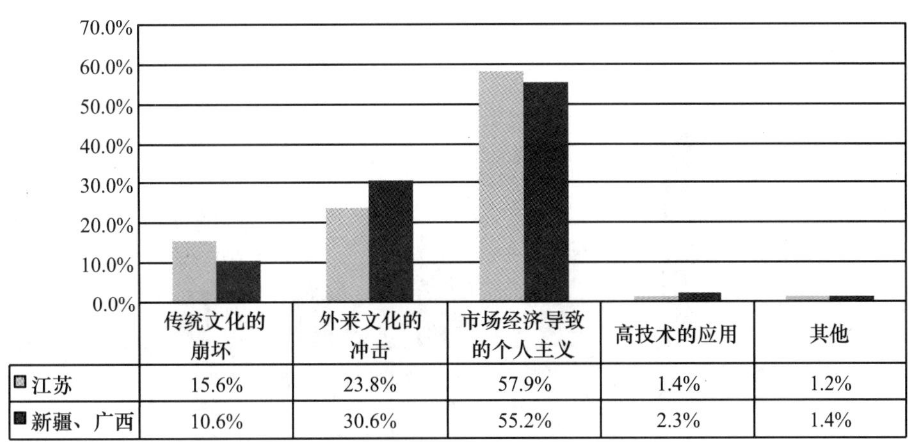

	传统文化的崩坏	外来文化的冲击	市场经济导致的个人主义	高技术的应用	其他
□江苏	15.6%	23.8%	57.9%	1.4%	1.2%
■新疆、广西	10.6%	30.6%	55.2%	2.3%	1.4%

43. 您认为在自己的成长中得到最大伦理教益和道德训练的场所是

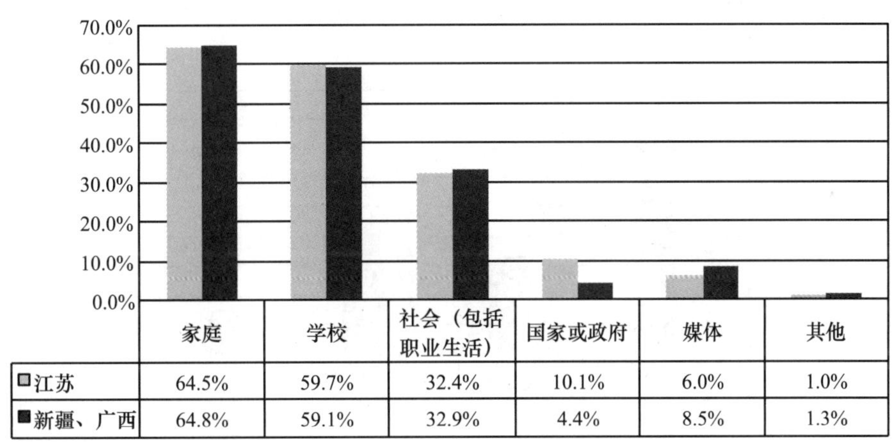

	家庭	学校	社会（包括职业生活）	国家或政府	媒体	其他
□江苏	64.5%	59.7%	32.4%	10.1%	6.0%	1.0%
■新疆、广西	64.8%	59.1%	32.9%	4.4%	8.5%	1.3%

44. 您认为哪种因素应当对当今不良道德风尚负主要责任

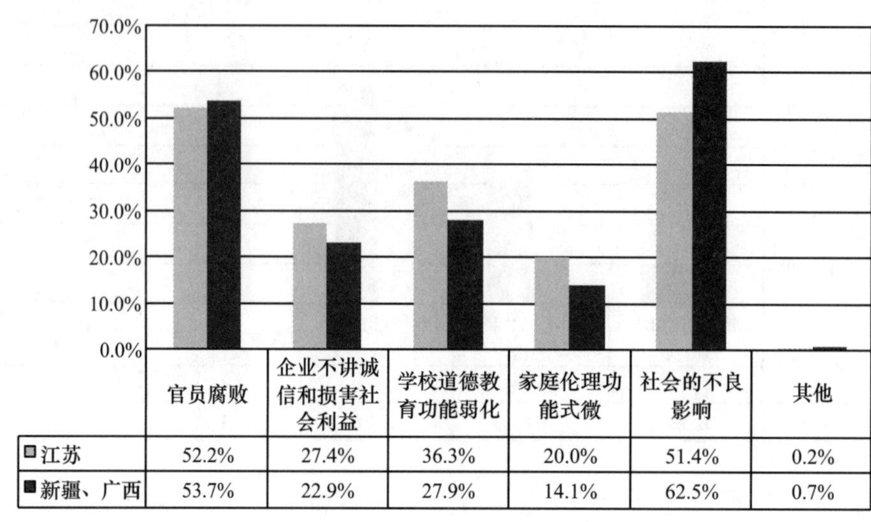

	官员腐败	企业不讲诚信和损害社会利益	学校道德教育功能弱化	家庭伦理功能式微	社会的不良影响	其他
□江苏	52.2%	27.4%	36.3%	20.0%	51.4%	0.2%
■新疆、广西	53.7%	22.9%	27.9%	14.1%	62.5%	0.7%

45. 您对哪类群体的伦理道德状况最不满意

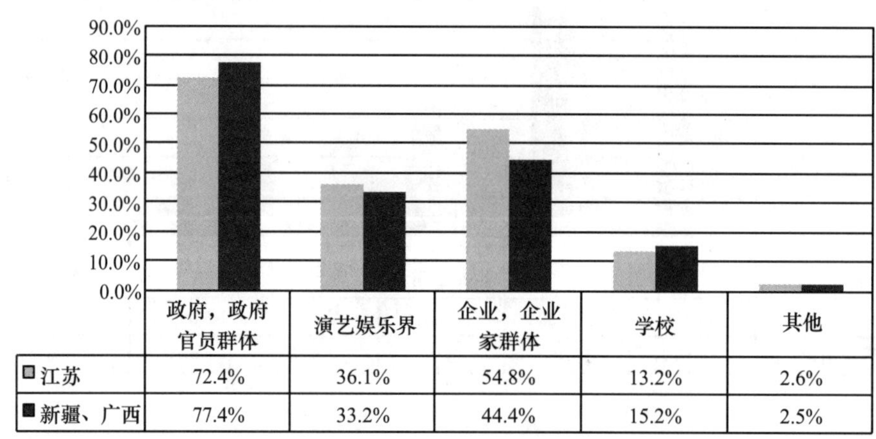

	政府，政府官员群体	演艺娱乐界	企业，企业家群体	学校	其他
□江苏	72.4%	36.1%	54.8%	13.2%	2.6%
■新疆、广西	77.4%	33.2%	44.4%	15.2%	2.5%

46. 您认为中国政府在制定政策和决策时充分考虑到了伦理道德方面的要求（如统护社会公平、利益均衡、关怀弱势群体，以及大多数人利益和感受）了吗

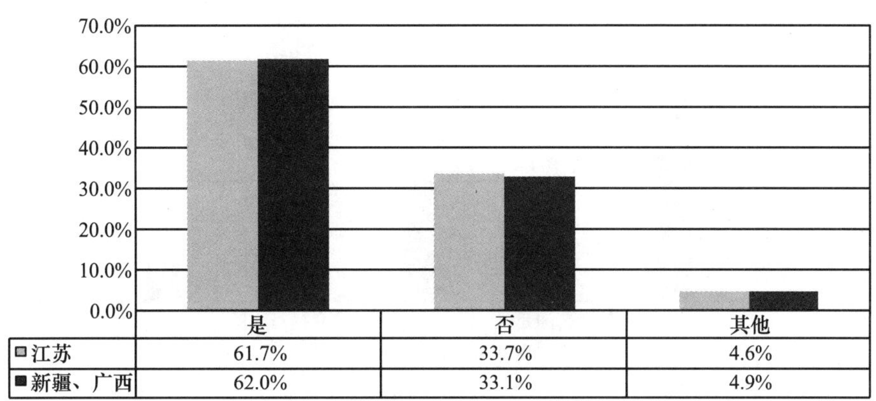

	是	否	其他
江苏	61.7%	33.7%	4.6%
新疆、广西	62.0%	33.1%	4.9%

47. 对形成中国当前各种新型伦理关系和道德观念，哪些因素起主要作用

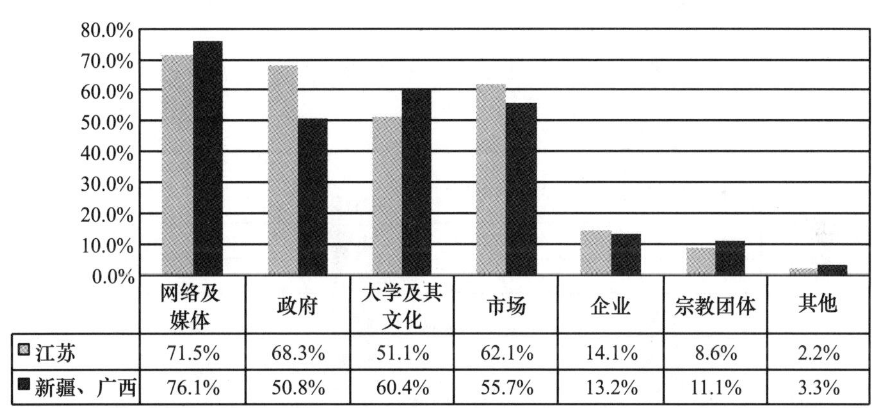

	网络及媒体	政府	大学及其文化	市场	企业	宗教团体	其他
江苏	71.5%	68.3%	51.1%	62.1%	14.1%	8.6%	2.2%
新疆、广西	76.1%	50.8%	60.4%	55.7%	13.2%	11.1%	3.3%

48. 您认为信息技术、网络技术的发展对伦理关系的影响是

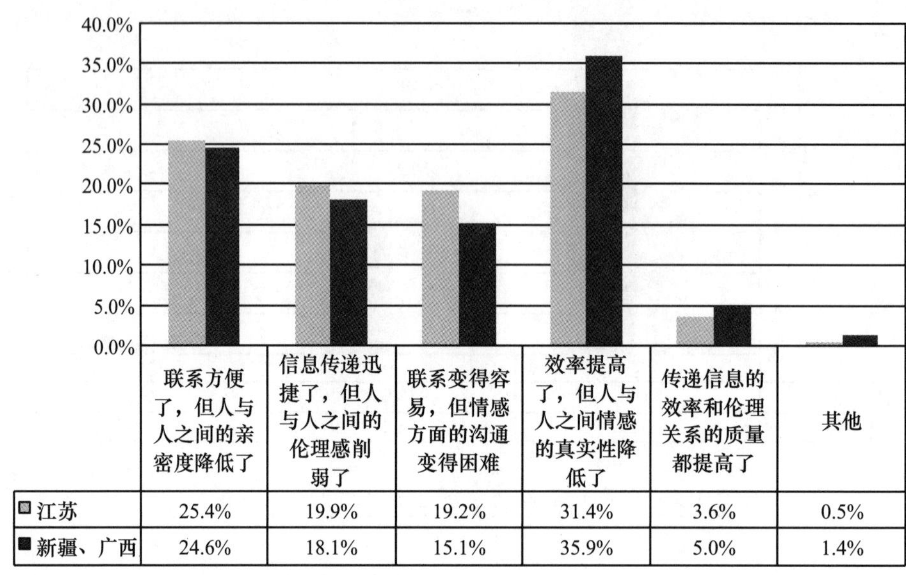

	联系方便了，但人与人之间的亲密度降低了	信息传递迅捷了，但人与人之间的伦理感削弱了	联系变得容易，但情感方面的沟通变得困难	效率提高了，但人与人之间情感的真实性降低了	传递信息的效率和伦理关系的质量都提高了	其他
江苏	25.4%	19.9%	19.2%	31.4%	3.6%	0.5%
新疆、广西	24.6%	18.1%	15.1%	35.9%	5.0%	1.4%

49. 您认为市场经济对中国伦理道德的影响是

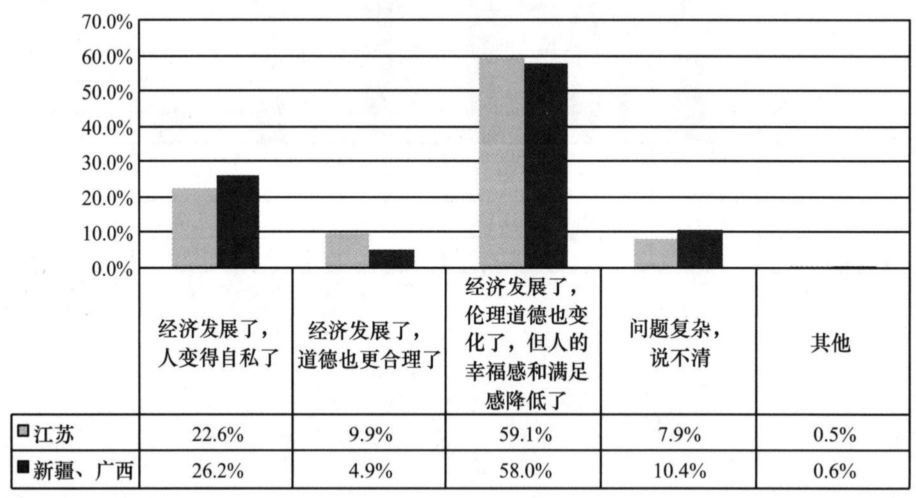

	经济发展了，人变得自私了	经济发展了，道德也更合理了	经济发展了，伦理道德也变化了，但人的幸福感和满足感降低了	问题复杂，说不清	其他
江苏	22.6%	9.9%	59.1%	7.9%	0.5%
新疆、广西	26.2%	4.9%	58.0%	10.4%	0.6%

50. 您认为全球化、西方文化对中国伦理道德的影响

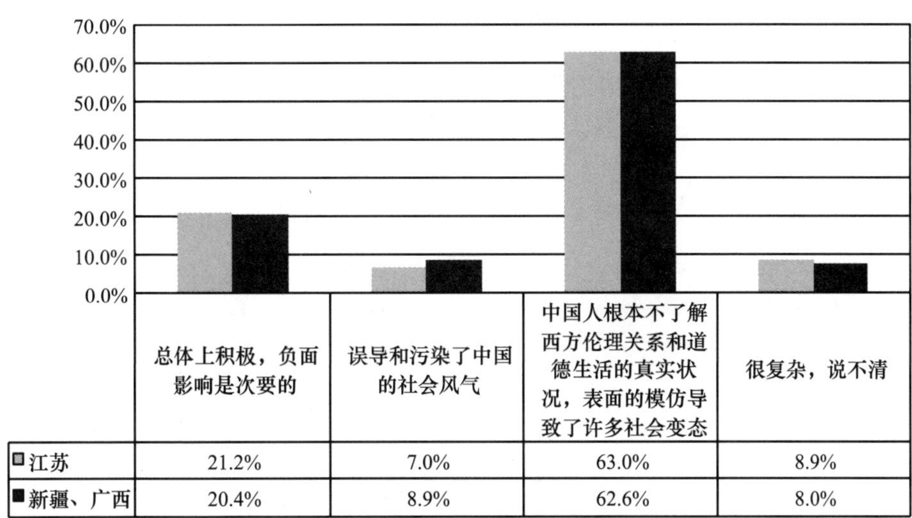

	总体上积极，负面影响是次要的	误导和污染了中国的社会风气	中国人根本不了解西方伦理关系和道德生活的真实状况，表面的模仿导致了许多社会变态	很复杂，说不清
江苏	21.2%	7.0%	63.0%	8.9%
新疆、广西	20.4%	8.9%	62.6%	8.0%

51. 您认为《公民道德建设纲要》及其实施对社会风尚的改善

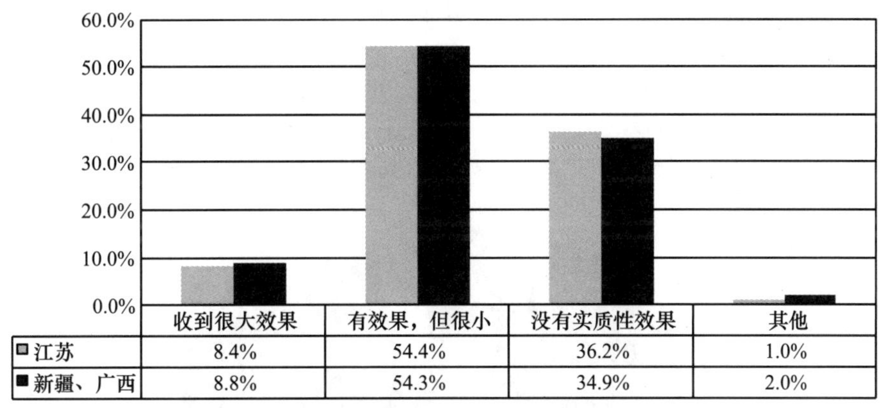

	收到很大效果	有效果，但很小	没有实质性效果	其他
江苏	8.4%	54.4%	36.2%	1.0%
新疆、广西	8.8%	54.3%	34.9%	2.0%

2007年中国思想、道德、文化状况调查数据库

2007 年中国思想、道德、文化状况数据库

共发问卷1200份，其中，广西、新疆700份，江苏500份。

三省（区）共收回有效问卷1166份。

个别题项统计数据总和未满100%的为有人未答或计算取舍百分比所致。

第一部分　基本信息

1. 您的性别

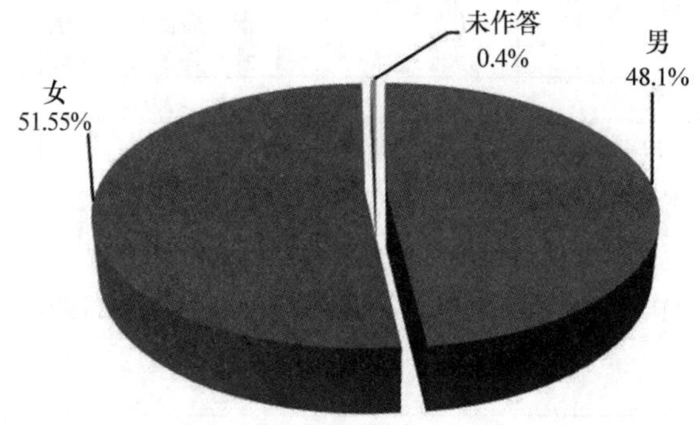

2. 您的年龄

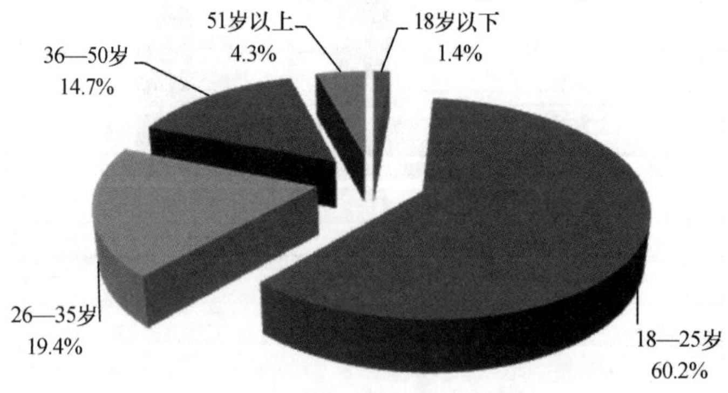

3. 您的受教育程度

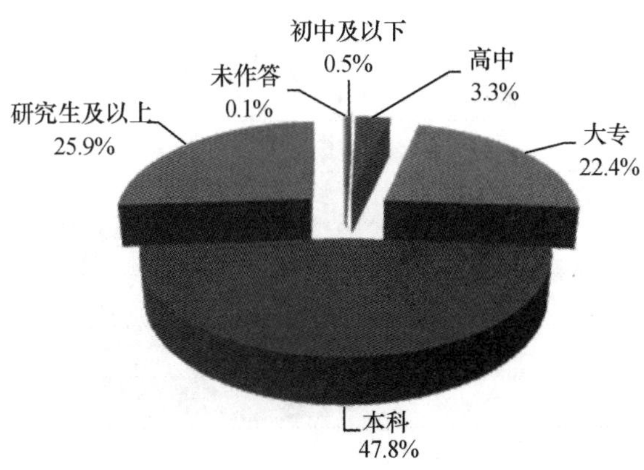

4. 您目前的职业

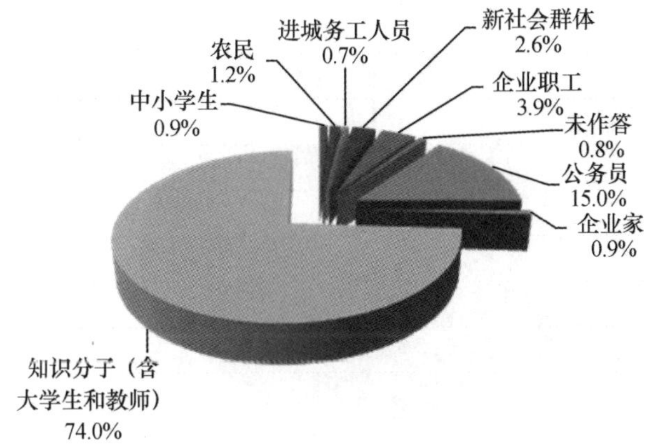

5. 您的月平均收入是

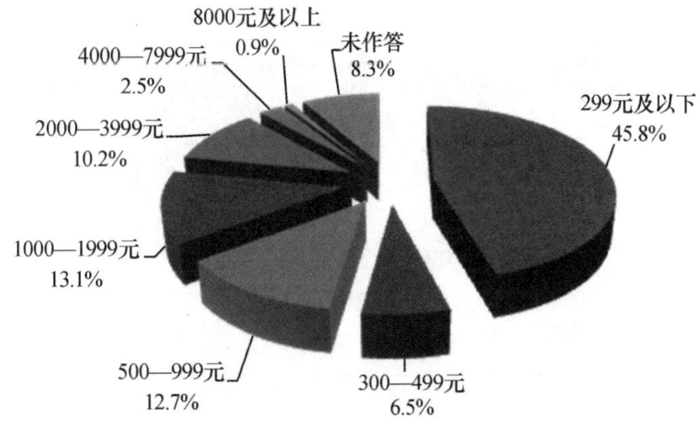

6. 您的宗教信仰是

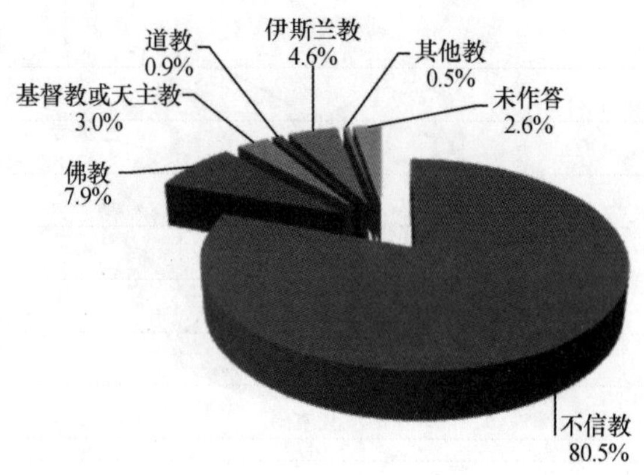

第二部分　调研信息

1. 您认为中国当前的主流意识形态应该是

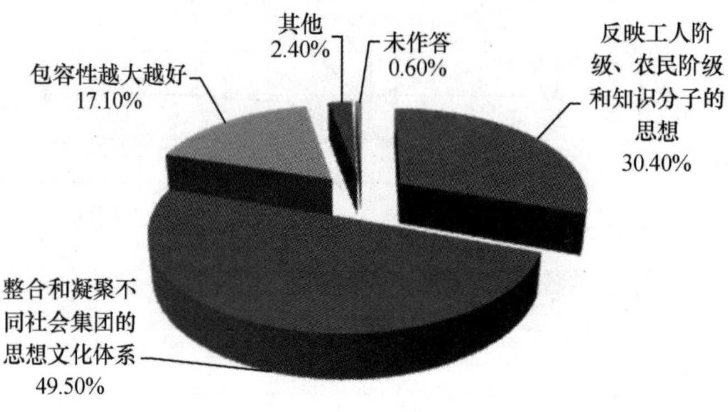

2. 关于社会制度，您认为

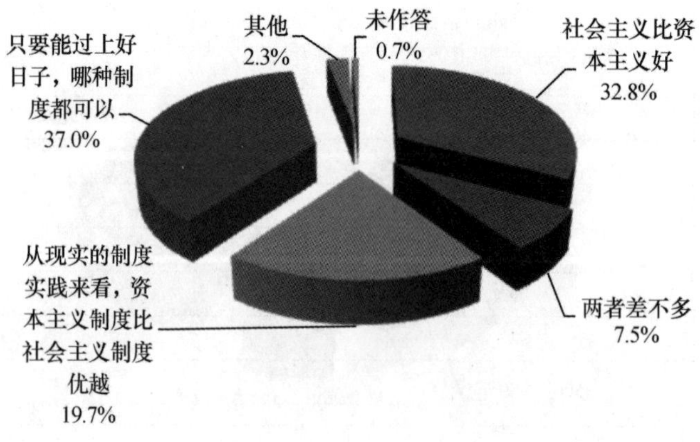

3. 对当前的主流意识形态，您认为正确的做法应该是

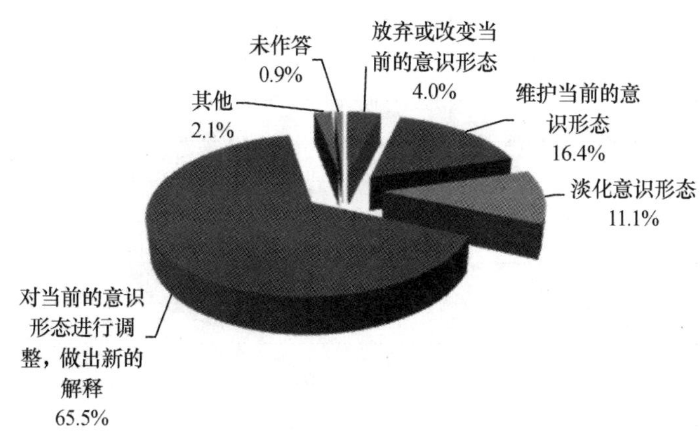

4. 如果改革开放以来您的思想观念有变化的话，那么变化快的是什么时期

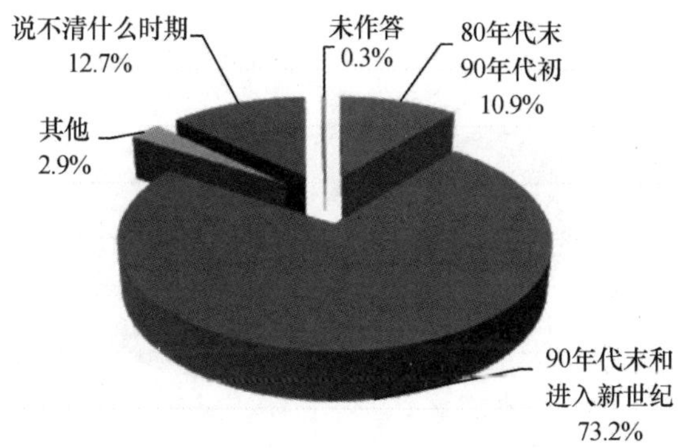

5. 如果您现在对政府和党的看法与以前不一样的话，比较大的原因是

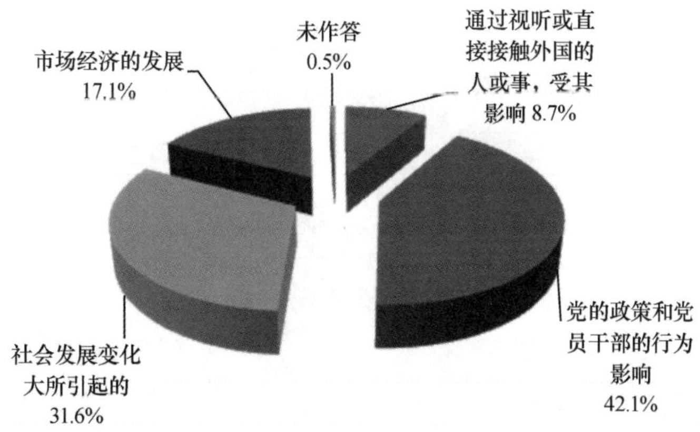

6. 您怎么看毛泽东时代

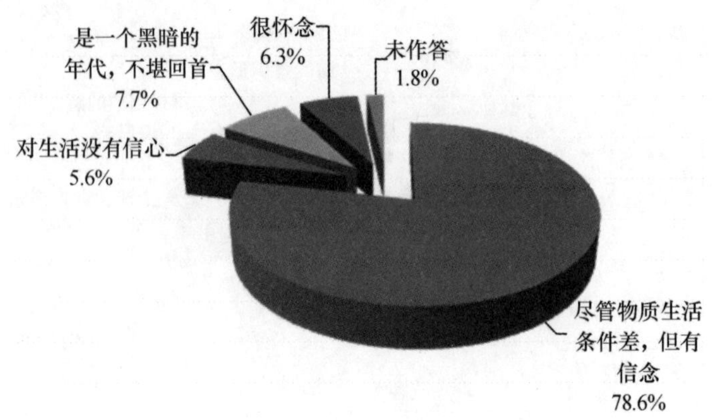

7. 您认为搞市场经济对我们的影响有

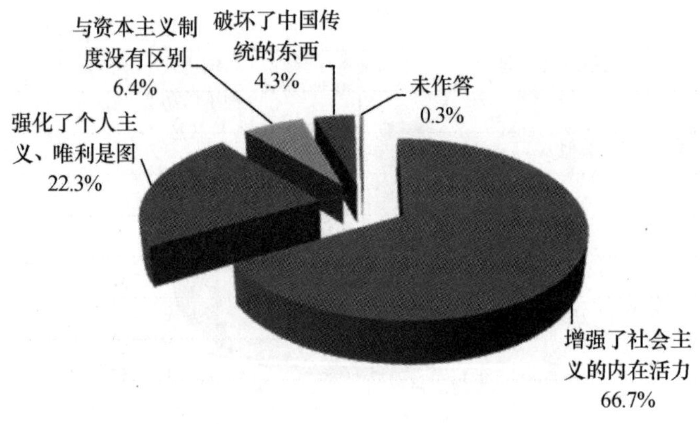

8. 您认为共产党代表了什么阶级（或者说哪些人）的利益

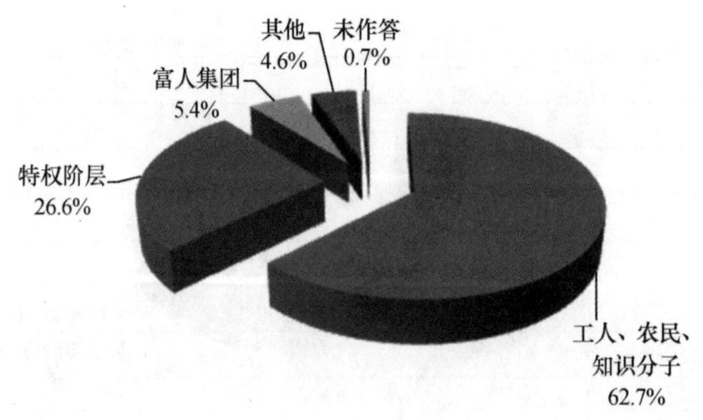

9. 当今各种思潮，您觉得哪些社会思潮比较符合中国实际，可以用来指导社会实践

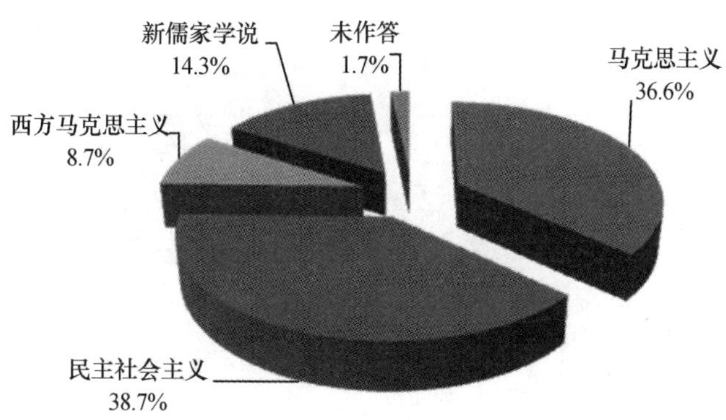

10. 对您的思想行为影响比较大的群体是

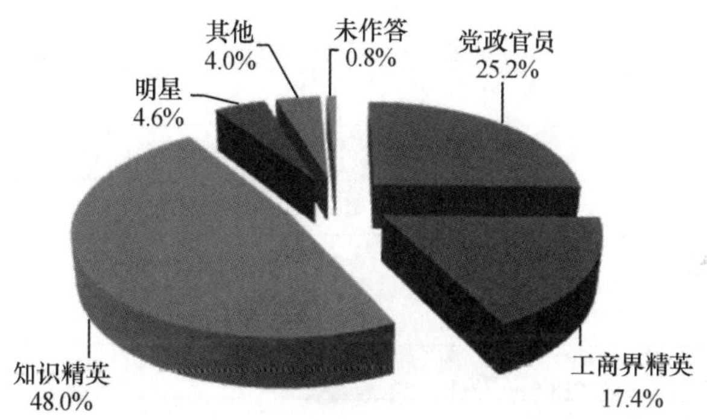

11. 您对当前改革开放的主要忧虑是什么

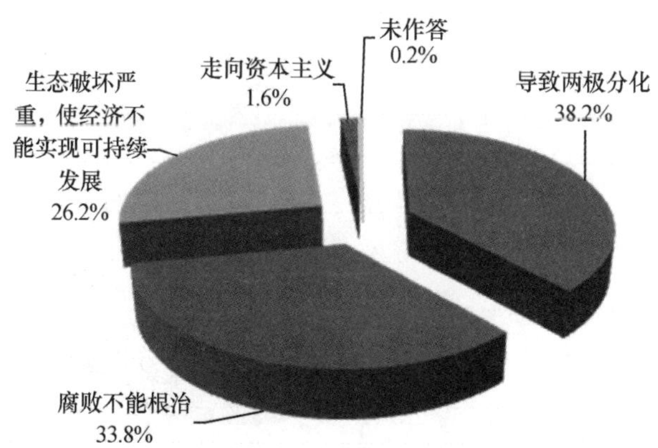

12. 您认为医疗、教育、住房方面的改革

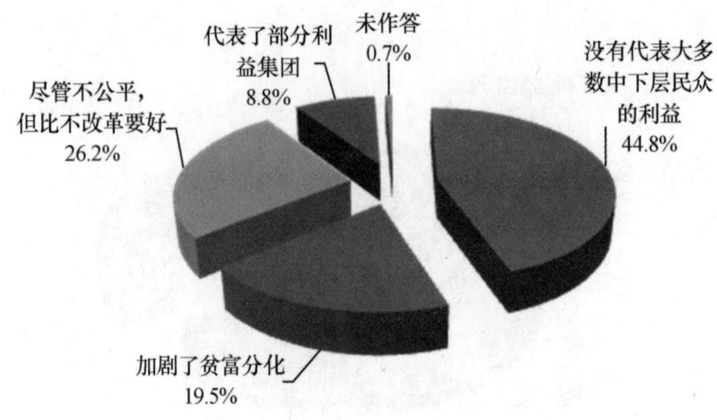

13. 您认为外部世界近几十年来的变化与当今中国的关系

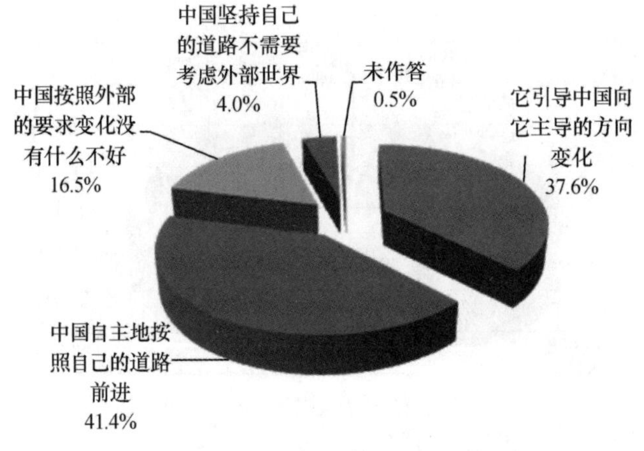

14. 您认为弱势群体的形成，是由于

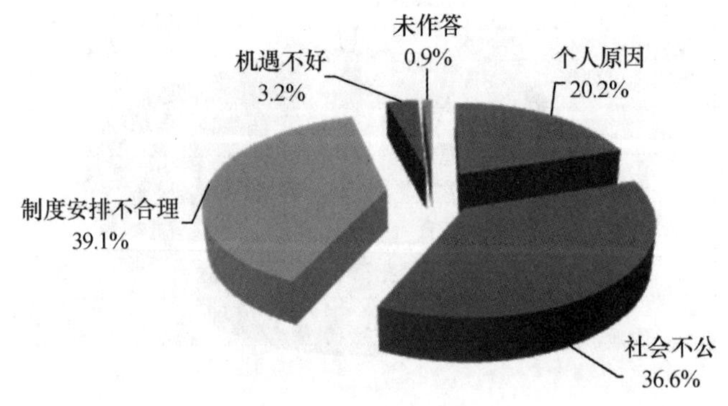

15. 您怎样理解科学发展观中的“以人为本”

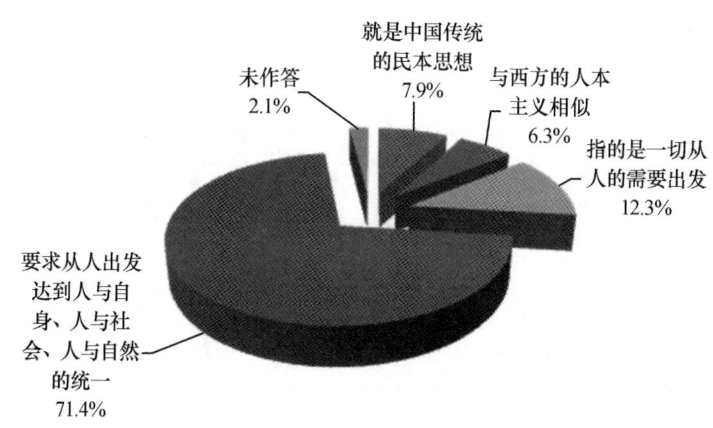

16. 您认为当前社会影响较大的几种文化观念是

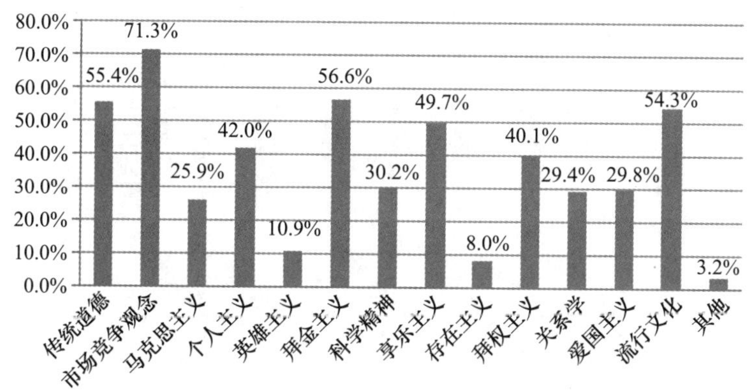

17. 您喜欢从事并经常参与的文化活动是

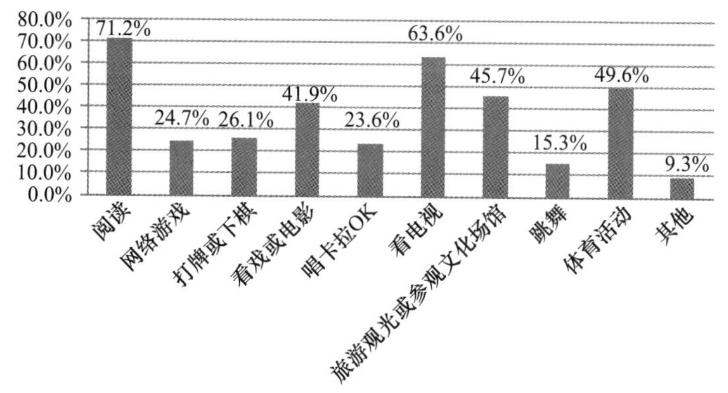

18. 您生活方式的形成或改变主要受到哪些因素的影响

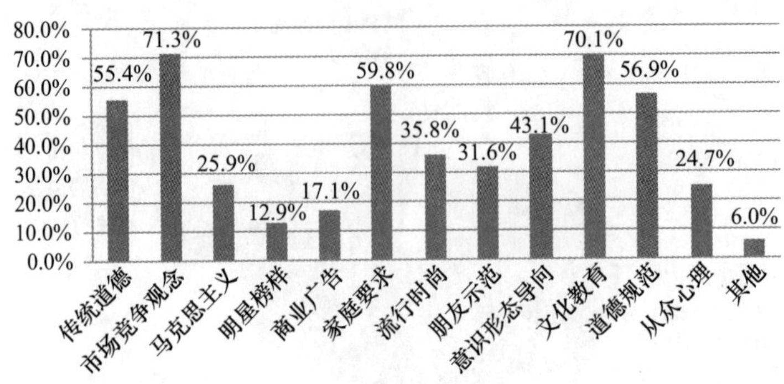

19. 您认为科技进步

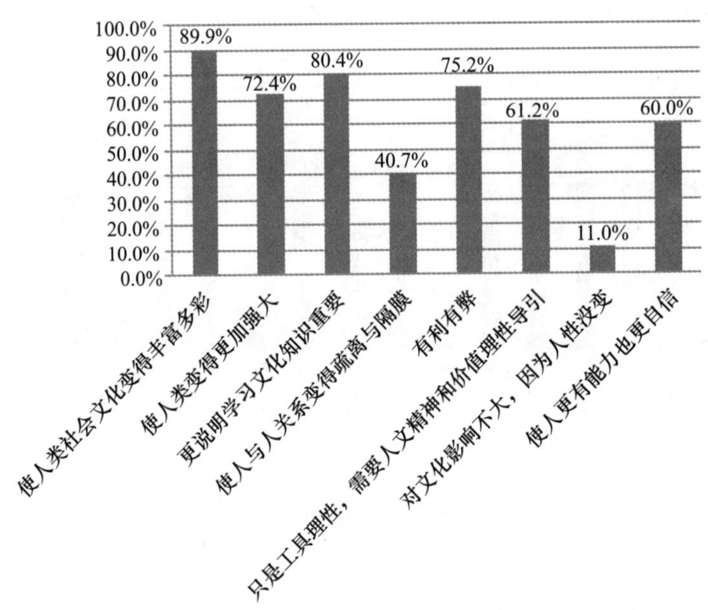

20. 您觉得市场经济给社会带来了哪些新的文化观念

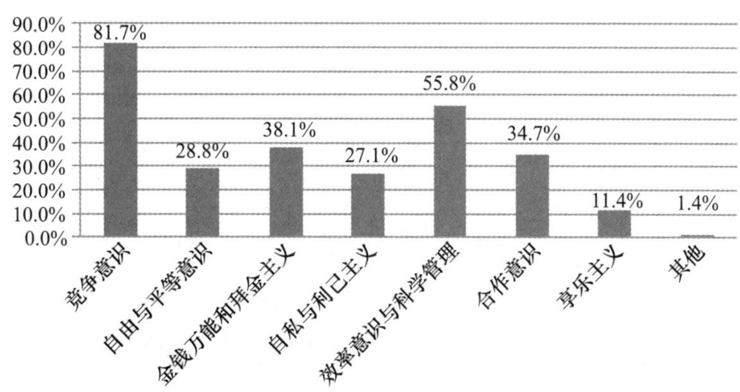

21. 您基本的人生目标或理想是

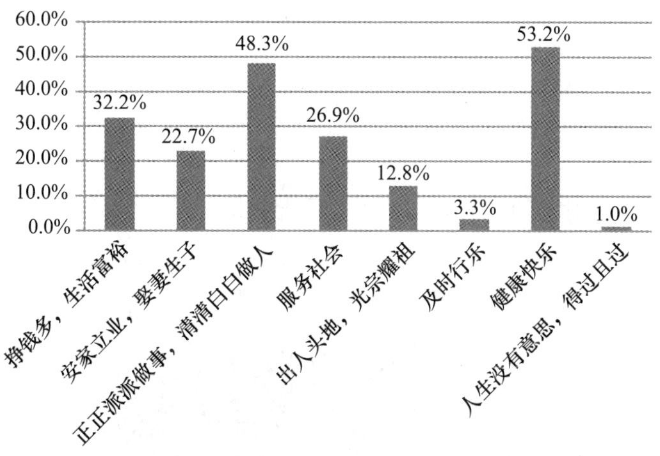

22. 你认为当前社会一个人成功主要靠

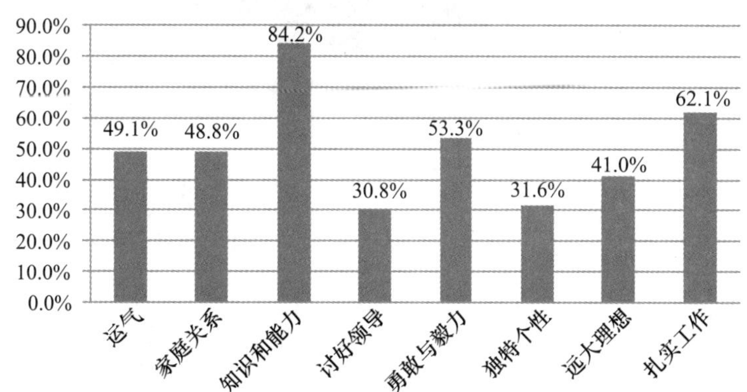

23. 请对下列说法作出自己的判断

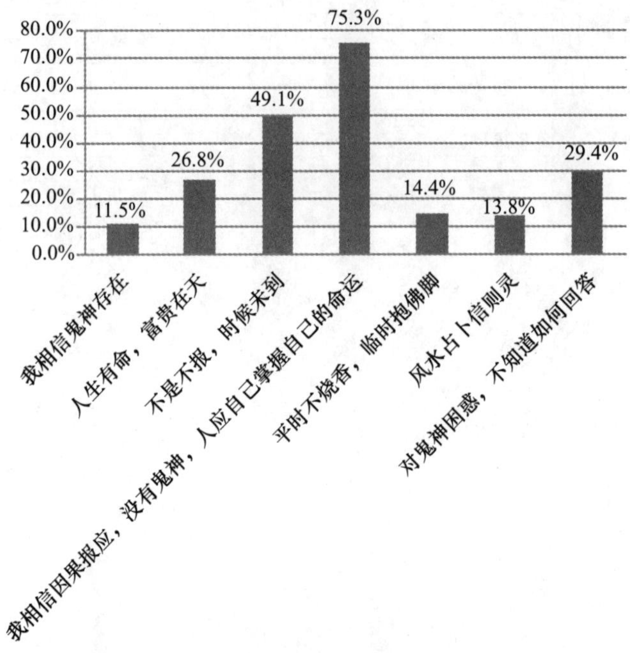

24. 您对社会文化现象是非判断的主要依据是

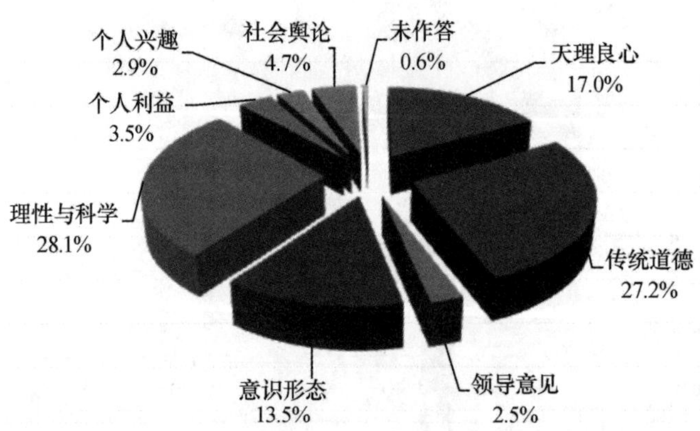

25. 您认为现在的人与过去相比

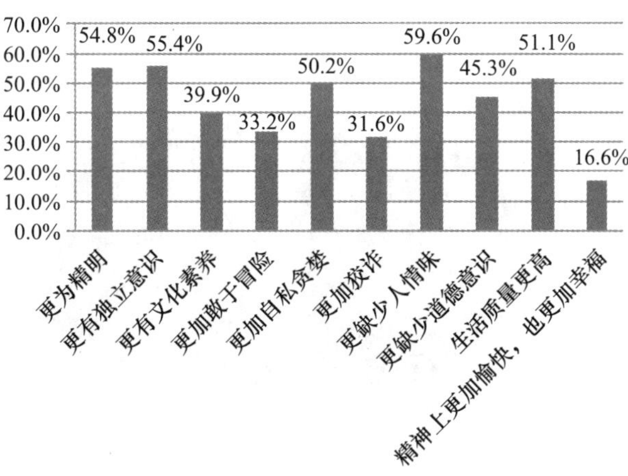

26. 您认为当前社会人与人关系同过去相比

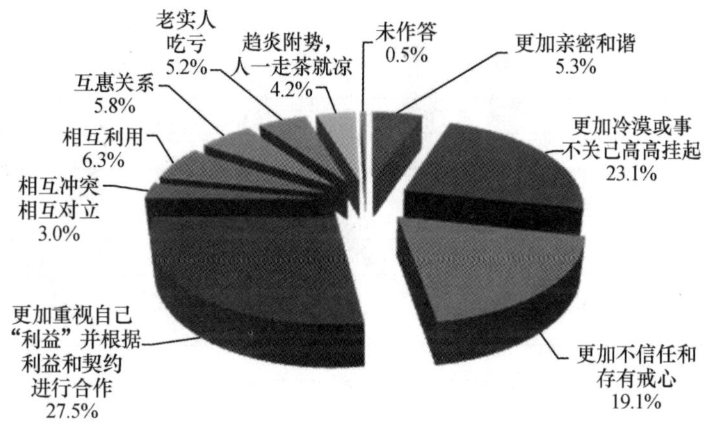

27. 您认为当前社会文化与过去相比

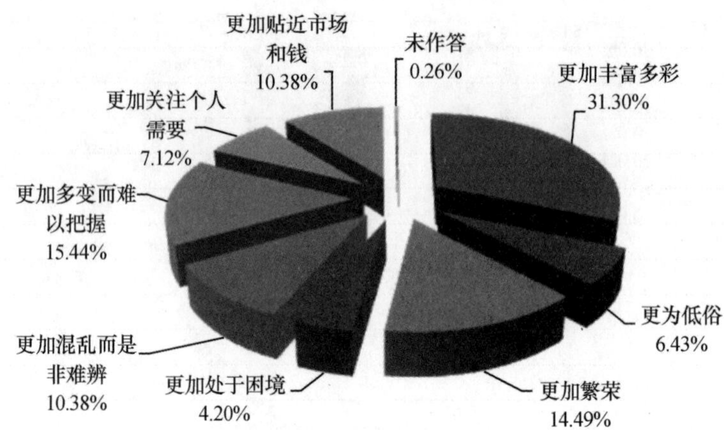

28. 您认为当前社会文化之所以多元多样乃是由于

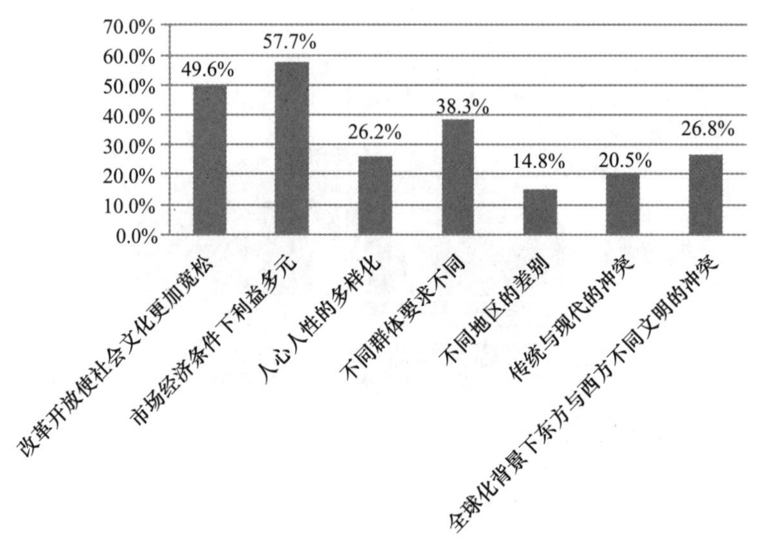

29. 您认为多元多样多变的文化中有哪些因素持久不变或变化相对较少

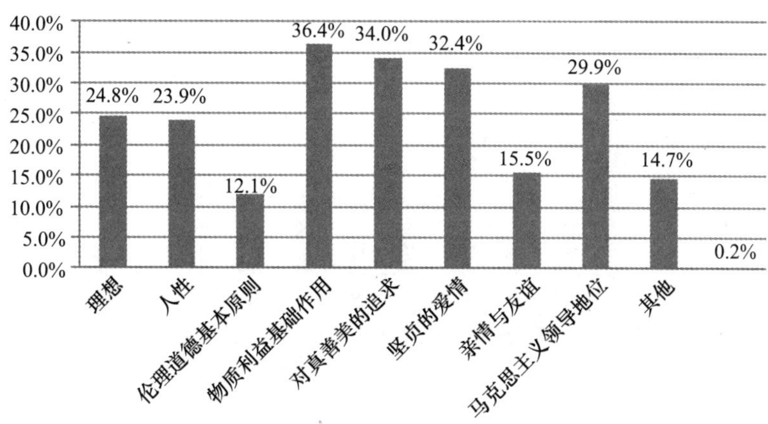

30. 您认为当前加强文化建设应当优先重视哪些方面因素

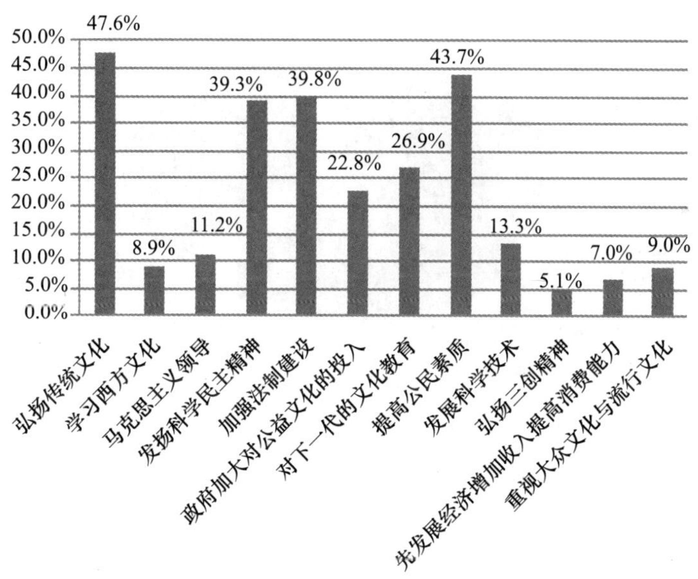

31. 在下列伦理关系中，您最重视哪些关系

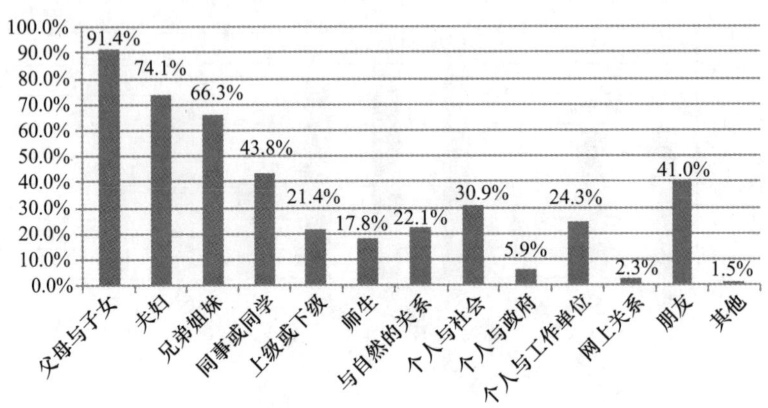

32. 您认为哪一种伦理关系对社会秩序和个人生活最具根本性意义

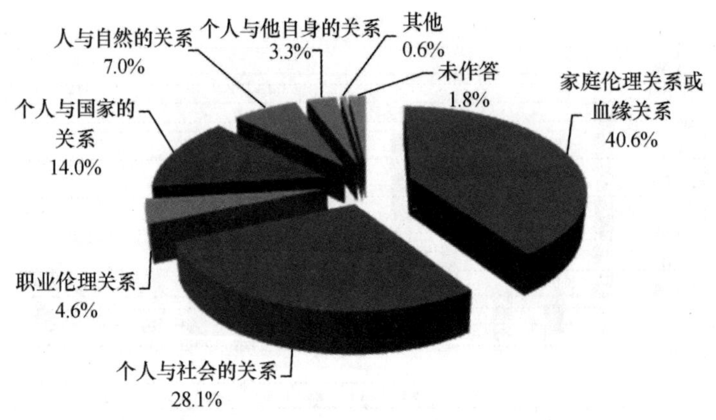

33. 您认为当今中国社会最基本的伦理冲突是

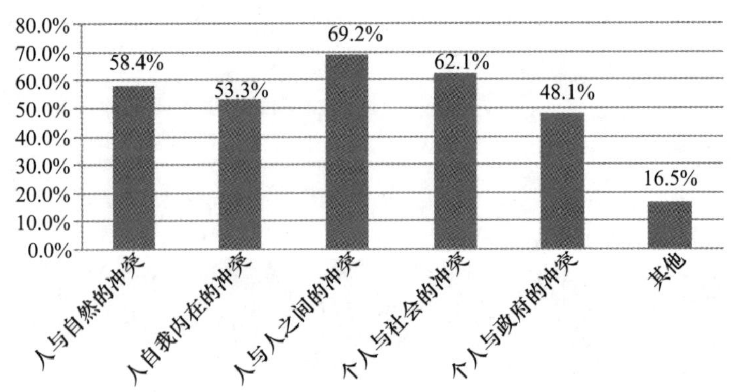

34. 男女或夫妇是否应当在社会生活和家庭中具有不同的伦理角色（如男主内，女主外），有一种说法："让妇女回到家庭去！"您是否同意

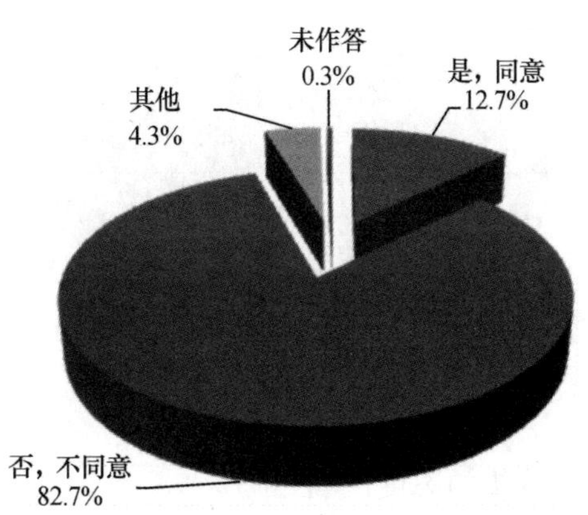

35. 您认为信息技术、网络技术的发展对伦理关系的影响是

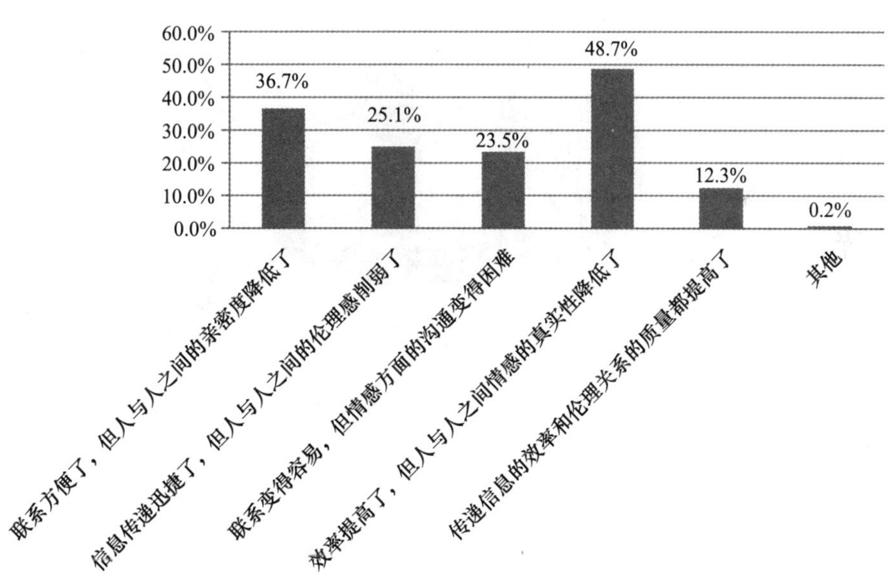

36. 您认为在现代中国社会实际奉行的道德价值是

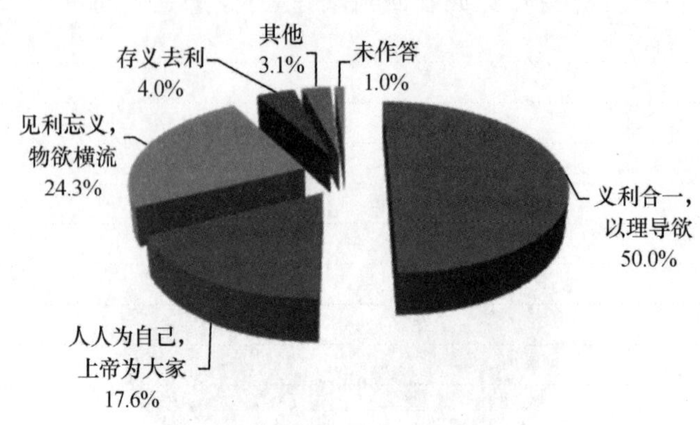

37. 您认为对待自然欲望的态度应当是

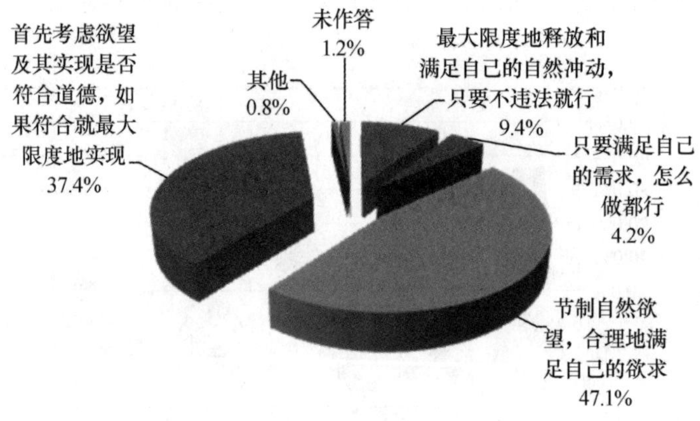

38. 您认为当今中国社会最重要也是最需要的德性是

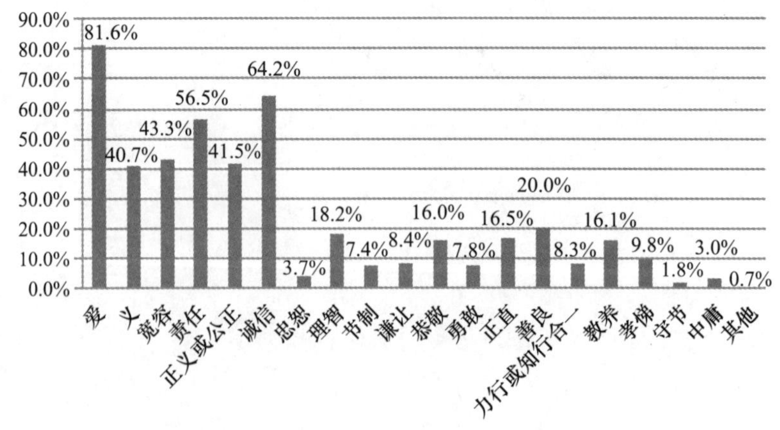

39. 目前中国社会两性之间的性开放日益发展，它对社会风尚的影响是

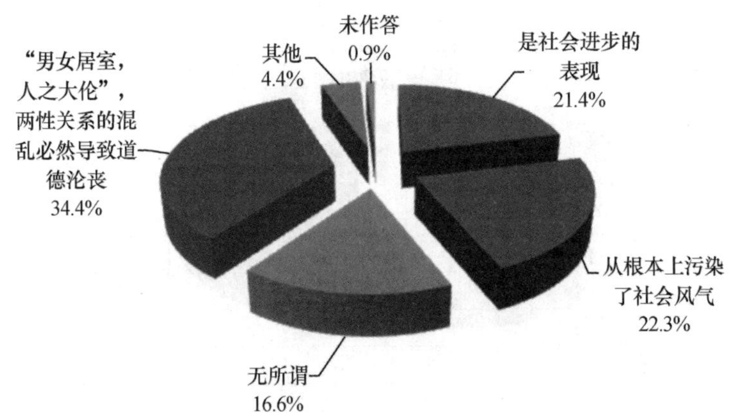

40. 当前中国社会中个体道德素质存在的主要问题是

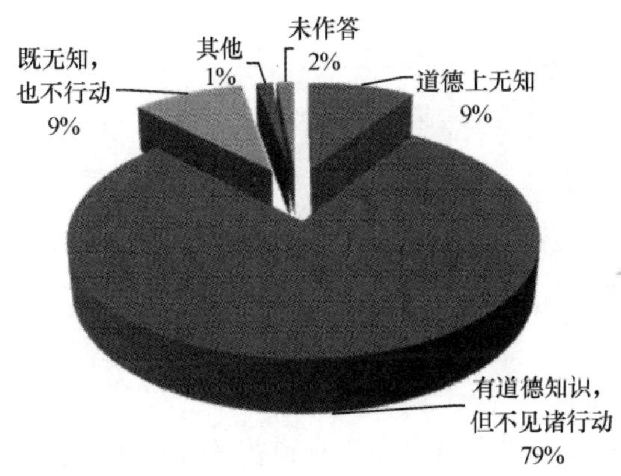

41. 若遭遇利益冲突，如名誉、利益受侵害，您首先的行为反应是

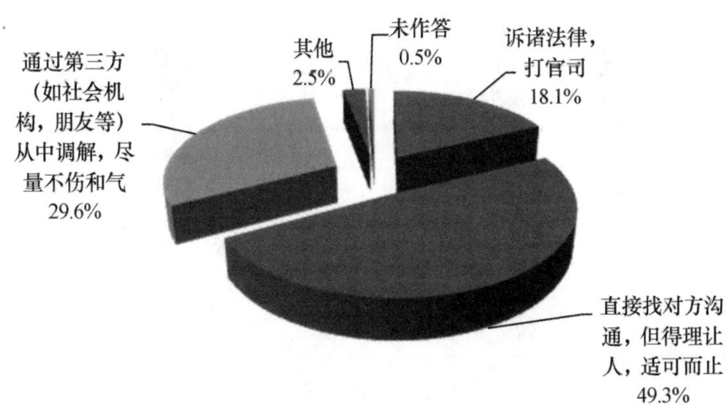

42. 您认为对现代中国社会伦理关系和道德风尚影响最大的因素是

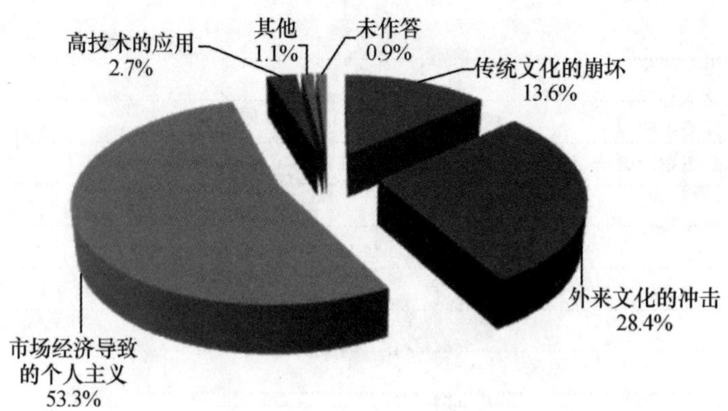

43. 您认为在自己的成长中得到最大伦理教益和道德训练的场所是

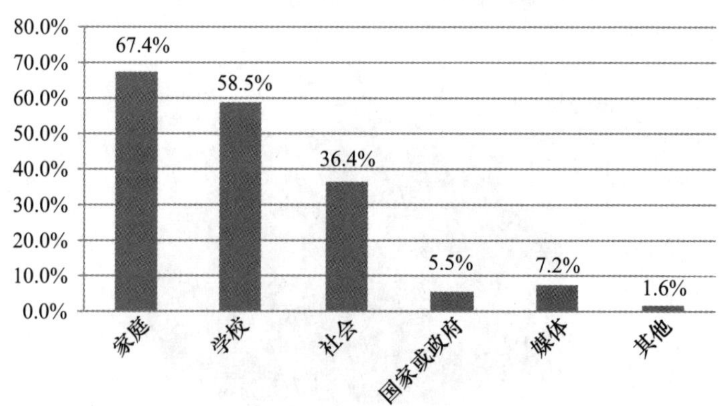

44. 您认为哪种因素应当对当今不良道德风尚负主要责任

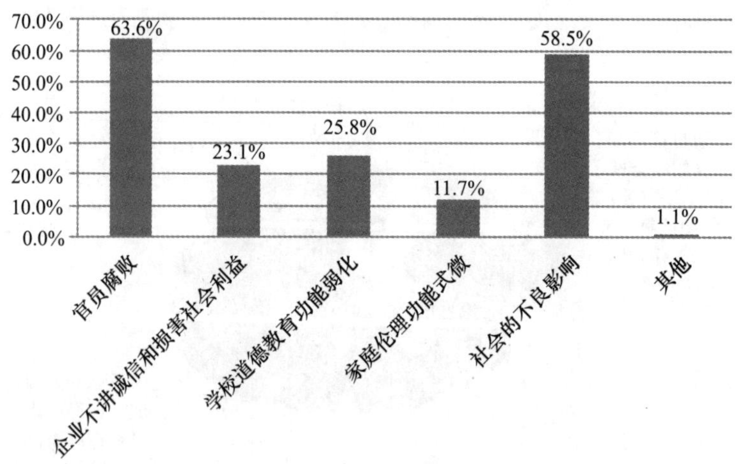

45. 您对哪类群体的伦理道德状况最不满意

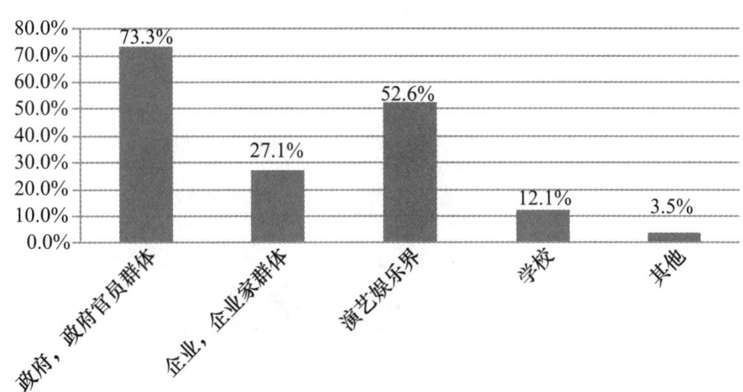

46. 您认为中国政府在制定政策和决策时充分考虑到伦理道德方面的要求（如维护、社会公平、利益均衡、关怀弱势群体，以及大多数人利益和感受）了吗

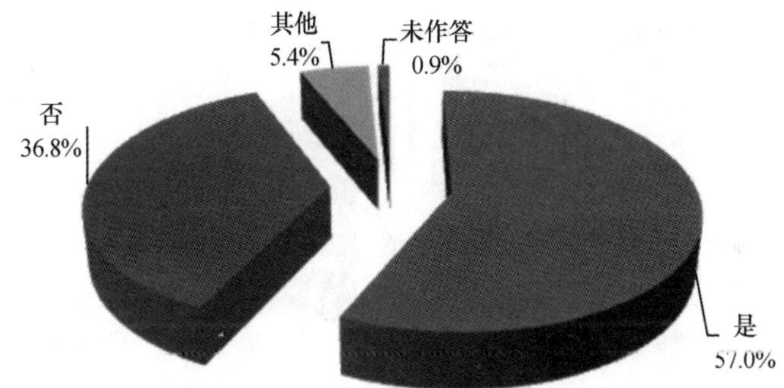

47. 如果您所在的单位有一项举措可以提高集体福利并使您个人得到利益，但会造成环境污染或社会公害，您会劝阻或举报吗

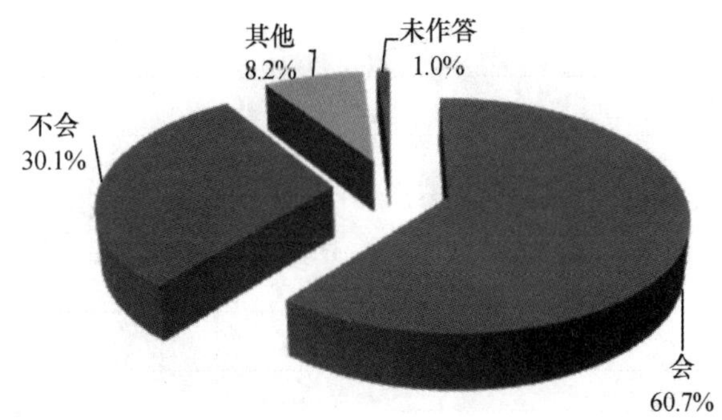

48. 您认为现代社会的大部分人有荣辱感或羞耻感吗

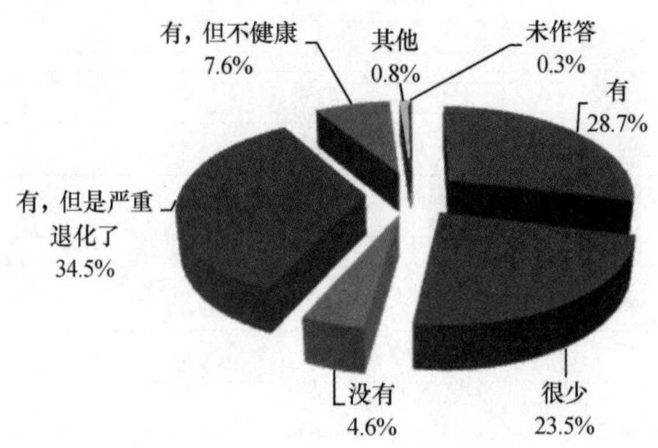

49. 在高校招生中，许多大学对本校教职工子女降分录取，您认为这种行为

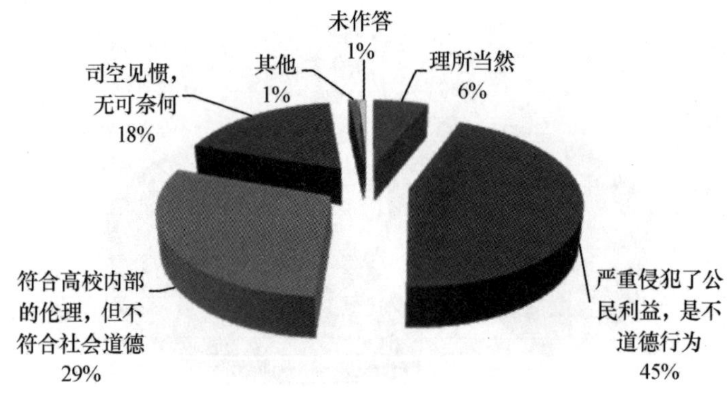

50. 您认为《公民道德建设纲要》及其实施对社会风尚改善

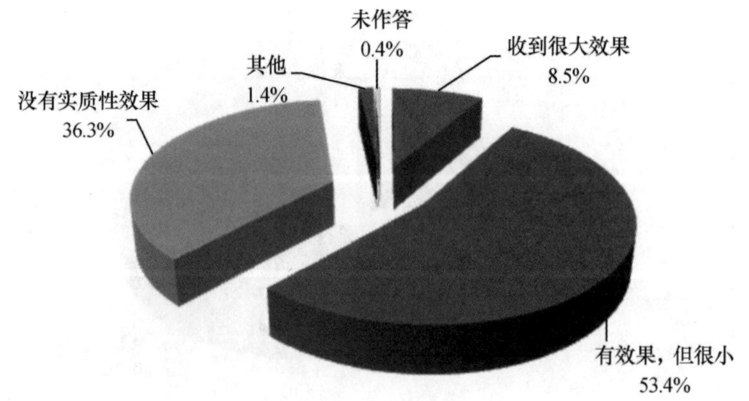

51. 您判断某个行为是否道德的主要依据是

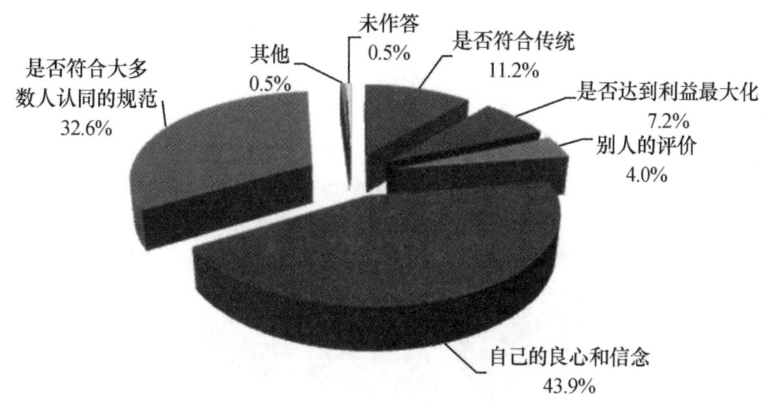

52. 您认为当前中国社会道德生活的主流是

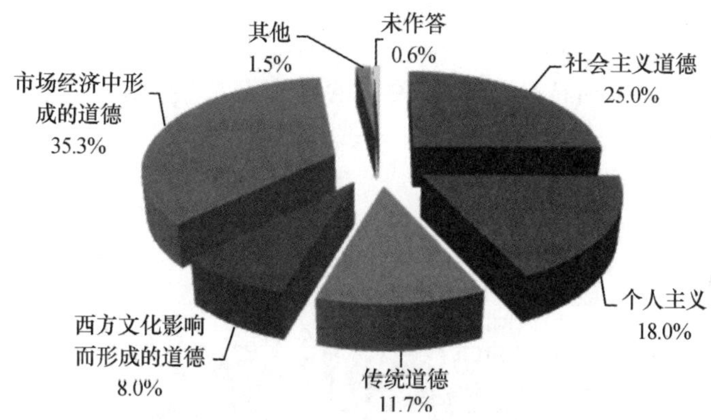

53. 对形成中国当前各种新型伦理关系和道德观念，哪些因素起主要作用

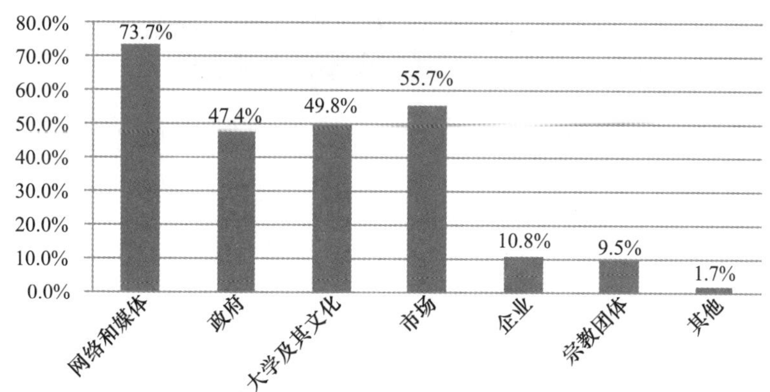

54. 一些政府机关，通过各种途径让本单位的干部子女在很好的幼儿园、小学、中学读书，您认为这种行为是

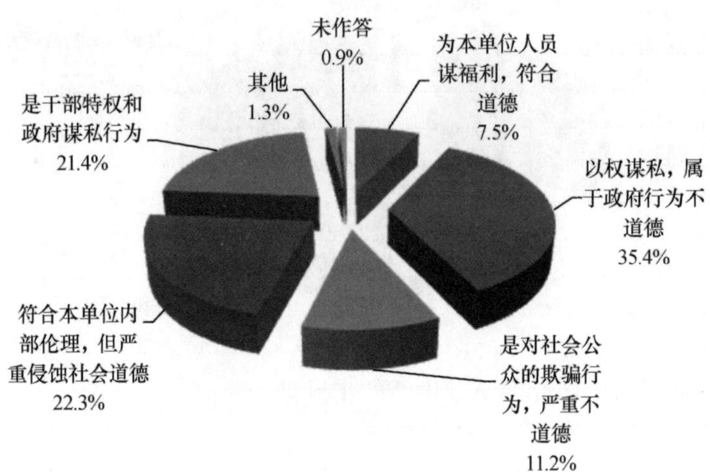

55. 您认为目前中国社会对人际关系的伦理调节能力和个人行为的道德调节能力

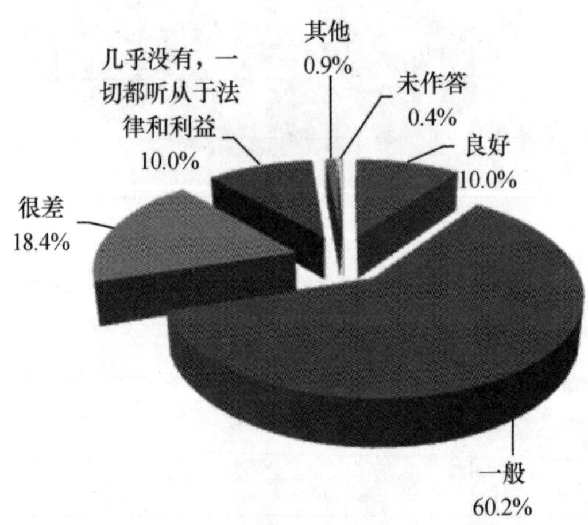

2007 年中国思想、道德、文化状况比较数据库

（江苏省与广西、新疆两区比较。其中，江苏地区发出问卷 500 份，收回有效问卷 471 份；广西、新疆地区发出问卷 700 份，收回有效问卷 694 份。）

第一部分　基本信息

1. 您的性别

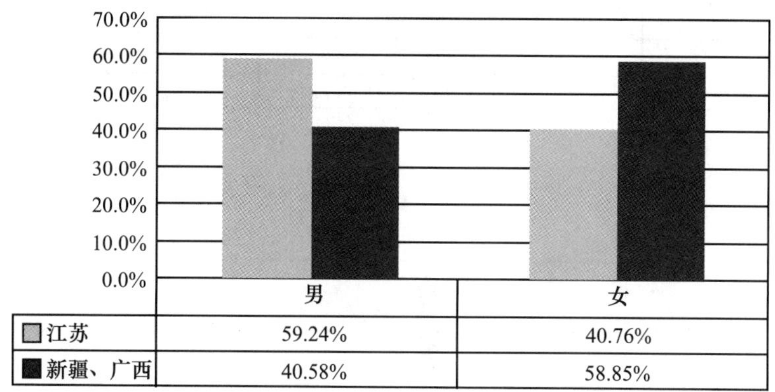

	男	女
江苏	59.24%	40.76%
新疆、广西	40.58%	58.85%

2. 您的年龄

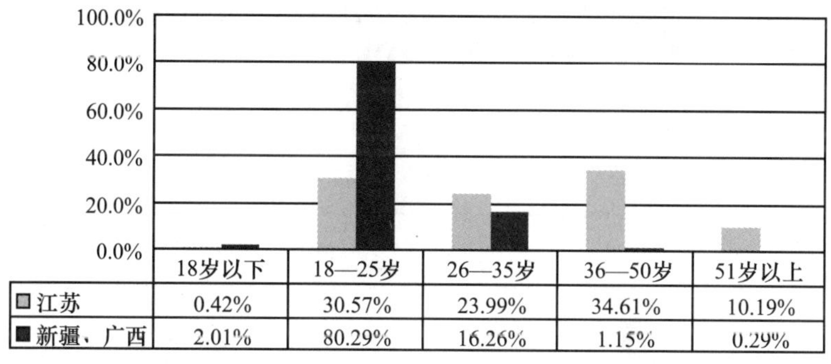

	18岁以下	18—25岁	26—35岁	36—50岁	51岁以上
江苏	0.42%	30.57%	23.99%	34.61%	10.19%
新疆、广西	2.01%	80.29%	16.26%	1.15%	0.29%

3. 您的受教育程度

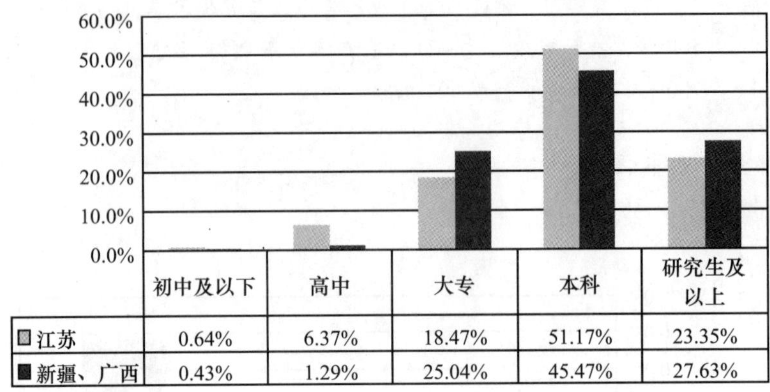

	初中及以下	高中	大专	本科	研究生及以上
江苏	0.64%	6.37%	18.47%	51.17%	23.35%
新疆、广西	0.43%	1.29%	25.04%	45.47%	27.63%

4. 您目前的职业

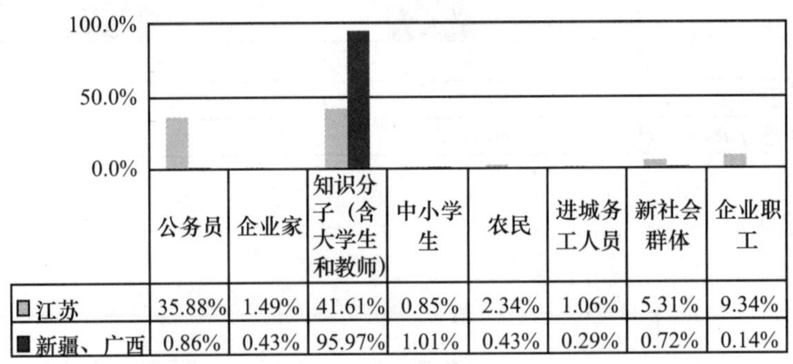

	公务员	企业家	知识分子（含大学生和教师）	中小学生	农民	进城务工人员	新社会群体	企业职工
江苏	35.88%	1.49%	41.61%	0.85%	2.34%	1.06%	5.31%	9.34%
新疆、广西	0.86%	0.43%	95.97%	1.01%	0.43%	0.29%	0.72%	0.14%

5. 您的月平均收入是

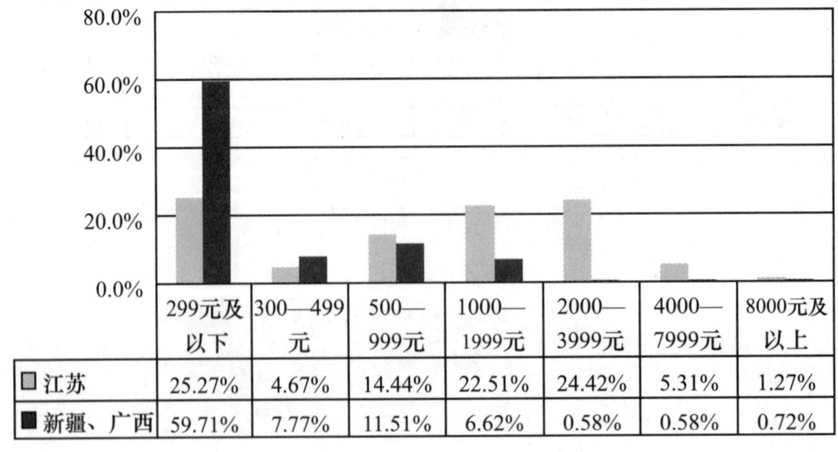

	299元及以下	300—499元	500—999元	1000—1999元	2000—3999元	4000—7999元	8000元及以上
江苏	25.27%	4.67%	14.44%	22.51%	24.42%	5.31%	1.27%
新疆、广西	59.71%	7.77%	11.51%	6.62%	0.58%	0.58%	0.72%

6. 您的宗教信仰是

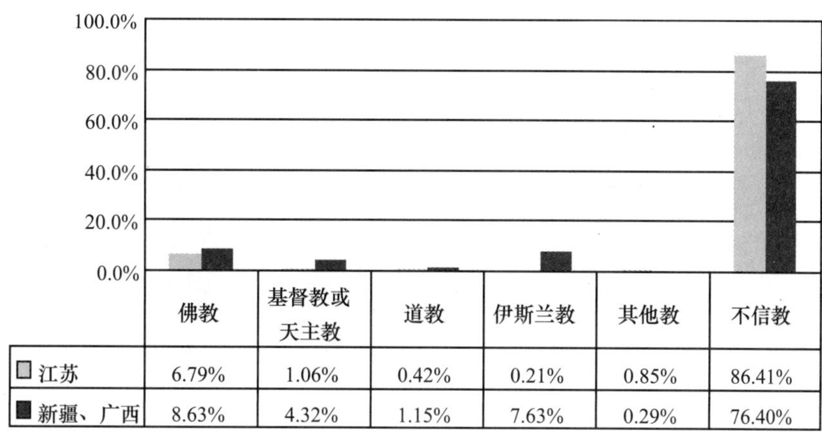

第二部分　调研信息

1. 您认为中国当前的主流意识形态应该是

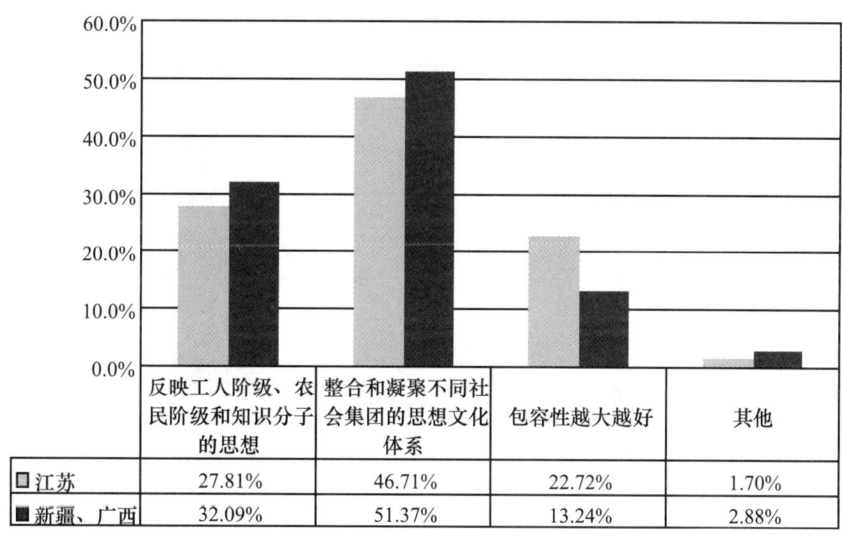

2. 关于社会制度，您认为

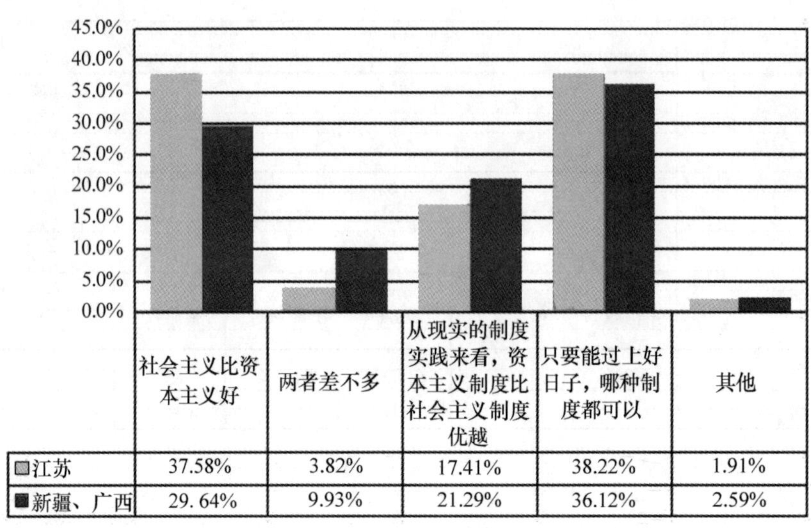

	社会主义比资本主义好	两者差不多	从现实的制度实践来看，资本主义制度比社会主义制度优越	只要能过上好日子，哪种制度都可以	其他
□江苏	37.58%	3.82%	17.41%	38.22%	1.91%
■新疆、广西	29. 64%	9.93%	21.29%	36.12%	2.59%

3. 对当前的主流意识形态，您认为正确的做法应该是

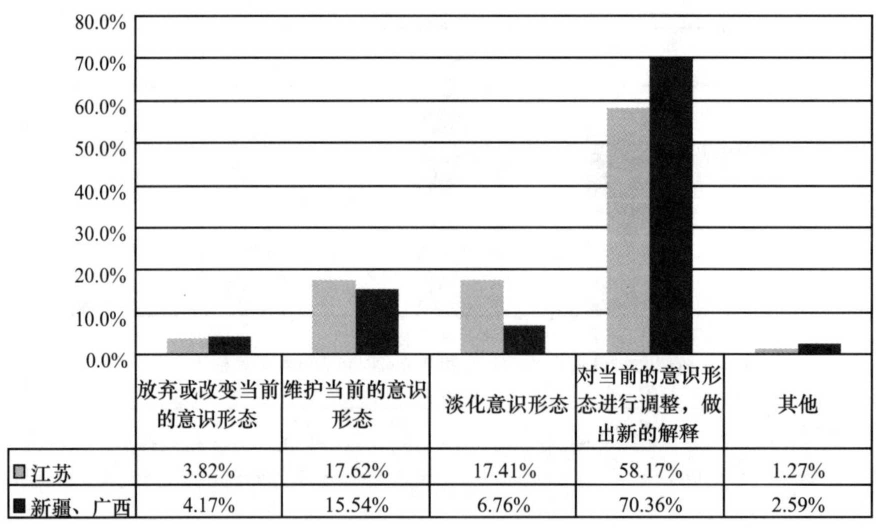

	放弃或改变当前的意识形态	维护当前的意识形态	淡化意识形态	对当前的意识形态进行调整，做出新的解释	其他
□江苏	3.82%	17.62%	17.41%	58.17%	1.27%
■新疆、广西	4.17%	15.54%	6.76%	70.36%	2.59%

4. 如果改革开放以来您的思想观念有变化的话，那么变化快的是什么时期

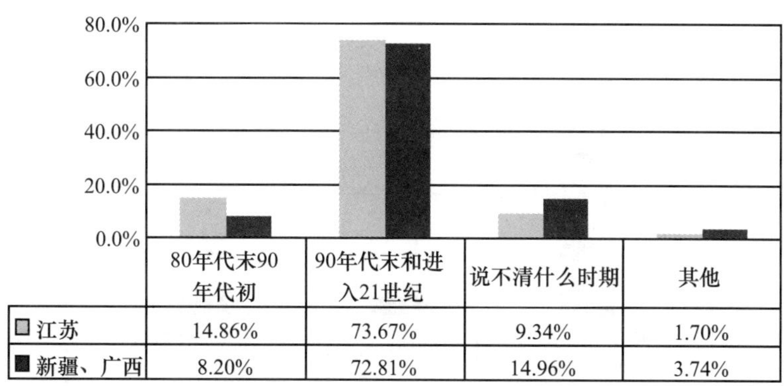

	80年代末90年代初	90年代末和进入21世纪	说不清什么时期	其他
江苏	14.86%	73.67%	9.34%	1.70%
新疆、广西	8.20%	72.81%	14.96%	3.74%

5. 如果您现在对政府和党的看法与以前不一样的话，比较大的原因是

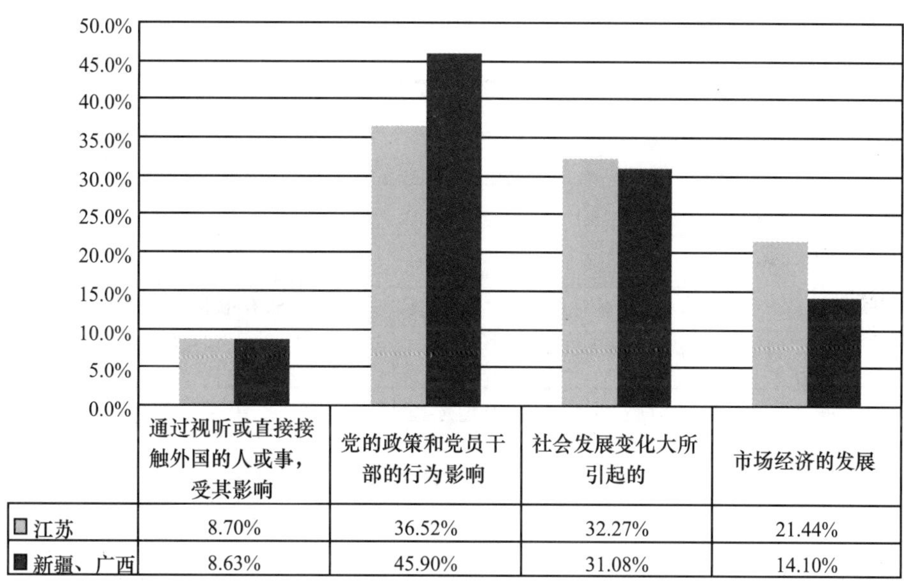

	通过视听或直接接触外国的人或事，受其影响	党的政策和党员干部的行为影响	社会发展变化大所引起的	市场经济的发展
江苏	8.70%	36.52%	32.27%	21.44%
新疆、广西	8.63%	45.90%	31.08%	14.10%

6. 您怎么看毛泽东时代

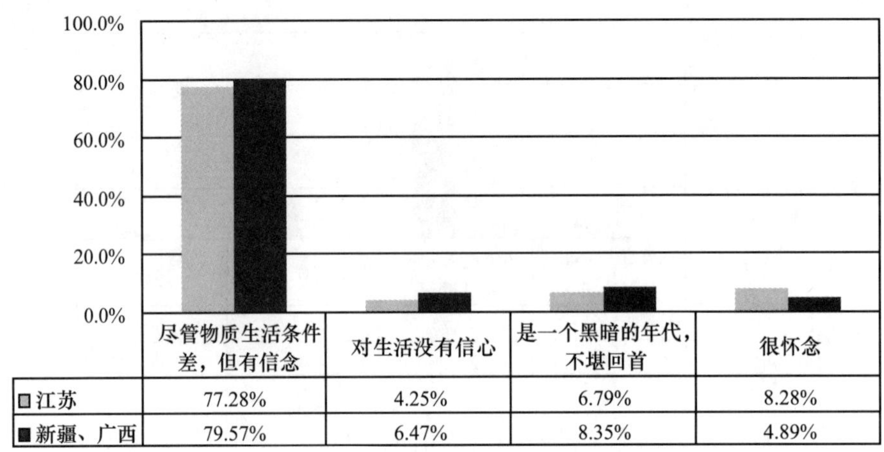

	尽管物质生活条件差，但有信念	对生活没有信心	是一个黑暗的年代，不堪回首	很怀念
□江苏	77.28%	4.25%	6.79%	8.28%
■新疆、广西	79.57%	6.47%	8.35%	4.89%

7. 您认为搞市场经济对我们的影响有

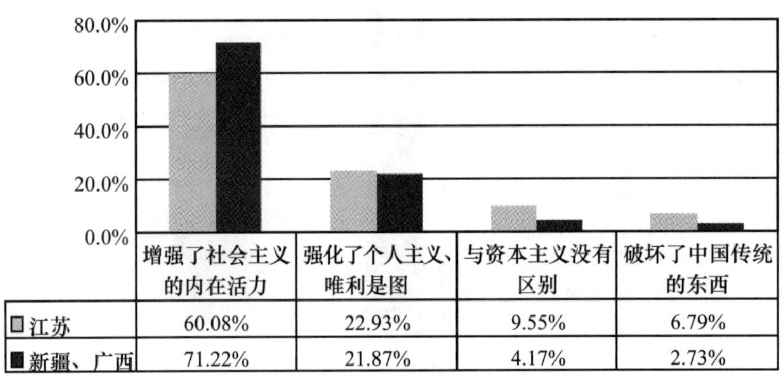

	增强了社会主义的内在活力	强化了个人主义、唯利是图	与资本主义没有区别	破坏了中国传统的东西
□江苏	60.08%	22.93%	9.55%	6.79%
■新疆、广西	71.22%	21.87%	4.17%	2.73%

8. 您认为共产党代表了什么阶级（或者说哪些人）的利益

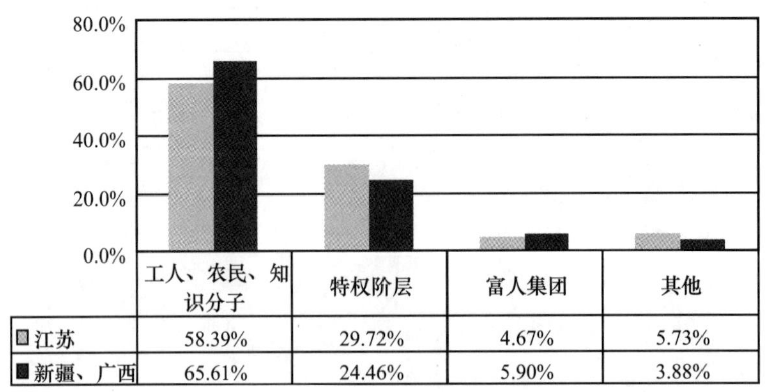

	工人、农民、知识分子	特权阶层	富人集团	其他
□江苏	58.39%	29.72%	4.67%	5.73%
■新疆、广西	65.61%	24.46%	5.90%	3.88%

9. 当今各种思潮，您觉得哪些社会思潮比较符合中国实际，可以用来指导社会实践

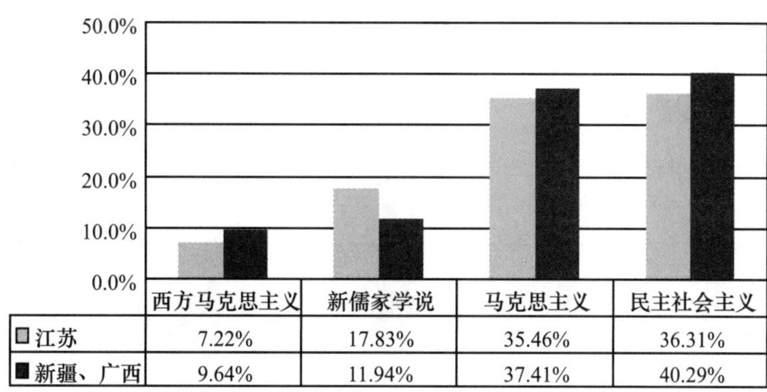

	西方马克思主义	新儒家学说	马克思主义	民主社会主义
江苏	7.22%	17.83%	35.46%	36.31%
新疆、广西	9.64%	11.94%	37.41%	40.29%

10. 对您的思想行为影响比较大的群体是

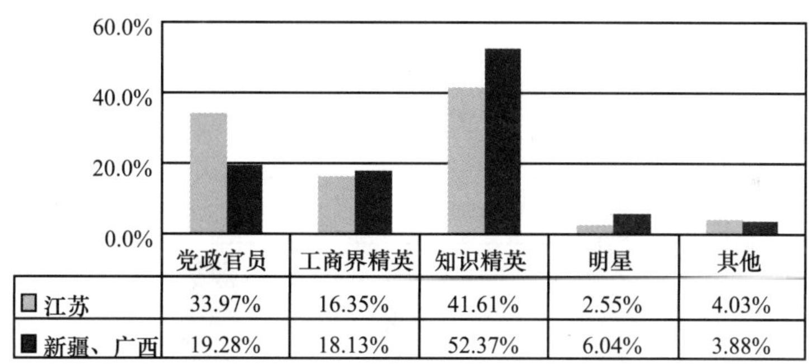

	党政官员	工商界精英	知识精英	明星	其他
江苏	33.97%	16.35%	41.61%	2.55%	4.03%
新疆、广西	19.28%	18.13%	52.37%	6.04%	3.88%

11. 您对当前改革开放的主要忧虑是什么

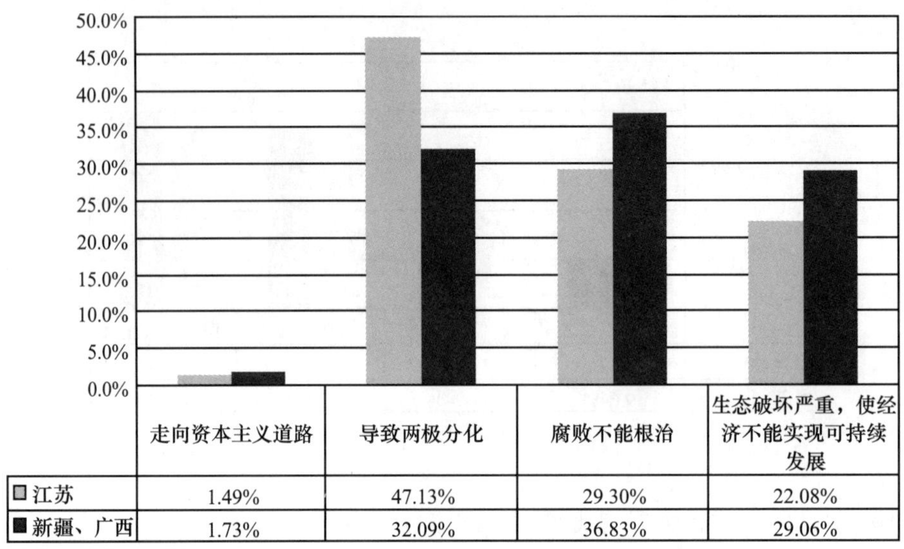

	走向资本主义道路	导致两极分化	腐败不能根治	生态破坏严重，使经济不能实现可持续发展
江苏	1.49%	47.13%	29.30%	22.08%
新疆、广西	1.73%	32.09%	36.83%	29.06%

12. 您认为医疗、教育、住房方面的改革

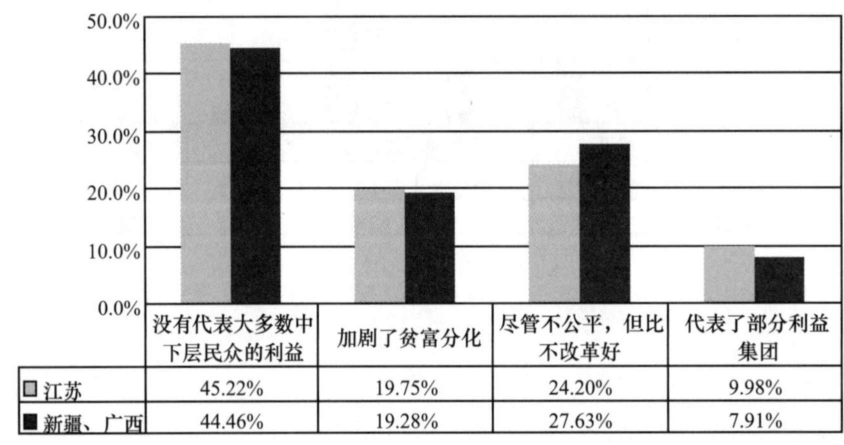

	没有代表大多数中下层民众的利益	加剧了贫富分化	尽管不公平，但比不改革好	代表了部分利益集团
江苏	45.22%	19.75%	24.20%	9.98%
新疆、广西	44.46%	19.28%	27.63%	7.91%

13. 您认为外部世界近几十年来的变化与当今中国的关系

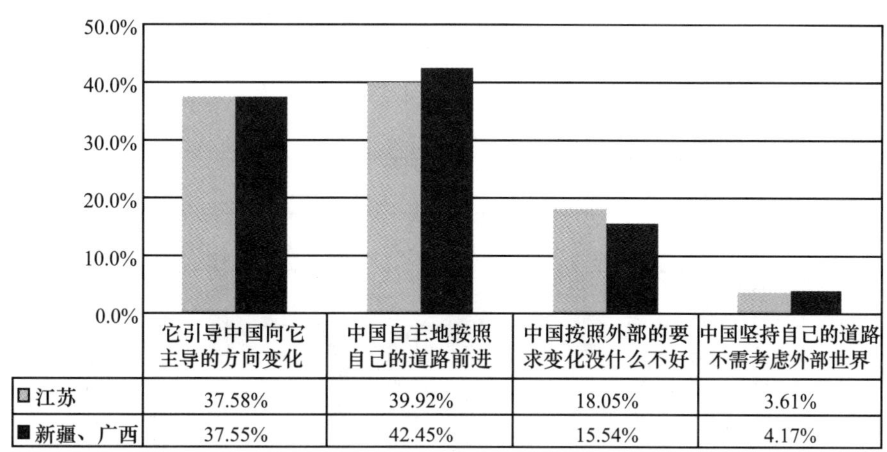

	它引导中国向它主导的方向变化	中国自主地按照自己的道路前进	中国按照外部的要求变化没什么不好	中国坚持自己的道路不需考虑外部世界
□江苏	37.58%	39.92%	18.05%	3.61%
■新疆、广西	37.55%	42.45%	15.54%	4.17%

14. 您认为弱势群体的形成，是由于

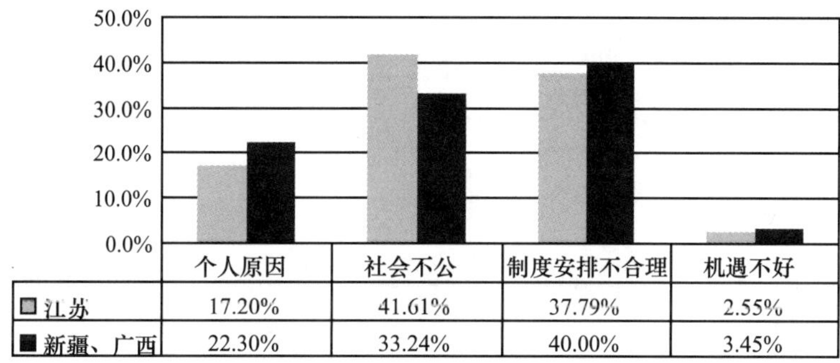

	个人原因	社会不公	制度安排不合理	机遇不好
□江苏	17.20%	41.61%	37.79%	2.55%
■新疆、广西	22.30%	33.24%	40.00%	3.45%

15. 您怎样理解科学发展观中的“以人为本”

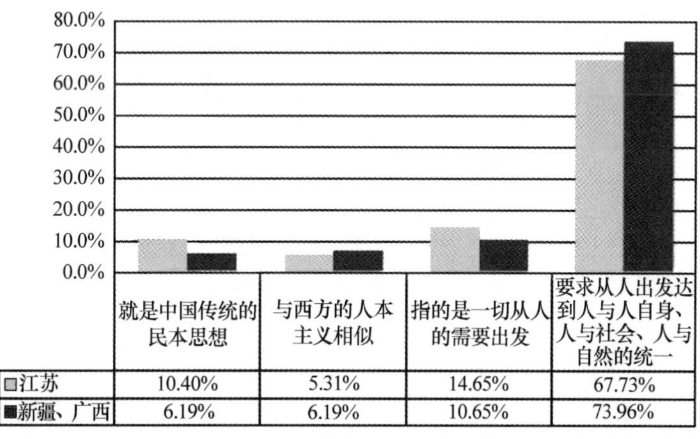

	就是中国传统的民本思想	与西方的人本主义相似	指的是一切从人的需要出发	要求从人出发达到人与人自身、人与社会、人与自然的统一
□江苏	10.40%	5.31%	14.65%	67.73%
■新疆、广西	6.19%	6.19%	10.65%	73.96%

16. 您认为当前社会影响较大的几种文化观念是

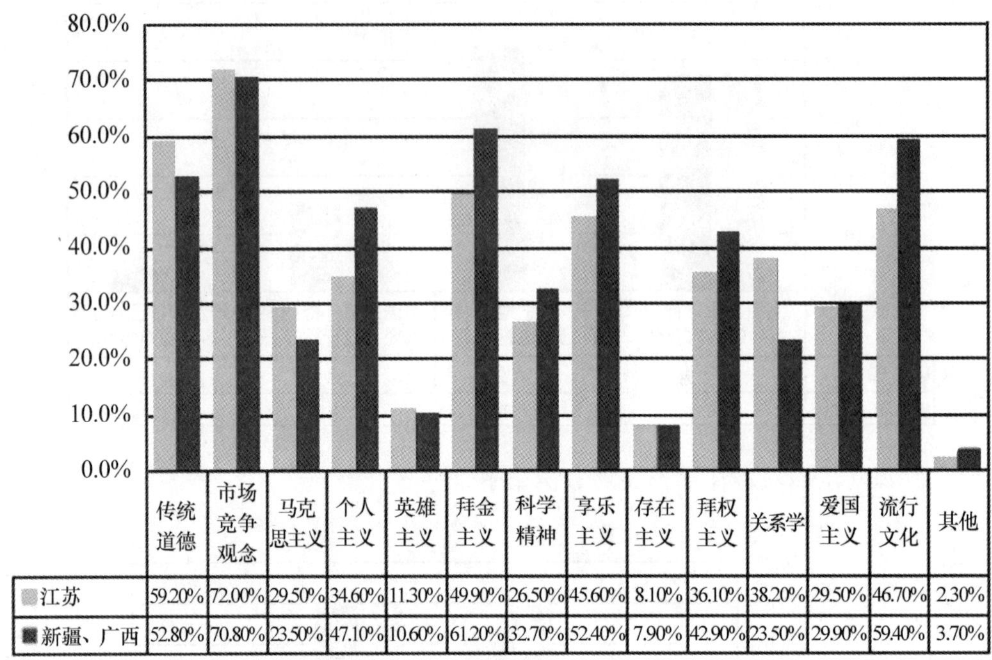

	传统道德	市场竞争观念	马克思主义	个人主义	英雄主义	拜金主义	科学精神	享乐主义	存在主义	拜权主义	关系学	爱国主义	流行文化	其他
江苏	59.20%	72.00%	29.50%	34.60%	11.30%	49.90%	26.50%	45.60%	8.10%	36.10%	38.20%	29.50%	46.70%	2.30%
新疆、广西	52.80%	70.80%	23.50%	47.10%	10.60%	61.20%	32.70%	52.40%	7.90%	42.90%	23.50%	29.90%	59.40%	3.70%

17. 您喜欢从事并经常参与的文化活动是

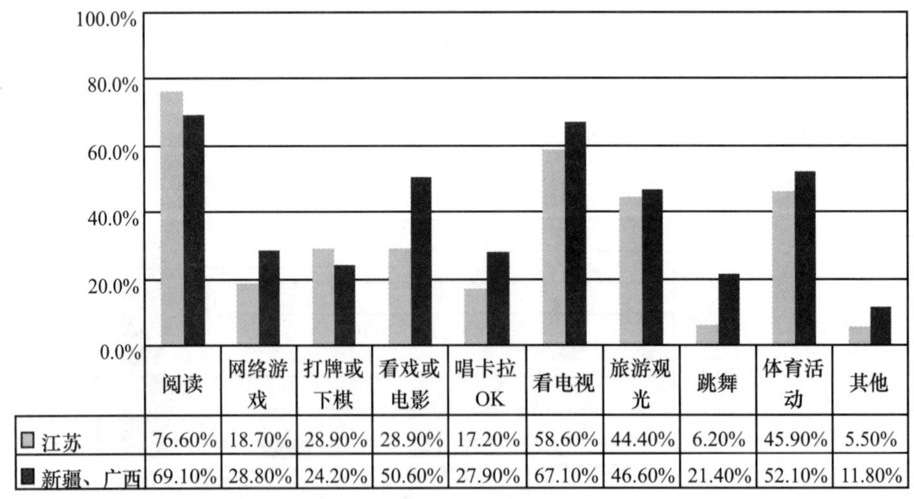

	阅读	网络游戏	打牌或下棋	看戏或电影	唱卡拉OK	看电视	旅游观光	跳舞	体育活动	其他
江苏	76.60%	18.70%	28.90%	28.90%	17.20%	58.60%	44.40%	6.20%	45.90%	5.50%
新疆、广西	69.10%	28.80%	24.20%	50.60%	27.90%	67.10%	46.60%	21.40%	52.10%	11.80%

18. 您生活方式的形成或改变主要受到哪些因素的影响

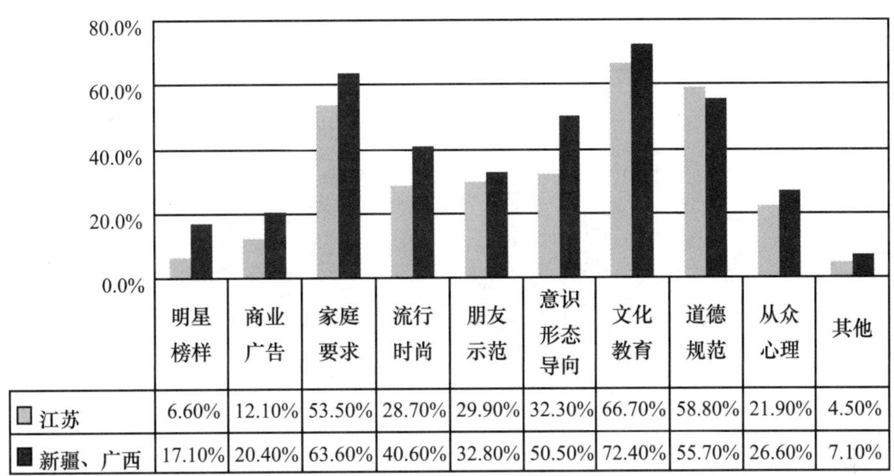

	明星榜样	商业广告	家庭要求	流行时尚	朋友示范	意识形态导向	文化教育	道德规范	从众心理	其他
□江苏	6.60%	12.10%	53.50%	28.70%	29.90%	32.30%	66.70%	58.80%	21.90%	4.50%
■新疆、广西	17.10%	20.40%	63.60%	40.60%	32.80%	50.50%	72.40%	55.70%	26.60%	7.10%

19. 您认为科技进步

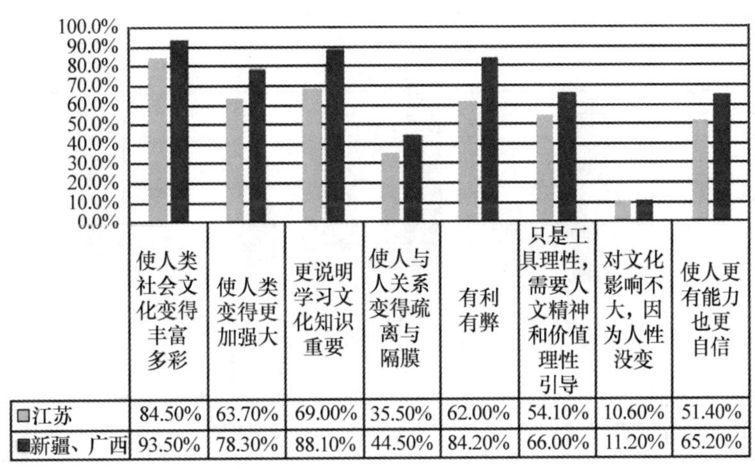

	使人类社会文化变得丰富多彩	使人类变得更加强大	更说明学习文化知识重要	使人与人关系变得疏离与隔膜	有利有弊	只是工具理性，需要人文精神和价值理性引导	对文化影响不大，因为人性没变	使人更有能力也更自信
□江苏	84.50%	63.70%	69.00%	35.50%	62.00%	54.10%	10.60%	51.40%
■新疆、广西	93.50%	78.30%	88.10%	44.50%	84.20%	66.00%	11.20%	65.20%

20. 您觉得市场经济给社会带来了哪些新的文化观念

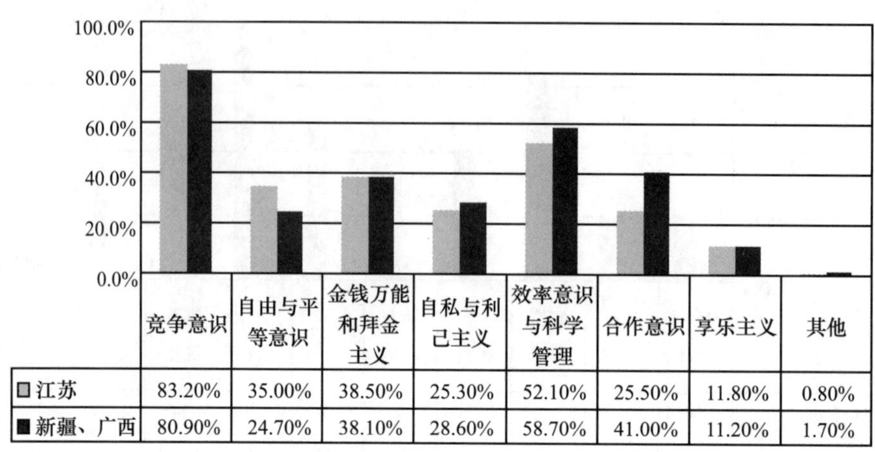

	竞争意识	自由与平等意识	金钱万能和拜金主义	自私与利己主义	效率意识与科学管理	合作意识	享乐主义	其他
江苏	83.20%	35.00%	38.50%	25.30%	52.10%	25.50%	11.80%	0.80%
新疆、广西	80.90%	24.70%	38.10%	28.60%	58.70%	41.00%	11.20%	1.70%

21. 您基本的人生目标或理想是

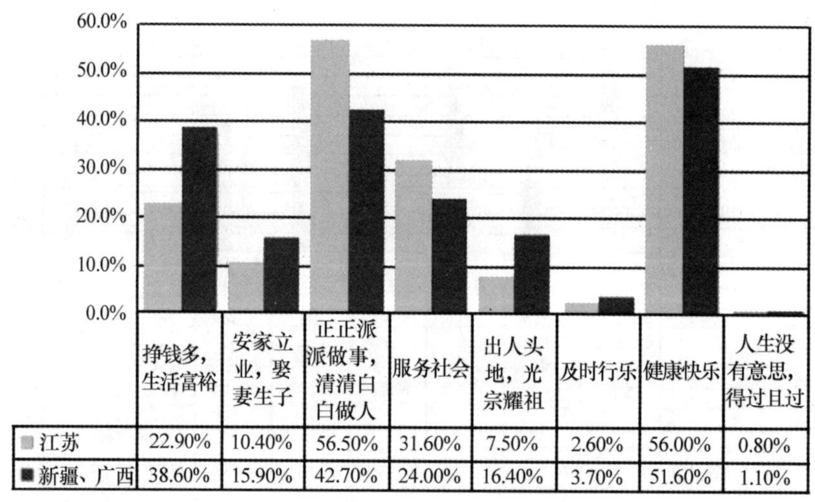

	挣钱多，生活富裕	安家立业，娶妻生子	正正派派做事，清清白白做人	服务社会	出人头地，光宗耀祖	及时行乐	健康快乐	人生没有意思，得过且过
江苏	22.90%	10.40%	56.50%	31.60%	7.50%	2.60%	56.00%	0.80%
新疆、广西	38.60%	15.90%	42.70%	24.00%	16.40%	3.70%	51.60%	1.10%

22. 你认为当前社会一个人成功主要靠

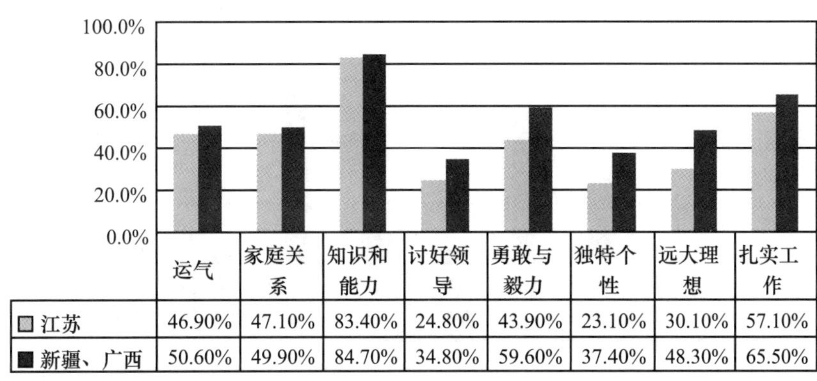

	运气	家庭关系	知识和能力	讨好领导	勇敢与毅力	独特个性	远大理想	扎实工作
□江苏	46.90%	47.10%	83.40%	24.80%	43.90%	23.10%	30.10%	57.10%
■新疆、广西	50.60%	49.90%	84.70%	34.80%	59.60%	37.40%	48.30%	65.50%

23. 请对下列说法作出自己的判断

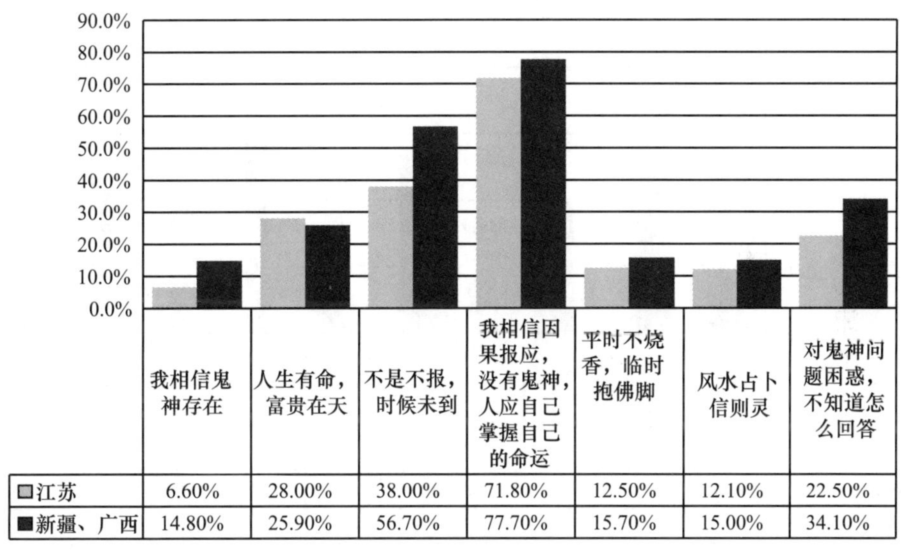

	我相信鬼神存在	人生有命，富贵在天	不是不报，时候未到	我相信因果报应，没有鬼神，人应自己掌握自己的命运	平时不烧香，临时抱佛脚	风水占卜信则灵	对鬼神问题困惑，不知道怎么回答
□江苏	6.60%	28.00%	38.00%	71.80%	12.50%	12.10%	22.50%
■新疆、广西	14.80%	25.90%	56.70%	77.70%	15.70%	15.00%	34.10%

24. 您对社会文化现象是非判断的主要依据是

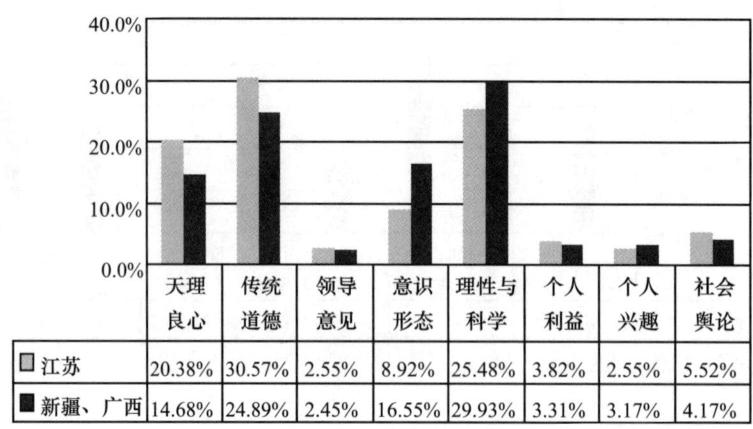

	天理良心	传统道德	领导意见	意识形态	理性与科学	个人利益	个人兴趣	社会舆论
江苏	20.38%	30.57%	2.55%	8.92%	25.48%	3.82%	2.55%	5.52%
新疆、广西	14.68%	24.89%	2.45%	16.55%	29.93%	3.31%	3.17%	4.17%

25. 您认为现在的人与过去相比

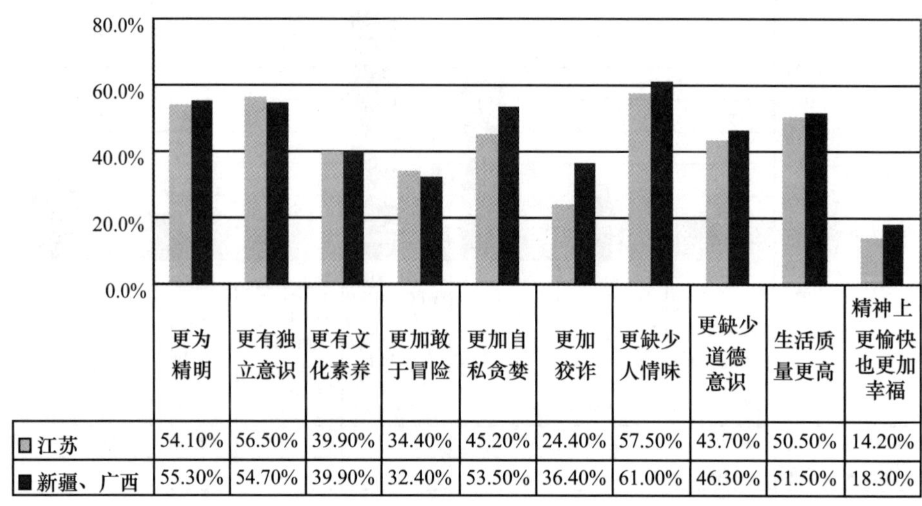

	更为精明	更有独立意识	更有文化素养	更加敢于冒险	更加自私贪婪	更加狡诈	更缺少人情味	更缺少道德意识	生活质量更高	精神上更愉快也更加幸福
江苏	54.10%	56.50%	39.90%	34.40%	45.20%	24.40%	57.50%	43.70%	50.50%	14.20%
新疆、广西	55.30%	54.70%	39.90%	32.40%	53.50%	36.40%	61.00%	46.30%	51.50%	18.30%

26. 您认为当前社会人与人关系同过去相比

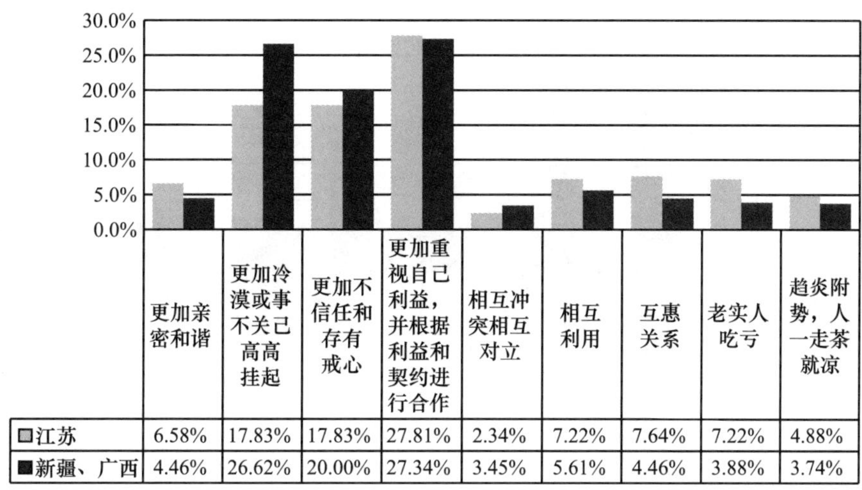

	更加亲密和谐	更加冷漠或事不关己高高挂起	更加不信任和存有戒心	更加重视自己利益，并根据利益和契约进行合作	相互冲突相互对立	相互利用	互惠关系	老实人吃亏	趋炎附势，人一走茶就凉
□江苏	6.58%	17.83%	17.83%	27.81%	2.34%	7.22%	7.64%	7.22%	4.88%
■新疆、广西	4.46%	26.62%	20.00%	27.34%	3.45%	5.61%	4.46%	3.88%	3.74%

27. 您认为当前社会文化与过去相比

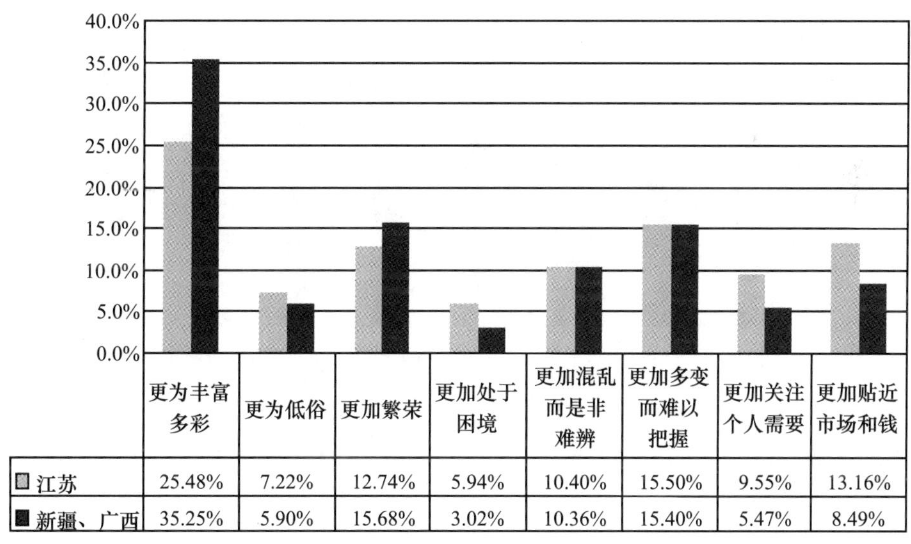

	更为丰富多彩	更为低俗	更加繁荣	更加处于困境	更加混乱而是非难辨	更加多变而难以把握	更加关注个人需要	更加贴近市场和钱
□江苏	25.48%	7.22%	12.74%	5.94%	10.40%	15.50%	9.55%	13.16%
■新疆、广西	35.25%	5.90%	15.68%	3.02%	10.36%	15.40%	5.47%	8.49%

28. 您认为当前社会文化之所以多元多样乃是由于

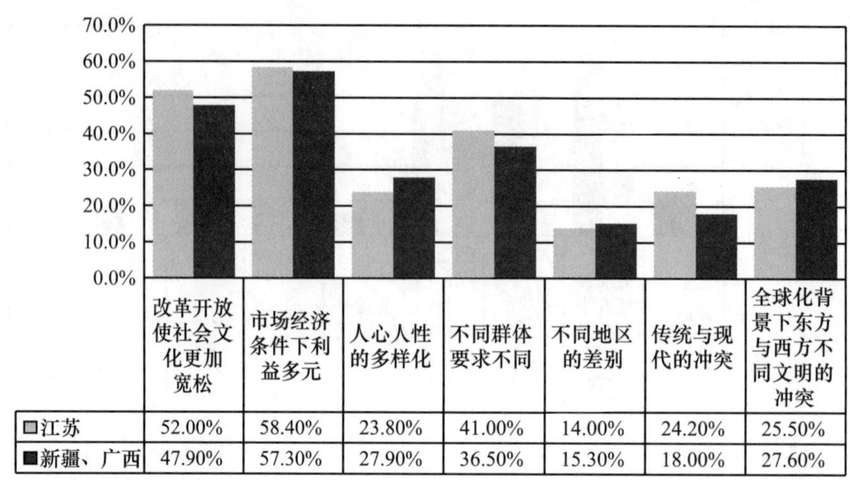

	改革开放使社会文化更加宽松	市场经济条件下利益多元	人心人性的多样化	不同群体要求不同	不同地区的差别	传统与现代的冲突	全球化背景下东方与西方不同文明的冲突
江苏	52.00%	58.40%	23.80%	41.00%	14.00%	24.20%	25.50%
新疆、广西	47.90%	57.30%	27.90%	36.50%	15.30%	18.00%	27.60%

29. 您认为多元多样多变的文化中有哪些因素持久不变或变化相对较少

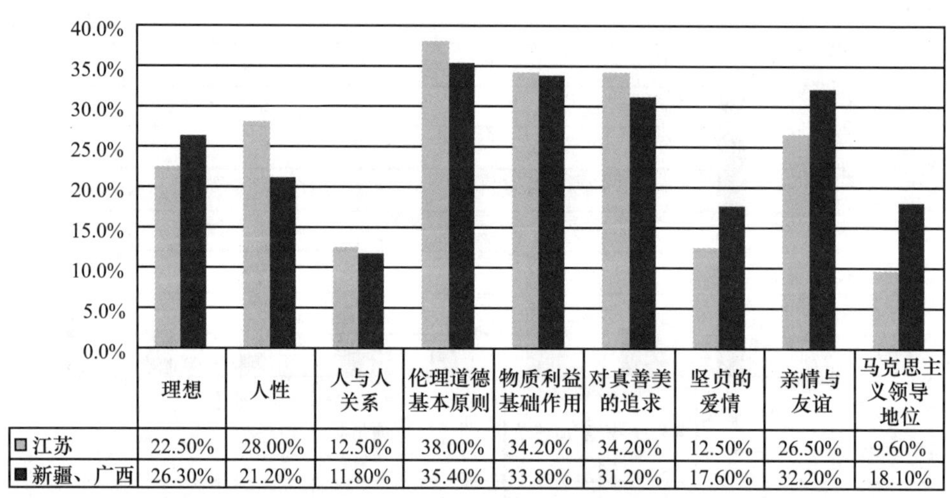

	理想	人性	人与人关系	伦理道德基本原则	物质利益基础作用	对真善美的追求	坚贞的爱情	亲情与友谊	马克思主义领导地位
江苏	22.50%	28.00%	12.50%	38.00%	34.20%	34.20%	12.50%	26.50%	9.60%
新疆、广西	26.30%	21.20%	11.80%	35.40%	33.80%	31.20%	17.60%	32.20%	18.10%

30. 您认为当前加强文化建设应当优先重视哪些方面因素

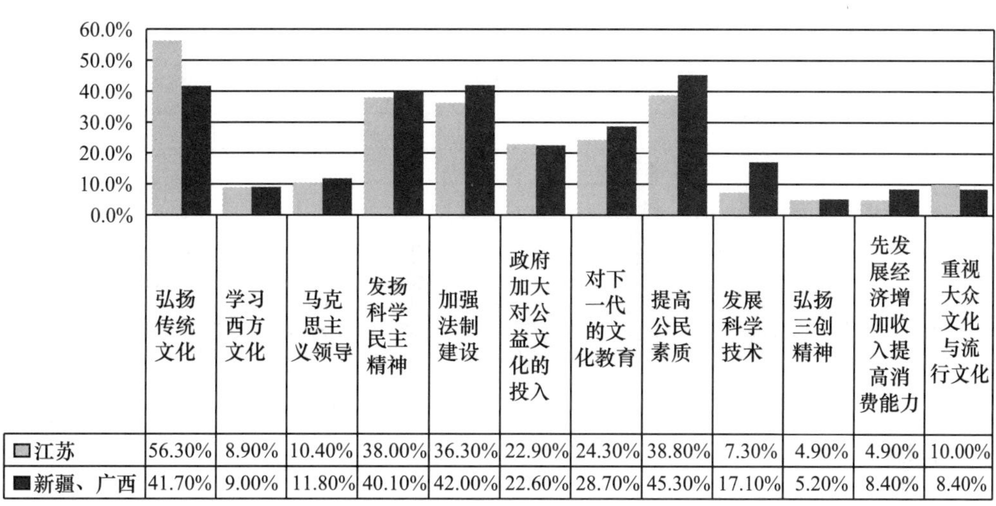

	弘扬传统文化	学习西方文化	马克思主义领导	发扬科学民主精神	加强法制建设	政府加大对公益文化的投入	对下一代的文化教育	提高公民素质	发展科学技术	弘扬三创精神	先发展经济增加收入提高消费能力	重视大众文化与流行文化
□江苏	56.30%	8.90%	10.40%	38.00%	36.30%	22.90%	24.30%	38.80%	7.30%	4.90%	4.90%	10.00%
■新疆、广西	41.70%	9.00%	11.80%	40.10%	42.00%	22.60%	28.70%	45.30%	17.10%	5.20%	8.40%	8.40%

31. 在下列伦理关系中，您最重视哪些关系

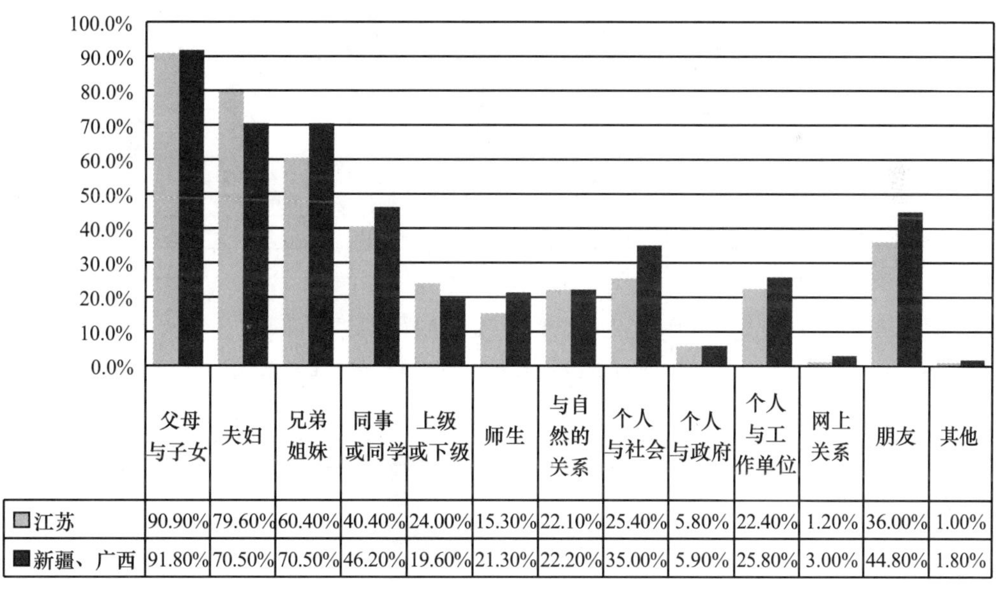

	父母与子女	夫妇	兄弟姐妹	同事或同学	上级或下级	师生	与自然的关系	个人与社会	个人与政府	个人与工作单位	网上关系	朋友	其他
□江苏	90.90%	79.60%	60.40%	40.40%	24.00%	15.30%	22.10%	25.40%	5.80%	22.40%	1.20%	36.00%	1.00%
■新疆、广西	91.80%	70.50%	70.50%	46.20%	19.60%	21.30%	22.20%	35.00%	5.90%	25.80%	3.00%	44.80%	1.80%

32. 您认为哪一种伦理关系对社会秩序和个人生活最具根本性意义

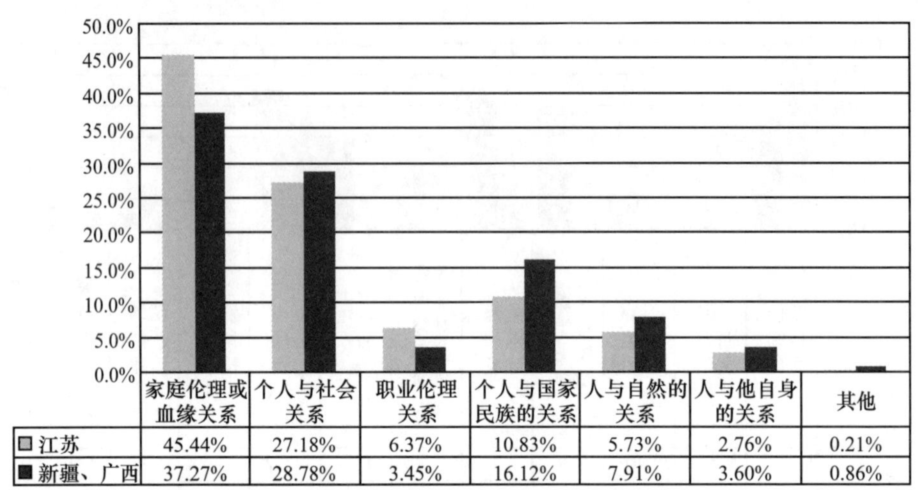

	家庭伦理或血缘关系	个人与社会关系	职业伦理关系	个人与国家民族的关系	人与自然的关系	人与他自身的关系	其他
江苏	45.44%	27.18%	6.37%	10.83%	5.73%	2.76%	0.21%
新疆、广西	37.27%	28.78%	3.45%	16.12%	7.91%	3.60%	0.86%

33. 您认为当今中国社会最基本的伦理冲突是

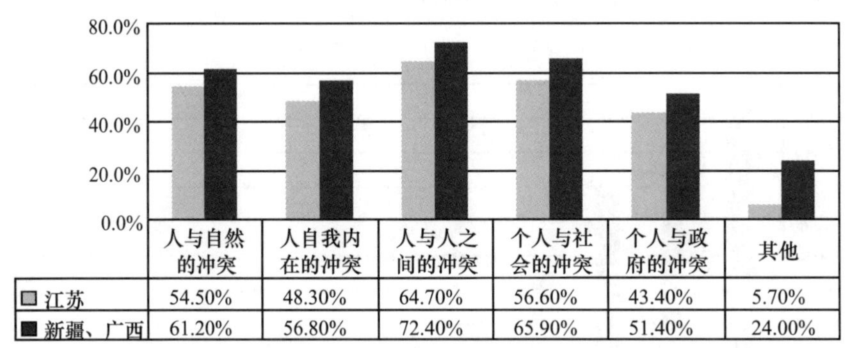

	人与自然的冲突	人自我内在的冲突	人与人之间的冲突	个人与社会的冲突	个人与政府的冲突	其他
江苏	54.50%	48.30%	64.70%	56.60%	43.40%	5.70%
新疆、广西	61.20%	56.80%	72.40%	65.90%	51.40%	24.00%

34. 男女或夫妇是否应当在社会生活和家庭中具有不同的伦理角色（如男主内，女主外），有一种说法："让妇女回到家庭去！"您是否同意

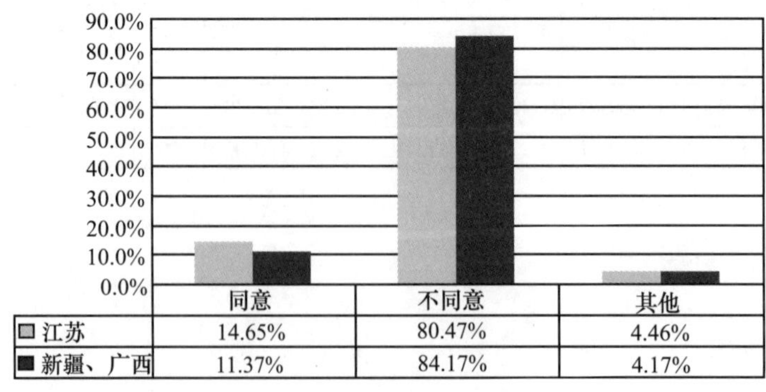

	同意	不同意	其他
江苏	14.65%	80.47%	4.46%
新疆、广西	11.37%	84.17%	4.17%

35. 您认为信息技术、网络技术的发展对伦理关系的影响是

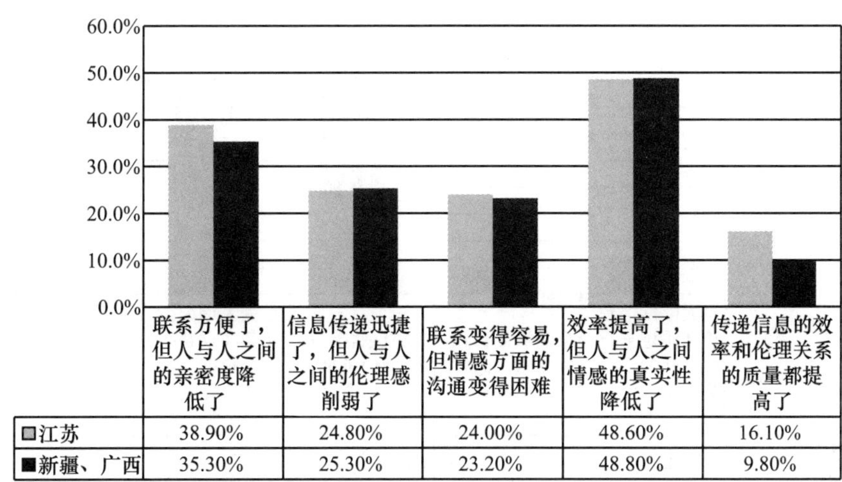

	联系方便了，但人与人之间的亲密度降低了	信息传递迅捷了，但人与人之间的伦理感削弱了	联系变得容易，但情感方面的沟通变得困难	效率提高了，但人与人之间情感的真实性降低了	传递信息的效率和伦理关系的质量都提高了
□江苏	38.90%	24.80%	24.00%	48.60%	16.10%
■新疆、广西	35.30%	25.30%	23.20%	48.80%	9.80%

36. 您认为在现代中国社会实际奉行的道德价值是

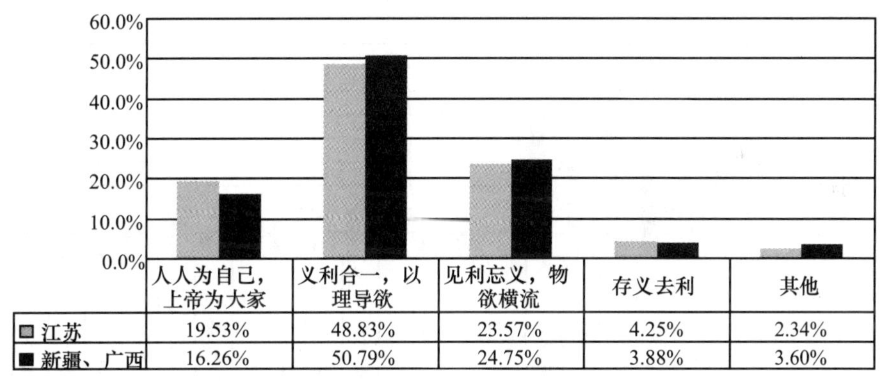

	人人为自己，上帝为大家	义利合一，以理导欲	见利忘义，物欲横流	存义去利	其他
□江苏	19.53%	48.83%	23.57%	4.25%	2.34%
■新疆、广西	16.26%	50.79%	24.75%	3.88%	3.60%

37. 您认为对待自然欲望的态度应当是

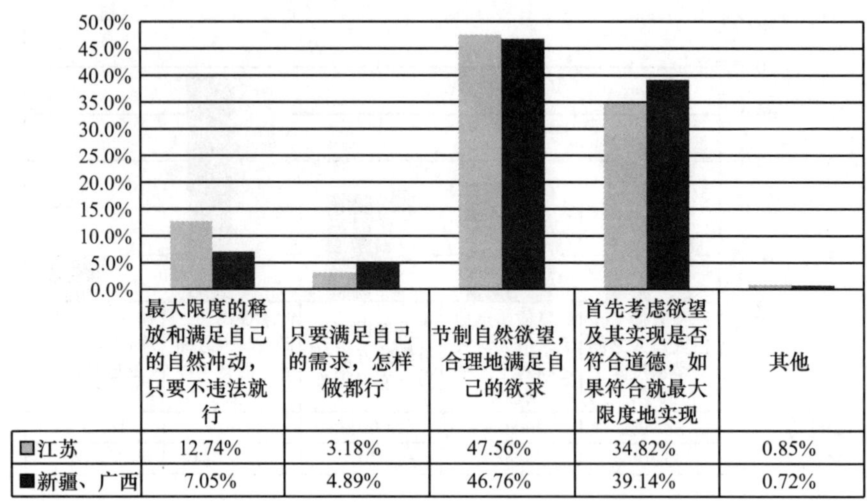

	最大限度的释放和满足自己的自然冲动，只要不违法就行	只要满足自己的需求，怎样做都行	节制自然欲望，合理地满足自己的欲求	首先考虑欲望及其实现是否符合道德，如果符合就最大限度地实现	其他
□江苏	12.74%	3.18%	47.56%	34.82%	0.85%
■新疆、广西	7.05%	4.89%	46.76%	39.14%	0.72%

38. 您认为当今中国社会最重要也是最需要的德性是

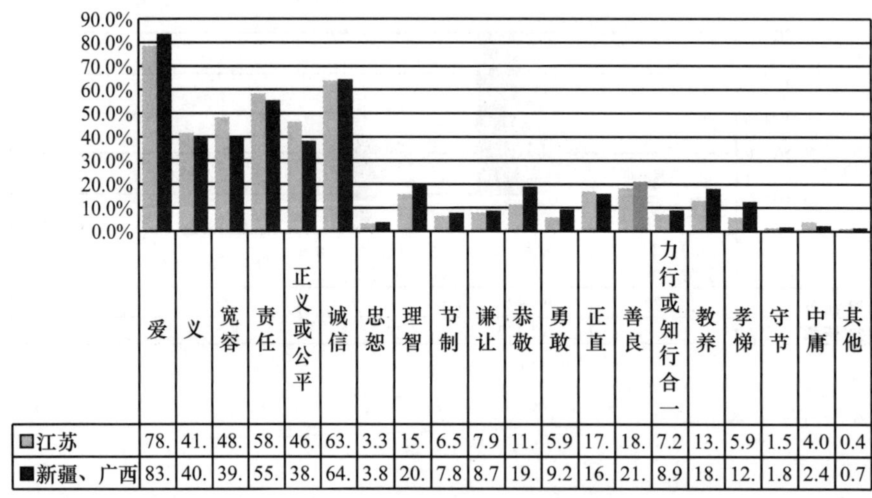

	爱	义	宽容	责任	正义或公平	诚信	忠恕	理智	节制	谦让	恭敬	勇敢	正直	善良	力行或知行合一	教养	孝悌	守节	中庸	其他
□江苏	78.	41.	48.	58.	46.	63.	3.3	15.	6.5	7.9	11.	5.9	17.	18.	7.2	13.	5.9	1.5	4.0	0.4
■新疆、广西	83.	40.	39.	55.	38.	64.	3.8	20.	7.8	8.7	19.	9.2	16.	21.	8.9	18.	12.	1.8	2.4	0.7

39. 目前中国社会两性之间的性开放日益发展，它对社会风尚的影响是

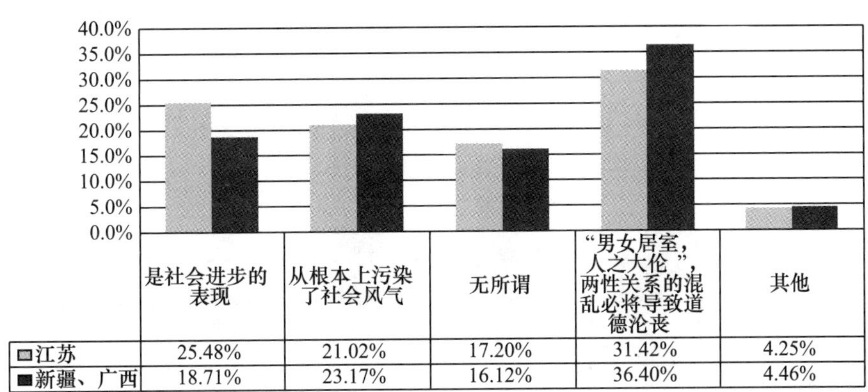

	是社会进步的表现	从根本上污染了社会风气	无所谓	“男女居室，人之大伦”，两性关系的混乱必将导致道德沦丧	其他
江苏	25.48%	21.02%	17.20%	31.42%	4.25%
新疆、广西	18.71%	23.17%	16.12%	36.40%	4.46%

40. 当前中国社会中个体道德素质存在的主要问题是

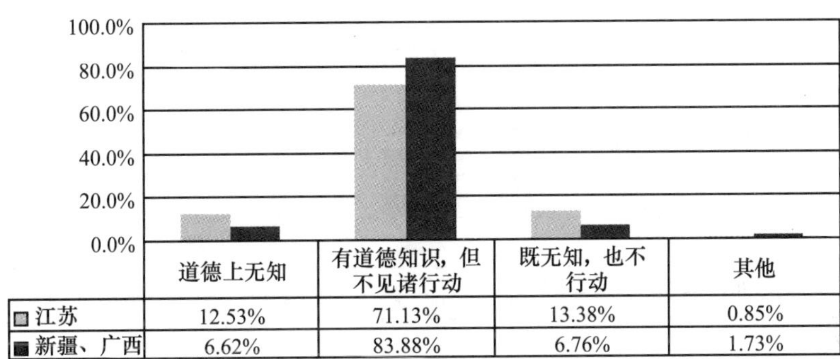

	道德上无知	有道德知识，但不见诸行动	既无知，也不行动	其他
江苏	12.53%	71.13%	13.38%	0.85%
新疆、广西	6.62%	83.88%	6.76%	1.73%

41. 若遭遇利益冲突，如名誉、利益受侵害，您首先的行为反应是

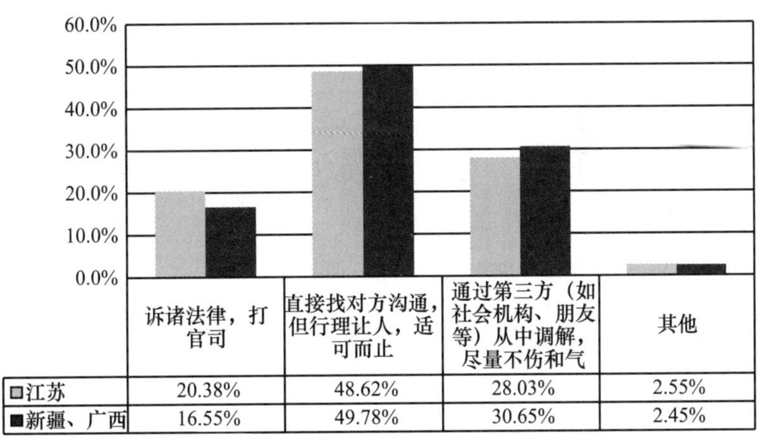

	诉诸法律，打官司	直接找对方沟通，但行理让人，适可而止	通过第三方（如社会机构、朋友等）从中调解，尽量不伤和气	其他
江苏	20.38%	48.62%	28.03%	2.55%
新疆、广西	16.55%	49.78%	30.65%	2.45%

42. 您认为对现代中国社会伦理关系和道德风尚影响最大的因素是

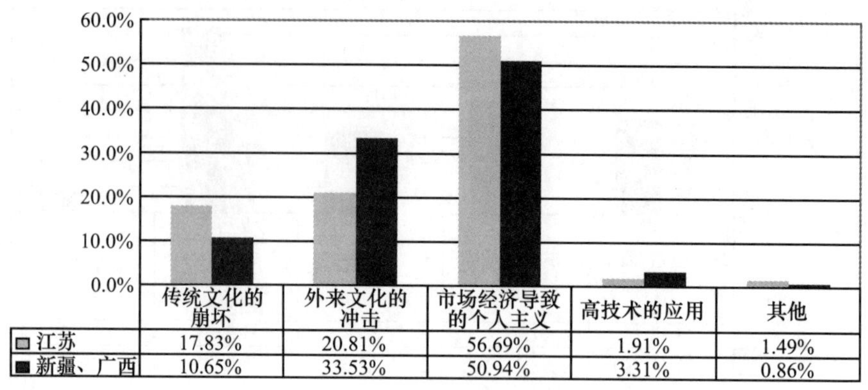

	传统文化的崩坏	外来文化的冲击	市场经济导致的个人主义	高技术的应用	其他
江苏	17.83%	20.81%	56.69%	1.91%	1.49%
新疆、广西	10.65%	33.53%	50.94%	3.31%	0.86%

43. 您认为在自己的成长中得到最大伦理教益和道德训练的场所是

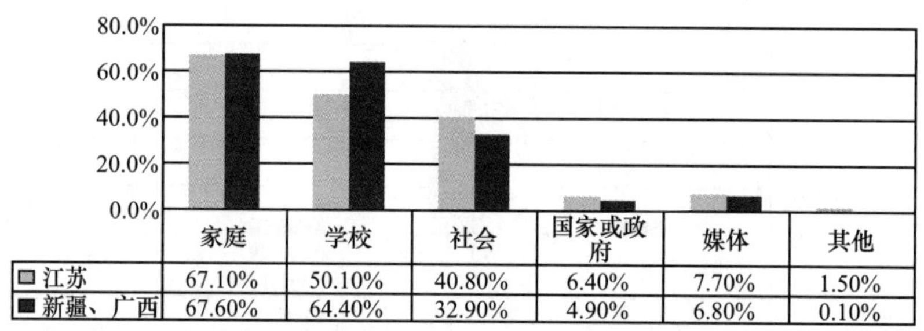

	家庭	学校	社会	国家或政府	媒体	其他
江苏	67.10%	50.10%	40.80%	6.40%	7.70%	1.50%
新疆、广西	67.60%	64.40%	32.90%	4.90%	6.80%	0.10%

44. 您认为哪种因素应当对当今不良道德风尚负主要责任

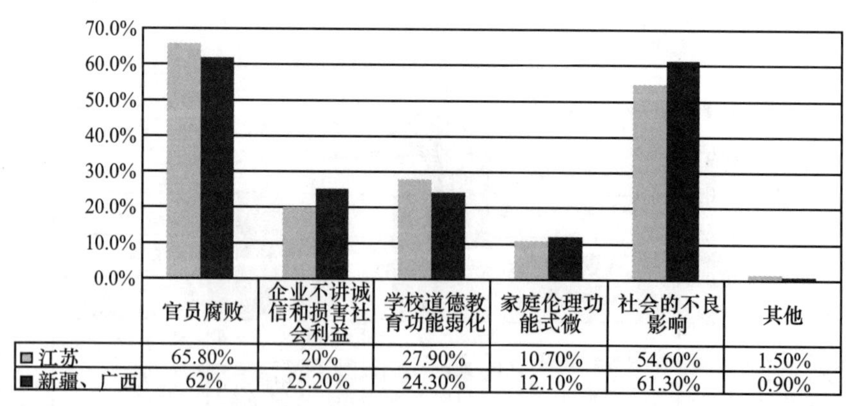

	官员腐败	企业不讲诚信和损害社会利益	学校道德教育功能弱化	家庭伦理功能式微	社会的不良影响	其他
江苏	65.80%	20%	27.90%	10.70%	54.60%	1.50%
新疆、广西	62%	25.20%	24.30%	12.10%	61.30%	0.90%

45. 您对哪类群体的伦理道德状况最不满意

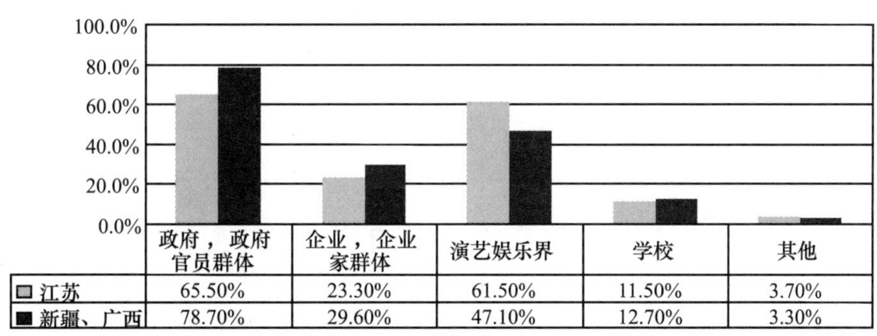

46. 您认为中国政府在制定政策和决策时充分考虑到伦理道德方面的要求（如维护、社会公平、利益均衡、关怀弱势群体，以及大多数人利益和感受）了吗

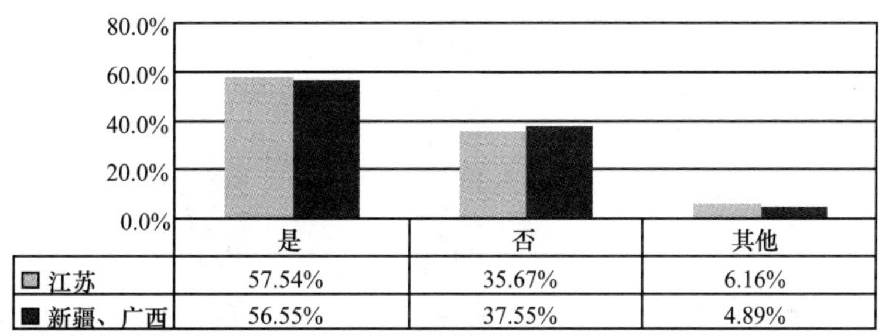

47. 如果您所在的单位有一项举措可以提高集体福利并使您个人得到利益，但会造成环境污染或社会公害，您会劝阻或举报吗

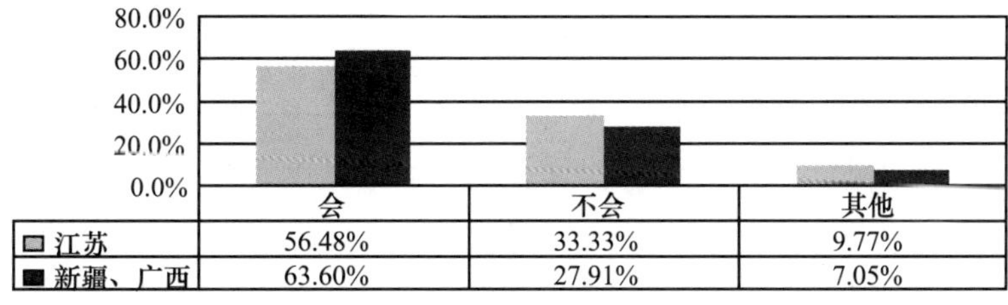

48. 您认为现代社会的大部分人有荣辱感或羞耻感吗？

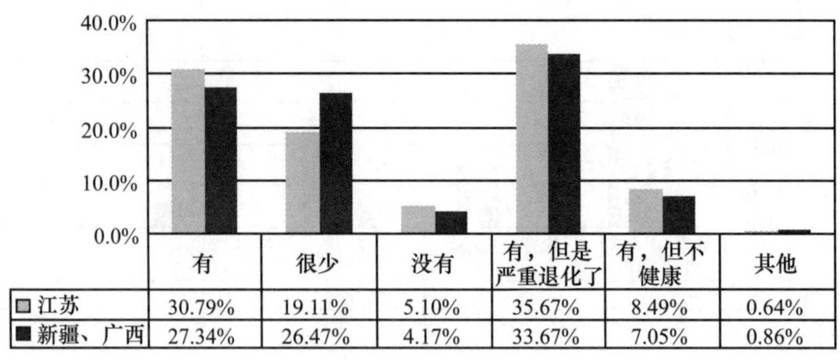

	有	很少	没有	有，但是严重退化了	有，但不健康	其他
□江苏	30.79%	19.11%	5.10%	35.67%	8.49%	0.64%
■新疆、广西	27.34%	26.47%	4.17%	33.67%	7.05%	0.86%

49. 在高校招生中，许多大学对本校教职工子女降分录取，您认为这种行为

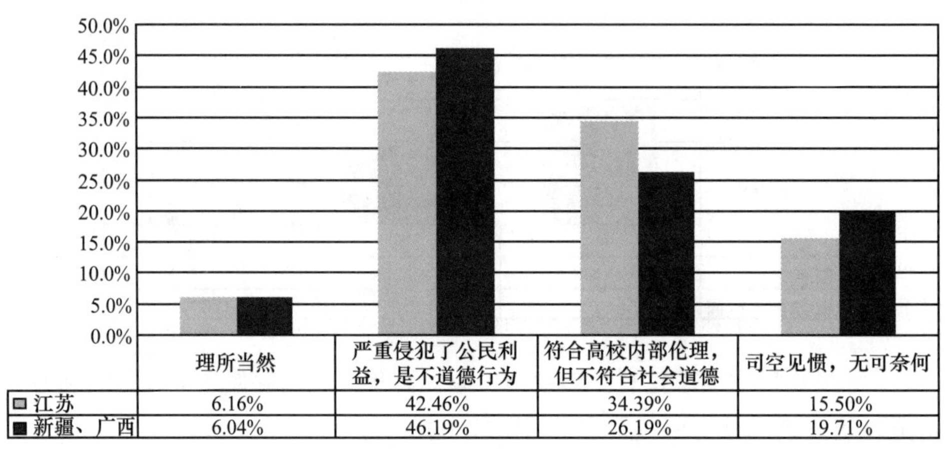

	理所当然	严重侵犯了公民利益，是不道德行为	符合高校内部伦理，但不符合社会道德	司空见惯，无可奈何
□江苏	6.16%	42.46%	34.39%	15.50%
■新疆、广西	6.04%	46.19%	26.19%	19.71%

50. 您认为《公民道德建设纲要》及其实施对社会风尚改善

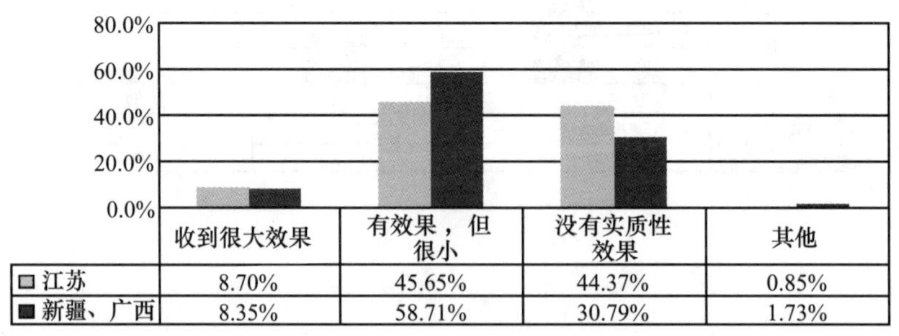

	收到很大效果	有效果，但很小	没有实质性效果	其他
□江苏	8.70%	45.65%	44.37%	0.85%
■新疆、广西	8.35%	58.71%	30.79%	1.73%

51. 您判断某个行为是否道德的主要依据是

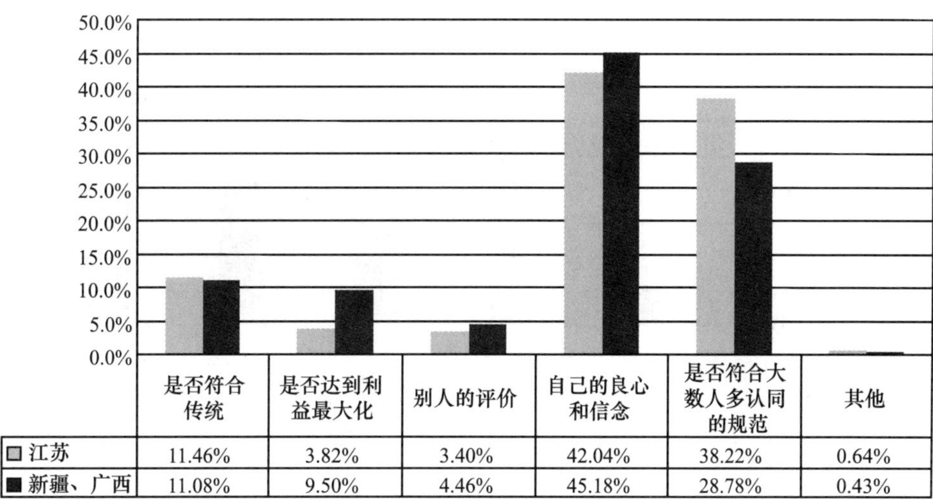

	是否符合传统	是否达到利益最大化	别人的评价	自己的良心和信念	是否符合大数人多认同的规范	其他
□ 江苏	11.46%	3.82%	3.40%	42.04%	38.22%	0.64%
■ 新疆、广西	11.08%	9.50%	4.46%	45.18%	28.78%	0.43%

52. 您认为当前中国社会道德生活的主流是

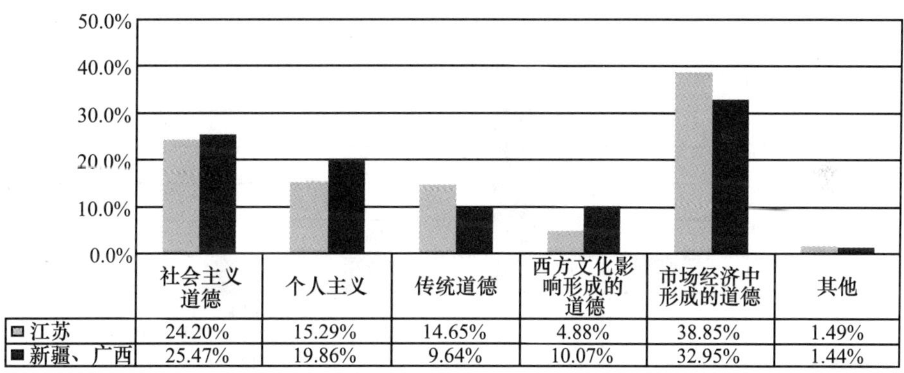

	社会主义道德	个人主义	传统道德	西方文化影响形成的道德	市场经济中形成的道德	其他
□ 江苏	24.20%	15.29%	14.65%	4.88%	38.85%	1.49%
■ 新疆、广西	25.47%	19.86%	9.64%	10.07%	32.95%	1.44%

53. 对形成中国当前各种新型伦理关系和道德观念，哪些因素起主要作用

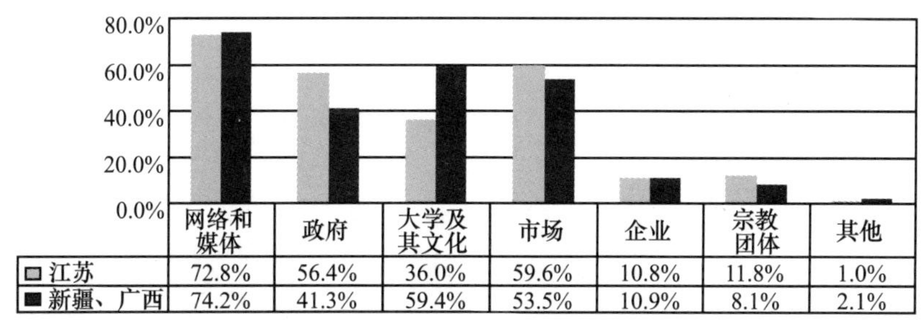

	网络和媒体	政府	大学及其文化	市场	企业	宗教团体	其他
□ 江苏	72.8%	56.4%	36.0%	59.6%	10.8%	11.8%	1.0%
■ 新疆、广西	74.2%	41.3%	59.4%	53.5%	10.9%	8.1%	2.1%

54. 一些政府机关，通过各种途径让本单位的干部子女在很好的幼儿园、小学、中学读书，您认为这种行为是

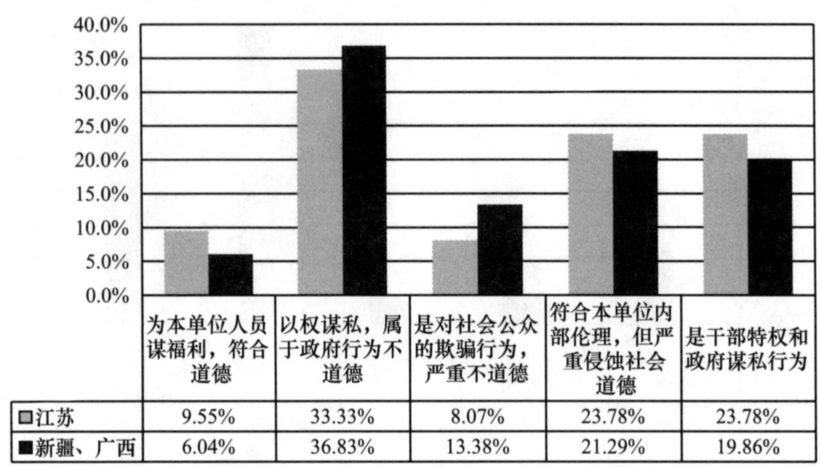

55. 您认为目前中国社会对人际关系的伦理调节能力和个人行为的道德调节能力

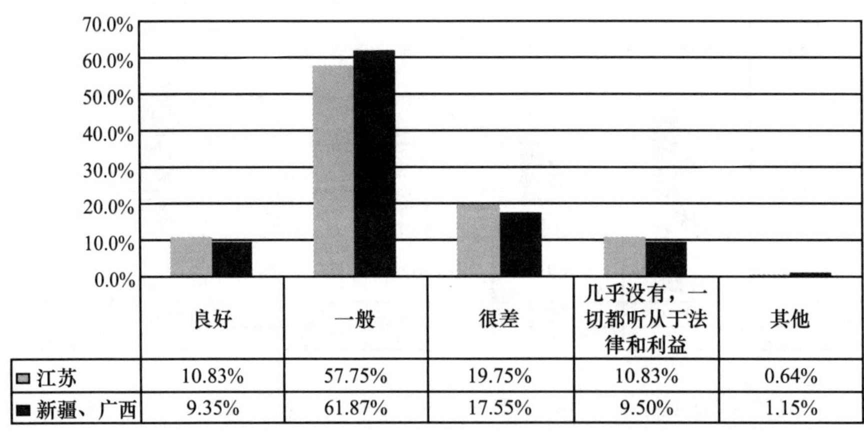

第七章　2007 年江苏省伦理道德发展数据库

2007 年江苏省伦理道德状况数据库

第一部分　基本信息

1. 性别

变量	有效百分比	累积百分比
男	59. 24%	59. 24%
女	40. 76%	100. 00%
总计	100. 00%	

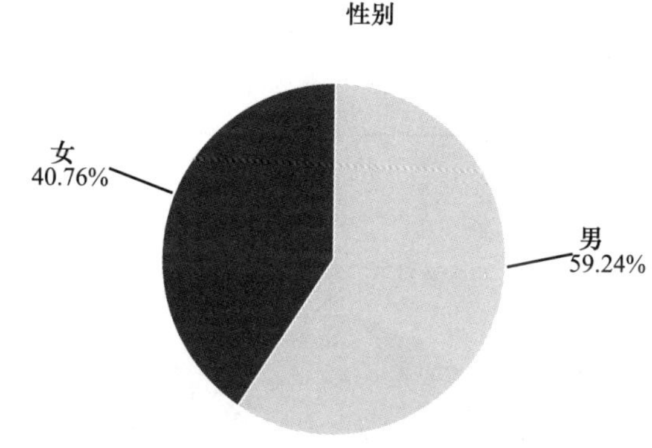

2. 年龄

变量	有效百分比	累积百分比
18 岁以下	0. 42%	0. 42%
18—25 岁	30. 57%	30. 99%
26—35 岁	23. 99%	54. 98%
36—50 岁	34. 61%	89. 59%
51 岁以上	10. 19%	99. 78%
没选	0. 22%	100. 00%
总计	100. 00%	

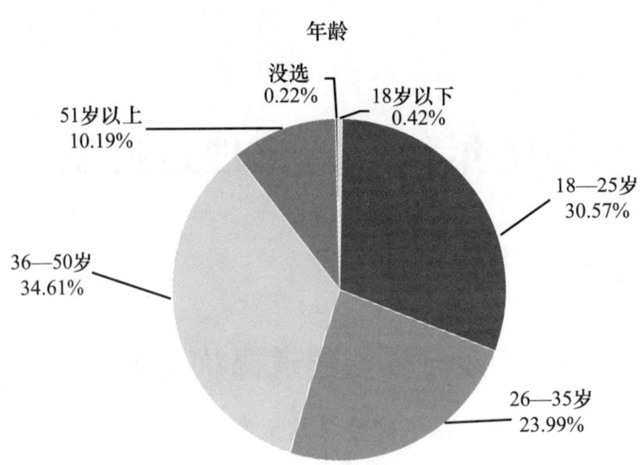

3. 受教育程度

变量	有效百分比	累积百分比
初中及以下	0. 64%	0. 64%
高中	6. 37%	7. 01%
大专	18. 47%	25. 48%
本科	51. 17%	76. 65%
研究生及以上	23. 35%	100. 00%
总计	100. 00%	

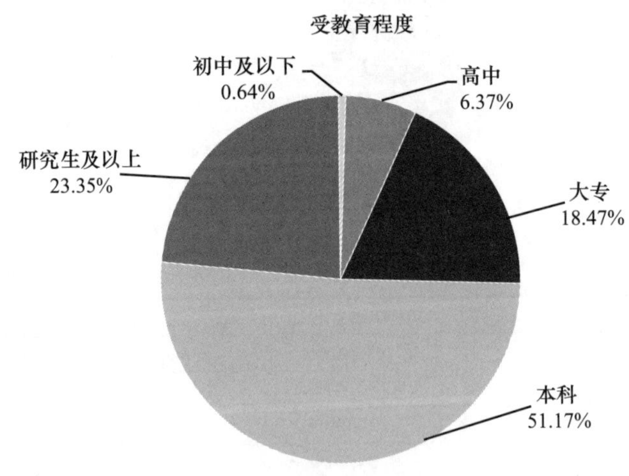

4. 职业

变量	有效百分比	累积百分比
中小学生	0.85%	0.85%
农民	2.34%	3.19%
进城务工人员	1.06%	4.25%
新社会群体	5.31%	9.56%
企业职工	9.34%	18.90%
公务员	35.88%	54.78%
企业家	1.49%	56.27%
知识分子（含大学生和教师）	41.61%	97.88%
没选	2.12%	100.00%
总计	100.00%	

注：新社会群体，含高新技术企业、三资企业、私营企业主、中介组织人员及社会自由职业者。

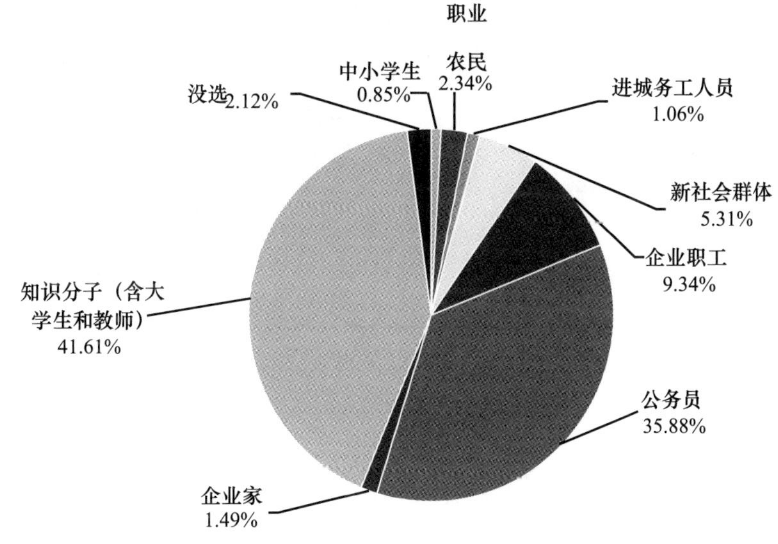

5. 月平均收入

变量	有效百分比	累积百分比
299 元及以下	25.27%	25.27%
300—499 元	4.67%	29.94%
500—999 元	14.44%	44.38%

续表

变量	有效百分比	累积百分比
1000—1999 元	22.51%	66.89%
2000—3999 元	24.42%	91.31%
4000—7999 元	5.31%	96.62%
8000 元及以上	1.27%	97.89%
没选	2.11%	100.00%
总计	100.00%	

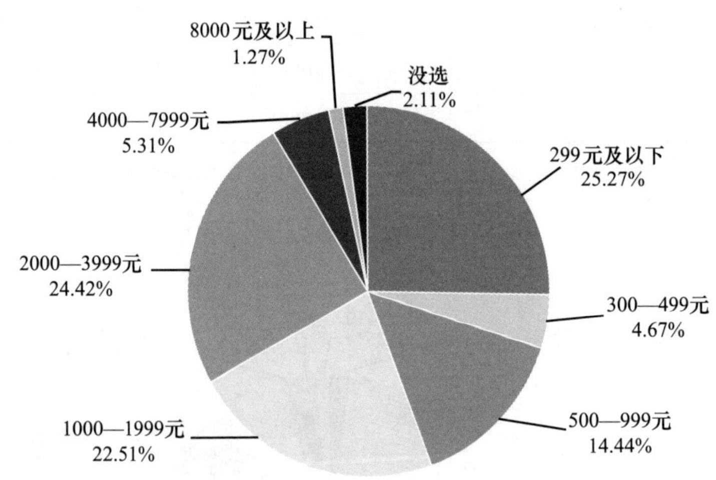

6. 宗教信仰

变量	有效百分比	累积百分比
佛教	6.79%	6.79%
基督教或天主教	1.06%	7.85%
道教	0.42%	8.27%
伊斯兰教	0.21%	8.48%
其他教	0.85%	9.33%
不信教	86.41%	95.74%
没选	4.26%	100.00%
总计	100.00%	

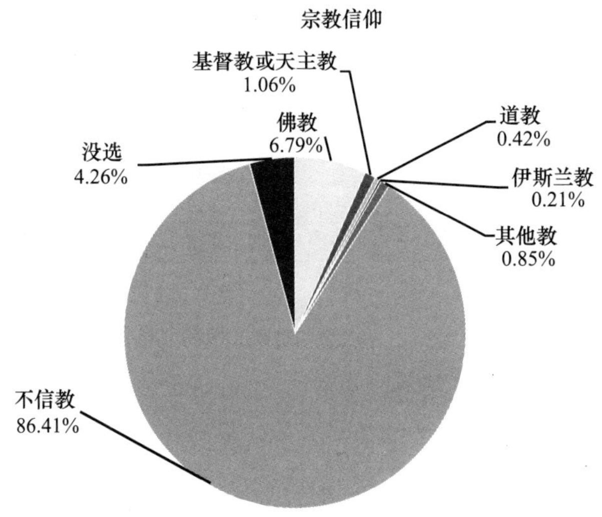

第二部分　调研信息

1. 下列伦理关系中，您最重视哪些关系

变量	有效百分比
父母与子女	90.90%
夫妇	79.60%
兄弟姐妹	60.40%
同事或同学	40.40%
上级或下级	24.00%
师生	15.30%
与自然的关系	22.10%
个人与社会	25.40%
个人与政府	5.80%
个人与工作单位	22.40%
网上关系	1.20%
朋友	36.00%
其他	1.00%

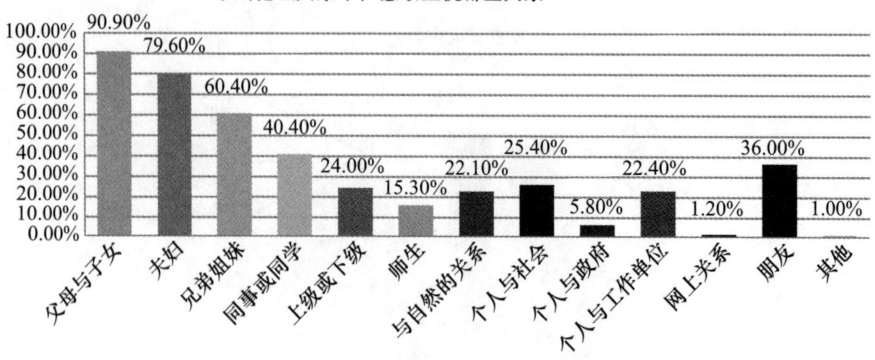

2. 哪一种伦理关系对社会秩序和个人生活最具根本性意义

变量	有效百分比	累积百分比
家庭伦理关系或血缘关系	45.44%	45.44%
个人与社会的关系	27.18%	72.62%
职业伦理关系	6.37%	78.99%
个人与国家民族的关系	10.83%	89.82%
人与自然的关系	5.73%	95.55%
个人与他自身的关系	2.76%	98.31%
其他	0.21%	98.52%
没选	1.49%	100.00%
总计	100.00%	

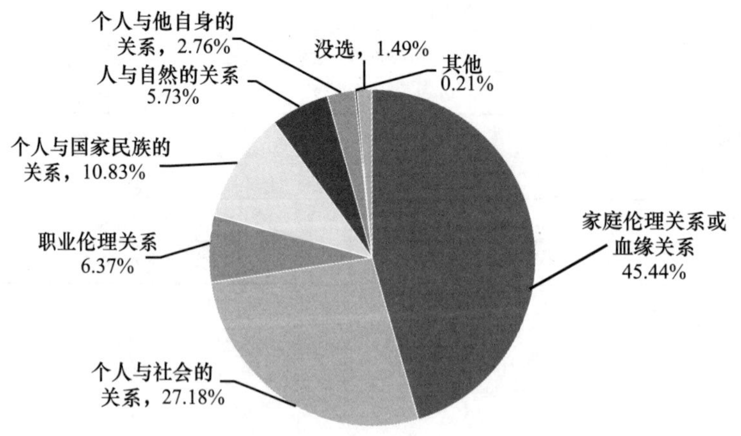

3. 当今中国社会最基本的伦理冲突是

变量	有效百分比
人与自然的冲突	54. 50%
人自我内在性的冲突	48. 30%
人与人之间的冲突	64. 70%
个人与社会的冲突	56. 60%
个人与政府的冲突	43. 40%
其他	5. 70%

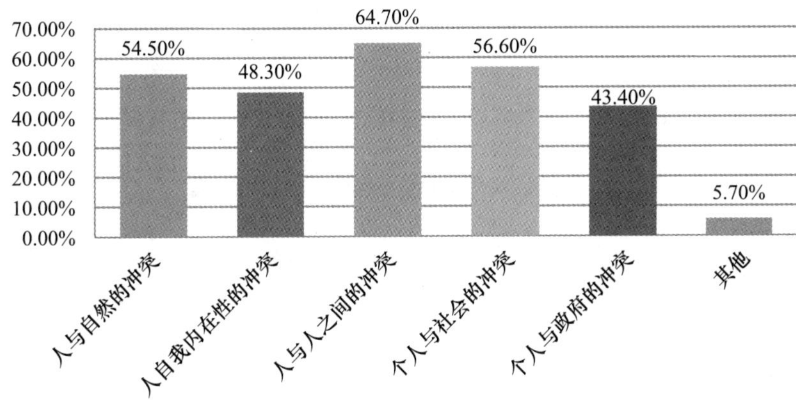

4. 当今中国社会最重要也是最需要的德性是

变量	有效百分比
爱（仁爱、博爱、友爱）	78. 60%
义（道义、义务）	41. 70%
宽容	48. 30%
责任	58. 30%
正义与公正	46. 40%
诚信	63. 80%
忠恕	3. 30%
理智	15. 80%
节制	6. 50%
谦让	7. 90%

续表

变量	有效百分比
恭敬（对社会、道德准则、责任、义务以及上级的恭敬）	11.30%
勇敢	5.90%
正直	17.00%
善良	18.40%
知行合一	7.20%
教养	13.00%
孝悌	5.90%
守节	1.50%
中庸	4.00%
其他	0.40%

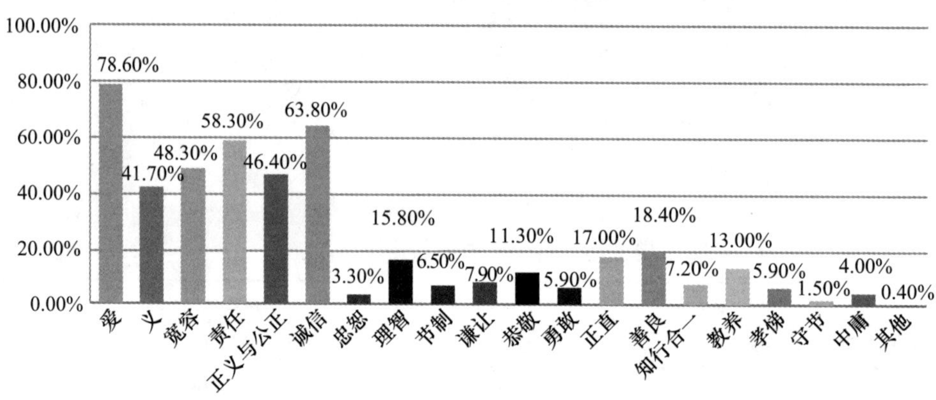

5. 目前中国社会两性之间的性开放日益发展，对社会风尚的影响

变量	有效百分比	累积百分比
是社会进步的表现	25.48%	25.48%
从根本上污染了社会风气	21.02%	46.50%
个人选择，无所谓好坏	17.20%	63.70%
两性关系混乱必然导致道德沦丧	31.42%	95.12%
没选	0.64%	95.76%
其他	4.24%	100.00%
总计	100.00%	

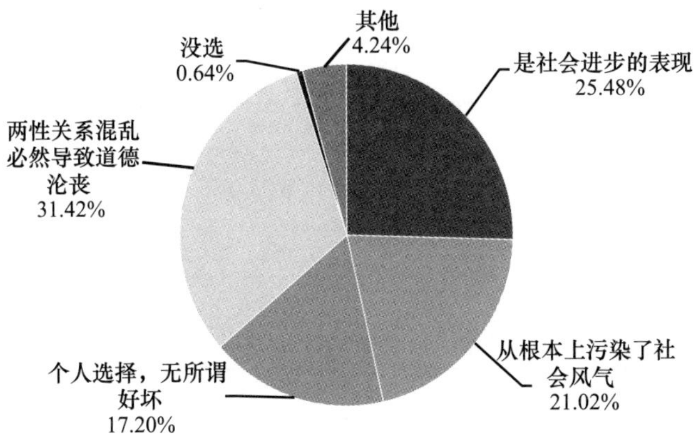

6. 当前中国社会中个体道德素质存在的问题

变量	有效百分比	累积百分比
道德上无知	12. 53%	12. 53%
有道德知识，但不见诸行动	71. 13%	83. 66%
既无知，也不行动	13. 38%	97. 04%
没选	2. 12%	99. 16%
其他	0. 84%	100. 00%
总计	100. 00%	

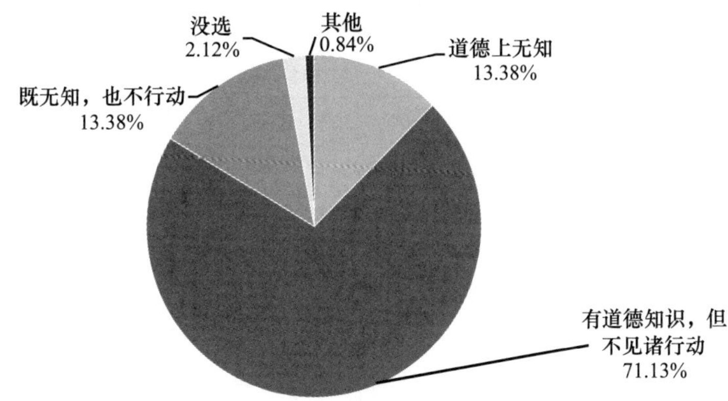

7. 如果遭遇利益冲突，如名誉、利益受他人侵害，您首先的行为反应是

变量	有效百分比	累积百分比
诉诸法律，打官司	20.38%	20.38%
直接找对方沟通但得理让人，适可而止	48.62%	69.00%
通过第三方（如社会机构、朋友等）从中调解，尽量不伤和气	28.03%	97.03%
没选	0.42%	97.45%
其他	2.55%	100.00%
总计	100.00%	

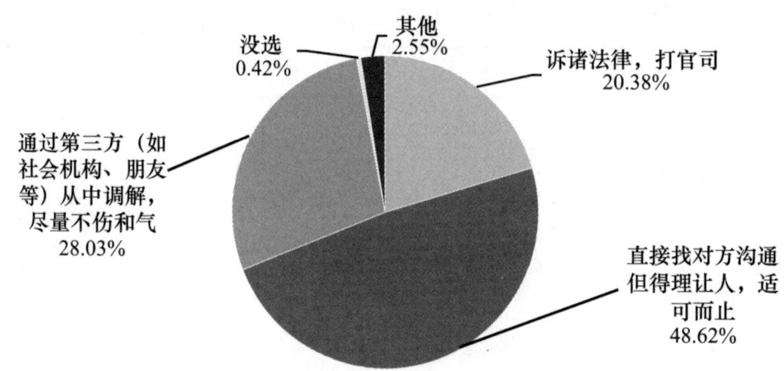

8. 您认为对现代中国社会伦理关系和道德风尚造成最大影响的因素是

变量	有效百分比	累积百分比
传统文化的崩坏	17.83%	17.83%
外来文化的冲击	20.81%	38.64%
市场经济导致的个人主义	56.69%	95.33%
计算机网络技术的发展	1.91%	97.24%
没选	1.27%	98.51%
其他	1.49%	100.00%
总计	100.00%	

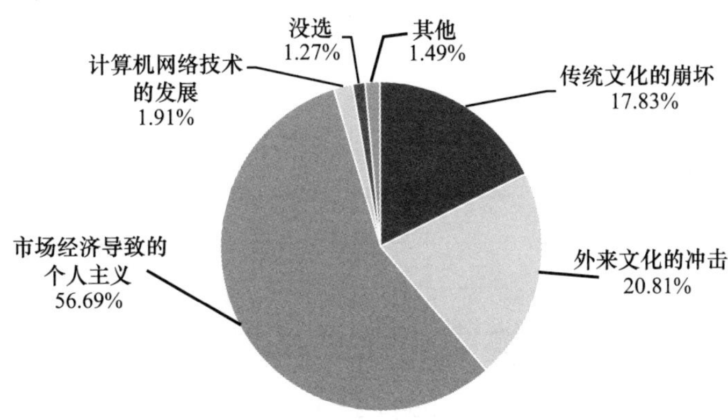

9. 您认为在自己的成长中得到最大伦理教益和道德训练的场所是

变量	有效百分比
家庭	67. 10%
学校	50. 10%
社会（包括职业生活）	40. 80%
国家或政府	6. 40%
媒体	7. 70%
其他	1. 50%

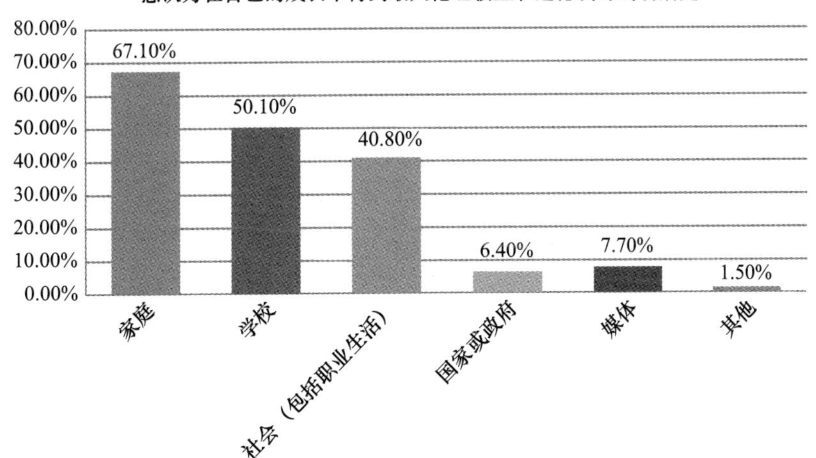

10. 您认为哪种因素应当对当今不良道德风尚负主要责任

变量	有效百分比
官员腐败	65.80%
企业不讲诚信和损害社会利益	20.00%
学校道德教育功能弱化	27.90%
家庭伦理功能弱化	10.70%
社会的不良影响	54.60%
其他	1.50%

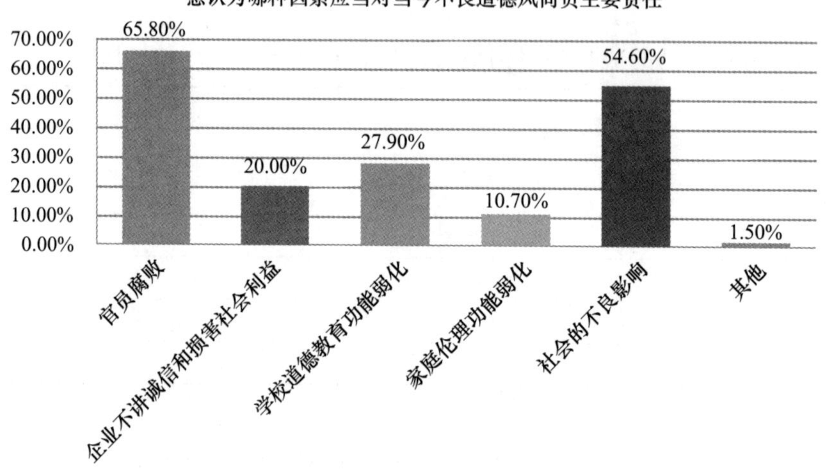

11. 您认为我们的政府在制定政策和决策时充分考虑到伦理道德方面的要求了吗（如维护社会公平、利益均衡、关怀弱势群体以及考虑大多数人的利益和感受）

变量	有效百分比	累积百分比
是	57.54%	57.54%
否	35.67%	93.21%
没选	0.64%	93.85%
其他	6.15%	100.00%
总计	100.00%	

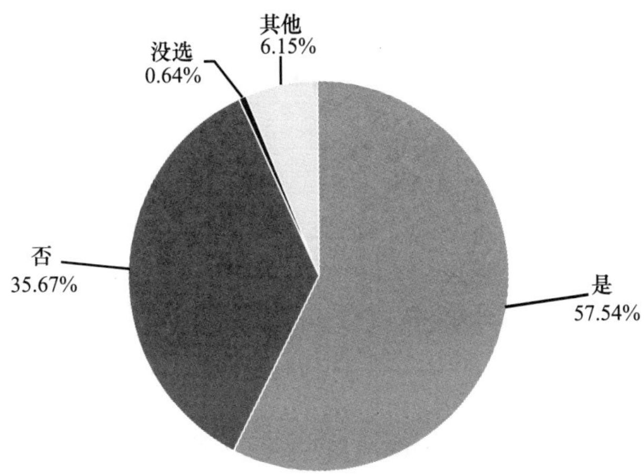

12. 如果您所在的单位有一项举措可以提高集体福利并使您个人得到利益，但会造成环境污染或社会公害，您会劝阻或举报吗

变量	有效百分比	累积百分比
会	56. 48%	56. 48%
不会	33. 33%	89. 81%
没选	0. 42%	90. 23%
其他	9. 77%	100. 00%
总计	100. 00%	

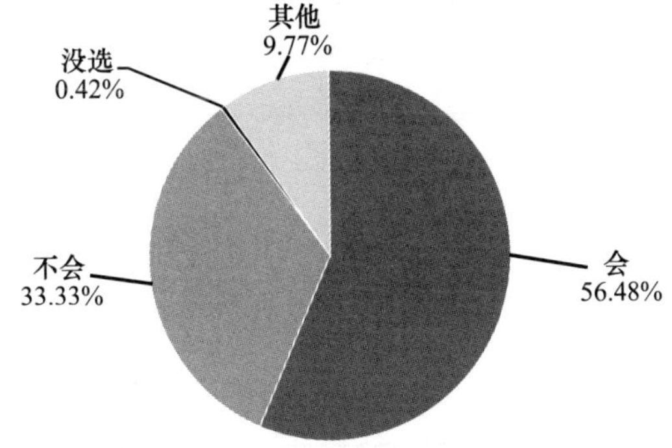

13. 您判断某个行为是否道德的主要依据是

变量	有效百分比	累积百分比
是否符合传统	11.46%	11.46%
是否达到利益最大化	3.80%	15.28%
别人评价	3.40%	18.68%
自己的良心和信念	42.04%	60.72%
大多数人认同的规范	38.22%	98.94%
没选	0.42%	99.36%
其他	0.64%	100.00%
总计	100.00%	

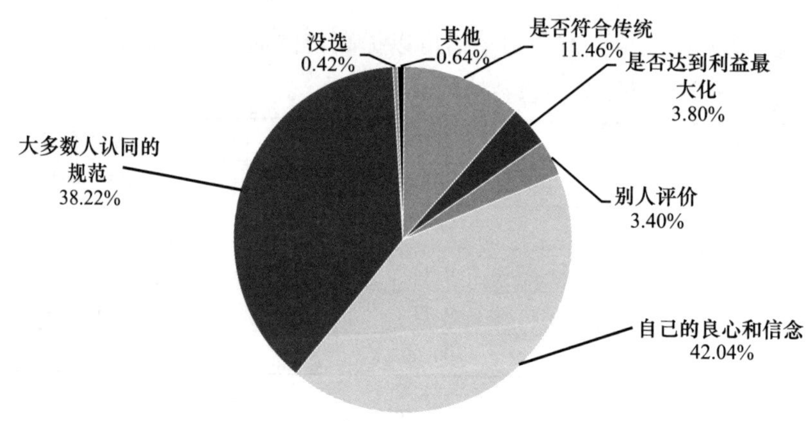

14. 对形成中国当前各种新型伦理关系和道德观念，哪些因素起主要作用

变量	有效百分比
网络和媒体	72.80%
政府	56.40%
大学及其文化	36.00%
市场	59.60%
企业	10.80%
宗教团体	11.80%
其他	1.00%

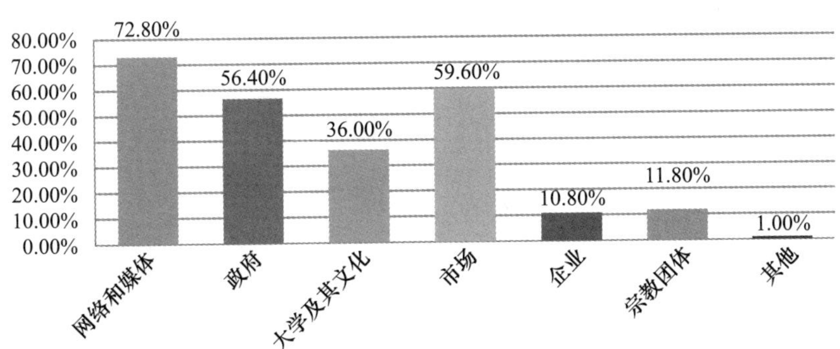

15. 一些政府机关，通过各种途径让本单位的干部子女在很好的幼儿园、小学、中学读书，您认为这种行为是

变量	有效百分比	累积百分比
为本单位人员谋福利，符合道德	9.55%	9.55%
以权谋私，不道德	33.33%	42.88%
是对社会公众的欺骗，严重不道德	8.07%	50.95%
符合本单位员工利益和内部伦理	23.78%	74.73%
是干部特权和政府谋私行为	23.78%	98.51%
没选	0.85%	99.36%
其他	0.64%	100.00%
总计	100.00%	

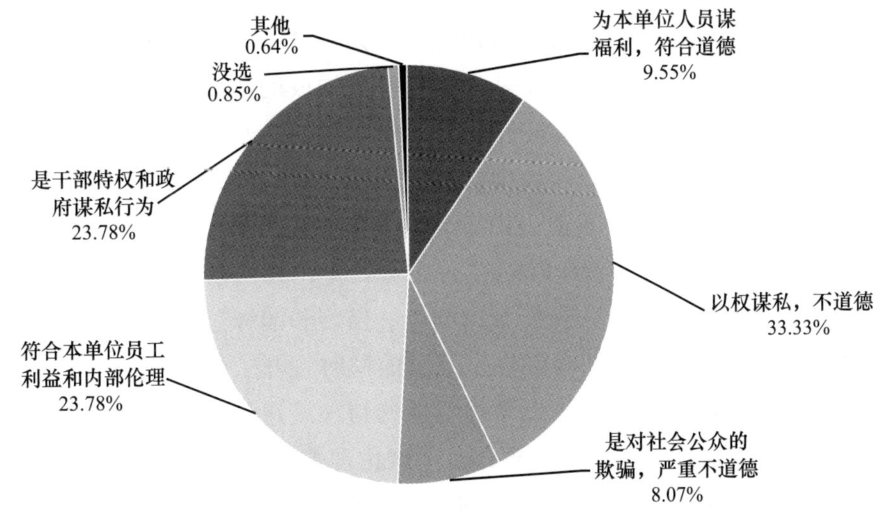

后　记
数字写春秋

纤弱婉约而又婀娜多姿的数字从现身于茫茫宇宙的那一刻，便携带了太多的神奇密码。十个阿拉伯数字仅用了前七个，配上某些标识抑扬顿挫的符号，呆板的信息立马好似被赋予上帝所吹的那口灵气而成为变幻无穷的音乐。人们对数字如此信赖和崇拜，据说寻找外星人最重要的地球符号便是数字。不过，数字的灵性来自人赋予的意义，数字的无穷魅力在于其排列组合所表征的那个或隐或显的大千世界。呈现于眼前的这个偌大的数据库是由图或表组合的数字王国，它的特异之处在于，以伦理道德为主角，演绎着一个可道而又不可道的精神的王国，背后透迤的是改革开放40年激荡在精神世界苍穹所写意的春秋诗篇。这是一个数字呈现的火红时代的精神春秋，当然也包括呈现它的学者及其团队拔节成长的生命春秋。数字写春秋，既是本书的主题，也是创造它的人们的宏愿，只是无论春江水暖，还是秋意阑珊，我们都期待一次灵魂的缠绵。

改革开放40年，留下的不只是被某些固守帝国心态的西方人视为“威胁”的经济奇迹，更留下了一个跌宕起伏的精神世界，只是这个世界难以触摸，不仅因为它因其静水流深，更因为这个世界是由无数星辰构成的浩瀚宇宙，没有博大的视界和具有穿透力的思想难以发现其一泻千里的银河和作为宇宙星标的北斗。“四十而不惑”，改革开放已经到达不惑之境，对它的认知和呈现能否“不惑”，如何“不惑”，这不仅是对我们的学术能力的考验，也是对我们学术抱负的考验。为了迈向“不惑”，十年前，在改革开放的“而立”之年，我们东南大学的伦理学团队便开启“而立”之行，通过大规模全国调查，描绘和演绎这个时代伦理道德发展的精神史。历史机遇让我们在漫游思辨王国的同时打开了数字世界的大门，我们决心以最具确定性的数字写意最不具确定性的精神。这是一个浩大、枯燥而又考量耐力的艰苦工程，不仅每一次调查都是一次伦理关系与道德生活的精神体检，而且只有通过多次调查所获得的大数据的链接，才能触摸精神世界脉动的旋律。马克思说，伦理道德是物质生活条件的反映；黑格尔说，伦理道德是绝对精神的客观形态，家庭、社会和国家都是它的外化。伦理道德到底是物质世界的追随者还是生活世界的创造者？我们决定通过数字倾听和体验这一来自两个世界的天籁之音。伴随改革开放，伦理道德到底是“滑坡”，是“爬坡”，还是“永远在路上”？数字向我们展示了被激扬的社会情绪的不息旋律，也展示了经过反思的理性乐章，更有潜藏于高亢情绪和深沉理性背后的那种“天不变道亦不变”的伦理型文化的本能和基因。它让我们坚定了一种追求和抱负，至少坚定了一种信念：以数字展现这个伟大时代到达不惑之境的伦理道德的精神世界及其成长历史，从而为民族精神发展提供集体记忆力；为学术研究提供客观依据；为党和政府治国理政提供科学信息。

历史是人类在生命成长中踏成的康庄大道。在这条大道上，有人欢马叫的缤纷，有对身后足迹的眷念，更有一往无前通向远方的行进。黑格尔将历史分为三种，记事的历史，反省的历史，精神的历史，其中只有精神的历史才具有哲学意义。黑格尔的历史观当然具有绝对精神的偏见，但三种历史的自觉确实具有启发意义。这皇皇数十卷的数据库对改革开放 40 年的伦理道德发展具有记事意义，借此可以对中国伦理道德发展进行历史反思，同时由它们所构成的信息链和数据流既呈现了改革开放 40 年，从中也可以透视整个中国伦理道德发展的精神哲学规律，因而具有深刻的精神史意义。在由“记事的历史”向“反省的历史”和“精神的历史”的不断提升中，我们期待着学术发现和学术慧见。这个数据库呈现的不仅是改革开放 40 年伦理道德发展的春秋史，它的建构过程，也是我们这个团队在改革开放中成长的春秋史。三轮全国调查、四轮江苏调查，从 2007 年到 2017 年，十年生命节律不仅呈现了改革开放从“三十而立”到“四十而不惑”的伦理道德的发展史，而且也呈现了东南大学伦理学团队和社会学团队，以及与之相关的其他学术团队，从对中国伦理道德国情包括对调查研究方法从无知到知，从知之不多到走向专业化的成长之路。在学术和学科成长的过程中，如果说 2007 年伦理学团队展开的全国和江苏调查是少年期，2013 年伦理学与社会学团队会合而进行的大调查是青春期，那么 2017 年的大调查便是成熟期，标志着我们的伦理道德国情研究跟随改革开放同步进入“不惑”之境，其间 2015 年道德发展高端智库和道德发展研究院的成立，是由青春期的躁动走向“不惑”期的成熟的标志。在这个过程中，不仅伦理学与社会学的整合、东南大学与中国人民大学、北京大学等专业调查组织的合作显现学科发展的改革与开放的气派，而且思辨研究和实证研究的深度切合，宣示追求“顶天立地”的“不惑”，并由此迈向“知天命”即履行自己的学术天命的学术征程。

也许有人认为，我们的持续大调查和建立数据库的努力，暗合了当今人文科学的社会科学化及其走向应用的国际趋势。坦率地说，每每听到这类评价，我总是保持高度的警惕和紧张。不错，大数据的建立和运用是当今包括人文科学在内的一切科学发展的重要趋势，国际顶尖的学术机构如哈佛大学的人文科学研究，借助社会科学方法的移植也确实取得了某些突破性进展。但人文科学的“社会科学化”确实必须警惕，两种学科之间的区分，不仅是数据的运用与否，更重要的是理想主义与现实主义两种不同取向，如果失去理想主义，失去意义世界建构的追求，人文科学最终将因“还俗”而失去自身。当今人文科学研究和人的精神世界“祛魅”的现代病，与人文科学被“化”或社会科学对人文科学的僭越存在深刻关联。西方世界运用数学和数据分析的方法进行的学术研究，在经济学等领域占主导地位，有很强的科学性与客观性，但其潜在的问题也已经被发现，经济学领域对人的经济行为的非经济分析已经预示一种新智慧的出现。与之相关的另一种“社会科学化”是所谓“应用研究”。与社会科学相比，人文科学相当程度上指向人的精神世界，其价值是“以无用求大用”。当然，人文科学也应当并且必须服务于国家重大需求，但直接而过度的应用导向同样会使人文科学难以完成自己的学术天命。在这个西方学术掌控话语权与评价权的时代，学术研究的方法和取向很容易以西方学术趋势为趋势，然而事实已经证明，西方学术已经面临难题，甚至正遭遇危机。

2010 年我在伦敦国王学院做访问教授时，曾对大英图书馆和伦敦国王学院图书馆的伦理学藏书做过一次比较全面的检索，试图发现和描绘西方伦理学发展的趋势。结果令我惊讶不已，自 20 世纪 70 年代以来，西方伦理学确实发生走向应用的重大转向，其中 20 世纪 90 年代和 21 世纪初是一个重要拐点，所有藏书中经济伦理、商务伦理、法伦理、伦理心理学等应用类藏书大幅度增加，与之相反，理论研究与历史研究的著作逐年减少，并且越来越少。图书馆折射的不仅是藏书，更是知识生产的状况。这一特点确实是西方趋势，但现实的并不是合理的，它表明，西方学术研究发展已经形成一种断裂带甚至走到悬崖边，宏大高远的理论研究和理论建构，让位于就事论事的问题研究，长此以往，将对文化传承和学术发展以及人的精神世界及其完整性产生深远影响。面对这一“西方趋向”，我们的选择不是跟风，而是保持一份清醒和警惕，以一种学术创新和学术自信宣告：在西方学术的断裂处，我们来了！应该说，这是中国学术发展的一次真正走向世界和赢得话语权的机遇，其中的关键在于，我们是否有足够的卓识和担当。

为此，无论是建立数据库，还是在运用数据库进行研究的过程中，我们都有一份学术清醒，将“热点”和“前沿”分开，将思辨研究和实证研究紧密结合。我们的努力不只是通过数据链和信息流发现和揭示伦理道德发展的事实，更不只是追随“热点”，而是由此寻找和追踪伦理道德发展的前沿，进行前沿性的理论研究和现实研究。我们追求的境界是“顶天立地”，“顶天”即尖端性的理论研究，“立地”即扎实而科学的调查研究，然而理论研究与现实研究、“顶天”与“立地”并不是两个过程，因为前沿和尖端并不存在于理论演绎中，甚至并不只存在于对以往研究的文献综述中，而是存在于现实、存在于生活世界中。这就是数据的意义，也是我们调查研究和建立数据库的意义。通过调查研究和数据分析，作出新发现新解释，甚至发出具有诊断意义的预警，由此进行前沿性的理论研究和理论建构，这是我们进行调查研究和建立数据库的学术追求。这种独特追求的要义就是：在这个不断变化的世界和不断推进的学术发展中，自己谱写自己的学术春秋。

演绎改革开放40年伦理道德发展的精神史的春秋，见证学术团队和学术研究成长史的春秋，自己谱写自己的学术春秋，一言蔽之，这套千万言的数据库和分析报告的要义就是：数字写春秋！

樊　浩

2018年9月10日